한국농업기계학회

농식품가공기계학

Agrifood Processing Mechanics

대표저자 정 종 훈

김기석 · 김장호 · 김종순 · 김 훈

모창연 · 박종민 · 선우훈 · 이승현

장경제 · 정현모 · 차재윤 · 한재웅

문운당

■ 집필진

대표저자

정종훈 서울대학교 바이오시스템공학과, 교수

공동저자

김기석 서울대학교 바이오시스템공학과, 교수

김장호 전남대학교 융합바이오시스템기계공학과, 교수

김종순 부산대학교 바이오산업기계공학과, 교수

김 훈 한국식품연구원 식품융합연구본부, 책임연구원

모창연 강원대학교 바이오산업공학부 바이오시스템기계공학 전공, 교수

박종민 부산대학교 바이오산업기계공학과, 교수

선우훈 순천대학교 융합바이오시스템기계공학과, 교수

이승현 충남대학교 바이오시스템기계공학과, 교수

장경제 경상국립대학교 생물산업기계공학과, 교수

정현모 경북과학대학교 물류패키징과, 교수

차재윤 동아대학교 식품영양학과, 교수

한재웅 공주대학교 스마트팜공학과, 교수

머 리 말

한국농업기계학회에서 바이오시스템(기계)공학도들을 위해 농식품가공기계학을 집필하여 출간하게 되어 기쁘게 생각합니다. 본 교재는 대표저자가 한국농업기계학회 제27대 학회장 시 학회 산학협동연구사업관리위원회의 지원을 받아 2019년도에 집필을 계획해서 이번에 발간하게 되었습니다.

미국 학회 'American Society of Agricultural and Biological Engineers'에서는 초창기부터 식품공학(Food Engineering)을 학회의 한 분야로서 교육과 연구개발을 해왔습니다. 그러나 우리 학회는 초기에는 농산물의 가공 특히 수도작 도정만을 취급하는 농산가공기계학 분야를 다루었고, 이후에 여러 종류의 농산물의 수확후처리가 중요시 되어 가공 및 저장 등의 수확후처리공학 분야도 집중하게 되었습니다. 그리고 농산물의 식품으로서 가치 증진과 저장성 제고를 위해 농산물들을 식품으로 가공하여 첨단기술로 포장하고 저장 및 유통하게 되었습니다. 따라서 우리 학회에서는 학회 차원에서 교수님들이 학생들을 위한 교재로서 농식품가공기계학을 집필하여 출간하게 되었습니다. 이에 각 분야(Part)별로 내용은 다음과 같습니다.

본 농식품가공기계학 교재는 전처리 공정, 가열처리, 비가열처리 및 포장기술의 4개 분야로 나누어 구성하였습니다.

첫 번째 분야인 전처리 공정에서는, 제1장은 농식품 세척기술로서, 세척의 기능, 세척 방법별 분류 및 탈수 기계 기술, 제2장은 박피와 분쇄로서, 박피기, 슬라이서, 분쇄기 및 추출기, 제3장은 선별 및 품질판정으로서, 청과물의 품질인자 및 등급규격, 선별장치의 종류 및 작동원리, 그리고 제4장은 혼합, 성형 및 압출로 구성되어 있습니다.

두 번째 분야인 가열처리에서는, 제5장은 기존 가열기술로서 레토르트 공정과 무균공정시스템, 제6장은 가열처리 공정으로, 살균, 증발, 유전가열, 통전가열 및 적외선가열로 구성되어 있습니다.

세 번째 분야인 비가열처리에서는, 제7장은 비가열기술로서, 방사선 공정, 초고압 공정, 콜드 플라즈마 및 Pulsed light 공정, 제8장은 식품

건조로서, 식품의 건조, 건조의 원리, 건조 식품 품질 및 식품건조 장치, 제9장은 식품저장으로 저장 중 품질변화 및 식품저장 방법으로 구성되어 있습니다.

네 번째 분야인 포장기술에서는, 제10장은 포장기술로서, 농식품 포장 재료의 종류와 기계적 특성, 골판지 포장기술, 파우치 포장기술 및 캔 포장기술, 제11장은 포장처리 공정으로서, 계량 포장기, 유통시스템, 자동화 포장 공정 및 포장화물의 유닛로드 시스템, 제12장은 농식품 포장을 위한 나노공학으로서, 서론, 식품포장을 위한 나노공학 접근법, 나노공학 기반 식품포장 기능 향상, 나노공학 기반 식품포장 상품화 및 결론, 제13장은 녹차음료 가공공장의 설계로서, 공장의 입지 선정, 공장의 범위 및 규모 결정, 녹차음료 가공공정의 분석, 녹차음료 가공공정의 기계화 및 녹차음료 가공공정의 배치로 구성되어 있습니다.

따라서 본 농식품가공기계학 교재는 4개 분야의 총 13장으로서, 전처리 공정, 가열처리, 비가열처리 및 포장기술로 구성되어 있으며, 마지막 장에서는 녹차음료 가공공장의 설계 예를 다루고 있습니다.

특히, 본 교재 발간을 위해서 간사로서 많이 수고해 주신 서울대 김기석 교수께 감사의 말씀을 드립니다.

본 농식품가공기계학 교재가 바이오시스템(기계)공학도를 위해 처음 발간되어서 여러모로 부족하지만 이 분야를 이해하는데 큰 도움이 되길 바랍니다.

감사합니다.

2022. 2.

대표저자 정종훈

CONTENTS

I 전처리 공정

II 가열처리

CONTENTS

Ⅳ 포장기술

PART I

전처리 공정

CHAPTER

01 농식품 세척기술

최근 식생활 다양화와 건강식품에 대한 선호도 증가에 따라 고품질의 안전한 농식품에 대한 소비자의 요구도가 증가하고 있다. 고품질 안전 농식품을 안정적으로 공급하기 위해서는 재배 기술뿐만 아니라 선도 유지, 유통기간 연장, 조직 연화 방지, 갈변 방지, 안전성 향상을 위한 농산물 수확후 처리에 대한 기술이 요구된다.

곡류, 과일, 엽채류 등 농산물은 수확 직후 표면에는 토양과 물에 의한 미생물, 사람과 접촉에 의한 미생물 그리고 식물체 본래의 미생물 등 각종 미생물이 부착되어 있다. 이들 미생물의 활성도는 재배 환경과 수확 후 온도 및 습도에 따라 변하므로 그 위험도도 각각 다르다. 농산물에 부착된 미생물 등 이물질을 세척, 살균하지 않고 바로 먹는 경우에는 식중독을 일으키거나 미량의 유해 토양이 체내로 흡수, 축적되어 질병을 일으킬 수 있기 때문에 이물질과 미생물 등을 제거하면서 동시에 살균하는 것이 필요하다.

세척은 농산물이나 식품 표면에 있는 이물질이나 미생물을 공기, 물, 초음파 등을 이용하여 제거한다. 농산물 중 잎과 같은 표면에는 습기가 많고 형상이 균일하지 않기 때문에 이물질과 미생물의 부착이 쉬운 것처럼 표면특성이 다른 농산물의 종류에 따라 적절한 세척방법이 요구된다.

세척, 살균 등 전처리 작업에 사용하는 물이 제거되지 않고 표면에 잔류되어 있으면 세균이나 곰팡이가 쉽게 번식하거나 표피가 빨리 부패하여 품질 저하로 이어진다. 이에 전처리 작업후 농산물에 잔류되어 있는 물을 제거하기 위한 탈수 공정이 요구된다.

본 장에서는 농산물 세척기술과 탈수기술에 대해 알아보고자 한다.

1.1 세척의 기능

세척이란 원료에 부착되어 있는 위생적 위해요소인 이물질을 분리 제거하여 깨끗하게 하는 조작을 말한다. 이물질은 농산물의 재배, 수확 등 과정에 자연적으로 부착되어 품질저하 및 안전성 위해 요소로 작용한다. 세척하는 이유는 첫째 농산물에 부착한 건강상 위해물질과 위생상 수용할 수 없는 이물질을 제거하기 위함이고, 둘째 농산물에 존재하는 위해 미생물을 안전한 수준까지 감소 또는 제거하기 위함이며, 세째 유통시 품질저하와 관련된 생리적 반응을 사전에 조절하기 위함이다. 농산물의 세척에서 주의해야 할 점은 최종제품에 손상이 없이 세척하고, 세척후 재오염을 방지하여야 한다.

1.1.1 세척 시스템 선정시 고려사항

농산물은 재배, 수확 등 생산과정에 자연 상태에 노출되어 토양, 농기계, 바람, 동물, 작업자 등에 의해 이물질이 부착된다. 이물질은 농산물의 품질을 떨어뜨리거나 위생적으로 해로운 요소로 작용하므로 보통 세척을 통하여 깨끗하게 제거한다. 즉 농산물 세척은 건강에 해로운 이물질과 미관상 좋지 않은 부분을 제거함으로써 유통과정에 품질을 유지하고, 소비자가 먹어도 안전하게 하기 위함이다.

세척시스템의 세척인자와 세척시스템 선정을 위한 인자별 세부 고려사항들은 표 1.1과 같다(그림 1.1). 농산물을 세척할 때 가장 우선적으로 고려해야 할 점은 손상 없이 세척을 하고, 세척 후 재오염이 되지 않게 하는 것이다. 깨끗한 세척을 위해 세척기를 선정할 우선 세척할 농산물 및 부착된 오염물질의 상태에 따라 세척방식 및 세척조건을 선정하고 작업 안전성 및 경제성 등을 고려해야 한다.

[표 1.1] 세척시스템 선정을 위한 인자별 세부 고려사항

세척 인자	인자별 고려사항
농 산 물	종류, 재질, 형상, 표면상태
오 염 물	종류, 성질, 부착량, 결합상태, 세척가능 유무
세척방식	침지, 순환, 솔, 거품, 초음파, 기타
세척조건	시간, 세척온도, 유량, 유속, 분사압
안 정 성	농산물 손상 정도, 작업의 편이성
경 제 성	비용, 수명, 배수처리성

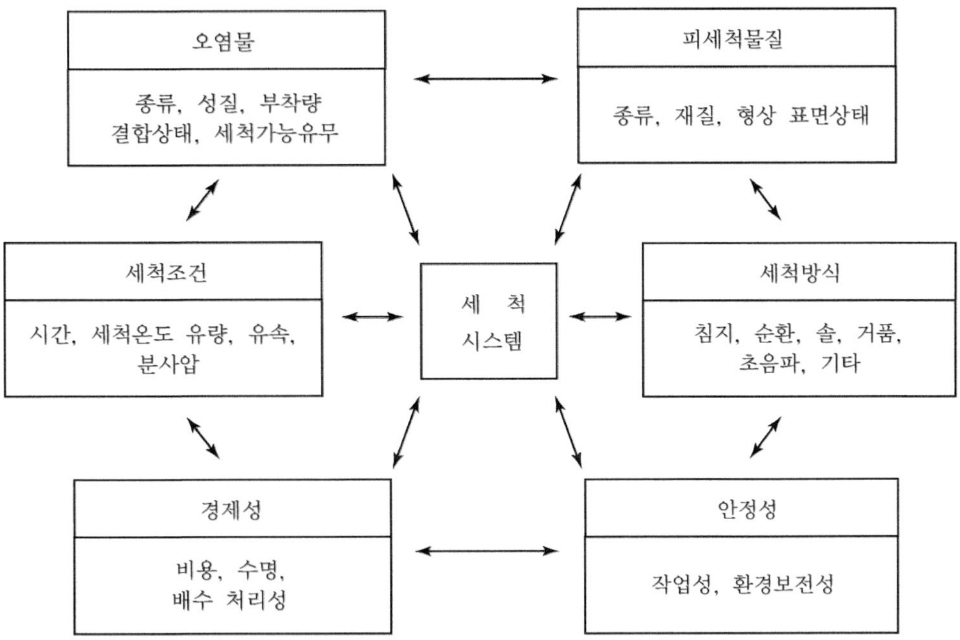

[그림 1.1] 세척 시스템

1.1.2 세척 원리

세척은 농산물의 표면에 부착된 이물질을 제거하는 것으로 이물질을 농산물로부터 제거하기 위해서는 도구나 장치를 이용하여 부착력보다 큰 힘을 가해야 한다. 세척에 사용되는 에너지 종류는 물리적 에너지, 화학적 에너지, 열 에너지 등이 있다(표 1.2). 농산물은 대부분 표면이 약해 손상되기 쉽다. 따라서 일정한 시간을 갖고 이물질이 잘 떨어질 수 있는 상태가 된 후에 세척해야 한다.

[표 1.2] 세척 에너지의 종류

힘(에너지)의 종류	힘의 역할
물리적 에너지	브러시 마찰력, 물 또는 공기 분사 충격력
화학적 에너지	분해, 부착면에 물 침투(부착력 저하)
열 에너지	온수 불림(따뜻한 세척수)

[1] 세척 이론

(1) 이물질 제거

농산물 세척은 표면에 붙어있는 이물질을 외부에서 필요한 에너지를 가하여 제거하는 것으로, 이물질의 자유 에너지($\Delta G\omega$)가 이물질과 표면의 결합 에너지보다 커야 이물질이 분리되는 것으로 다음과 같이 표현할 수 있다.

$$P + S = PS \tag{1-1}$$

여기서 P : 오염물질

S : 표면

PS : 오염물질과 물체표면

$$PS + L_2 \longrightarrow PL_2 + SL_2 \tag{1-2}$$

여기서 L_2 : 세척제

PL_2 : 오염물질과 세척제

SL_2 : 물체표면과 세척제

오염물질을 제거하는데 필요한 자유에너지($\Delta G\omega$)는

$$\Delta G\omega = Y_{pL2} + Y_{sL2} - Y_{ps} \tag{1-3}$$

여기서 Y_{pL2} : 오염물질과 세척제

Y_{sL2} : 물체표면과 세척제

Y_{PS} : 오염물질과 물체표면의 상력

따라서 $\Delta G\omega < 0$ 이고 $Y_{PS} > Y_{pL2} + Y_{sL2}$ 이면 이물질이 자연적으로 물체의 표면에서 분리되며, $\Delta G\omega$ 값이 작으면 이물질의 제거 효과가 크다고 할 수 있다. 그러므로 이물질의 제거 효과를 높이기 위해서는 $Y_{pL2} + Y_{sL2}$ 를 가능한 한

작게 하는 세척 장치와 세척 조건을 선정할 필요가 있다.

(2) 공기방울

공기방울을 이용한 세척기의 공기방울 속도는 공기 펌프의 크기, 액체속도, 공기방울의 반지름, 온도, 물의 깊이, 공기를 분사하는 공기제트로부터의 거리에 따라서 달라진다. 공기방울이 유체 속에서 발생하여 활동하는 형태는 그림 1.2와 같다. 오리피스에서 공기방울이 분출되면 공기방울은 밀도가 높아서 위로 올라가면서 크기가 커진다. 커진 부피만큼 물이 밀려나게 되고, 다시 밀려난 자리만큼 물이 채워지므로 물이 유동하게 된다. 물 표면에서는 수평으로 퍼지면서 운동을 멈춘다. 따라서 공기 방울의 이동, 상승, 퍼짐을 이용하여 요철이 심한 표면인 엽채류를 세척할 수 있다.

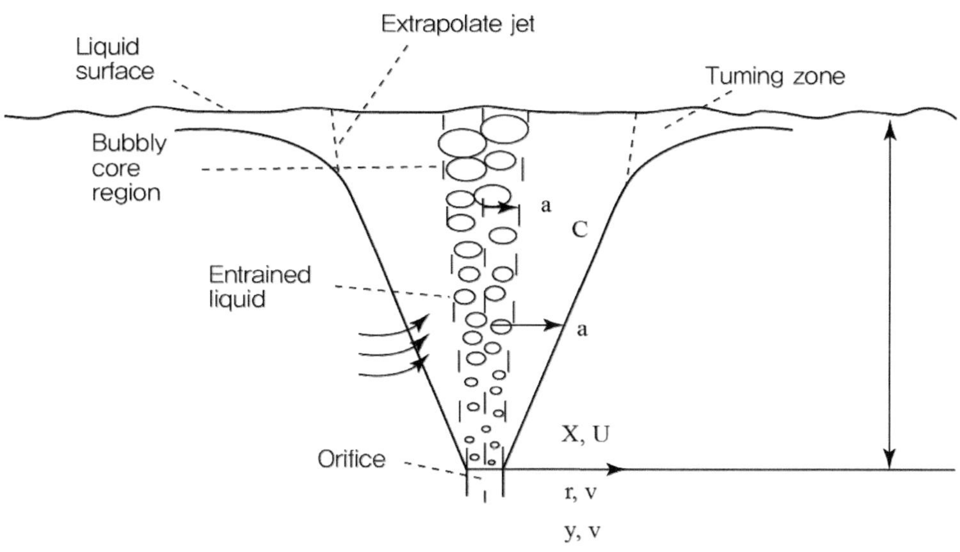

[그림 1.2] 공기방울 발생 원리

Hussan 등(1984)은 공기방울에 의한 물의 이동과 공기방울의 이동속도를 그림 1.3과 같은 모델로 구하였다. 공기방울의 이동속도(U_g)는 물의 이동속도와 공기방울의 종말속도를 합한 것으로써 다음과 같은 실험식을 제시하였다.

$$U_g = U_l + U_\infty$$

여기서 U_g : 공기방울의 이동속도 [m/s]

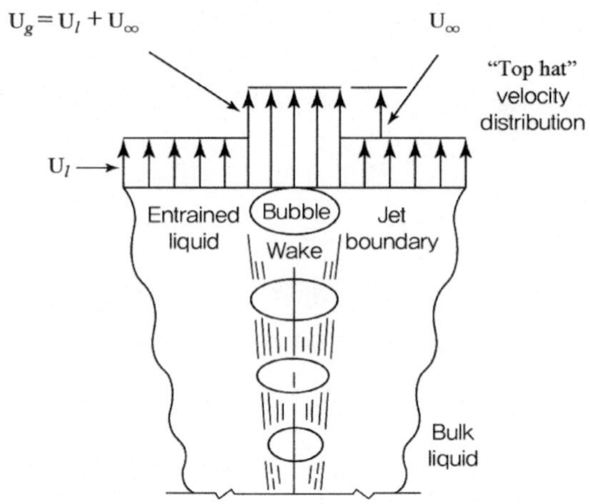

[그림 1.3] 공기방울의 부력 속도

U_l : 물의 이동속도 [m/s]

U_∞ : 공기방울의 종말속도 [m/s]

또한 M_g의 흐름량이 0.001 kg/s 이하일 경우에는 ;

$$M_l = 332.57\, M_g^{\ 0.23}\, L^{0.994} \tag{1-4}$$

여기서 M_l : 물의 흐름양 [kg/s]

M_g : 공기 흐름양 [0.001 kg/s]

L : 공기발생부분부터 수면까지 거리 [m]

M_g의 흐름량이 0.001 kg/s 이상일 때 ;

$$M_l = 594.6\, M_g^{\ 0.313}\, L^{0.994} \tag{1-5}$$

이 식에서 수조 내 유체의 흐름은 공기방울의 속도와 물의 깊이에 의하여 결정됨을 알 수 있다.

그러나 대부분의 엽채류 등 농산물의 세척 수조는 물의 깊이가 1 m 이하이고 발생되는 공기 흐름양은 0.001 kg/s 이하이므로 위 식 (1–5)를 사용할 수 있다. 실제로 공기 흐름양을 0.001 kg/s 이하로 하고 수조의 깊이를 0.8 m로 하여 실험식(1–5)로 계산하면 수조 내의 물을 위로 상승시키는 데 초당 54 l의 물이 공기방울을 따라서 유동되므로 수조 내에서는 물의 유동으로 인한 세척효과가 높다는 것을 알 수 있다.

1.1.3 세척 단계

세척 단계는 크게 세척과 헹굼으로 나눌 수 있다. 세척은 1차 세척(표면에 느슨하게 부착된 이물질 제거), 2차 세척(고착된 이물질의 불림·제거), 3차 세척(고착된 이물질 완전 제거)으로 세분된다. 헹굼은 세척이 끝난 후 잔류 이물질과 오염된 세척수를 제거하는 과정으로 세척을 종료하게 된다.

오염물질이 제거되는 과정은 3단계로 나눌 수 있다. 첫째는 세척수가 농산물 표면과 이물질을 적시는 단계로 농산물과 이물질이 세척수와 상호반응으로 적셔지면 세척수가 부착된 이물질과 농산물과 사이에 스며든다. 둘째는 이물질을 농산물 표면에서 분리하는 단계로 세척수가 농산물과 이물질간의 경계면을 분리하여 이물질을 떨어뜨린다. 셋째는 재오염을 방지한 단계로 볼 수 있다.

1.2 세척 방법별 분류

이물질을 제거하는 방법은 농산물의 종류에 따라 다르지만 원료의 성질, 이물질의 종류 등을 고려하여 단일 방법 또는 여러 가지 방법을 조합하여 사용할 수 있다. 세척할 때 주의 사항으로는 세척효율이 높고 이물질에 재오염이 되지 않도록 해야 하며 제품이 손상, 변질이 되지 않아야 한다. 또한 수분을 흡수하여 부피와 무게 증가가 되지 않아야 한다.

1.2.1 침지식 세척기(담금 세척기)

침지식 세척은 농산물을 세척조에 넣어 세척을 하는 방식으로 모든 농산물에 범용적으로 사용할 수 있는 기본적인 세척 방식이다. 세척효율을 높이기 위해 물의 와류, 세척조의 회전으로 세척수와 농산물을 교반하여 가능한 많은

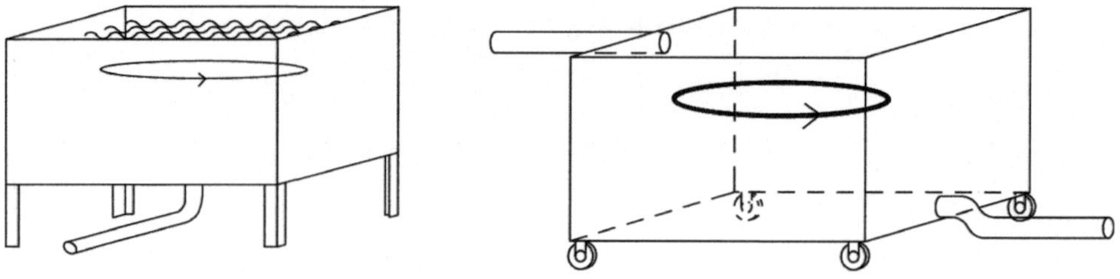

[그림 1.4] 침지세척 모식도

접촉이 되도록 하면서 보통 세척조를 1~3 단계로 설치하여 세척 헹굼까지 일관처리를 한다. 구조는 그림 1.4와 같이 세척조, 세척수 공급구, 세척수 배수구로 되어있다. 이 방법은 모든 농산물에 범용적으로 사용할 수 있는 세척 방식이다.

1.2.2 공기 방울식 세척기

공기 방울식 세척기는 침지세척에 사용하는 방식에서 송풍기를 이용하여 공기가 세척수가 채워진 세척수조 밑이나 측면으로 분사되어 방울형태로 수면으로 떠오르면서 농산물을 세척한다. 구조는 수조(세척조) 세척수 공급구 및 배수구, 공기유입배관, 송풍기, 배출컨베이어 등으로 되어있다. 세척원리는 공기는 물과 밀도차가 크기 때문에 공기가 방울 형태로 형성되면서 부력에 의해 빠른 속도로 상승하고 동시에 세척수의 유동이 발생된다. 그림 1.5는 공기방울이 부력에 의해 상승하면서 세척수의 흐름을 만드는 원리를 나타낸 것이다. 공기방울은 부드럽게 접촉하며 농산물 사이사이까지 쉽게 침투하는 특성이 있어 흙이나 먼지 등 이물질이 잔뿌리들 속에 뭉쳐있거나 포기 속에 끼어있을 경우 이를 제거하는데 이용이 가능하다. 세척 대상은 조직이 부드럽고 연한 작물, 포기형태의 작물, 포도와 같이 송이형태의 작물 등에 적합하다.

이를 개선한 기술로 공기방울을 세척조 옆에서 분사시켜 와류를 형성함과 동시에 세척수의 흐름을 투입구에서 배출구 방향으로 향하도록 하여 투입세척물이 자연스럽게 이송하면서 세척하는 방식을 사용하고 있다.

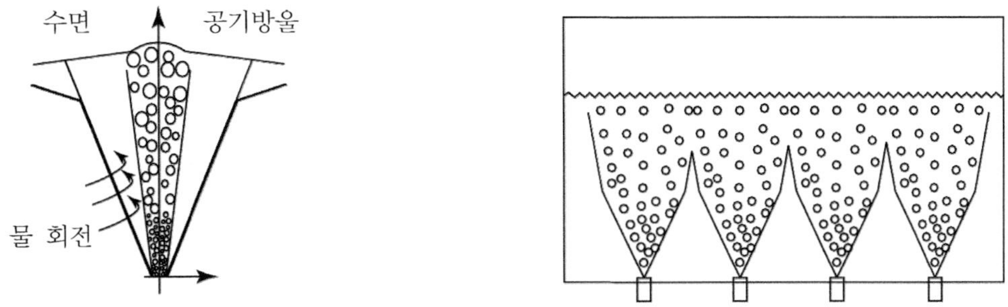

[그림 1.5] 공기방울 세척원리 및 세척기 모식도

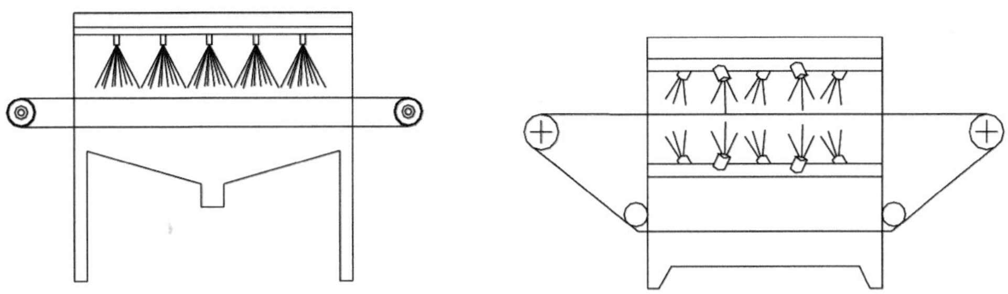

[그림 1.6] 분사식 세척기 모식도

1.2.3 분사식 세척기

분사식 세척기는 농산물을 이동시키면서 표면에 1~100 kgf/cm^2 정도까지의 압력의 유체(물, 공기 등)을 분사하여 이물질을 제거한다(그림 1.6). 농산물 이동은 벨트형 컨베이어, 망형 컨베이어, 롤러형 컨베이어, 드럼 등을 사용하고, 물 분사는 펌프와 노즐(플랫형, 원추형)를 이용한다. 세척효율에 관계되는 요인은 분사 압력, 분사거리, 분사시간, 분사량, 이물질 부착 상태 등이 있고 드럼형인 경우 회전속도, 벨트의 통과 속도 등이 있다. 주의사항은 농산물의 경도가 낮은 경우 고압의 물을 분사에 의한 충격력으로 농산물에 손상이 발생할 수 있으므로 물 분사 압력, 농산물 이송속도 등을 조절할 수 있어야 한다.

분사되는 세척수는 보통 상온의 물을 사용하지만 열수(가온수)를 이용하여 세척을 하며 세척효율을 높일 수 있다. 그림 1.7은 열수세척장치로서 고추(꽈리고추, 착색 단고추)에 적용한 사례이다. 열수 세척기의 구조는 열수를 공급

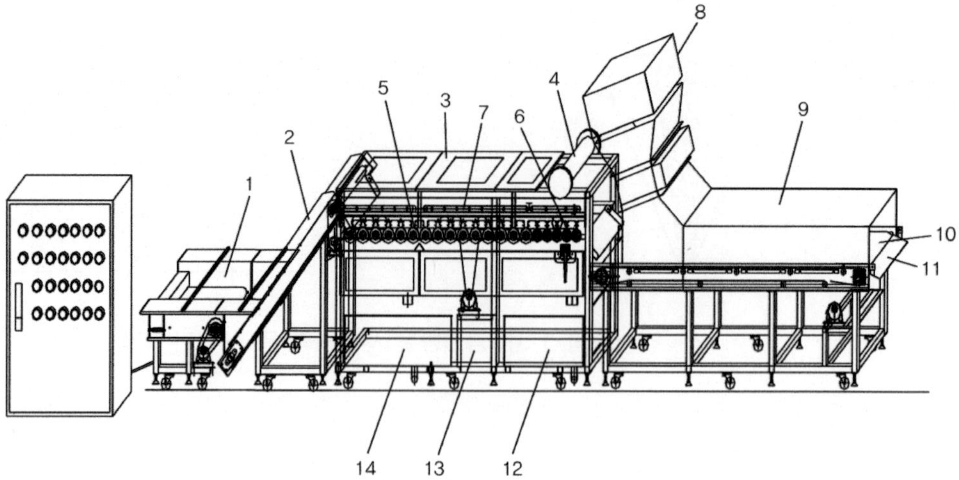

1. 투입호퍼, 2. 러그부착경사컨베이어, 3. 세척부, 4. 에어커튼
5. 회전브러시, 6. 방습롤러, 7. 물분사노즐, 8. 온풍히터와 팬,
9. 말림부, 10. 메시망벨트컨베이어, 11. 배출구, 12. 열수히터와 탱크,
13. 모터펌프, 14. 상온수 탱크, 15. 제어장치

[그림 1.7] 착색단고추 열수세척장치 구조

하기 위해 세척수를 데우는 장치가 추가되어 있다. 보통 세척은 1차 상온수로 하고 2차 열수를 사용하는 방식을 사용하고 있다.

1.2.4 브러시식 세척기

브러시식 세척기는 농산물의 표면을 브러시를 이용하여 직접 문질러 이물질을 제거하는 방식으로 대부분 분사세척 방법과 연계하여 사용을 한다(그림 1.8). 브러시 세척방법은 물리적 힘이 커 세척 효과가 높지만 조직에 손상을 입히기 쉽고 브러시가 미치지 않는 부분에는 효과가 낮지만, 고압의 물 분사 방식과 병행하여 사용함으로써 단점을 보안할 수 있다. 세척 요인으로는 브러시 모의 직경 및 길이, 브러시 이송속도 또는 브러시롤러 직경 및 주속도 등이 있다.

브러시식 세척기의 세척 대상 작목은 과채류나 근채류가 적당하며 사용되고 있는 세척기로는 고추 세척기, 감자 세척기, 고구마 세척기, 참외 세척기 등이 있고 몇 가지 사례는 다음과 같다.

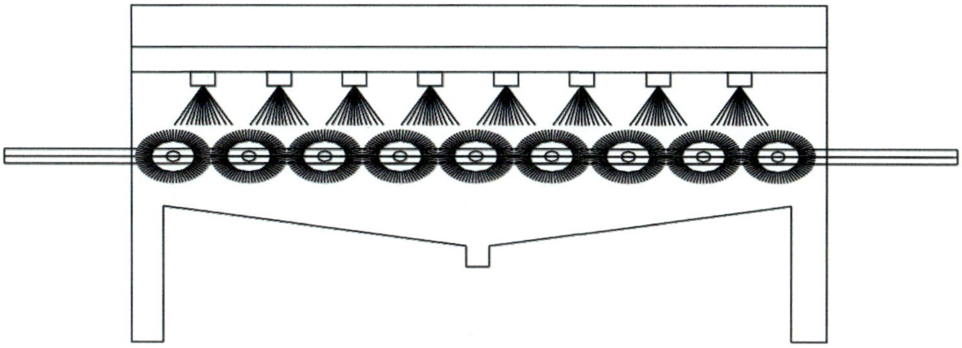

[그림 1.8] 브러시형 세척기 모식도

고추 세척기는 공급, 세척, 헹굼, 배출 일관 작업형으로 구조는 세척통, 브러시, 여과장치, 헹굼노즐, 배출컨베이어, 여수관 등으로 되어 있다. 투입된 고추는 물과 나선형 브러시와 마찰로 세척이 되고 배출할 때 헹굼 노즐에서 재오염을 방지하고 보다 깨끗이 세척하기 위해 물을 분사하여 작업을 완료한다.

감자 세척기는 공급, 세척, 헹굼, 건조 일관작업이 가능한 구조로써 공급은 컨베이어 벨트형의 공급 장치로 일정한 양을 공급하며, 세척은 노즐로부터 물을 분사하여 감자와 이물질을 불린 후 노즐로 고압의 물을 분사하며 동시에 원통형 회전브러시 마찰을 이용한다(그림 1.9). 세척이 끝나면 깨끗한 물을 분사하여 잔류 이물질 및 오염된 세척수를 제거한다. 건조는 원통형 롤러 컨베이어나 벨트 컨베이어로 이송 배출시에 상부로부터 따뜻한 바람이나, 할로겐 전등과 같은 전기열을 이용한다.

[그림 1.9] 감자세척기

1.2.5 초음파식 세척기

초음파란 가청 주파수대 20~20,000 Hz 보다 큰 소리의 진동이다. 즉 사람이 느낄 수 없는 20,000 Hz 이상의 진동을 말한다. 초음파는 1초에 주파수 만큼 감압 가압을 반복적으로 가하여 세척수에 존재하는 공기들을 뭉쳐 큰 방울형태로 만들었다 터트렸다를 반복하는 현상 즉 캐비테이션을 발생시킨다(그림 1.10). 초음파 세척기는 바로 캐비테이션 효과를 이용하는 것으로 농산물 표면에 부착된 이물질에 캐비테이션을 가하여 제거한다. 초음파 세척기는 주파수 68 kHz대 이하, 주파수 100 kHz ~ 500 kHz, 1 MHz 이상으로 나누어지고 있으며 농산물 세척에 사용되는 초음파 주파수는 68 kHz대 이하를 사용하며 가장 충격력이 큰 28 kHz를 많이 사용한다. 표 1.3은 초음파 세척기의 주파수별 특성을 나타낸다.

[표 1.3] 초음파 세척기의 주파수별 특성

주파수	28 kHz	40 kHz	고주파	메가
세척원리	미세공기방울 폭발력 (Cavitation)	미세공기방울 폭발력 (Cavitation)	분자의 가속도	분자의 가속도
충격파	수백기압	수십기압	없음	없음
제거가능입자	3 μm 이상	2 μm 이상	1 μm 이상	0.1 μm 이상
용 도	일반세척용	일반세척용	정밀세정용	초정밀세정용

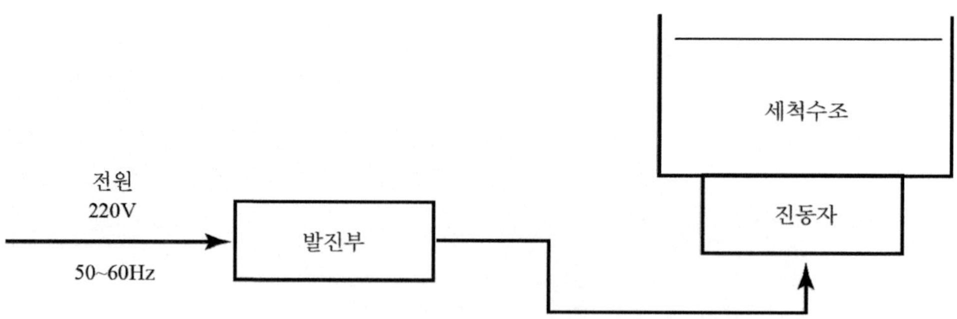

[그림 1.10] 초음파 세척기 모식도

1.2.6 전해수식 세척기

[1] 전해수 생성 원리

전해수(電解水)란 물을 전기분해하여 얻어지는 물이다. 물을 전기분해하는 장치를 전해수 발생장치라 하며 형식은 내부에 격막의 유·무에 따라 2 가지로 나눌 수 있다(표 1.4). 유격막 전해수 발생장치에서 소금물이 공급되는 경우 양극에는 강산성 전해수와 차아염소산수가 생성되고 음극에서는 강알카리성 전해수가 생성된다. 수돗물이 공급되는 경우에는 산성이온수와 알칼이 이온수가 생성된다(그림 1.11). 무격막 전해수 발생장치에 소금물이 공급되어 차아염소산수가 전해수 생성된다(그림 1.12).

[표 1.4] 전해수 발생장치의 형식별 생성 전해수

장치 형식	공급물 종류	생성 전해수
유격막	소금물	강산성 전해수 (양극) 차아염소산수
		강알칼리성 전해수
	수돗물	산성 이온수
		알칼리 이온수
무격막	소금물	미산성 차아염소산수

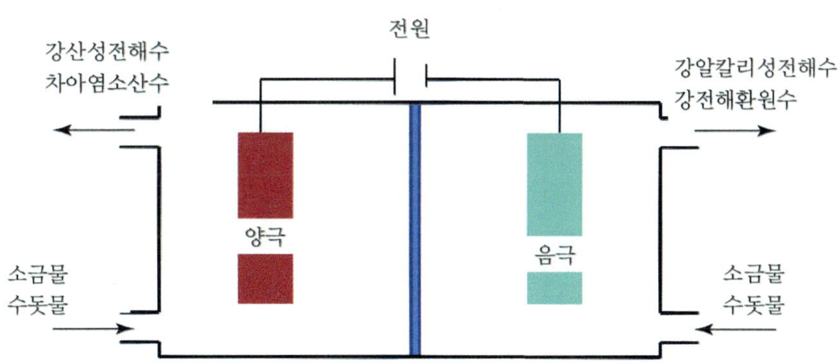

[그림 1.11] 격막식 전해수 발생장치 개념도

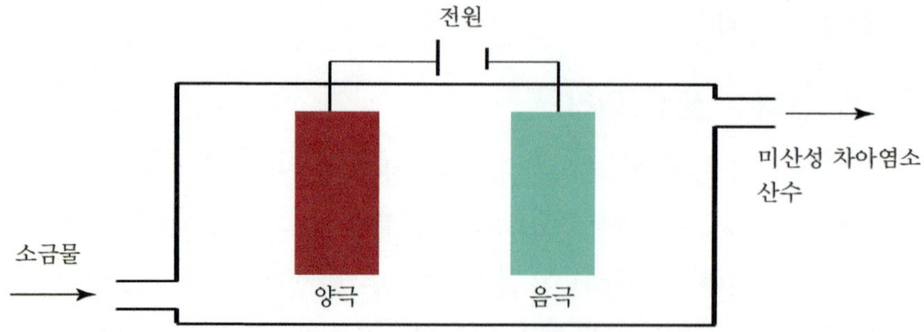

[그림 1.12] 무격막식 전해수 발생장치 개념도

그림 1.13과 같이 이온 선택성 격막은 아주 얇은 막으로, 공극의 크기가 매우 작아 물은 통과시키지 않고 이온만 선택적으로 통과시킨다. 이온 선택성 격막을 사용하여 전기분해 할 때 전기분해 장치의 양극실에는 강산성수가 생성되고, 음극실에는 강알칼리수가 생성된다. 강산성수는 산도(pH)가 2.7 이하, 산화환원전위력(ORP)이 1,100 mV 이상이다. 강알칼리수는 pH가 11.0 이상, ORP가 −800 mV 이하이다. 이온선택성 격막식이지만 공급되는 물이 소금물이 아닌 일반물인 경우에는 양극실에는 pH가 3.5~6이고 ORP가 500~700 mV인 약산성수와 음극실에 pH가 7.2~10이고 ORP가 0~−600 mV인 약 알칼리수가 생성된다.

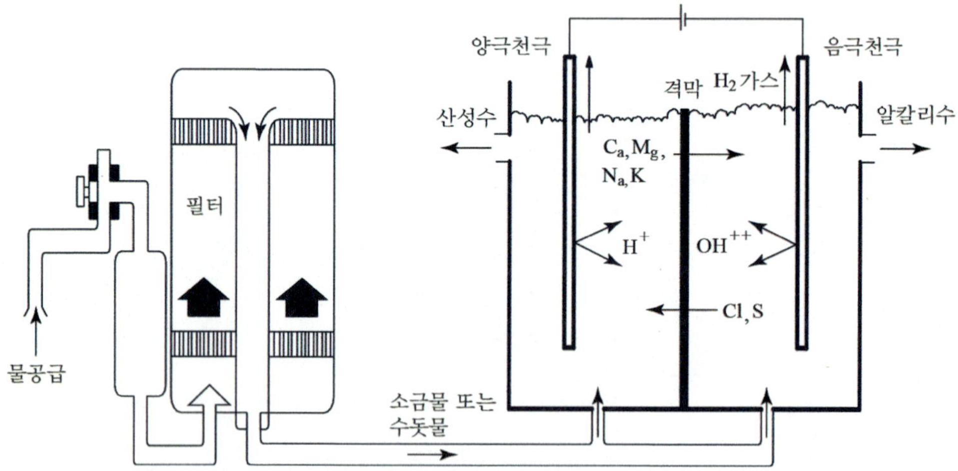

[그림 1.13] 격막식 이온수 발생기의 구조

[2] 전해수식 세척기

전해수 세척기는 공기방울 세척기나, 침지식 세척기에 전해수 발생장치를 부착하는 구조로 되어 있다. 전해수의 특징인 살균력을 이용하여 세척은 대부분 1차 불림, 2차 세척 살균, 3차 헹굼 방식 또는 1차 불림, 2차 세척, 3차 세척 살균, 배출 및 물분사 헹굼 방식을 사용한다. 세척과 동시에 살균을 하기 위해서는 전해수 속에 잔류염소 농도가 80 ppm 이상일 때 효과가 있으므로 세척기의 전해수 발생기는 세척수의 공급유량에 따라 전해수 발생 및 공급에 충분한 성능이 필요하다

1.2.7 오존수식 세척기

[1] 오존의 특성 및 오존수 제조원리

오존은 높은 농도에서는 푸른색을 띠는 기체이나 2% 이하에서는 무색으로, 눈으로 볼 수 없으나 비릿한 냄새를 갖고 있다.

$$3O2 \Leftrightarrow 2O3 + \text{Heat \& U.V.}$$

오존은 강력한 산화력을 가져서 0.4 ppm에서 4분 정도면 대부분의 세균, 바이러스, 곰팡이를 사멸시킬 정도로 강력한 살균력을 갖고 있다. 그러나 오존은 매우 불안정한 상태로 공기 중에서는 지속성이 짧아 대부분 오존수의 형태로 사용하는데 상온의 수중에서 20분 정도에 반으로 줄어든다.

오존수는 오존가스를 물에 혼입하여 제조한다. 오존수 제조기는 오존을 물에 혼입하는 방법에 따라 분류를 하면, 오존을 터빈으로 미세화하여 물속에 분사하여 제조하는 방법, 오존을 물속에 분사하면서 물을 와류시켜서 제조하는 방법, 오존을 작은 구멍을 통하여 수면아래에서 물에 혼입하여 제조하는 방법, 인젝터로 오존을 물과 같이 분사하여 제조하는 방법 등이 있다.

[2] 오존수식 세척기

오존수식 세척기는 전해수식 세척기와 동일하게 일반 세척기에 오존수 제조기를 부착하여 사용한다. 세척기 형식은 오존수를 이용하는 방식에 따라 침지식과 분사식이 있다. 오존수를 이용한 살균은 보통 세척과 살균을 동시에 한

다. 오존수 세척기는 오존수의 농도가 작목별 살균농도와 시간에 차이가 있으므로 소량 다품목을 세척할 경우에는 농도의 높고 낮음과 적정 농도의 지속적 유지가 가능해야 한다.

1.3 탈수기계 기술

탈수는 농산물의 세척 또는 살균과정에서 농산물과 혼합되어있는 물을 제거하는 것이다. 농산물은 작물의 종류에 따라 함수율이 차이가 있으나 보통은 85% 내외를 유지하고 있다. 세척, 살균 등 전처리 작업에 사용하는 물이 제거되지 않고 표면에 잔류되어 있으면 세균이나 곰팡이가 쉽게 번식하거나 표피가 빨리 부패하여 품질 저하로 이어진다. 농산물에 잔류되어 있는 물을 제거하는 기계 기술은 원심 탈수방식, 송풍 방식, 진동 방식이 이용된다.

[1] 원심식 탈수기

원심식은 탈수통의 회전으로 발생되는 원심력을 이용한 방식으로 회전속도 및 시간이 농산물 제품의 품질에 중요한 변수가 된다(그림 1.14). 원심력이 너

[그림 1.14] 원심식 탈수기

무 크면 농산물 제품의 세포가 손상되거나 세포수가 빠져나오는 현상이 발생되므로 적정 회전수와 작동시간을 준수하여야 한다. 매끄러운 표면을 갖는 농산물이나 두께에 비해 표면적이 작은 농산물에 주로 사용되나 굴곡이 있거나 조직이 약하면서 표면적이 넓은 농산물에는 효과가 떨어진다.

[2] 송풍식 탈수기

송풍식은 블로워 등을 이용한 강제 송풍방식으로 컨베이어에 의해 이송되는 농산물에 노즐로 공기를 분사하여 탈수를 한다(그림 1.15). 송풍에 사용되는 공기는 대기중의 공기를 사용하므로 대기중에 분포되어 있는 미생물 및 오염물질의 흡입을 방지하기 위해 반드시 흡입구에 공기 여과 필터를 부착하여야 하고 주기적으로 교체하여야 한다. 최근에는 센서와 솔레노이드밸브를 이용하여 농산물이 노즐 근처에 왔을 때만 공기가 분사되도록 하는 탈수방식이 개발되었다.

[그림 1.15] 송풍식 탈수기

[3] 진동식 탈수기

진동식은 타공된 바닥면이 진동모터 또는 캠에 의해 진동운동을 하여 상부에 놓인 농산물에 운동에너지를 전달하여 표면수를 털어내는 방식이다. 진동식 탈수기의 구조는 그림 1.16과 같이 진동판, 캠, 스프링, 진동 작동 및 세기 조절 스위치로 되어 있으며 다른 탈수 방식에 비하여 손상발생이 적은 장점이 있으나 탈수 정도가 낮은 단점이 있다. 진동식 탈수기는 단독으로 사용하기 보다는 본 탈수 전에 하는 본탈수전 예비탈수, 1차 세척과 2차 세척사이, 세척과 헹굼 사이에 많이 사용한다. 진동수는 구조물의 고유진동수를 피하여 설정을 하여야 구조물이 피로를 덜 느끼게 된다. 그렇지 않으면 공진발생으로 시끄러운 소음이 발생하므로 작업환경이 나쁘게 된다.

[그림 1.16] 진동식 탈수기

CHAPTER 02

박피와 분쇄

2.1 박피기

2.1.1 박피

수확한 채소나 과일류의 작물은 종류에 따라 식용으로 활용할 수 없는 외피를 포함하고 있다. 박피는 식품을 가공 공정에서 채소나 과일의 내부 과육의 손실을 최소화하면서 외피를 벗겨내는 과정으로 정의된다. 박피 공정을 거친 과채류는 사람이 직접 섭취하거나 절단, 통조림 가공 및 다른 가공식품을 만드는 등의 이후 공정에 사용된다. 박피 공정에서 위생, 안전, 품질 등의 관리가 철저히 이루어져야 하며, 식품 공정의 초기에 수행되는 단계로 이후 식품 가공 공정을 위한 준비 단계로 여겨지기도 한다. 박피 공정을 마친 뒤의 과채류의 질감, 풍미, 영양가, 저장성 등은 껍질을 벗기기 전과 크게 달라질 수 있다.

전통적으로 인간의 손과 칼날 같은 도구를 이용하여 과채류의 껍질을 제거했으며, 이 방법이 과채류의 과육에 손상을 가장 적게 주는 방법으로 알려져 있다. 또한 아직도 상품성이 높은 망고와 같은 과일은 손으로 박피 하는 경우도 더러 있다. 인간의 노동력에 의한 박피는 처리 시간이 길고, 노동력에 의해 발생하는 비용 때문에 최종 상품의 가격이 상승한다는 단점이 있다. 따라서 1940~1950년대 사이에 노동력과 소요 시간의 단축을 위한 대량 박피 방법이 개발됐다. 이때 개발된 방법은 고압 증기를 이용한 방법과 알칼리 용액을 이용한 박피 공정이다. 고압 증기나 알칼리 용액은 감자, 토마토, 감귤류, 사과, 당근, 고구마, 호박, 배 등의 외피를 직접 제거하거나 무르게 만들 수 있어, 이후에 바찰을 통해 잔류하는 껍질을 벗기는 공정을 쉽게 할 수 있다. 이 공정은 물의 사용과 염기나 산과 같은 화학약품의 사용을 피할 수 없는 단점이 있다. 최근 연구들은 효율적인 물과 에너지를 사용하여 높은 품질의 생산물을 만드는 공정에 관하여 진행되고 있다. 또한 화학약품이나 증기를 사용하지 않고 기계적인 힘을 통해서 박피 하는 공정도 개발되고 있다.

2.1.2 전통적 박피법

1940년대에 잿물(알칼리수)을 이용한 방법이 개발된 이래로 박피법은 크게 네 종류로 분류될 수 있다. 물리적인 힘만을 이용한 기계적 박피, 알칼리 혹은 산 용액을 이용하여 표면을 처리하는 산·알칼리 박피법, 고온 고압의 증기를 이용하는 증기박피 법, 화염을 이용하는 화염 박피법이 있다. 또한 박피 방법은 과채류가 공정 중 처한 주위 환경에 따라 습식 박피와 건식박피로 나뉘기도 한다. 과채류의 외피는 크기, 두께, 형태, 성분 등이 모두 달라 외피의 특징과 비용적 부분을 고려하여 박피 방법을 선택한다.

[1] 기계적 박피법

기계적 박피는 칼이나, 블레이드, 마찰을 이용하여 외피를 과육에서 물리적인 힘을 사용하여 직접적으로 벗겨낸 후 과육 표면에 붙어있는 잔류물 들은 물이나 압축 공기를 이용하여 제거한다. 기계적 박피의 작동 조건은 대부분 건조된 상태기 때문에 건식 박피법으로 분류될 수 있다. 용매와 화학 반응을 이용하지 않는 기계적 박피법은 과육에 손상이 적어 보존성이 좋고 영양가의 손상이 적다. 또한 초기 설치 비용이 다른 방법 대비 싸고, 에너지 소모가 적고, 환경에 미치는 부정적 영향이 적은 장점이 있다. 하지만 이 방법은 처리량이 적고, 껍질과 함께 손실되는 과육의 양이 다른 방법 대비 많은 단점이 있어, 몇몇 고가의 과일과 근채류의 박피에 사용된다. 기계적 박피를 이용하는 주요 과채류는 감귤류, 배, 파인애플, 양파, 당근, 호박, 카사바 등이 있다.

칼 혹은 블레이드를 사용하는 기계적 박피기는 일반적으로 과채류를 회전운동 시키는 구동부와 칼날이 고정된 부분으로 구성된다. 구동부에 투입된 과채류는 자체로 회전하며 고정된 칼날과 접촉하여 외피가 과육과 분리된다. 이때 제품과 칼날이 접촉하는 특징에 따라 박피의 효율이 결정된다. 일례로, 드럼형 칼날 박피기가 있는데, 이는 칼날이 설치된 드럼과, 외부 프레임, 이송용 오거로 구성된다. 네덜란드 Marcelissen사의 Drum Knikfe Peeler인 SMT

800/1000[그림 2.1 (a)]은 감자나 근채류용 박피기로, 시간당 1,000 kg까지 박피가 가능하다. 드럼의 길이는 1,000 mm 직경은 800 mm이며 드럼에 24개의 막대기와 192개의 칼날이 설치되어있으며 시간당 4.7 kW의 소모전력을 가진다. 연속식으로 드럼의 크기가 증가할수록 시간당 처리량이 증가하는 특징이 있다.

칼을 이용하지 않고 재료와 재료간의 마찰 혹은 재료와 연마 요소간의 마찰을 이용하여 껍질을 벗기는 방식을 연마식(Abrasion) 박피라 한다. 연마를 일으키는 기계적 요소로는 뻣뻣한 브러시, 내부 용기에서 재료와 혼합되어 움직이는 구슬, 드럼, 연마 요소가 포함된 외벽이 있다. Marcelissen사의 SKR 시리즈는 저속으로 회전하는 드럼으로 구성되어 있으며, 이 드럼은 표면이 연마재로 되어 있는 롤러로 구성되어 있다. 당근이나 감자 등이 회전하는 드럼 내부에 투입되어 회전운동을 하며 이때 발생하는 전단력으로 인해 과육과 껍질이 분리되는 원리로 벗겨진다. SKR 25/2500 모델[그림 2.1 (b)]은 연속식으로 시간당 3,000 kg까지 처리량을 가지며, 드럼은 25개의 롤러로 구성된다. 롤러는 길이 2,500 mm, 직경 85 mm를 가지며, 시간당 6.75 kW를 소모한다.

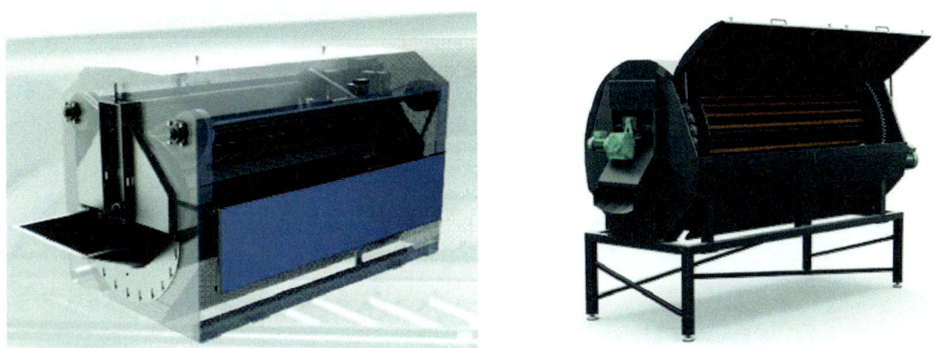

(a) (b)

[그림 2.1] (a) SMT 800/1000 칼 박피기, (b) SKR 25/2500 롤러형 박피기

(출처 : https://marcelissen.com/)

이 외에도 얇고 건조한 껍질을 고압의 공기를 이용하여 과육과 분리하는 방식이 있다. 이는 양파나 마늘에 적용할 수 있는 방법으로 비교적 간단하고 과육에 피해를 최소화하는 방식으로 박피가 가능한 장점이 있지만, 사용할 수 있는 작물이 한정적이고 압축 공기 생성시에 필요한 에너지량이 높은 단점이 있다.

[2] 알칼리 박피법(lye peeling)

가성 박피라고도 불리는 이 박피법은 비교적 얇은 껍질에 사용되는 방법으로, 대량의 박피 공정에 널리 사용되는 전통적 박피법이다. Lye 박피는 알칼리 용액(수산화나트륨, 수산화칼륨)을 이용하여 과채류의 외피를 녹인 뒤 잔류하는 껍질을 고압의 공기나 물을 이용하여 제거하거나, 연마식 박피기를 이용하여 제거하는 방식으로 진행된다.

식물의 다른 기관과 마찬가지로 대부분의 과채류의 껍질은 내부 과육의 생물학적이거나 물리·화학적 자극으로부터 보호하기 위한 분자들로 구성되어 있다. 여기에는 다당류인 펙틴 및 헤미셀룰로오스가 주 성분이다. 알칼리 용액에 포함되어 있는 수산화기는 펙틴이나 헤미셀룰로오스에 있는 갈락투론산 단위의 α 1-4 결합을 절단한다. 이는 펙틴이나 헤미셀룰로오스의 결합력을 약화하는 한편 이들을 분해하는 역할을 한다. 알칼리 박피법은 알칼리 용액을 처리하는 방식에 따라 크게 건식과 습식으로 나뉠 수 있다.

습식알칼리 박피법은 60~100℃의 고온에서 8~25% 농도의 농축 잿물 용액에 제품을 짧은 체류 시간(15~30초) 동안 담그는 방식으로 수행된다. 어떤 경우에는 박리 효율을 향상하거나 박리 효과를 유지하면서 잿물 농도를 감소시키기 위해 계면활성제 또는 습윤제와 같은 다른 화학 첨가제를 사용하기도 한다. 이에 반해 건식 알칼리 박피법은 처리하는 제품을 알칼리 용액에 담그는 대신 알칼리 용액에 의한 분해 작용을 촉진할 수 있는 고온의 환경에서 알칼리 용액을 과채류 표면에 분사하는 방식을 이용한다. 건식 알칼리 박피법은 습식과 비교해 화학약품의 사용량과 물의 사용량을 감소시킬 수 있는 특징을 갖지만, 제품이 열분해 될 수 있고 박피 효율이 습식과 비교해 떨어지는 단점도 존재한다.

습식알칼리 박피법이 상업용 박피 공정에 가장 널리 사용되는 기술이며 토마토, 고구마, 감자, 복숭아, 구아바, 배 및 살구와 같은 다양한 과실의 박피에 사용되고 있다. 농산물의 특성상 농산물의 형태가 고르지 않고, 껍질의 두께도 고르지 않은 등의 변수가 많은데 습식 알칼리 박피 방법은 이러한 다양한 제품에 대응할 수 있다. 또한 공정의 자동화가 쉽고, 박피의 품질 및 효율성이 우수하여 식품산업 분야에서 널리 응용되고 있다. 박피의 품질에 가장 큰 영향을 미치는 요소로는 알칼리 용액의 온도 및 농도, 제품을 담그는 시간이 있으며,

이를 이용하여 공정을 제어하기도 한다. 뜨거운 알칼리 용액이 과육 내부로 침투하여 주변 과육 조직에 열변형을 유발하는 현상을 "가열고리"라 하며, 가열고리는 감자, 고구마와 복숭아에서 두드러지게 나타난다. 또한 처리 후 폐수의 높은 pH로 인해 폐기물 처리에 추가적인 비용이 발생하는 단점이 있다.

[3] 증기박피법

감자나 고구마, 당근 등의 근채류와 토마토와 같은 과채류는 얇은 껍질을 가지고 있다. 고온(100~145℃) 고압(12~30 psi)의 증기를 짧은 시간(15~30초) 동안 제품에 가한 이후, 온도와 압력을 제거하면 제품의 얇은 껍질과 과육간의 박리가 일어난다. 박리된 껍질은 과육 표면에 느슨하게 붙어있기 때문에 연마를 유도하는 기계 도구들에 의해 쉽게 제거된다. 증기박피법은 화학약품의 사용을 피할 수 있어 감자, 고구마, 당근, 토마토 등의 채소의 알칼리 박피를 대체할 수 있는 유망한 기술로 간주 된다. 하지만 최종 산물의 외관 및 견고성의 감소 및 과육의 손실 높은 단점이 있다. 과거 수십 년 동안 급속 냉각을 통한 고압 스팀 박리, 잿물 스팀 박리 및 동결 가열 박리와 같은 기존 스팀 방법의 변형이 박리 손실을 최소화하고 품질 향상을 목표로 연구되었다.

[4] 화염박피법

화염박피 방법은 대량처리가 가능하고 공정의 자동화가 쉽고, 밤과 같이 단단한 껍질을 갖거나, 고추, 마늘, 양파와 같이 수분함량이 높은 과채류의 껍질 제거에 효과적인 방법이다. 화염박피법은 보통 1,000℃ 이상의 고온의 화염을 1~3초 동안 가하여 외부의 껍질층을 그을리는 박피 방법이다. 보통 화염 박피기는 화염과 온도를 조절할 수 있도록 설계된 가스버너가 설치된 가열 부위를 과채류가 통과하는 방식으로 구성된다. 수분함량이 높은 과채류의 내부 과육은 열용량이 높아 외부의 껍질이 연소 되는 동안 온도의 변화가 적어 열처리에 의한 손상을 최소화할 수 있다. 화염박피법은 외부에 존재하는 미생물의 개체 수를 크게 줄일 수 있으며, 수분으로 쉽게 용해되는 아스코르브산(비타민 C)의 함량을 보존할 수 있는 장점이 있다. 하지만 상대적으로 장치의 유지관리 비용이 높다.

[5] 칼날을 이용한 방법

기본적인 자르는 도구인 칼, 톱, 길로틴, 와이어 등이 있으며, 톱은 이가 있는 칼로 정의할 수 있다. 또한 길로틴은 양쪽에서 동작하는 칼로 정의 할 수 있다. 칼날을 이용하는 박피기의 경우 대상 과채류의 껍질의 두께와 물성에 따라 깎아내는 정도와 힘, 칼날의 각도 등이 다르다.

2.1.3 박피이론

Radhakrishnaiah 등은 1993년에 이상적 박피방법에 대해 아래와 같이 정의 하였다. 이상적 박피는 제품의 손실을 최소화하며, 원하는 만큼의 껍질을 벗기고, 에너지와 화학약품의 사용을 최소로 하고, 오염물질을 최소로 하며, 가열고리의 형성을 최소화하는 것을 특징으로 한다. 다음에 몇 가지 정의된 값은 이상적 박피를 위한 효율을 측정할 때 사용한다.

(1) 박피 효율

박피의 효율은 이상적인 박피에 대한 상대적인 값으로 정의한다. Peeling efficiency는 1987년 Agrawl 등에 의해 제시되었으며 아래와 같다.

$$\eta_p = \frac{M_{po}}{T_{\omega p}} \times 100\,[\%] \tag{2-1}$$

η_p = peeling efficieny, M_{po} = 박피 이후 모인 껍질의 무게, $M_{\omega p}$ = 사람의 손으로 박피이후 측정한 껍질의 무게

즉, 이상적인 박피를 사람의 손에 의해 최대한 과육의 손실이 없이 박피가 수행된 경우로 정의하고, 앞서 언급한 방법에 따라 박피를 거친 후를 비교하여 정의한다. 이때 사용된 요소는 제거된 껍질의 무게를 기준으로 하였다.

(2) 과육손실률

과육의 손실률은 껍질을 제거하면서 함께 제거된 과육의 비율이다. Nathan과 Udosen에 의해 제안되었으며 다음과 같이 정의된다.

$$F_L = \frac{W_{FR}}{W_{TF}} \times 100\,[\%] \tag{2-2}$$

F_L = flesh loss, W_{FR} = 기계에 의해 제거된 과육의 무게, T_{TF} = 농산물 과육의 총 무게

기계의 박피 용량

(3) 단위시간당 박피 용량

단위 시간 동안 박피가 가능한 제품의 총 중량으로 정의되며 아래의 식과 같다.

$$M_{PC} = \frac{L_b}{T_l + T_r + T_u} \tag{2-3}$$

M_{PC} = machine peeling capacity(kg/hr), L_b = batch load(kg), T_l = loading time(min), T_r = peeeling residence time(min), T_u = unloading time(min)

기계적인 힘을 이용하여 박피를 진행하는 방법은 칼날, 블레이드, 톱과 같이 자르는 도구를 이용한 방법과, 연마를 이용한 방식이 있다.

2.2 슬라이서

슬라이스 공정은 식품가공의 대표적인 절단 공정 중 하나로, 얇게 썰려는 재료를 가늘고 날카로운 칼로 밀거나 강제로 자르는 작업을 의미한다. 제품을 일정한 두께의 얇은 판모양으로 절단하는 기계인 슬라이서는 주로 고기, 햄, 소시지, 생선, 치즈, 과일, 야채 등과 같은 제품을 일정한 두께의 조각으로 자르며 일반적으로 0.7 mm에서 7 cm까지 다양한 두께로 자른다. 두께는 제품에 목적에 맞게 조절할 수 있다. 슬라이서에 사용되는 절단 도구는 일반적으로 회전 디스크 또는 여러 종류의 칼로 구성되는데 이들은 간격을 조절할 수 있어

원하는 두께로 제품을 자를 수 있도록 간격을 조절할 수 있다.

슬라이서는 원하는 제품을 일정한 두께로 보통은 얇은 판 형태의 모양으로 자르는 일종의 커팅기로 분류할 수 있다. 일반적인 형태의 슬라이서는 전체 프레임, 재료를 이동시키는 이송부, 재료의 절단이 이루어지는 칼날로 구성되어 있다. 식품용 슬라이서는 다른 공업용 슬라이서와는 다르게 다양한 물성을 지닌 재료를 절단해야 하므로 원재료의 특성에 따라 다양한 절삭 부위의 형태를 보인다. 절삭을 담당하는 칼날은 크게 디스크 형태와 단일 혹은 여러 개가 어레이 형태로 구성된 칼로 되어 있다. 일반적으로 칼날은 두께를 조절하기 위해 칼날의 위치가 조절할 수 있게 되어 있다. 연속으로 재료를 절단해야 하므로 재료의 이송부는 재료를 칼날 쪽으로 지속해서 이동시키거나, 고정된 재료가 움직이는 칼날에 의해 절단되는 형태가 있다. 슬라이서는 재료가 일정한 두께로 절단될 수 있도록 재료의 위치나 칼날의 위치를 조절한다. 고급 기계의 경우 남은 조각을 기준으로 슬라이싱 두께를 맞추는 기능이 있어 제품의 말단 부분을 절단할 때 오차가 적은 편이다.

절단된 제품의 품질에 영향을 미치는 요인은 블레이드의 회전속도, 가동 온도, 칼날의 예리함과 재질 수명 등을 고려한 칼날의 품질, 제품 자체 벌크 물성의 일관성 등이 있다. 식품 재료의 벌크 물성과 표면의 물성은 다양하므로 블레이드의 회전속도는 그것에 맞게 설정해야 한다. 빠른 회전속도가 항상 좋은 결과를 주는 것은 아닌데 이는 생두를 절단하는데 다양한 날의 회전속도를 적용한 실험에서 1,500 rpm에서 가장 높은 효율을 보이는 결과를 통해 확인할 수 있었다. 또한 온도에 따른 재료의 물성변화가 크기 때문에 적절한 온도를 유지해 주는 것이 중요하다. 육류의 경우 −5~5℃ 사이 온도를 유지해 주어야 슬라이스에 문제가 생기지 않는다. 칼의 품질 또한 중요한 요인이며 칼날의 원재료의 종류와 가공 방법에 따라 마모되는 성질이 달라진다. 또한 잘리는 제품의 물성에 따라 절삭 조건이 달라져야 하므로, 절삭 조건을 일관되게 유지하게 시키기 위하여 제품의 물성이 일관될수록 슬라이싱 품질이 상승한다.

대다수의 식품 기계용 슬라이서는 재료를 절단하기 위한 절삭 도구로 회전하는 블레이드를 사용한다. 블레이드는 완전한 원판형과 나선형(낫모양)의 두 종류로 구분될 수 있다. 완전한 원형의 블레이드는 식품을 절단할 때 부하가 생기고 이는 블레이드의 최대 회전속도를 감소시킨다. 반면 나선형의 블레이드에는 매 회전 편심이 발생하며 슬라이싱 동작을 수행할 때 편심이 사용될 수 있으므로 절단 부하가 줄어든다. 나선형 블레이드의 곡선은 절단 부하를 감소시키는 형태로 설계한다.

블레이드가 1회전할 때 여러 개의 음식을 절단하는 블레이드로 이루어진 슬라이서의 움직임의 한 예는 다음과 같다. 블레이드가 한 바퀴 회전하여 슬라이싱을 마치게 되면, 이송부에 고정된 식품은 다시 일정한 두께로 절단될 수 있도록 밀어 올려진다. 슬라이스 된 식품은 컨베이어로 떨어져 기계 외부로 이동된다. 일반적인 식품용 슬라이서의 블레이드 회전속도는 600~1,600 rpm 사이이며, 이때 반경이 200~500 mm 사이의 슬라이싱 블레이드의 원주 속도는 13~84 m/s이다.

슬라이스 품질에 크게 영향을 미치는 요소는 블레이드의 물성과 형태이다. 블레이드는 연속 절삭이 가능하도록 타원형의 곡률을 갖도록 설계되어야 하고, 슬라이스 하는 식품에 맞는 칼날의 표면 구조, 절단 각도 및 블레이드를 만드는 재료를 고려해야 한다. 블레이드를 제작하는 재료로는 적당한 무게, 칼날의

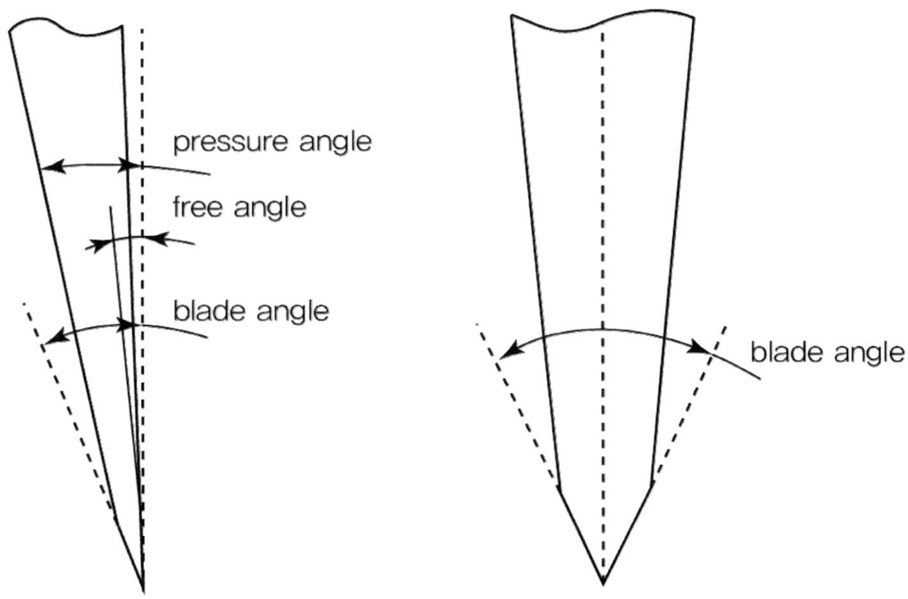

[그림 2.2] 슬라이서 블레이드 날 모양
(출처 : F. Bremer., et al, Journal of Food Engineering, 268, 2020. 109735)

예리함, 장기간 사용했을 때의 절삭력이 유지되는 정도, 가공의 편의성, 강성, 비용 등을 고려하여 선택되어야 하며 주로 공구에 사용하는 강을 이용한다.

그림 2.2는 블레이드 날의 각부 명칭에 대해 나타냈는데, 왼쪽 그림은 일반적으로 사용하는 비대칭 블레이드의 실제 설계 모형이고, 오른쪽 그림은 칼끝을 중심으로 좌우 대칭의 칼날을 갖는 블레이드를 나타내고 있다. 슬라이서 용으로 사용하는 칼날은 주로 비대칭 블레이드를 사용하는데, 대칭형 블레이드는 커팅 이후에 잘린 면이 날에 의해 압축되는 경우가 많으므로 슬라이싱 작업에는 잘 사용되지 않는다. 블레이드 각(blade angle)은 대칭형 블레이드의 경우 날의 중심선에 대칭인 각도로, 일반적 블레이드 각은 공정 중에 제품과 상대적인 각으로 정의되고 비대칭인 블레이드의 블레이드 각은 그림 2.2(좌)에 도시된 바와 같다. 자유 각(free angle)은 슬라이싱을 통해 새롭게 잘리는 식품의 표면과 블레이드간의 접촉을 줄여 주기 위해 존재하는 각으로, 프리 앵글이 적거나 없으면 슬라이싱 된 재료가 날 표면에 부착되는 경우가 발생한다. 압력각(pressure angle)은 칼끝을 중심으로 측정한 칼날 몸통 자체의 각으로 정의되며, 기계적 stiffness에 영향을 줄 수 있다. 압력각을 이루는 칼날 부위는 슬라이스 과정 중에 재료와 접촉할 수 있으며, 접촉한 재료는 칼날에 일정 시간 부착되어 있게 되는데 언제 떨어질는지는 재료의 물성이나 기타 변수에 따라 달라진다. 떨어지는 간격을 조절해야 슬라이스 된 제품의 품질에 영향을 최소화 할수 있다. 20~33° 사이의 압력각을 갖는 블레이드에서 식품의 부착이 최소화 된다는 보고가 있다. 예리한 칼날을 가진 블레이드 이외에도 톱니 모양 칼날을 갖는 블레이드가 존재하며, 이는 일반적으로 덜 딱딱한 식품에 사용되어 식품의 변형을 줄이는 역할을 한다.

식품가공 산업에서 주로 슬라이싱 되는 제품으로는 치즈, 소시지, 햄, 야채, 과자 등이 있다. 또한 신선한 고기, 생선, 베이컨, 채소 등도 소비자에게 판매되기 전에 슬라이스 하여 진열하기도 한다. 슬라이스 조건은 잘리는 제품의 종류와 물성에 따라 다양하다. 치즈의 경우를 예로 들면, 무지방 치즈 덩어리에 포함된 수분에 양에 따라 경질치즈(56% 이하)와 크림치즈(75% 이상)으로 나뉠 수 있으며 두 제품의 물성 또한 다르다. 이 외에도 pH 등 다양한 요소들이 치즈의 물성에 영향을 미친다.

같은 치즈라고 하더라도 온도에 따라 계절에 따라 구성성분의 미세한 차이에 따라 물성이 다양하여 산업용 슬라이서는 시행착오를 거쳐 만들어진다. 하지만 시행착오에 의한 비용의 낭비를 줄이기 위해 슬라이싱 공정을 정량화하려는 연구들이 수행되었다.

2.2.1 절단 이론

T. Van Vliet은 자신의 연구를 통해 절단에 필요한 에너지를 정량화했다. 다음의 식은 절단에 필요한 에너지를 의미한다.

$$W_c = W_e + W_{v,flow} + W_{frict} + W_{fract} \tag{2-4}$$

이 식에서 W_c는 절단에 필요한 전체 일의 양, W_e는 저장된 탄성에너지의 양, $W_{v,flow}$는 재료의 점성 흐름에 대한 에너지의 양, W_{frcit}는 재료와 칼날 사이의 마찰력의 양, W_{fract}는 재료의 파단이 일어나는데 필요한 일의 양으로 정의된다. 식품가공에서 다루는 대부분의 원재료는 내부의 수분을 포함하는 구조를 이루고 있으므로 점탄성 특징을 갖는다. 따라서 W_e, $W_{v,flow}$는 식품 원료의 점탄성과 관련된 일이다.

절단이 일어나기 위해서 날카로운 칼날이 재료의 표면과 접촉하면, 재료의 표면에서부터 압축이 일어나게 되며 이때의 압축에 필요한 에너지는 재료의 점탄성적 물성(W_e, $W_{v,flow}$)에 의해 결정된다, 일정 변형률 이상으로 압축이 일어나게 되면 칼날과 접촉하고 있는 재료의 표면에서 파단이 일어나게 된다. 이때 필요한 일의 양을 W_{fract}로 정의한다. 또한 칼날이 재료와 접촉하며 일어나는 마찰(W_{frict})도 절단에 필요한 일에 영향을 미친다.

식재료를 자를 때 주의 깊게 고려해야 할 날의 움직임이 있다. 일반적으로 고기를 자를 때나 빵을 자를 때의 날의 움직임은 재료를 판위에 고정하고 수직 방향으로 누르는 동작과 수평 방향으로 왕복 운동을 동시에 수행하는 것을 알 수 있다. 이는 나선형 날을 이용하는 슬라이서에도 유사하게 적용되는데, 날이 회전하면서 재료에 수평적인 움직임을 하며, 회전축 자체가 재료에 움직이며 수직 방향의 운동이 동시에 이루어지는 것을 알 수 있다. 즉 슬라이싱 과정이 일어날 때 재료에 수평방향과 수직방향으로 동시에 힘이 작용하는 것을 알 수 있는데 이를 정량화 하여 슬라이스대 푸시 비율(ξ)로 나타낼 수 있다.

$$\xi = \frac{dh}{dv} \tag{2-5}$$

dh는 수평방향의 칼날의 속도, dv는 수직 방향의 칼날의 속도로 정의된다. 몇몇 연구에 따르면 낫형의 회전형 칼날의 슬라이스대 푸시 비율은 낫형 날의 곡률에 의존한다고 보고하였다. 슬라이스대 푸시 비율이 증가할수록 절단 부하가 감소하는 현상을 pepper salami와 체다치즈 슬라이스 공정에서 발견하였다.

육류에 붙어 있는 뼈를 수작업으로 제거한 실험에서 날카로운 칼을 사용하면 칼의 손잡이에 작용하는 압력을 줄인 사례를 통해, 날카로운 칼날의 중요성이 인식되었다. 이를 정량화하기 위해 MaCarthy는 무차원 계수인 날 날카로움 지수(BSI)를 제시하였다. 이는 아래의 식과 같이 정의된다.

$$BSI = \frac{\int_{\delta_i} F dx}{\delta_i t J_{Ic}} \tag{2-6}$$

여기서 F : 절단력, δ_i : 블레이드 변형이나 인던테이션 깊이, t : 두께, J_{Ic} : 모드 I 파괴인성이다. 즉 BSI는 재료의 파단이 일어나는데 미치는 칼날의 날카로움을 정량화한 지표로 볼 수 있다(그림 2.3).

추가연구를 통해 블레이드 팁의 반경(블레이드 날 끝의 미세한 반경)을 줄이면 BSI에 영향을 주는 반면, 블레이드 각 자체를 감소시키면 전체적으로 칼날의 날카로움은 증가하지만, 칼날의 압력각도 감소하여 결과적으로 절삭에 필요한 전체 압력이 증가하여 전체 BSI에 영향을 주지 못한다.

Schuldt(2016) 등이 BSI 지표를 농산물에 도입하는 실험을 수행하였다. 이 연구팀은 치즈, 호박, 아스파라거스, 햄을 블레이드를 이용하여 자르는 동작을 수행하며 절단에 필요한 압력을 측정하였다. 실험 결과 칼날과 음식의 상호작용으로 절단이 일어나는 것을 확인하였으며, BSI는 속도, 쐐기 각도에 관련 없이 블레이드 팁 반경에만 영향을 받았다. 실험은 1,000 mm/min의 속도로 움

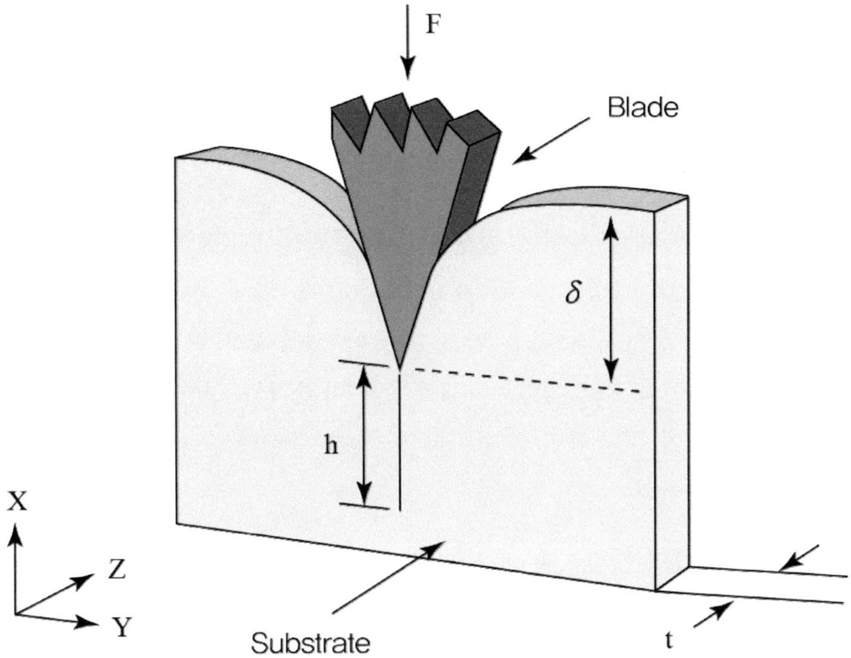

[그림 2.3] 압입형 절단 공정의 이상적 형태
(출처 : C.T. McCarthy et al. Engineering Fracture Mechanics, 74(14), 2007, pp 2205–2224)

직이는 칼날이 식품을 절단하며 움직일 때의 압력을 측정하였다. 사용된 주요 변수는 파괴인성과 마찰력이었는데, 조사한 4가지 식품에서 일관된 결과를 얻지 못했다. 식품 내부의 섬유의 방향과 수직으로 절단이 수행되었을 때 이론이 적용 가능하였다. 하지만, 섬유 배열성이 등방성인 경우는 부분적으로 이론이 적용될 수 있었다. 마찰력도 일정 부분 이론에 영향을 주었고, 식품의 내부 조직은 일반 고체와 달라 이론이 부분적으로 적용되는 것을 확인할 수 있었다.

식품 재료는 점탄성 거동을 갖는 재료이며, 따라서 속도 및 시간 의존성 물성을 갖는다. 이는 절단이 일어날 때의 재료와 칼날의 상대적인 속도에 따라 재료의 물성이 영향을 받는 것을 의미하며, 절단 속도에 따라 재료의 물성이 변하여 절단력에 영향을 미칠 수 있음을 의미한다. 온도에 따라서도 내부의 물성이 변할 수 있으므로 온도에 대한 영향을 고려하는 것도 중요하다. 하지만 식품의 물성은 생명체의 조직이기 때문에 종마다 다르고, 부위마다 다르고 가공된 형태마다 달라서 지배적인 식을 만들기가 어렵다. Brown(2005) 등은 치즈, 베이컨, 쇠고기의 절단 과정에서 속도와 온도의 영향을 조사하였다. 다양한 속도에서 각각의 식품의 물성값을 조사하였으며 0.25 m/s까지의 속도를 사용하였다. Schuldt(2018)은 10 m/s의 속도까지 시료의 물성을 조사하였으며, 절단에 사용한 시료의 모양은 직사각형이었다. 결과적으로 두 실험을 통해 절단 속도 높을수록 재료의 강성이 증가하는 결과를 확인하였다.

칼날과 재료 사이에 발생하는 마찰력을 고려할 수 있다. 재료와 칼날 사이의 마찰접촉은 일반적으로 재료의 질감에 의해 결정되는 것으로 알려져 있다. 0.02 m/s 까지의 직선 날을 사용한 실험에서 끈적끈적한 질감을 가진 균질한 재료는 근육 조직이 있는 재료보다 마찰력의 영향을 더 많이 받는 것으로 알려져 있으며 구체적인 연구사례가 적어 다양한 요소를 고려한 마찰 계수가 조사되어야 한다.

칼날과의 상호작용에서 관찰되는 식품의 특성뿐 아니라 식품의 조성에 의한 물성도 고려되어야 한다. 식품은 생물체를 원료로 하고 있어서 각각의 제품에 따라 지방, 수분, 섬유 등의 함량과 구조가 다르다. 체다치즈 지방함량과 기계적 강도에 관한 연구를 예로 들면, 지방함량 감소하면 접착력과 응집력이 감소하고, 경도와 탄성률이 증가하였다. 또한 치즈의 생선 과정 중에 변화는 pH에 의한 물성 변화를 측정하였는데, pH가 증가하면 파단 변형률, 파단 응력, 파단 면적이 증가했지만, 접착력과 강성 감소하는 경향이 관찰되었다. 또한 식품의 질감을 모형화하는 몇몇 시도는 있지만 슬라이싱을 위한 모델은 아직 존재하지 않아 적합한 모델의 개발이 필요하다.

2.3 분쇄기

2.3.1 분쇄(size reduction)

분쇄는 고체 입자의 크기를 축소시키는 현상을 일컫는 말로 고체 입자를 더 작은 크기의 입자로 부수거나 잘라내는 모든 방법을 의미한다. 분쇄되는 재료를 쇄료라고 하며, 쇄료의 물성은 그 입도의 크기에 따라 달라지며 이는 식품 가공에서 중요한 설계 요소로 작용한다. 고체를 잘게 부수는 목적은 여러 재료

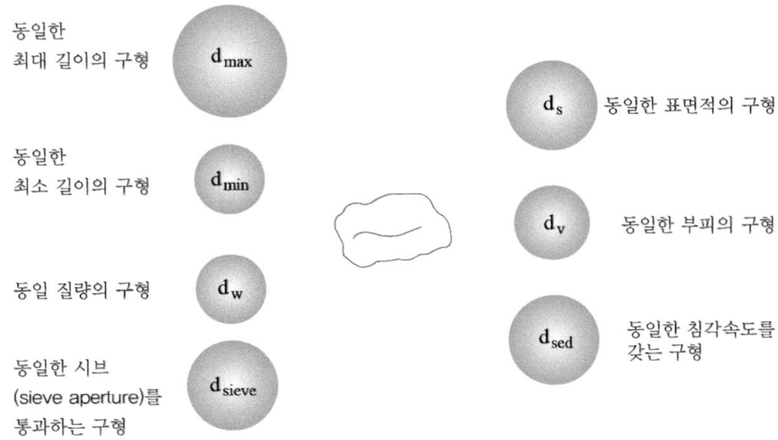

[그림 2.4] 등가 구형의 개념도

를 혼합할 때 균질된 혼합물을 만들기 쉬고, 일정 질량당 총 표면적이 증가하여 용해속도나 반응속도 등이 커져 일정 질량당 재료의 이용률이 높아질 수 있고, 수송이나 보관성이 증가하고, 분체의 색상을 개선하기 위함이다. 분쇄는 쇄료의 입자의 크기에 따라 조쇄, 중쇄, 미분쇄 등으로 구분되고, 1 μm 이하로 분쇄할 때 초미세 분쇄라고 한다. 종종 파쇄라는 용어도 사용되는 경우가 있으며 이 경우는 파쇄는 원재료(광물 등)를 1차로 깨는 것을 포함하여 750 μm 이상은 파쇄 그 이하는 분쇄로 정의하기도 한다.

쇄료의 입자의 크기를 정의하기 위해서, 쇄료의 형태의 이해가 선행되어야 한다. 실제 입자는 3차원 물체로 대부분 고체 입자의 모양은 그림 2.4에 등장하는 것처럼 일정한 모양을 갖지 않는다. 입자의 크기를 측정하는 다양한 방법이 존재하며, 대부분은 측정원리에 따라 입자를 완전한 구형으로 정의하는 등가 구형 방법이 사용된다. 등가 구형을 정의하는 방법도 다양하다. 이는 형상이 규칙적이면 적합하며, 긴 막대 모양의 입자들에는 덜 적합한 방법이다.

입도는 분체 또는 입체의 입자 크기의 정도로 정의된다. 분쇄된 분말은 한 가지의 단일 입도를 갖는 입자들로 구성되기 어렵고 다양한 입도 크기를 갖는 입자로 구성된다. 따라서, 분말의 입도를 측정했을 때 다양한 크기의 입도가 통계적으로 분포하는 결과를 얻을 수 있다. 이러한 분포는 빈도 분포 곡선이나 누적 분포 곡선 중 어느 하나의 형태로 나타낸다.

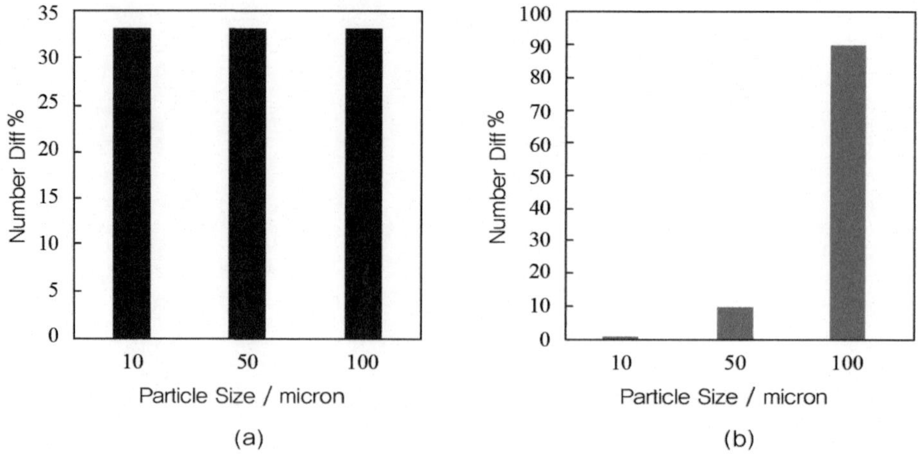

[그림 2.5] 동일은 분말 시료에 대한 수 가중분포(a)와 부피 가중분포(b) 그래프

입도의 분포를 나타낼 때 가중분포라는 개념을 사용한다. 분말 내에 다양한 입도가 분포해 있는데 이때 단순히 전체 분말 내의 입자의 개수가 중요하다면 수가중분포를 사용한다. 즉 100개의 입자가 있다고 가정하면 입자의 크기와 관계없이 입자의 크기와 개수를 이용하여 입자의 분포를 나타낸다. 반면 부피 가중분포를 사용하면 전체 분말에서 입자의 부피에 의한 효과를 나타낼 수 있다. 일반적으로 부피는 길이의 3 제곱에 비례하므로, 입자의 밀도 같다면 입자의 부피의 차이는 입도의 3승에 비례한다. 부피 가중분포는 전체 분말에서 입자의 크기별 기여도를 나타내는 방법이다. 그림 2.5는 같은 분말을 수 가중분포와 부피 가중 분포로 나타낸 그래프이다.

고체를 분쇄하는 주요 힘은 압축, 충격, 마찰, 전단의 4가지 주요 힘으로 구분할 수 있다. 압축은 딱딱한 고체를 조분쇄 하는데 주로 사용되고, 충격은 조분쇄와 미분쇄 모두에 활용된다. 마찰는 연하고 마모성이 적은 물질은 미분말로 만드는데 사용되며, 전단은 일정한 크기나 일정한 모양의 입자를 만드는데 사용되는 원리이다. 분쇄는 입자의 파괴를 통해 이루어지는데 파괴는 재료의 "결함" 지점에서 시작된다. 입자 내의 결함의 수가 많거나 결함의 정도가 심할 때 더 쉽게 파괴가 일어난다. 구조의 변형이나 이물질이 혼합되는 경우도 재료의 결함으로 간주될 수 있다. 이 파괴를 일으킬 때 앞서 언급한 4가지 힘이 모두 사용된다. 쇄료의 성질이 분쇄에 있어 가장 중요하며 모스 경도(Mohs's scale)을 이용하여 4 이하의 쇄료를 연질쇄료, 5 이상의 쇄료를 경질쇄료로 분리한다.

연삭성은 입자가 분쇄되기 쉬운 정도를 나타내는 값으로 절대적인 값으로 보기보다는 실용적으로 분쇄성을 비교하는 값을 사용되는 지표이다. 이는 재료에 따른 분쇄 공정을 설계하는데 중요한 요소로 이론적으로 정립되지 않아 알 수 없는 지표들에 의해 결정되지만 재료의 brittle한 성질과 연관이 있다고 알려져 있다. 연삭성은 hardgrove grindability index(HGI)로 나타내기도 하는데, 이 값은 ASTM D409-51에 상세히 규정되어 있다. 정해진 볼 베어링 밀로 분체를 파쇄하고 200메시를 통과한 성분의 생산량을 기존의 기준 물질의 생산량과 비교하는 값이다.

$$H = 13 + 6.93\,W \tag{2-7}$$

위의 식으로 정의 되며 H는 분해능, W는 체를 통과한 분체의 질량이다.

2.3.2 분쇄기

[1] 분쇄 이론

분쇄기는 쇄료의 최종 입도의 크기에 따라 조분쇄기, 중간 분쇄기, 미분쇄기로 분류될 수 있다. 또한 분쇄기는 처리하는 방식에 따라 회분식과 연속식으로 분류될 수 있다. 회분식은 폐쇄분쇄라고도 하며 쇄료의 전부를 분쇄기 내에 넣고 분쇄 과정이 끝날 때까지 분말을 꺼내지 않는 방식이다. 연속식은 자유분쇄라고도 하며 무선별 연속분쇄와 선별되풀이 분쇄로 나뉜다. 무선별 연속분쇄는 대규모 분쇄에 어울리는 방식으로 선별이 이루어지지 않으므로 조분쇄에 적합하다. 선별 되풀이 분쇄는 분쇄기와 분급기를 합쳐 이루어지는 방식으로 원하는 입도 크기를 갖는 분말을 제조하기 적합하다. 이외에도 습식분쇄나 저온 분쇄 등이 있다. 분쇄를 일으키는 원리는 앞에서 언급한 바와 같이 압축, 축경, 마찰, 전단의 네 가지 주요 힘이다. 아래의 표는 농산품과 식품 가공에 사용되는 일반적인 분쇄 장치를 나타냈다.

[표 2.1] 분쇄기와 파쇄기의 종류별 특징

장치		최종산물의 크기	감소비 (초기/최종)	주요 힘
롤크러셔		> 10 mm	4-6	압축, 전단
로울밀		5-100 um	> 20	압축, (전단)
팬밀		0.05-1.0 mm	10	압축, 전단
스트레이너			5-10	전단, (압축)
해머밀		50 um-10 mm	10	충격 (전단)
해머크러셔		> 8 mm	5	충격
디스크	핀디스크	2-50 um	> 50	충격 (전단)
그라인더	콜로이드 밀	5-20 um	> 50	전단
	디스인티그레이터	> 100 um	> 20	충격, 전단
로터리그라인더		20-100 um	10-25	전단 (충격)
임펠러 이트리션밀		20-300 um	> 30	전단, 충격
제트밀	유동층형	1-100 um	> 50	충격
	와류형	1-100 um	> 50	충격, 전단
	타원형	5-100 um	10-50	전단

일반적 분쇄기는 회전하는 요소를 포함하고 있으므로, 분쇄 공정에서 회전축의 회전속도는 주요한 공정 매개 변수로 사용된다. 일반적으로 회전속도가 증가하면 분쇄된 쇄료의 입도는 작아지고 이때 소요 동력은 증가한다. 또한, 일반적으로 분쇄를 수행할 때 쇄료에 포함된 수분량이 증가하면 수요 동력은 감소하다 임계 수분함량을 넘기게 되면 소요 동력도 증가한다. 분쇄 공정의 해석에 관한 연구는 1867년 리팅거(rittinger)에 의해 수행되었다. 리팅거는 분쇄에 따른 비 표면적의 증가와 분쇄에 들어가는 에너지에 관계에 대한 관계를 분석하였다. 킥(Kick:1885)은 리팅거의 식을 개량하였다. 이들이 사용한 각 단계에 들어가는 에너지의 관계식은 아래와 같다.

$$d\left(\frac{P}{\dot{m}}\right) = -K\frac{d(\overline{D_s})}{(\overline{D_s})^n} \qquad (2\text{-}8)$$

P : 소요동력 [kW·h], $\dot{m}$: 쇄료 공급유량 [kg/h], $\overline{D_s}$: 입자평균지름 [m], K : 비례상수

화학공학에서는 조분쇄(파쇄)에는 킥의 법칙, 미분쇄 및 분쇄에는 리팅거의 법칙을 사용한다. 위식의 n=1로 두고 양변을 적분하면 키의 법칙을 얻을 수 있다.

$$\frac{P}{\dot{m}} = -K_k \ln \frac{(\overline{D_{Sa}})}{(\overline{D_{sb}})} \tag{2-9}$$

또한 리팅거의 법칙은 n=2로 두고 분쇄 전에서 분쇄 후까지 적분한다.

$$\frac{P}{\dot{m}} = -K_r \left(\frac{1}{D_{Sb}} - \frac{1}{D_{Sa}} \right) \tag{2-10}$$

또한 1952년에 본드(bond)에 의해 본드의 법칙이 제창되었다. 본드의 법칙은 주로 입경이 50 mm~0.05 mm사이의 입도를 갖는 분말에 대해 사용된다. 위의 식에서 n = 1.5일 때 양변을 적분하여 얻을 수 있으며 최종 식은 아래와 같다.

$$\frac{P}{\dot{m}} = \frac{K_b}{\sqrt{D_p}} \tag{2-11}$$

K_b는 파쇄되는 물질과 파쇄 장치에 의존되는 상수로 정의할 수 있다.

동력에 의해 가해진 기계 에너지의 대부분은 분말을 분쇄하는데 사용하지 못하고 분쇄물들끼리, 볼밀들끼리, 볼과 벽 사이의 충돌이나 마찰로 열에너지로 변환되어, 외부로 확산된다. 다수의 연구자에 의해 분쇄의 효율이 계산되고 있는데 대부분 1% 이하로 추정된다. 일반적으로 아래에 식에 의해 분쇄기의 분쇄 효율을 나타낸다.

$$\eta = \frac{\Delta S \gamma}{E} \times 100 \tag{2-12}$$

ΔS : 분쇄에 의해서 새롭게 생성된 표면적, γ : 표면에너지, E : 분쇄를 위해 가해지는 에너지

[2] 분쇄기의 선정

분쇄기의 선정은 쇄료의 성질과 특징 최종 분말의 사용 용도 및 분쇄기의 성

능과 주위 여건에 따라 결정되어야 한다.

(1) 롤크러셔

일반적으로 롤크러셔는 회전하는 한 쌍의 원통형 롤에 의해 쇄료를 분쇄하는 기계로, 롤의 형태에 따라 미끄럼형과 톱니형이 있다. 이외에도 3~6개까지의 원통형 롤을 사용하는 기계도 사용되었지만 현재는 보통 1쌍의 롤로 이루어진 기계를 사용한다. 톱니형 롤크러셔는 미끄러운 표면 대신 롤면은 톱니형으로 만들었고 보통 단일 롤을 이용한다. 쇄료는 보통 롤과 고정 벽 사이에서 압축, 전단, 충격에 의해 파쇄된다.

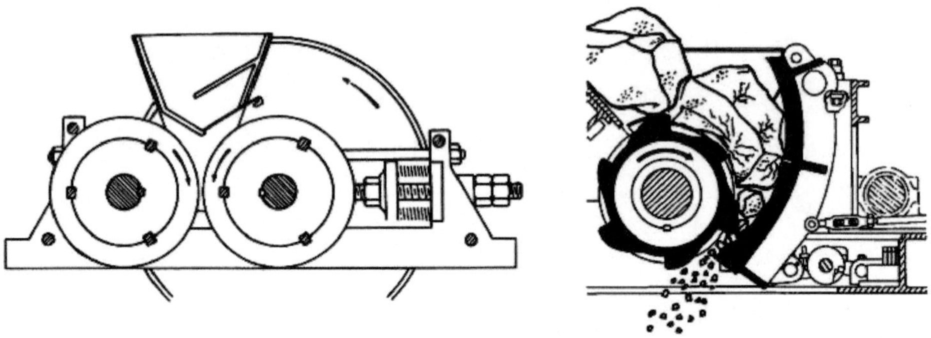

(a) (b)

[그림 2.6] 롤크러셔의 형태. (a) 한쌍의 롤, (b) 단일 롤 (출처: B.A. Wills et al, Finch FRSC, FCIM, P.Eng., in Wills' Mineral Processing Technology (Eighth Edition), 2016)

미끄러운 표면을 가지는 한쌍의 롤밀에 의한 분쇄는 아래의 그림 2.7과 같은 원리를 갖는다. 이는 입자가 롤 사이를 통과하기 직전의 상황을 나타낸 모식도다. 분쇄 입자 하나를 반지름이 r인 완벽한 구로 가정한다. 입자는 반지름이 R인 한쌍의 롤의 사이를 통과하는 도중 압축력을 받아 파쇄가 이루어지게 된다. 롤 사이의 간격을 2a로 가정하고, 롤과 입자의 마찰 계수를 μ라고 놓는다. C는 롤에 의해 분말에 가해지는 압축력이고, θ는 입자와 롤이 이루는 각도이다. 이때 다음과 같은 식을 유도 할 수 있다.

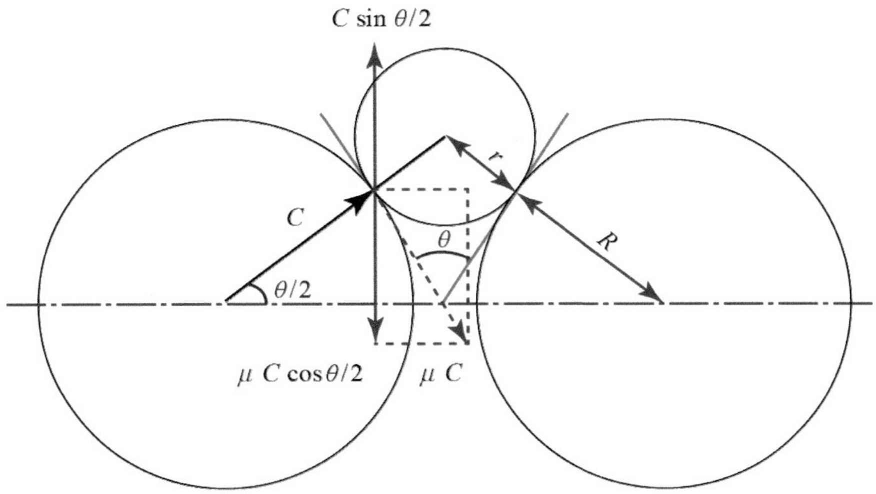

[그림 2.7] **한쌍에 롤에 의해 구형의 입자에 가해지는 힘**(출처 : B.A. Wills et al, Finch FRSC, FCIM, P.Eng., in Wills' Mineral Processing Technology (Eighth Edition), 2016)

$$C\sin\left(\frac{\theta}{2}\right) = \mu C\ \cos\left(\frac{\theta}{2}\right) \tag{2-12}$$

$$\mu = \tan\left(\frac{\theta}{2}\right) \tag{2-13}$$

유도된 식에 따르면 마찰력에 의해 한 쌍의 롤 사이로 빨려 들어갈 수 있는 최대값을 알 수 있다. 강철과 대부분의 광석 입자 사이의 마찰 계수는 0.2~0.3 범위에 있으므로 θ값이 30°를 초과하지 않도록 롤 사이의 거리를 조절하거나, 마찰 계수가 커질 수 있도록 롤의 회전속도를 조절하거나 투입되는 쇄료의 크기를 조절할 수 있다.

(2) 롤밀

롤밀은 보통 롤크러셔와 유사한 구조로 동작하는 장치로 3롤밀이 가장 일반적인 형태이다. 3롤밀은 수평으로 놓인 롤러 사이의 미세한 간격 사이로 시료를 통과시키는 장치로 3개의 롤러의 간격과 회전으로 밀을 통해 이용하는 시료에 압축력과 전단력이 가해져 혼합, 분쇄, 분산을 수행할 수 있다. 3롤밀을 구성하는 3개의 롤은 인접하는 끼리 반대 방향으로 회전하도록 기계를 설치한다. 투입된 시료는 첫 번째 쌍의 롤 사이로 투입되며 첫째와 둘째 롤의 움직임에 의해 분쇄와 분산이 이루어지며 가운데 위치하는 둘째 롤에 재료가 부착된다. 둘째와 셋째 롤 사이의 간격은 더 첫째와 둘째 사이의 간격보다 좁으며 이를 통해 미분쇄를 달성한다. 롤 사이의 간격은 재료의 물성과 원하는 분말의 크기에 따라 알맞게 조절될 수 있다.

(3) 팬밀

팬밀은 원평의 용기에 중앙에 있는 축을 중심으로 90도 방향으로 설치된 2~4개의 무거운 롤로 구성된다. 용기의 중앙에 있는 축이 회전하면 설치된 무거운 롤도 원 중심방향으로 회전하는 한편 롤도 각각 용기 바닥에 대해 회전하는데 이때 바닥에 쇄료에 압축력과 전단력을 가해 분쇄가 이루어지게 된다. 보통 광물을 분쇄하는데 사용하며 식품산업에 응용 사례는 적다. 이전에는 올리브 및 기타 기름 함유 종자들을 부수거나 갈 때 사용하였다. 롤은 보통 화강암으로 제작되었다. 팬밀의 가장 큰 장점은 저온의 조건에서 적당한 속도로 분쇄할 수 있는 것이다.

(4) 스트레이너/펄퍼

스트레이너는 외부가 망처럼 생긴 구조를 갖는 식품용 분쇄기로 과일이나 채소를 펄프화 하고 껍질과 씨앗에서 분리하는데 사용된다. 스트레이너는 추출기와 분해기의 두가지 요소로 구성되며, 원통형이나 원뿔형 표면 근처에서 회전하는 도구들로 이루어진다. 재료는 이 통 안에 투입되어 회전하는 도구들에 의해 원통형이나 원뿔형 표면과 접촉하면서 갈리게 된다. 이때 단단한 고체 표면은 통을 통과하지 못하고, 분쇄된 부드러운 부분과 액체는 통의 표면을 통과한다. 마지막으로 분쇄된 과육 부분과 추출된 액상 부분이 분리된다.

(5) 해머밀

해머밀은 쇄료에 충격을 가하여 분쇄하는 가장 일반적인 형태의 분쇄 기계이다. 해머밀을 통해 중간 크기의 입자부터 미세한 입자까지 광범위하게 생산할 수 있다. 해머밀은 고속으로 회전하는 수평축에 설치된 망치(hammer)로 쇄료를 충격, 전단, 커팅하여 하부에 위치한 통로를 통해 배출한다. 일반적인 해머밀은 직경이 6~18 인치인 회전 원판에 4~8개 사이의 망치가 달린 것이 사용된다. 일반적으로 해머는 금속 막대이며, 쇄료와 접촉하는 끝 부분은 평평하거나 날카로운 것도 있으며 이는 원하는 분말의 형태에 맞게 설정할 수 있다.

해머밀은 농장의 기계로 사료용으로 입자를 빻거나, 쥬스를 생산하거나, 곡물 및 섬유질 재료를 분쇄하는데 사용된다. 식품산업에서 해머밀의 에너지 요구량은 일반적으로 5~35 kW이다. 해머밀은 상대적으로 작은 부피를 가지며, 식품산업에서 사용되는 재료에 대해 광범위한 입자의 크기를 제조하는데 이용할수 있다. 또한 다른 방법대비 에너지 요구량이 상대적으로 적은 장점도 가진다. 하지만 부산물로 원하지 않는 크기의 미세분말이 생성되며, 투입되는 쇄료가 4 cm 이상인 경우는 사용이 힘들고, 고속으로 연삭할 때는 온도의 조절이 필요하다.

(6) 해머 크러셔

해머 크러셔는 대부분의 다른 대규모 파쇄기와 마찬가지로 식품산업에서 주로 사용되지는 않는다. 미분쇄 전 단계에서 분쇄를 수행하는데 사용되기도 하면 해머밀과 작동 원리가 유사하다. 해머 크러셔는 해머밀에 비해 해머 및 내부가 더 단단하다.

(7) 디스크 그라인더

단단하고 취성 재료를 미분쇄 하는데 주로 사용하고, 건조된 쇄료뿐 아니라 슬러리 형태의 쇄료의 분쇄도 가능하다. 디스크 그라인더를 이용하는 식품은 주로 전분, 건과일, 설탕, 향신료, 코코아 등이 있다. 일반적인 디스크 그라인더의 형태는 회전하는 원판형의 디스크를 갖도록 설계된다. 이때, 디스크는 두가지 회전 형태를 갖는데, 한쌍의 디스크가 서로 반대방향으로 회전하거나 한판은 고정되고 한판만 회전하는 형태가 있다. 디스크는 매끈하거나 표면에 패턴이나 구조물이 달려있는 형태로 설계되며, 재료는 이 디스크 사이로 공급된다. 디스크의 표면 구조에 따라 핀밀, 콜로이드밀(원판형 및 원뿔형), 쇄해기 등으로 나뉜다.

1) 핀밀

핀밀은 디스크 표면에 핀이 두판에 대칭으로 설치되거나 동심원을 그리는 형태로 구성된 기계이다. 두개의 디스크는 반대 방향으로 회전하거나, 한 개의 디스크만 회전하는 형태로 운전된다. 두 디스크 사이에 쇄료가 공급되며 쇄료를 분쇄하는 힘은 두 디스크에 의한 입자와 디스크 표면간의 전단력과, 입자와 디스크표면 및 핀 사이의 충격력이 주로 작용한다. 한 개의 디스크가 회전하는 기계의 경우 50~5 μm의 입도를 갖도록 분쇄할 수 있으며, 두 개의 디스크가 서로 반대방향으로 회전하는 경우엔 2 μm까지 분쇄할 수 있다. 분쇄 후의 입도 크기는 디스크 사이의 간격을 조절하여 제어하거나, 하부 스크린에 존재하는 메쉬 구멍의 크기를 조절하여 제어할 수 있다. 식품용 밀은 보통 시간당 0.05~6 ton까지 넓은 범위의 처리량을 가지며 이때 작동 전력은 대략 3~100 kW의 값을 가진다.

핀밀은 다른 분쇄 방법들보다 미분쇄 전력 효율이 뛰어나고, 기계의 부피 작아 공간 효율성이 좋으며, 다양한 재료를 사용할 수 있다. 디스크의 크기를 키우는 것이 한정적이라 한꺼번에 처리할 수 있는 양이 많지 않으며, 디스크나 핀 등의 마모가 심하고, 분쇄할 수 있는 범위가 한정적이라는 단점이 있다.

2) 콜로이드 밀

콜로이드 밀은 곡물의 미분쇄, 유체 균질화 및 점성 물질을 분쇄하는데 사용하는 디스크 밀로서, 디스크 형태가 원판형인 것과 원뿔형인 것으로 나뉜다. 초기에 많이 활용되던 원판형 콜로이드 밀은 쇄료가 원판 중심에 투입된 뒤 원심력에 의해 안쪽에서 바깥쪽으로 밀려나면서 원판의 사이에서 입자에 가해지는 전단력에 의해 분쇄되는 원리를 이용한다. 최근에는 원뿔형 콜로이드 밀이 주료 사용되며, 이것은 원뿔형의 회전 부분과 그것을 둘러싼 고정 부분으로 이루어져 있다. 머스타드, 마요네즈, 샐러드 드레싱, 이유식이나 스프 제작을 위한 동식물의 미분쇄, 우유, 초콜렛 음료, 과일 주스를 제작하는데 사용된다. 디스크 간의 간격은 25 μm까지 조절될 수 있다. 한개의 원판이 회전하는 경우 냉각을 위한 수냉 장치가 포함될 수 있다. 일반적으로 20~5 μm까지 분쇄할 수 있다. 또한 귀리나 벼의 도정이나 연마에 사용되기도 한다.

장점으로는 다양한 쇄료를 사용 가능한 점, 균질화 할때 압력이 필요하지 않은 점, 간단한 장비와 정비가 쉬운 점 등을 들 수 있다. 단점으로는 고체 재료는 다양하게 사용하지 못하고, 회전 디스크의 마모가 심하고, 초미분쇄가 가능하지 않은 점을 들 수 있다.

3) 쇄해기(disintegrator)

넓은 의미에서 충격에 의한 중간 분쇄 혹은 분쇄기를 가르켰으나, 최근 해머밀 형식의 것이 애터마이저(atomizer)로 정의되어, 주로 바구니형 쇄해기 및 그와 비슷한 구동 원리를 갖는 분쇄기를 지칭하는 용어로 사용된다. 아래의 그림 2.8과 같은 장치로 구성되어 있으며 투입된 쇄료는 디스크에 설치된 막대들에 의해 분쇄된다. 포장재나 쓰레기를 분쇄할 때 사용한다. 보통 조분쇄에 사용하며 회전속도는 4,000 rpm까지 사용한다.

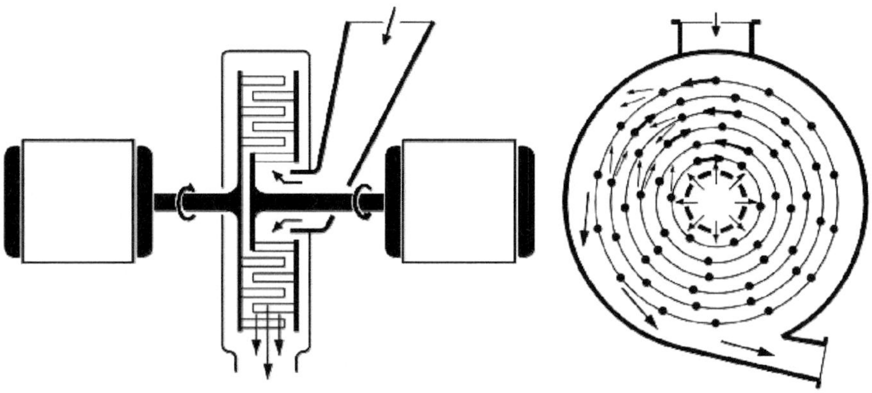

[그림 2.8] **쇄해기(Disintegrator)의 개념도** (출처 : O. Sokk, et al., A. Integration of Technologies : Biogas Production, Fertilizer Production and Biogas Upgrading.)

(8) 로터리 그라인더

로터리 그라인더는 원통형 실린더나 혹은 링 구조의 체임버 내부에 설치된 회전하는 동심형 롤 또는 디스크로 구성되어 있다. 원통형의 체임버에는 표면에 홈이나 칼이 달려있거나 경사를 조절하여 분쇄를 더 잘 되게 할 수 있다. 디스크의 테두리를 따라 홈을 파거나 일정한 패턴을 형성시켜 일종의 프로펠러를 형성시킨다. 쇄료는 체임버와 회전 디스크 사이의 틈으로 공급되어 재료-재료 및 재료-체임버 표면 사이의 전단력에 의해 분쇄된다. 로터리 그라인더는 보통 부드러운 재료인 감자나, 일부 뿌리 작물의 미분쇄 및 중분쇄에 사용된다. 또한 습식 밀링을 이용하녀 1 μm 이하의 입자를 얻을 수 있다. Tscheuchner에 의해 수행된 연구에 의하면 사탕무를 20~24개의 칼날을 가진 2 m 직경의 로터를 사용하여 분쇄하였다. 절단 속도는 4~10 m/s이고 로터의 접선 속도는 7 m/s (67 rpm)으로 수행되었다.

로터리 그라인더의 장점은 많은 용량을 한꺼번에 처리할 수 있고, 회전속도가 느려 움직이는 부품의 마모가 상대적으로 적은 편이며, 칼이나 디스크를 교체하여 다양한 작업을 수행할 수 있는 점을 들 수 있다. 반면 단점으로는 칼이나 디스크의 마모가 크고, 에너지 소비율이 높은 점을 들 수 있다.

(9) 임펠러 어트리터

임펠러 어트리터는 초콜릿 분말, 베이킹 믹스, 어분, 우유–설탕 혼합물등 연질에서 중간 경도의 재료를 미세 연삭하는 기계로, 원통형이나 원뿔형 용기에 블레이드 같은 연마도구로 구성되어 있다. 내부의 연마도구는 종류와 조건에 따라 600~4,500 rpm까지 가질 수 있으며, 일부 기계에는 용기에 구멍이 있어 이를 통해 입자 크기를 제어 하기도 한다. 보통 재료가 분쇄되는 용기의 바닥에는 구멍이 뚫려 있으며, 여기에 분쇄 과정에서 발생하는 열을 식히기 위한 공기가 공급된다. 임펠러 어트리터는 입자와 입자간의 마찰, 입자와 용기격 간의 충격, 입자와 연마 도구 간의 충격 및 전단력에 의해 입자를 분쇄시킨다. 임펠러 어트리터는 제트 밀링머신보다 적은 에너지를 사용하고 비슷한 크기 얻을 수 있다. 최종 분쇄물의 입도 조절이 회전속도와 선형 비례관계가 있어 제어가 비교적 쉬우며 열이 적게 발생하고 기기 구조가 간단하고 청소가 쉬운 장점을 가진다. 반면 분말의 입도 크기의 분포가 넓어 일정한 크기의 입도록 갖는 분말을 얻기 위해 추가 작업이 필요하다. 그리고 처리량이 낮으며 에너지 소비가 높은 편이다. 또한 부품의 마모가 심하다.

(10) 제트밀

제트밀은 고압으로 유동하는 공기에 입자를 투입하여 빠르게 움직이는 입자들이 주위 환경과 일으키는 원리를 이용한다. 제트밀은 초미세분쇄에 사용하며, 경질이거나 준 경질 재료에 사용한다. 처리량이 높은 편이라 시간당 0.05~10톤까지 갖는 기기들이 있다. 제트밀 고압의 공기를 사용하는 방식에 따라 크게 카운터 제트밀, 스피럴 제트밀, 오발 제트밀의 세 종류로 구분될 수 있다.

- 카운터 제트밀은 고압의 배출구를 정확히 반대 방향에서 마주 보도록 설치하여, 한점에서 공기를 만나게 하는 원리를 이용하는 기계로 압축된 공기

내부에 쇄료를 포함 시킨다. 배출구를 출발한 입도를 포함하는 제트 기류는 서로 속도는 같으며 대략 500~1,200 m/s의 크기를 갖는다. 중간 지점에서 기류에 포함된 입자들이 서로 충돌하게 되며 입자는 대략 1~3 μm까지 분쇄가 가능함.

- 스피럴 제트밀은 고압의 공기가 순환되는 용기의 내부에서 일어나는 입자와 입자, 입자와 벽 사이의 충돌 때문에 발생하는 에너지에 의해 분쇄가 진행되는 원리를 갖는다. 이 방식의 기계는 쇄료가 고압의 기류와 함께 분쇄기 내부로 투입되는 특징이 있다.
- 오발 제트밀은 공기와 입자가 순환하는 수직 타원형 파이프 구조의 채널로 구성된다. 고압의 공기는 채널의 하부에서 투입되고 이는 투입된 재료와 함께 채널을 이동한다. 채널의 회전하는 동안 입자-입자, 입자-채널 벽 사이의 집중적 충돌로 분쇄되며, 분쇄를 마친 입자는 치널 상단에 위치하는 출구를 통해 배출되는 원리늘 갖는다. 오발 제트밀은 쇄료의 미분쇄가 가능하며, 기계가 작아 적은 부피를 차지한다. 또한 다른 제트밀 대비 낮은 작동 온도를 가지며 분쇄물의 오염이 적다. 반면에 처리량이 적고, 에너지의 소모가 높은 편이다. 또한 내부 부품들은 마찰에 의한 마모가 심한 편이다.

2.4 추출기

추출은 식품 가공에 일반적인 과정으로, 식품 원재료로부터 하나 이상의 구성 요소를 유체상으로 이동시킨 다음 유체 상을 분리하고 유체에서 구성 요소를 얻는 것으로 정의된다. 추출 공정은 주로 식물 기원의 원료에서 수행되나, 간혹 동물이나 물고기의 구성 성분을 추출하기도 한다. 일반적으로 식품 가공 산업에서 주로 사용하는 방법은 액체나 초임계유체를 용매로 이용하여 원료 식품 내에 존재하는 특정 용질을 용해하는 용매 추출 방법이 사용되고, 소규모의 기름이나 주스 등을 만들 때 기계적 압력을 이용하는 기계적 압착을 사용한다. 주로 용매를 이용하는 방식을 사용하는 이유는, 추출 과정이 생물체 조직 및 세포 내부의 체액을 방출하는 공정인데, 물리적인 압력을 사용하면 원하는 액체가 통과해야 하는 물리적 장벽이 많아 대부분 용매를 이용하여 녹이는 것이 훨씬 효율적이기 때문이다.

추출로 얻는 대표적인 가공품은 설탕이다. 뜨거운 물에 설탕의 원료인 사탕무를 담그면, 15%의 설탕이 포함된 자당 스트림(설탕이 용해된 용액)을 생성할 수 있는데, 이는 압착을 통해 얻을 수 있는 설탕 용액의 농도보다 높다. 또한 용매 추출은 원하는 물질의 추출이 가능해 가공식품의 특정 성분을 조절할 수 있다. 예를 들어, 초임계 상태의 이산화탄소를 이용하여 커피콩에 들어있는 카페인을 추출할 수 있고, 카페인을 추출하고 남은 커피콩을 이용하여 디카페인 커피를 생산할 수 있다. 추출한 카페인은 의약품으로 사용할 수 있다. 추출기를 포함한 전체 추출 시스템의 선택은 공정의 목적과 추출할 원재료 및 최종 추출물의 물리적 특성에 따라 달라진다.

2.4.1 용매 추출법

[1] 추출의 원리

추출은 재료 식품 내부에 존재하는 특정 성분을 식품 밖으로 배출시키는 과정이다. 이는 일종의 물질 이동 과정으로 식품 내의 특정 성분이 유체를 통해 식품 밖으로 이동하는 과정으로 간주할 수 있다. 식품 내부에 존재하며 밖으로 빼내고자 하는 성분을 용질이라고 한다. 이 용질을 녹일 수 있는 유체를 용매라고 하며, 용질이 용매에 용해되어 용액의 상태가 되었을 때를 추출물이라고 한다. 용매에 용질이 용해될 때, 공급물과 용매 사이에서 용질의 농도가 평행이 될 때까지 용질이 이동하는데 이때의 용질이 용매에 용해된 정도를 정량화한 값을 용해도라 한다. 대부분 성분의 용해도와 관련된 자료는 많이 연구되어 있다. 이상적인 용매는 원하는 성분만 용해시켜야 하지만 실제 이상적 용매는 많지 않다.

용질이 용매로 이동하기 위해서는 물질이 이용하기 위한 힘이 필요한데, 기본적으로 물질 이동은 농도구배에 의한 확산으로 일어나게 된다. 이에 대한 방해 요소로는 공급물과 용매 사이의 계면, 공급측의 확산층, 인터페이스 자체의 전송에 대한 저항, 용제 측의 확산층에 의한 저항이 가장 크다. 식품 가공에서 계면은 일반적으로 두 개의 저점도 유체 사이의 단순한 계면이 아니라, 용매와 반고체, 고체와 고체 사이의 계면으로 이루어져 있다. 더 미세하게는 식물의 경우 용질의 방출에 저항하도록 특별히 설계된 세포벽이 존재하며, 조직 내부에 결정질 고체가 존재한다. 이런 장애물들은 물질의 이동속도를 느리게 하며, 이를 극복하기 위해 추출 과정에서 재료와 용매의 접촉시간이 증가되게 된다. 이는 결과적으로 전체 장비 부피를 증가시키고, 장비의 운용 비용을 증가시키는 한편, 용매와 용질의 반응 시간을 증가시켜 용질 분해 위험을 높인다.

지방함량이 높은 씨앗의 기름을 추출하거나, 과일의 과즙을 추출하는 경우 종종 압축력을 적용하여 추출하는 방법도 사용한다. 이는 물리적으로 세포벽이나 조직을 파괴하여 고형의 성분과 액체 성분을 분리하는 과정으로, 용매를 통한 추출보다 효율이 낮아 제한적으로 사용된다.

[2] 추출 시스템

추출 시스템은 작동 모드 및 구동 원리에 의해 분류될 수 있다.

(1) 작동 모드에 따른 구분

1) 회분식 추출(Batch extraction)

회분식은 한 번에 한 용기에서 추출이 수행되는 비연속적인 방식이다. 일반적인 회분식 추출기는 용기에 놓여진 고체층에 용매가 분사되어 스며들거나, 고체가 완전히 잠기도록 용매에 고체를 담그는 식으로 설계한다. 후자는 추출의 효율이 향상할 수 있도록 용매-고체의 혼합을 위해 교반 수행이 가능한 형태가 많다. 일반적으로 원하는 공정에 맞게 설정된 시간이 지나면 추출물과 추출 후 남은 고형물이 따로 배출된다. 이 과정은 불연속적이다. 또한, 회분식 공정은 다량의 용매가 필요하고, 처리 속도가 느린 단점이 존재하기 때문에, 식품 가공산업에서는 현대에 거의 사라진 형태다. 간혹, 향료(라벤더)를 추출하는데 사용하기도 한다.

2) 준 연속식 추출(Quasi–continuous extraction)

추출기의 효율성 증가를 위해, 한 추출기에서 사용된 용매를 여러 배치의 추출기로 순환하여 사용하는 방식을 준 연속식이라 한다. 추출을 위한 재료가 담겨 있는 여러 개의 셀이 있으며 셀을 통과하는 용매를 각 셀에 직렬로 연결하여는 방식으로 추출의 효율을 높인다. 각 셀을 통과할 때 마다 용매의 용질 농도가 점차로 증가한다. 하나 또는 두 개의 추출기 셀은 용매를 사용하지 않으며 이렇게 용매가 지나가지 않는 셀을 이용하여 추출을 마친 고형물을 제거하거나 새로 추출할 재료를 투입한다.

3) 연속식 추출기(Continuous extraction)

완전한 연속식 추출기로 추출물이 연속으로 투입되어 추출되며, 추출이 끝난 재료의 배출도 동시에 이루어진다. 다양한 시스템이 존재한다.

(2) 구동 원리

1) 단일 단계 추출(Single–stage Extraction)

추출기의 구동 원리는 용매와 원재료 간의 접촉 방식에 따라 구분될 수 있다. 단일 단계 추출은 가장 단순한 구동 원리를 가지는 추출방식으로 원재료가 포함되어 있는 단일 용기에 용매가 투입되어 추출을 진행한다. 추출의 속도를 높이기 위하여 용매와 원재료는 용기 내부에 존재하는 기구에 의해 교반될 수 있으며, 교반 되기 위하여 용매–재료 혼합물은 슬러리 상태를 유지해야 한다. 추출물의 용해도가 최대치에 도달하면 새로운 용매를 투입하여 같은 공정을 한 번 더 수행하기도 한다.

2) 다단계 추출(Multistage extraction)

원재료가 들어있는 여러 개의 추출 용기가 순차적으로 위치되어 각각의 셀 형태를 이루고, 각각의 용기에는 용매가 투입되는 부분과 추출물이 회수되는 부분으로 이루어져 있다. 용매는 가장 오래된 원재료가 들어 있는 용기로 주입되어 추출을 수행한다. 회수된 추출물은 다음 추출 용기로 곧바로 주입되어 추출을 진행하는 방식으로 가장 최신에 재료가 들어있는 용기에 마지막으로 주입된다. 추출은 준 연속식으로 진행된다. 이 방식은 용매의 용질 부하를 최대치로 증가시킬 수 있는 방법이다.

3) 이동-베드 추출(Moving-bed extraction)

베드에 놓여 끊임없이 이동하는 고형의 원재료에 용매를 분사하여 추출을 수행하는 추출 원리를 갖는 방식이다. moving-bed extraction 원리를 적용하는 추출 방법은 크게 percolator의 형태를 띄는 방식과 immersion extractor의 형태를 띄는 것으로 나뉜다. 퍼콜레이터 형식을 따르는 방식은 분쇄된 고형의 원재료에 용매를 분사하면 용매가 분쇄된 분말을 곧바로 통과하지 못하고 서서히 통과하며 용질을 녹이는 침출 식으로 이루어진다. 이때 베드는 계속 움직이며 새로운 용매에 의해 추출이 이루어진다. 반면 immersion extractor는 용매가 담겨있는 체임버에 고형의 원재료가 지속적으로 움직이며 추출이 이루어지는 방식을 채택한다. 체임버에 고형의 재료를 이동시킬때 컨베이어 벨트나 나사를 이용한다. 용매는 체임버에 고여 있으며 원재료가 이동하면서 추출이 이루어진다.

[3] 추출기

추출은 역사적으로 오랫동안 수행된 작업으로 간단하게는 식물이나 동물 식재료를 물에 끓이는 것부터 시작되었다고 간주할 수 있다. 현대에 들어 추출은 원재료에 존재하는 원하는 단일 성분을 추출하기 위한 다양한 방법을 일컫는데 식품산업에서 추출은 주로 식용유, 과일 주스 등의 생산에 주로 사용되었다. 최근에는 식품 내부에 존재하는 기능성 물질 등을 얻는데도 사용된다.

로토셀 추출기는 식용유 생산을 위한 연속식 추출기로 실린더 형태의 외관을 가지고 있다. 실린더 형태의 용기 바닥에는 회전하는 원형판이 있으며, 원형판에는 기름을 함유하고 있는 고형의 재료를 담을 수 있도록 18개의 셀이 설치되어 있다. 원형판은 실린더 중앙을 가로지르는 축에 연결되어 있고 축이 한바퀴 회전되는 동안 추출이 진행되며 각 셀이 한바퀴 이동하게 되면 바닥에 설치된 구멍을 통해 추출후 남은 잔여물이 배출 된다. 추출 시간에 따라 회전속도가 결정되며 비교적 저속으로 회전하여 마찰력이 작으므로 회전축은 큰 토크를 필요로 하지 않는다. 원료 물질이 담길 용기는 1.8~3 m 사이의 깊은 용기를 채택하고 있으며, 추출물은 다른 셀로 이동하지 않는다. 추출 효율 향상을 위하여 물리적인 교반을 수행하는 형태의 기계도 있다. 로토셀 추출기는 중소규모 식용유 생산공장에서 주로 사용되었으며, 땅콩, 유채씨, 면화씨, 해바라기씨,

참깨, 옥수수 배아, 동백나무 씨, 아마씨, 피마자씨, 콩, 쌀겨, 홍화씨 등의 기름을 추출하는데 사용된다. 로토셀 추출기는 Davy Corporation, Pittsburgh, PA사에서 1960년대에 처음 개발되었으며, 파생모델로는 현재는 단종된 Darvo와 1990년대에 개발된 Carrousel 추출기가 있다.

카로젤 추출기는 로토셀 추출기와 거의 유사한 구조를 가지는 추출기로, 추출이 일어나는 바닥 구획에 망체가 설치되어 있는 것이 가장 큰 차이점이다. 투입된 고체 입자들은 바닥의 망체를 긁어 망체와 입자간의 마찰이 생기는 동시에 입자간 상호 움직임에 의하여 내부에 존재하는 물질 이동이 촉진된다. 일반적으로 축이 한바퀴 도는 동안 추출이 수행되며, 1회전에 1시간 정도 소요되므로 입자의 상대 속도는 7 mm/s를 초과하지 않는다. 1회전이 끝나면 잔여물은 아래에 설치된 배출구를 통해 배출된다. 분리벽은 단면이 원뿔형으로 되어 있어 슬러리가 배출되는데 도움을 준다. 일반적으로 카로젤 추출기의 전체 직경은 15.3 m까지 제작되며, 베드 높이는 2 m, 추출기는 8 m의 직경을 갖는다. 형태에 따라 추출기를 2 단으로 구성하는 더블덱 타입이나, 3단으로 구성하는 시도도 있었으나 3단이 되면 중간 단의 청소가 어려워 개발이 중단 되었다.

유럽이나 몇몇 개발도상국에서 인기 있었던 추출기 모델로, 플레이크 베드가 수평으로 끊임없이 움직이는 컨베이어 벨트를 따라 이동되고 이 동안 용매에 침출로 추출되는 구동 원리를 갖는 추출기다. 컨베이어 벨트 말단까지 움직인 재료는 추출기 외부로 배출되는데 배출되기 직전에 용매로 한 번 더 처리된다. 용매는 컨베이어 벨트 위에 일정한 간격으로 위치된 분사 노즐을 통하여 분사되며, 새로운 용매는 컨베이어 벨트 말단에 있는 노즐에서 분사된다. 벨트 아래 침출된 용매를 수집하는 용기에 포집된 추출물은 펌프를 통해 그다음 노즐로 이동하여 재료에 분사되고, 이러한 원리로 용매를 순환시켜 사용한다. 컨베이어 벨트 하단에 설치된 펌프에 의해 약한 진공이 형성된다. 이 장치는 대체로 비용이 낮고 설치가 간단하다. 이동속도나 고체에 분무되는 용매의 양은 원재료의 투과성에 의해 조절된다. 원료 고체와 용매의 사이의 상호작용의 특성에 따라 추출 조건을 쉽게 조절할 수 있다.

크라운 모델 3 추출기는 채소의 함유된 단백질이나, 나무 조각 등의 재료에 함유된 성분을 추출하는데 사용되는 이상적인 침출식 추출기인 크라운 모델3

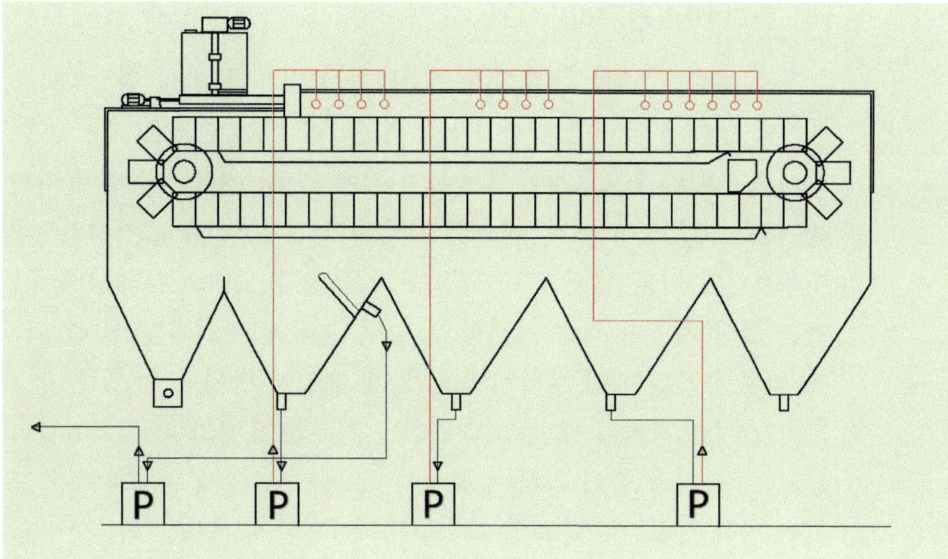

[그림 2.9] 슬라이딩 셀 추출기(Lurgi)의 원리

은 연속식 루프형태, 역류식, 얕은 베드 형태를 가진다. 많은 부피의 재료를 한 번에 처리하는데 유리한 추출기로, 처리용량에 비해 기계 부피가 작으며, 두개의 역류식 추출기로 되어 있다.

슬라이딩 셀 추출기(lurgi)는 수평(프레임 벨트나 슬라이딩 셀 추출기)이나 수직(버킷 엘리베이터 추출기)으로 움직이는 트랙에 설치된 바구니에 재료를 채워 각각의 바구니에 들어있는 고형 재료를 추출하는 형태를 이루고 있다. 슬라이딩 셀 추출기는 유지 종자에서 식용유를 추출하는데 주로 사용 되는 추출기로 헥산을 주요 용매로 하여 기름을 추출한다.

볼만 추출기(Bollman extractor)는 하부에 구멍이 뚫려있는 버킷이 설치되어 있는 엘리베이터가 수직으로 움직이는 형태로 구성되어 있다. 건조된 분말이 버킷에 투입되고 투입된 버킷에 용매가 분사되고 추출된 추출물은 아래의 버킷으로 이동한다. 가장 아래로 이동한 버킷은 반대쪽으로 이동하여 다시 위로올라가는데 가장 위에서 새로운 용매가 분사되고 추출을 수행한다. 추출을 마친 분말은 배출된다.

[4] 컨디셔닝(전처리)

추출 효율은 원료 물질과 용매간의 상호작용에 의해 결정되므로, 추출기는 용질이 용매에 최대한 효율적으로 이동하기 위한 환경을 제공해야 한다. 일반적으로 용매와 원료물질이 접촉하기 전에 원료물질을 추출에 유리한 상태로 만들어주는 과정을 거친다. 용매와 추출물의 접촉면적을 증가시키는 방법이 가장 대표적인데 이를 위해 원료 물질을 작은 입자 상태로 분쇄시켜 준다. 작은 입자는 확산 저항이 작은 장점이 있지만, 분쇄에 투입되는 에너지가 크고, 분쇄에 의해 증가된 표면 에너지에 의해 재 응집이 발생할 수 있다. 분쇄된 분말의 크기가 너무 작거나 재 응집이 일어날 경우엔 용매의 베드 투과성이 감소할 수 있고, 추출기의 압력 강하가 증가하며, 베드 위에 투과되지 못한 용매가 호수처럼 남아 있을 수 있으며, 역 혼합이 발생할 수 있고, 미분말이 기기 내부에 확산될 수 있기 때문에 원재료 및 추출 과정에서 적절한 물성을 가질 수 있도록 분말의 크기를 조절해야 한다. 일반적으로 0.5 mm 이하의 입자의 함량이 5~10% 미만일 것을 권장하고 있다.

식용유 추출의 경우 유지의 기름 함량이 25 wt% 이상이거나, 소량으로 식용유를 추출할 경우 용매를 이용하지 않고 물리적 압착을 이용한 기계적 추출이 유리한 경우가 있다. 보통 유채씨, 해바라기씨, 옥수수 배아(50%), 목화씨(25%, 제한적으로 사용)가 기계적 추출을 사용한다. 이외에도 옥수수나, 콩 등을 전처리 하여 기름의 함량을 높이면 기계적 추출이 가능하다. 기계적 추출은 용매를 사용하는 공정대비 단순한 기계 구성을 가지며 환경에 부담을 덜 주기 때문에, 기름 추출을 위한 단독 과정으로도 사용하기도 하고 용매 추출의 효율을 높이기 위한 전처리 과정으로 사용되기도 한다.

기계적 압력을 이용하는 추출기의 하나로 회전하는 두 개의 실린더 사이로 재료를 압축하며 통과하게 하면서 재료를 압축시키는 롤러밀을 사용하는 형태가 있다. 이 기기에 설치된 한쌍 이상의 롤러에 의한 압축에 의해 종자가 박리되고, 두 롤러의 속도의 차이에 의해 고체 재료에 전단력을 발생시킬 수 있다. 이 외에 나사산에 의해 발생하는 압축력을 이용하여 동작하는 스크루 방식의 압출기가 있다. 이 스크루 형태의 압출기는 재료에 강한 압축력을 발생시켜, 추출을 종료하고 얻은 잔여물의 기름 함량을 10% 이하로 만들 수 있는 장치이다. 일반적으로 기계적 압축에 의해 추출을 마치고 난 이후 얻게되는 잔여물은 추가적인 용매 추출 과정을 거치는데 이때 사용되는 용매 사용양을 줄일 수 있는 장점이 있다. 필요한 압력이 높아지면 샤프트와 같은 기계적 장치의 부피가 증가하고, 압축 과정에서 발생하는 마찰에 의해 열이 발생할 수 있다. 이를 제어하기 위해 추가적인 온도 조절장치를 조절할 수 있지만 전체 생산 효율에 영향을 줄 수 있기 때문에 무한정 크기를 키울 수 없다.

이외에 기계적 힘을 이용하는 추출법으로 식용유 생산에 주로 이용되는 expeller 압축법이 있다. 사용되는 주요 재료로는 면실, 땅콩, 옥수수 배아, 참깨(oil 재료)가 있다. 한번에 압축에 의해 기름이 추출되는 방식으로 연속식으로 사용할 수 있다. 압축 과정에서 마찰에 의해 열이 발생할 수 있는데 껍질이 딱딱한 견과류의 경우에 49℃를 넘길 수도 있다. 투입구를 통해 공급된 고체 원료는 첫 번째로 압력을 받는 downsprout으로 이동한다. 이후 이동된 재료는 나사가 포함된 수평 배럴을 거치며 압축되며 기름이 추출된다. 고체 재료가 배출되는 부위에 위치하는 콘 모양의 유압 초크에 의해 압력을 조절할 수 있다. 일반적으로 추출을 마치고 나면 15% 정도의 잔류 기름을 남기고 이후에 용매를 이용하여 잔류 기름을 추출한다.

열처리를 이용해 유지 종자를 10% 수분함량과 90~95℃ 사이의 온도로 20분 동안 유지한 뒤 압착 직전에 3%의 수분 함량을 갖도록 건조하면 압착을 통한 기름 추출의 효율을 높일 수 있다.

2.4.2 초임계유체 추출법(Super Fluid Extraction, SFE)

용매 추출과 함께 가장 많이 사용되는 형태로 초임계 유체를 이용한 추출법이 가장 대중적으로 이용되고 있다. 대표적인 예로 디카페인 커피, 홉 추출물 생산, 향신료, 허브, 식물성/에센셜 오일이 있다. 대표적인 기계 구성은 가압장치, 추출용 압력 용기, 분리(용매 회수)용 압력용기, 두개의 열교환기를 갖는다. 초임계 유체를 이용하는 추출은 주로 이산화탄소를 용매로 사용되어 수행되는데, 이산화탄소는 펌프를 통해 압축된 뒤 열교환기(히터)를 통해 가열되어 초임계 유체 상태로 상전이 된다. 이후에 원료 물질이 들어있는 추출기에서 원하는 성분을 추출하여 밸브를 통해 감압된다. 이때 추출물은 회수용 압력용기에 들어가고 기체상태의 이산화탄소는 열교환기(냉각기)를 통해 냉각된후 회수된다. 이산화탄소는 무해하고 임계조건의 달성이 쉬워 추출에 주로 사용된다. 추출에 사용되는 원재료로는 홉(*α* 산), 향신료, 허브, 향미, 향, 커피 생두(카페인 제거하여 활성탄에 대한 등압 흡착, 물에 의한 흡수), 차(카페인 없는 차 생산을 위해 사용)등이 있다.

초임계 유체를 사용하기 위해 압력조건이 중요하므로 연속식 추출기 구성이 어려워 대부분 불연속 방식의 회분식 추출기를 사용하거나, 추출 시간 절약을 위해 2~4개의 추출기를 교대로 작동시킨다. 이외에도 연속식 추출을 위하여 추출기 내부로 고압의 재료를 투입할 수 있는 스크루(screw) 장치가 개발되기도 하였다. 스크루를 통과하는 재료는 압축되어 추출기에 투입되어 투입되는 동안의 압력 손실을 최소화한다. 초임계 유체 추출은 추출이 진행된 후의 잔여물이 배출될 때 압력의 급격한 하강과 함께 온도가 낮아지므로 드라이 아이스에 의해 잔여물이 함께 어는 경우가 있다.

일반적으로 초임계 유체 추출물의 용질과 분리하기 위해 전체 추출물을 감압하여 이산화탄소와 용질을 분리하는 방식을 사용한다. 감압에 의해 이산화탄소가 기체상으로 변화하기 때문에 쉽게 용질과 분리되며 카페인의 경우는 후막에 위치한 활성탄이나 물에 의해 농축된다. 활성탄에 흡착된 카페인을 회수하기 위하여 활성탄을 연소시켜야 하는데 1회 회수할 때마다 10%의 활성탄이 손실된다.

추출효율을 높이기 껍질을 제거하거나, 입자의 크기를 조절하는 등의 전처리 과정을 거친다. 특히 추출기에 투입되는 고체 베드가 균질한 공극을 가지고, 유체의 투과도가 적절한 값을 가질 수 있도록 입자의 크기를 조절하는 것이 중요하다.

추출을 위한 압력 용기를 설계할 때 고려해야 할 사항으로, 용기의 벽(단단한 것, 복합 벽) 종류, 용기 전체의 직경(1 m 이내로 제한), 용기 벽 두께(약 150 mm로 제한)가 있다. 여러 개의 실린더를 용접하여 실린더 형 용기의 높이를 늘인 것은 있으나, 압력 용기의 특성상 용기의 직경을 일정 수준 시상으로 키우는 것은 적절하지 않다. 용기의 벽면을 다중 소재를 이용하여 만들면 용기의 크기를 키우거나 부식성 물질을 사용할 때 다양한 재료(내층 내식성 재료, 외층 고압에 버티는 재료)를 사용할 수 있는 장점이 있지만 어댑터나 노즐 삽입이 어려운 단점이 있다. 압축 용기의 효율은 용기 내부의 높이와 내부 직경의 비율을 통해 예측할 수 있으며, 내경이 작으면 벽효과가 눈에 띄고, 내경이 크면 위치에 따른 이질적 추출 발생할 수 있다.

식품산업에서 초임계 유체 사용의 시초는 커피의 탈카페인 공정이다. 생 커피 원두의 카페인 함유율은 1~3%이며 여기에 초임계 이산화탄소(70℃, 16 MPa)로 추출하면 카페인 함유율을 0.02%까지 감소시킬 수 있다. 초임계 이산화탄소를 이용하면 커피의 풍미와 향을 유지한 채로 카페인이 제거된 커피를 생산할 수 있다. 맥주의 홉 액기스는 추출은 디카페인 커피 다음으로 많이 수행된다.

2.4.3 기계적 압착

기계적 압착은 용매 추출의 전처리 과정이나 보조적인 방법으로 구분하기도 하지만, 과일 주스나 특정 식용유 생산에 주요 공정으로 사용되고 있다. 기계적 압착의 기본 원리는 식물 세포에 포함된 과즙 성분이나 기름 성분을 외부로 배출시키기 위하여 물리적으로 세포벽이나 기타 조직을 파괴시킨다. 나머지 고형 잔류물은 버리거나 동물의 사료로 활용하기도 한다. 이때 기타 용매는 사용하지 않는다. 기계적 압착에 가장 큰 영향을 미치는 재료의 물성으로 항복응력과 압축된 재료(케이크)의 다공성 추출된 액체의 점도가 있다. 이는 재료에 적용된 압력에 의해 변화될 수 있으며, 재료와 장비에 따라 달라진다. 또한 재료가 압축성이어야 액체 추출이 가능하며 압축되지 않고 재료가 깨지거나 하면 추출이 불가능하므로 다른 분리방법이 필요하다. 기계적 압착도 회분식과 연속식으로 구분된다.

[1] 회분식 방법

회분식 방법의 하나로 상자와 냄비 프레스 방식이 있다. 이 기계는 상자 형태의 수직 유압 프레스 장치로 이루어져 있으며, 고형의 재료는 캔버스(천)에

쌓여 있다. 캔버스에 쌓인 재료는 압축 장치로 가해지는 압력에 의해 눌리면서 내부에 존재하는 과즙만 캔버스를 통과하여 프레스 장치 하단에는 구멍으로 흘러나간다. 압착기 대부분의 최대 압력은 100 bar 정도에 도달할 수 있다. 기계는 압축 장치의 면적이나 설치된 압축장치의 개수에 따라 처리량이 달라질 수 있다. 펜 프레스 압착은 유체 재료까지 처리할 수 있으며, 올리브 오일, 초콜릿에서 코코아 버터 분리를 수행할 수 있다.

커브 및 케이지 플레스 장치는 비교적 저압으로 운영되는 장치로 높은 압력이 필요하지 않은 재료나 섬유질이 많은 재료에 추출에 사용되는 형식이다. 보통 사과주스, 올리브 오일, 코프라(코코넛) 오일을 추출하는데 사용되며, 주로 기계식 피스톤을 사용한다.

[2] 연속식 프로세스

기계식 압착의 연속식 프로세스는 보통 식용류를 추출하는 공정에 사용되고, 회분식보다 노동력의 투입이 적은 특징이 있다. 스크루 프레스가 가장 널리 사용된다.

스크루 프레스는 홈이 나있거나 구멍이 뚫린 프레임과 그 안을 회전하는 스크루로 구성되어 있다. 나사와 연석(프레임)의 구조는 고형의 재료가 압력을 받을 수 있도록 배출구 쪽으로 가늘어 지는 원뿔 형태를 이루고 있다. 또한 나사의 피치로 압력 조절 가능하며, 재료가 나사에 의해 압축되어 배출된 과즙이 프레임에 뚫려 있는 구멍들을 통해 빠져나온다. 식물성 식용유 생산에 가장 활발하게 사용되는 형식이다.

롤러 프레스 타입의 추출기는 주로 사탕수수의 설탕을 얻기 위하여 사용되는 장치로 일부 과일의 과일 주스를 만드는 데도 사용된다. 일반적으로 3개의 롤러로 구성된 기계 구조를 가지고 있다. 사탕수수는 건조된 상태로 압착되는데, 설탕의 추출을 최대화 하기 위해 추가로 물을 넣어준다. 압착이 끝난 후에도 일부 재료들이 롤러에 부착되어 있는데 이를 떨어뜨리기 위한 칼날이 포함되어 있다.

벨트 프레스 추출기는 보통 과일주스에 착즙에 사용 되는 추출기로 원래 종이 펄프 제작공정에서 현탁액을 탈수하는데 사용되던 장비를 식품산업에 응용한 장치다. 보통 필터링 과정과 압착 작업을 포함한 장치 구성을 갖는다. 벨트를 구동시키는 드라이브와 두 개의 벨트로 구성되어 있다. 벨트는 이동 방향을 180도로 바꿀수 있도록 여러 개의 도르래로 구성되어 있고 벨트 사이에 재료가 슬러리 형태가 되어 점차적으로 압력이 높아지며 과즙이 배출된다. 구성 원리상 낮은 압력으로 운용되며 과일 주스를 생산하는데 주로 사용된다.

주스리머는 일반적으로 리머는 드릴로 뚫어 놓은 구멍을 정확한 치수의 지름으로 넓히거나 구멍의 내면을 깨끗하게 다듬질 하는데 사용되는 도구로 과일에 적용하여 과즙을 착즙하는데 사용되는 기계이다. 리머는 보통 레몬, 라임, 자몽의 착즙에 사용된다. 레몬과 라임 등을 정확히 절반으로 절단한 뒤 과일의 형태에 맞는 톱니 모양의 칼날을 회전시켜 과육을 추출하는데 사용된다. 가정용 리머도 널리 사용된다.

[3] 사과/포도 주스 생산

갓 짜낸 사과주스는 이당류, 단당류, 다당류인 전분과 팩틴, 추가로 산과 미네랄이 포함된 액체로 85~90%가 수분으로 이루어져 있다. 사과주스는 전통적으로 사과를 균일한 조작으로 분쇄한 다음 불연속 압착기에서 과즙을 추출한 뒤, 여과기를 사용하여 사과주스로 여과하는 과정을 거친다. 사과의 과육에서 주스를 분리하기 위해 빠르게 작용하는 압력이 필요하다. 포도 주스도 생산도 유사한 과정을 거치는데, 포도는 분쇄하지 않고 2.5 cm의 구멍이 뚫려있는 기구를 이용하여 포도 줄기에서 포도알을 낱알로 분리한다. 압축을 통해 주스를 추출하기 전 씨앗과 과육을 분리하기 위한 공정도 수행된다. 보통은 2개의 회전 실린더를 이용하여 주스를 추출한다.

사과와 포도주스의 압착 작업에 영향을 주는 요인으로 과일의 품질을 들수 있다. 우선 과일이 잘 익어서 기준 물성을 달성해야 한다. 과도하게 익은 과일은 압착을 통해 주스를 추출하기 어렵다. 압착을 하기 전에 압착에 알맞은 입자 크기를 갖도록 분쇄를 수행해야 한다. 종종 압착 방법에 따라 효소 전처리 공정을 통해 추출 효율을 늘리는 방법이 사용되기도 한다. 과일의 물성 때문에 압착이 잘 되지 않는 경우에는 목질 섬유, 종이 섬유, 혹은 왕겨 혼합물을 재료에 섞어주어 압축하면 압착 효율이 높아지기도 한다.

(1) 사용 장비

사과 주스를 압착하는데 사용되는 가장 단순한 장치로 Rack & Frame 프레스 장치를 들 수 있다. 이 장치는 치즈를 만들 때 사용하는 천을 이용하여 5~8 cm 정도로 분쇄된 사과를 프레임에 맞게 담는다. 프레임은 사각형이며 사과가 들어있는 천을 덮는 칸막이를 설치하는데 이 칸막이는 과즙이 통과할 수 있는 틈이 있다. 사과가 들어 있는 천과 칸막이를 여러 칸으로 설치하고 유압식 압축장치를 이용하여 압축시킨다. 이 방식은 필터가 따로 필요하지 않으며 간단한 방식인 만큼 수율이 매우 낮은 특성이 있다.

포도주스나 와인가공에 사용되는 Willmes 압축방식은, 가로로 길게 생긴 원통형 용기 내부에 수직으로 천공된 구멍이 여러 개 설치되어 있는 실린더가 있는 형태를 갖는다. 용기 내부가 포도 덩어리로 채워지면 내부에 존재하는 에어백이 팽창하며 천공된 실린더 방향으로 포도 덩어리들을 압축시킨다. 이때 천공된 실린더 사이로 과즙이 추출되며 에어백의 팽창과 수축은 여러번 이루어진다.

대량의 사과 및 포도주스 생산에 사용되는 스크루 프레스 방식은 일반적으로 비슷한 구조를 갖는다. 스크루는 15 cm에서 3 m에 이르기까지 다양한 크기를 가지며 보통 스테인리스 강을 사용하여 제작된다. 스크루 압축방식의 추출 효율은 80%를 가지며 연속식 공정으로 만들어진다.

유압실린더를 사용하는 Bucher press는 한쪽 끝에 유압 피스톤이 설치된 직경 2 m 길이 2 m의 실린더를 가지고 있다. 과일을 분쇄하여 메쉬에 넣고 바스켓에 채운 뒤 피스톤으로 이 메쉬를 누르는 공정을 거친다. 이 장치는 상대적으로 크고 복잡하고 비싸지만, 시간당 처리량이 5~7톤에 이르고, 수율은 85% 정도이며 효소 전처리나 침출(leaching) 공정을 추가할 경우 92%까지 높일 수 있다. 실린더 내부에 280개의 작은 필터 요소가 설치되어 있기 때문에 바구니와 같은 형태를 띤다. 주스는 내부에 설치된 직물을 통해 내부에 새겨진 홈을 따라 이동한다. 설치비용이 높으며 유지비용이 높은 특징을 갖는다.

기타 자주 사용되는 장치는 벨트프레스가 있으며 사과나 포도 주스 착즙용 압축기의 원리는 앞서 설명한 것과 같으며 기기의 설치 비용이 비교적 저렴하지만, 추출 효율이 낮으며 청소가 힘들다. 또한 스크리닝 원심분리기는 효소로 전처리 된 원재료에서 주스를 뽑아내기 위해 사용되며 시간당 10톤 가량을 추출할 수 있다. 효율은 85~90%로 높은 편이다.

[4] 감귤주스(라임주스)

감귤주스의 대표적인 제품으로는 자몽주스가 있다. 감귤주스 제조에 사용되는 특수 착즙 장치로 Brown 및 FMC 추출기가 있다. 추출을 위해 과일을 씻어서 크기별로 분류하는 사전 단계를 거치고, 압출된 주스는 스크린 마무리기를 이용하여 씨앗이나, 껍질이나, 소포막을 걸러내는 과정을 거친다. 추출은 기계적 압력, 전단력을 통해 이루어지므로 기계에 체류하는 시간에 따라 주스 품질에 영향을 미친다. 압축이 과도하게 이루지면 내부에 존재하는 쓴맛을 내는 성분인 리모닌이나 나란진이 포함될 수 있어 공정을 잘 조절해야 한다.

브라운 추출기는 홈 리머와 같은 원리를 가지는 기계로 먼저 과일을 절반으로 쪼깨어 반으로 자른 뒤 잘린 과일을 고무컵을 이용하여 고정한다. 이후 기계적 리머로 추출하는 과정을 거친다. 리머의 구동 원리는 회전하는 반원형의 칼날이 회전하며 처음에 과일에 빠르게 침투하다가 최대 침투지점에서 속도를 줄이며 추출을 마친다. 과즙 주스는 아래에 설치된 팬에 모이고 껍질과 과일막은 별도의 배출구를 통해서 모인다. 모인 감귤 껍질에서 기름을 추출한다.

FMC 추출기는 과일을 자르지 않고 전체 과일을 압축하여 과즙을 추출한다. 기기는 위쪽과 아래쪽의 한 쌍의 컵으로 구성된다. 아래쪽 컵에는 구멍 뚫려 있는데, 여기에 설치된 원형 커터는 과일의 아래쪽에 구멍 잘라 바닥에서 제거한다. 위쪽컵으로 눌러 압축을 수행하여 과즙을 추출하고 아래 컵에 설치된 구멍을 통해 추출된 과즙이 배출된다. 이후에 여과기를 통해 과즙과 이물질이 분리된 뒤, 내부에 설치된 플런저가 내부 잔류물을 배출시킨다.

참고문헌

1. Adetan, D. A., Adekoya, L. O., & Aluko, O. B. (2006). Theory of a mechanical method of peeling cassava tubers with knives. International Agrophysics, 20(4).

2. Afolabi, A. O., & Attanda, M. L. (2020). Development and Performance Evaluation of Irish Potato Peeling Machine. Journal of Engineering Research and Reports, 11–23.

3. Atkins, A. G., Xu, X., & Jeronimidis, G. (2004). Cutting, by 'pressing and slicing,' of thin floppy slices of materials illustrated by experiments on cheddar cheese and salami. Journal of Materials Science, 39(8), 2761–2766.

4. Bremer, F., & Matthiesen, S. (2020). A review of research relating to food slicing in industrial applications. Journal of Food Engineering, 268, 109735.

5. Damayanti, R., Prayogi, I. Y., & Basukesti, A. S. (2021, May). Design and Fabrication of Small-Scale Potato Peeling Machine with Lye Method. In IOP Conference Series : Earth and Environmental Science (Vol. 757, No. 1, p. 012031). IOP Publishing.

6. Gao, W., Chen, F., Wang, X., & Meng, Q. (2020). Recent advances in processing food powders by using superfine grinding techniques : A review. Comprehensive Reviews in Food Science and Food Safety, 19(4), 2222–2255.

7. Hoque, M. A., & Saha, K. K. (2017). Design and development of a manual potato cum sweet potato slicer. J. Sci. Technol Environ. Informatics, 5, 395–401.

8. Jongen, W. (Ed.). (2002). Fruit and vegetable processing : Improving quality. Elsevier.

9. Knoerzer, K., Juliano, P., & Smithers, G. W. (Eds.). (2016). Innovative Food Processing Technologies : Extraction, Separation, Component Modification and Process Intensification. Woodhead Publishing.

10. Le, L. M., Nguyen, T. C., Pham, B. T., Ly, H. B., Le, V. M., & Le, T. T. (2019). Development and identification of working parameters for a lychee peeling machine combining rollers and a pressing belt. AgriEngineering, 1(4), 550−566.

11. Li, X. (2020). Methods of Peeling Fruits and Vegetables. In Handbook of Food Preservation (pp. 19−24). CRC Press.

12. Lloyd, P. J., & Van Wyk, J. (2012). Introduction to extraction in food processing. CRC Press (Taylor and Francis Group).

13. Saravacos, G. D., & Kostaropoulos, A. E. (2002). Handbook of food processing equipment (pp. 331−381). Kluwer Academic/Plenum.

14. Sinha, N. K., Hui, Y. H., Evranuz, E. Ö., Siddiq, M., & Ahmed, J. (2010). Handbook of vegetables and vegetable processing. John Wiley & Sons.

15. 민영봉, 김성태, 강동현, 최선웅, & 유준현. (2002). 양파박피기 개발 (I). 한국농업기계학회지 제, 27(4), 311−316.

16. 민영봉, 김성태, 김정호, 최선웅, & 유준현. (2002). 양파박피기 개발 (II)−양파 뿌리 부 절단장치. 한국농업기계학회 학술발표논문집, 573−578.

17. 민영봉, 김성태, 강동현, 최선웅, & 유준현. (2002). 양파박피기 개발 (I)−공기 분사식 박피장치. 한국농업기계학회 학술발표논문집, 323−328.

18. 조용진, & 김철진. (1993). 공기식 마늘 박피기의 적정 설계를 위한 요인별 영향 분석. 바이오시스템공학 (구 한국농업기계학회지), 18(4), 351−357.

CHAPTER 03

선별 및 품질판정

원예작물은 과일, 채소 및 화훼류를 포함하며 다시 과일과 채소를 총칭하여 청과물이라 한다. 이 중에서 과일은 온대과일(사과, 배, 단감 등), 열대과일(바나나, 파인애플, 망고 등) 및 소과류(앵두 등)로 분류될 수 있으며 채소는 엽채류(배추, 양배추, 상추 등), 과채류(토마토, 오이, 멜론, 수박 등) 및 근채류(당근, 무 등)로 분류된다.

청과물은 크기, 모양, 색상, 숙도, 경도, 구성 성분이 각각 다르고, 저장 또는 취급과정에서 변질되거나 기계적 손상을 받기 쉬우며, 부가가치 향상을 위해 등급별로 구분하여 포장할 필요가 있다.

3.1 청과물의 품질인자 및 등급규격

청과물의 품질을 결정하기 위한 항목과 인자는 표 3.1과 같이 정리될 수 있으며 등급을 결정하고 상거래를 위한 등급규격은 농산물 표준 출하규격집에 제시되어 있다. 농산물의 규격은 품질을 구분하기 위한 등급규격, 크기를 구분하는 크기규격 및 포장방법을 규정하는 포장규격으로 구분된다.

[표 3.1] 청과물의 품질과 관계된 인자

항 목	인 자 (속성)
외관	크기(무게, 부피, 길이, 폭, 높이 등), 모양, 색, 광택, 표면결함 등
조직감	경도, 부드러움(softness), 아삭아삭함(crispness), 즙(juiciness), grittiness, toughness, fibrousness
풍미	단맛(당도), 신맛(산도), 떫은 맛, 쓴맛, 향, 이취 등
영양	탄수화물, 단백질, 지질, 섬유, 비타민, 무기성분 등
안전성	천연독성물질, 오염물질(잔류농약, 중금속 등), 미생물 오염, 등

농산물의 등급규격은 포장단위의 등급규격과 낱개의 등급규격으로 구분될 수 있으며 크기규격은 낱개의 기준무게와 포장단위의 기준 개수(한 상자에 들어가는 청과물의 개수)로 구분될 수 있다.

[표 3.2] 사과 낱개의 등급규격

항목 \ 등급	특	상	보통
색택	착색비율이 별표 1의 "특" 이상인 것	착색비율이 별표 1의 "상" 이상인 것	착색비율이 별표 1의 "보통" 이상인 것
형상	품종 고유의 형상이 뛰어난 것	품종 고유의 형상이 양호한 것	특, 상에 미달하는 것
녹	없거나 눈에 띄지 않을 정도로 적은 것	표면적의 1/5 이하인 것	표면적의 1/3 이하인 것
일소	엷은 색으로 지름 1.0 cm 이하인 것	엷은 색으로 지름 2.0 cm 이하인 것	심하지 않은 것
열매 점무늬병	지름 0.3 cm 이하의 병반이 2개 이내인 것	지름 0.3 cm 이하의 병반이 5개 이내인 것	지름 0.3 cm 이하의 병반이 10개 이내인 것
반점 낙엽병	없거나, 눈에 띄지 않는 것	지름 0.5 cm 이하의 병반이 2개 이내인 것	지름 0.5 cm 이하의 병반이 5개 이내인 것
기타 병충해	피해가 과육에 미치지 않은 것으로서 두드러지지 않은 것	피해가 과육에 미치지 않은 것으로서 두드러지지 않은 것	피해가 과육에 미치지 않은 것으로서 심하지 않은 것
상해	열상, 자상, 타상이 없는 것. 그리고 찰상, 압상이 거의 없는 것	열상, 자상, 타상이 없는 것. 찰상, 압상이 경미한 것	특, 상에 미달하는 것으로서 심하지 않은 것
약해	없는 것	거의 없는 것	심하지 않은 것
꼭지	빠지지 않은 것	빠지지 않은 것 (꼭지 빠진 것으로 색택이 "특"인 것은 상으로 한다)	빠지지 않은 것 (꼭지 빠진 것으로 색택이 "상"인 것은 보통으로 한다)
기타 결점	거의 없는 것	대체로 없는 것	심하지 않은 것

[주] 병충해, 상해, 일소 등의 결점이 산재하거나 여러 가지 결점이 있는 경우에는 합산 판정한다.

[표 3.3] 사과의 포장단위 등급규격

항목＼등급	특	상	보통
낱개의 고르기	별도로 정하는 크기 구분표상 크기가 다른 것이 섞이지 않은 것	별도로 정하는 크기 구분표상 크기가 다른 것이 섞이지 않은 것	별도로 정하는 크기 구분표상 크기가 다른 것이 섞인 것
색택	별표1 품종별 착색비율에서 정하는 "특" 이외의 것이 섞이지 않은 것	별표 1 품종별 착색비율에서 정하는 "상"에 미달하는 것이 섞이지 않은 것	별표1 품종별 착색비율에서 정하는 "보통"에 미달하는 것이 섞이지 않은 것
당도	• 후지, 북두는 14% Brix 이상 • 쓰가루, 조나골드, 세계일, 홍월, 천추는 13% Brix 이상 • 기타 품종은 12% Brix 이상	(적용하지 않음)	(적용하지 않음)
신선도	뛰어난 것	양호한 것	양호한 것
중 결점과	없는 것	없는 것	없는 것
경 결점과	거의 없는 것(낱개의 등급규격으로 "특"이외의 것이 섞이지 않는 것)	대체로 없는 것(낱개의 등급 규격으로 "상"에 미달하는 것이 섞이지 않는 것)	특·상에 미달하는 것

[표 3.4] 착색비율 등급규격(별표 1)

품종＼등급	특	상	보통
홍옥	80	60	40
세계일, 홍월, 조나골드	70	50	30
후지, 천추, 국광, 쓰가루, 북두	60	40	20
기타 품종	품종 고유의 색택이 뛰어난 것	품종 고유의 색택이 양호한 것	특·상에 미달하는 것

[주] 착색비율은 전체 면적에 대한 품종 고유의 색깔이 착색된 면적의 비율을 말한다.

3.2 선별장치의 종류 및 작동원리

청과물의 선별기는 선별과 직결된 단위공정 뿐만 아니라 포장시스템을 포함하여 ① 원료 반입 및 공급, ② 전처리 및 예비선별, ③ 정렬 및 개체화, ④ 크기 및 등급 판별, ⑤ 이송 및 등급별 배출 공정, ⑥ 상자 담기 및 계량 공정, ⑦ 포장 및 출하 공정 등을 포함하고 있다.

[1] 원료 반입 및 공급

청과물은 수확 후 플라스틱 상자(7~20 kg), 벌크 빈(200~500 kg) 등에 담겨 선별라인으로 이송된 후 인력 또는 자동 공급장치에 의해 선별라인으로 투입된다.

(1) 인력 공급

과육이 연약하여 손상을 받기 쉽거나 자동 공급이 곤란한 청과물을 인력으로 하나씩 선별라인에 공급하는 방법으로서 사람의 공급능률은 일반적으로 2,500~3,000개/시간이며 우리나라의 경우 사과, 배, 복숭아, 수박, 멜론 등은 인력에 의하여 공급되는 것이 일반적이다.

(2) 건식 공급(dry feeding)

원료가 담긴 상자 또는 빈을 선별라인에 쏟아 붓는 방식으로서 대상 농산물이 상처를 받기 쉽다.

(3) 습식 공급(wet feeding)

원료가 담긴 상자를 물이 담긴 탱크 속에 잠입시켜 물위로 떠오르는 원료를 수류를 이용하여 반입 컨베이어 쪽으로 이동시키거나 원료를 수류에 직접 쏟는 방식으로서 원료가 물보다 비중이 크면 1~1.5%의 소다 또는 소금을 물에 첨가한다. 습식 공급에서는 부패균의 전염이 가능하기 때문에 소독제를 물에 첨가하기도 한다.

그림 3.1은 자동 건식 덤핑장치를 보여주고 있으며 팁핑 케이지(tipping cage), 케이지 덮개 컨베이어(lid conveyor), 반입 컨베이어, 구동장치 및 제어장치 등으로 구성되어있다.

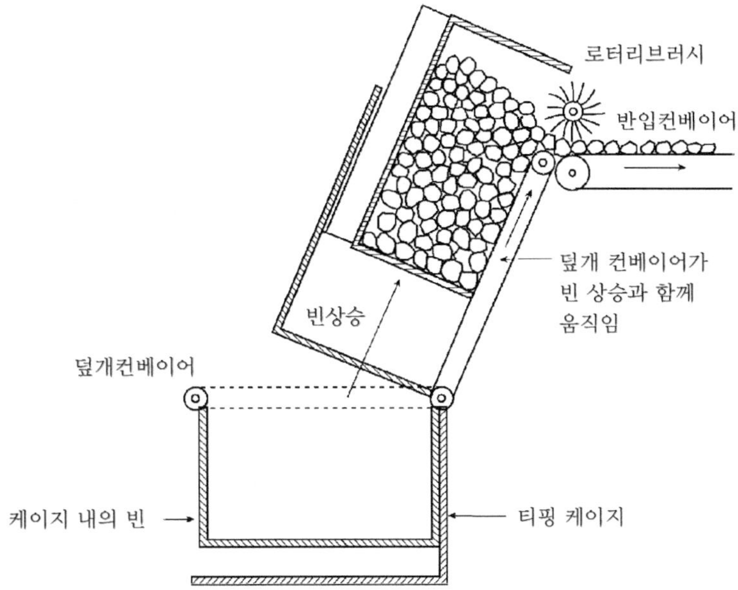

[그림 3.1] 자동 건식 덤핑장치의 예

[2] 전처리 및 예비선별 장치

(1) 전처리

과실의 꼭지 자르기, 잔류 농약이나 이물질을 세척하는 공정이며 세척작업은 물속에 담구는 침적, 수류 분사, 회전식 드럼, 회전식 솔, 요동식 세척 등의 방법 중에서 하나 또는 몇 가지의 조합으로 수행된다. 과실의 세척에 이용되는 침적용 탱크는 전염의 원인이 될 수 있으므로 소독이 필요하며 감귤류의 경우에는

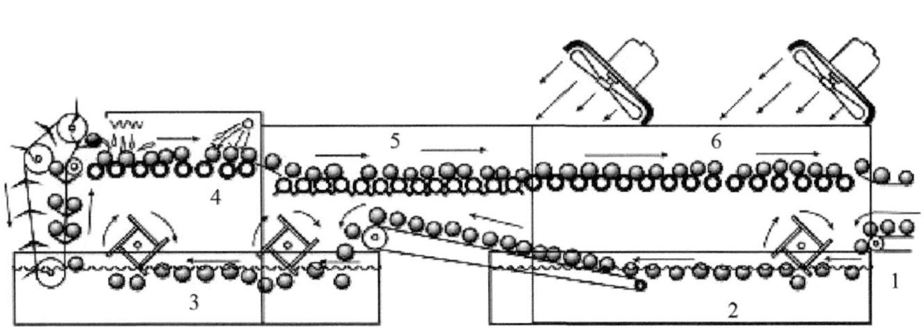

① 원료 공급 ② 1차 침적 ③ 2차 침적 ④ 수류 분사
⑤ 스펀지 롤에 의한 1차 물기 제거 ⑥ 송풍에 의한 2차 건조

[그림 3.2] 과실용 복합식 세척기

sodium-ortho-phenil-phenat(SOPP)의 농도를 0.5~1.5%, pH 11.8, 물 온도 43~48℃ 정도로 유지하고 3~5분 정도 침적한다.

(2) 예비선별

병충해에 의하여 손상된 것, 부패된 것, 모양이 기형인 것, 크기가 규정 이하로 작은 것 등 상품 가치가 없는 것을 인력 또는 기계장치를 이용하여 제거하는 작업으로서 일반적으로 선별 테이블을 이용한다. 선별 테이블(sorting table)은 회전하는 롤러컨베이어, 조명장치 등으로 구성되며 선별자의 선별효율 및 피로도를 고려하여 설계된다. 피선별물은 롤러의 회전방향에 따라 롤러의 전진방향과 반대방향 또는 전진방향과 같은 방향으로 회전하며 이동되고 선별된다.

그림 3.3 (A)는 지면과의 마찰을 이용하여 롤러가 회전되도록 설계되며 그림 3.3 (B)는 별도의 체인과 스프라켓을 이용하여 롤러를 전진방향과 반대방향으로 회전하도록 할 뿐만 아니라 롤러의 회전속도를 전진속도와 관계없이 조절할 수 있도록 설계된 것이다. 롤러 위의 물체는 롤러의 회전과 반대 방향으로 회전하며, 롤러와 물체 사이에 슬립이 일어나지 않을 경우 롤러와 물체의 원주속도는 동일하다.

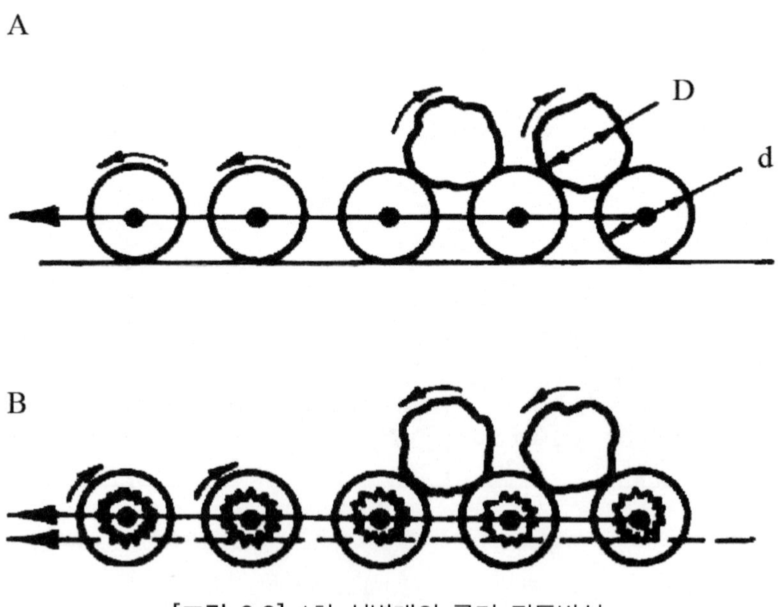

[그림 3.3] 1차 선별대의 롤러 작동방식

그림 3.3 (B)는 롤러의 회전수가 독립적이며, 일반적으로 물체가 선별테이블 위를 구르면서 지나가는 동안 선별자가 결함 부위를 식별할 수 있도록 하기 위하여 롤러의 전진속도와 진행거리당 롤러의 회전수를 표 3.5와 같이 유지한다.

[표 3.5] 예비선별대 롤러의 전진 속도별 회전수

롤러의 전진속도 [m/min]	롤러의 회전수 [rev./m]
7.5	5.0
9.0	4.0
10.0	3.5

선별자의 피로도를 줄이기 위하여 컨베이어의 전진방향과 물체의 회전방향을 같도록 하며 롤러의 표면색은 연초록이나 연한 노랑색을 권장한다. 선별테이블의 높이는 선별자의 허리높이 정도(70~90 cm)이며 선별자 1인당 선별 작업폭은 30~50 cm 정도를 권장한다.

[3] 크기 및 무게 선별 장치

청과물의 크기(지름, 길이, 모양 등) 선별기는 스크린식(회전 스크린 식, 진동 스크린 식), 롤러식(2조 간격식, 다조 간격식, 스파이럴 롤러식 등)이 대표적이며 비중선별기는 수류회전식, 중량선별기는 저울식, 스프링식과 전자식으로 분류된다. 일반적으로 외관(색상, 모양, 표면결함 등) 선별기는 영상처리방식(또는 카메라 식)이 대부분 이용되고 있으며 내부품질(당도, 숙도, 내부결함, 경도 등) 선별기는 분광 스펙트럼, 고주파 유전율, 자기공명영상(MRI), 타음, X 레이, 초음파 등이 이용되고 있다.

(1) 크기 및 형상 선별기

원료 개체의 최대 단면의 단축의 치수, 단축의 치수와 단면 형상, 길이의 차이 등을 이용하는 선별기로서 평행막대롤러(parallel bar roller), 확산롤러(diverging roller), 천공 스크린 또는 메시, 그로멧 롤러(grommet roller), 확산 V-벨트(diverging V-belt) 등으로 구성되어 있다.

1) 롤러 선별기

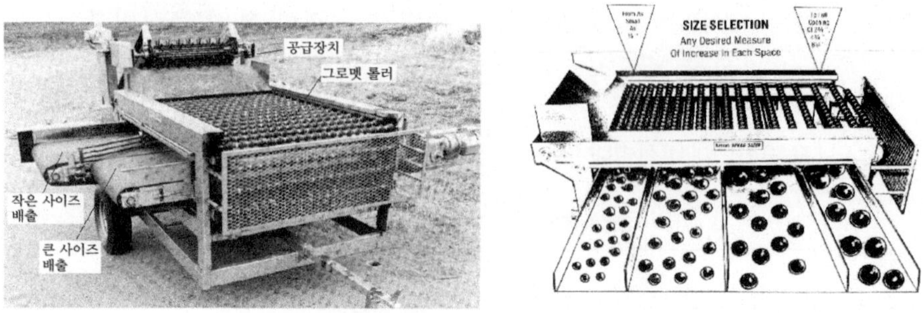

[그림 3.4] 평행롤러 선별기

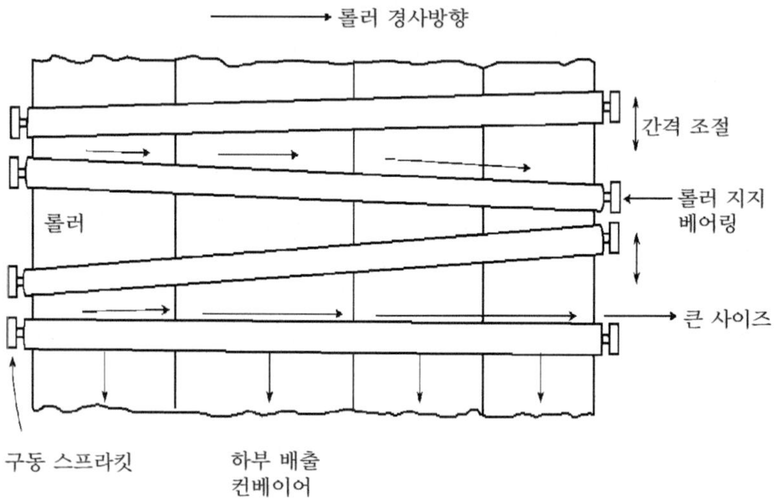

[그림 3.5] 간격 확장식 롤러 선별기

2) 스크린 또는 메시 선별기

곡물선별기와 같이 크기와 형상이 서로 다른 구멍이 뚫린 철판 스크린 또는 와이어 메시(철망)를 이용하는 선별기로서 구조에 따라 평판형, 원통형 또는 컨베이어형으로 구분되며 원통형 스크린 선별기는 감귤, 양파, 감자, 토마토 등 구형 및 타원형 물체의 선별에 가장 많이 이용된다. 피선별물이 구멍에 끼어 회전할 경우 다음 스크린과의 마찰에 의하여 손상이 발생할 수 있으므로 이를 방지하기 위하여 구멍에 끼어 있는 과일을 밖으로 밀어내는 역할을 하는 롤러가 원통 안쪽에 설치되어 있다.

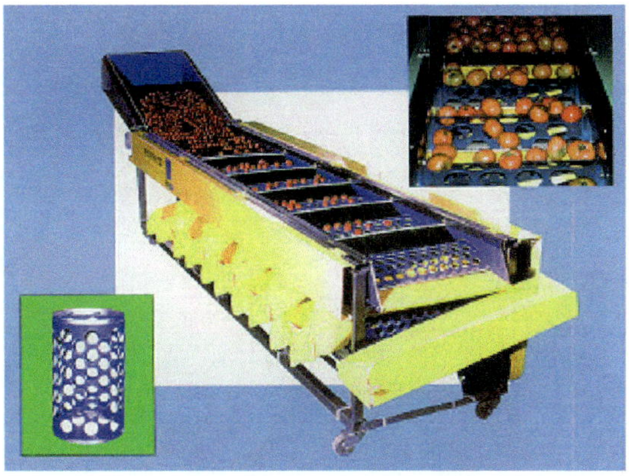

[그림 3.6] 스크린 선별기

(2) 중량선별기

청과물 하나하나의 무게를 측정하여 무게별로 구분하는 장치로서 청과물 개체 공급 장치, 개체 이송장치, 무게 감지장치, 무게별 자동 배출장치 등으로 구성된다. 무게를 측정하는 원리에 따라 저울식, 스프링식 및 전자식이 있다.

1) 저울식 중량선별기

과실을 접시에 담고 롤러체인에 의하여 이동하는 이동부와 분동에 의하여 하중을 조정할 수 있는 고정저울부로 구성되며 각각의 구성에 대한 내용은 아래와 같다.

① 이동부 : 과실을 담은 접시가 링크기구에 의하여 스탠드에 부착되고 그림 3.7의 왼쪽에 설치된 가이드 레일에 지지되어 체인컨베이어에 의하여 이동된다.

② 접시무게 조정분동 : 과실이 없는 빈 접시가 분동과 평형을 이루도록 조정하기 위하여 사용되거나 분동이 없는 상태에서 분동접시가 힌지를 중심으로 좌우 평형이 유지되도록 하기 위한 것이다.

③ 고정 저울부 : 분동을 담은 접시가 링크기구에 의하여 스탠드에 부착되어 있고 접시에 올려놓는 분동의 무게에 따라 측정레일 선단에 걸리는 반시방향의 모멘트가 조절된다. 고정 저울부는 구분하고자 하는 과실의 최대 무게 등급 수만큼 선별장치에 설치된다.

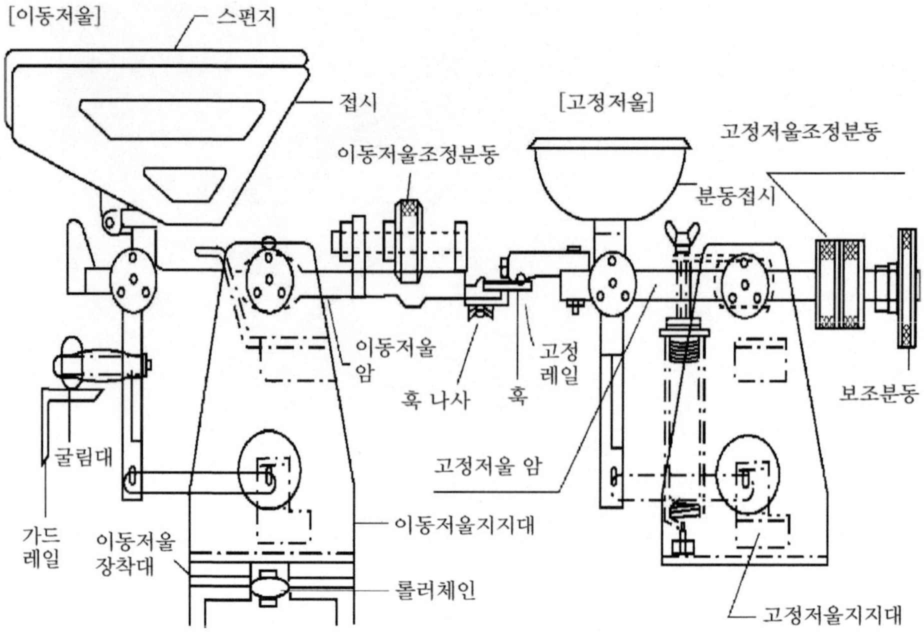

[그림 3.7] 추–스프링 복합식 중량선별기

④ 과실의 무게별 선별 : 과실을 담은 접시가 가이드레일에 지지되어 이동하다가 고정저울부에 도달하면 가이드레일이 끊어지고 반시방향의 모멘트가 후크에 걸리게 한다. 후크에 걸리는 상방향 모멘트와 측정레일에 걸리는 하방향 모멘트의 크기에 따라 과실접시가 왼쪽으로 넘어지던지 혹은 그냥 지나가서 가이드 레일을 다시 올라탄다. 고정저울부의 분동의 무게는 공급구 쪽에 가까울수록 무겁게 조절, 과실의 무게가 무거울수록 공급구 가까이에서 배출된다. 일반적인 선별능률은 10,000개/시간, 선별 정밀도는 ±5~10 g이며 주로 사과, 배, 양파 등 구형에 가까운 과실 및 과채류의 선별에 이용된다.

2) 스프링식 중량선별기

접시 위에 놓인 과실의 무게에 따른 스프링의 길이 변화를 이용하는 선별기로서 접시 무게의 개체별 조정이 불가능하기 때문에 측정 정밀도는 과중 120~350 g이며 1시간당 선별속도 5000~10,000개 범위에서 ±20~30 g의 성능을 갖는다. 조작이 간단하고, 선별공간이 작고, 가격이 싸다는 등의 장점이 있다. 주로 농가단위에서 사과, 단감, 참외, 토마토 등의 선별에 사용된다.

[그림 3.8] 스프링식 중량선별기

3) 전자식 중량선별기

전자식 중량선별기의 주된 구성은 시료를 담는 접시, 접시를 이송하는 구동 체인, 무게측정 센서 및 신호처리부, 동기신호 발생장치(접시의 무게 측정 시각과 무게별, 배출위치별 배출시각을 결정), 자동배출 액추에이터(actuator) 등으로 이루어져 있다.

그림 3.10과 같이 무게 계측을 위한 접시 몸체는 2조의 체인 사이에 설치되며 접시의 무게는 체인에 부착된 연결핀에 의해 지지된다. 연결핀을 지지하는

[그림 3.9] 전자식 중량선별기

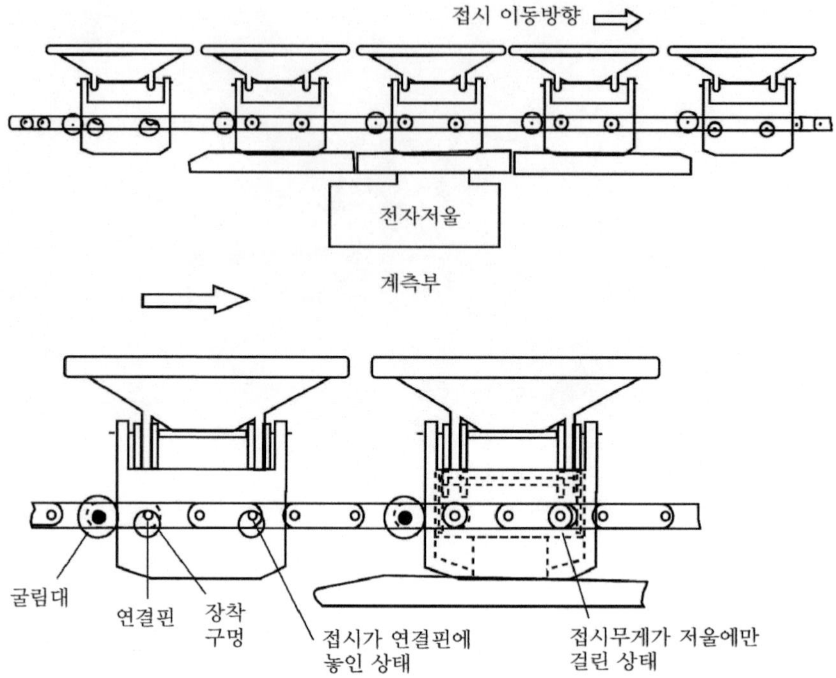

[그림 3.10] 전자식 중량선별기의 무게 계측부

구멍의 직경은 핀의 직경보다 크기 때문에 접시가 무게 감지부에 도달하여 무게 측정 판을 올라타면 접시 전체의 무게가 무게측정 센서에 의해 감지된다.

무게 감지 센서는 하중변환기와 전자코일이 주로 이용되는데 그림 3.11은 전자코일을 이용한 전자력 평형식 센서로서 이송 접시가 무게 측정판에 하중을 가하는 순간 평형 링크의 평형상태가 깨지면서 영점검출기에 의해 검출된 불평형 신호가 서보 증폭기를 열어 전류를 전자 코일에 공급한다. 이 전류에 의해 코일내의 코어는 아래쪽으로 힘(복원력)을 받아 평형 링크를 수평상태로 유지하게 된다.

전류는 접시의 무게에 비례하며, 이 전류에 의해 저항에서 나타나는 전압을 증폭하고 AD 변환하여 무게를 감지한다. 평형 링크가 평형상태에 도달하는 시간은 0.1~0.2초로 매우 짧고, 하중 측정 판의 수직변위가 1 mm 이하도 검출되기 때문에 저울식이나 스프링식 보다 정밀도가 높고 측정 속도가 빠르며, 안정성이 높다.

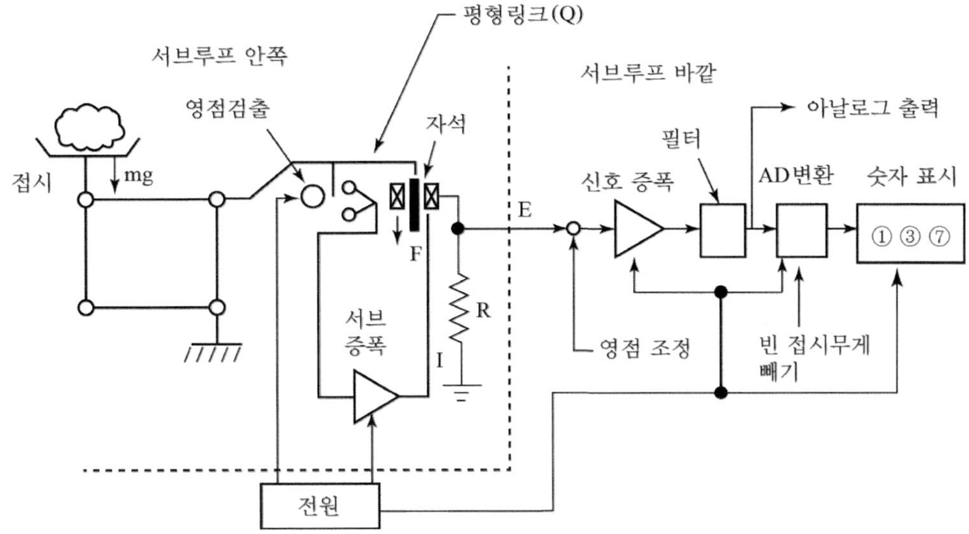

[그림 3.11] 전자코일을 이용한 중량측정 센서

동기신호 발생을 위한 체인컨베이어는 과실 공급구 반대 편 끝단에 설치된 전동기에 의해 구동되며 시료접시의 이동위치는 그림 3.12와 같이 구동 스프라켓 축에 설치된 클록(clock) 원판과 광전스위치(동기신호발신 스위치)를 이용하여 감지된다. 클록 원판의 톱니는 접시의 부착 피치에 해당하며 톱니가 하나 감지될 때 마다 접시가 하나씩 이송하는 것과 같다. 이 장치를 이용하여 각

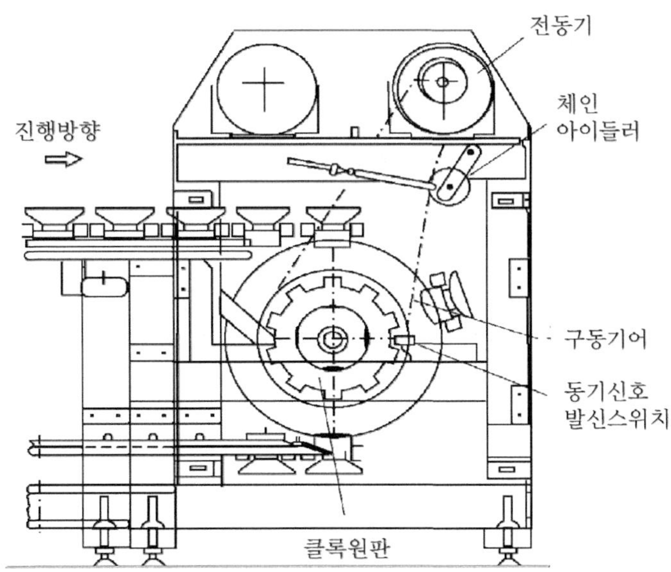

[그림 3.12] 구동부의 클록 원판

접시에 가상번호를 부여할 수 있고, 각 접시가 라인 상에서 주어진 기준 위치에서 몇 번째 있는지를 알 수 있다.

이러한 방식을 통해 컨베이어의 이송속도에 관계없이 접시의 위치 파악이 가능하다. 다음은 각 접시의 위치를 파악하는 알고리즘의 예를 보여주고 있다.

첫째, 한 조에 부착되어 있는 접시의 수를 파악한다.

둘째, 컴퓨터 메모리에 접시의 숫자만큼 일련번호를 설정한다.

셋째, 컨베이어를 공회전 시키면서 어느 시각에 기준위치(무게측정센서)를 지나가는 접시를 1번으로 정하고, 그 다음 클록원판에 의해 인식되는 접시에 순차적으로 번호를 붙인다.

넷째, 이들 접시번호를 설정된 일련번호에 순차적으로 입력한다.

다섯째, 접시가 한 회전 순환한 후에는 접시가 지나갈 때 마다 저장되어 있는 접시 번호를 하나씩 이동시킨다.

기준 위치(무게측정센서, 일련번호 1번)에 저장되어 있는 접시번호를 파악함으로써 현재 무게측정센서를 지나가는 접시와 그 외 접시들의 상대적인 위치를 알 수 있다.

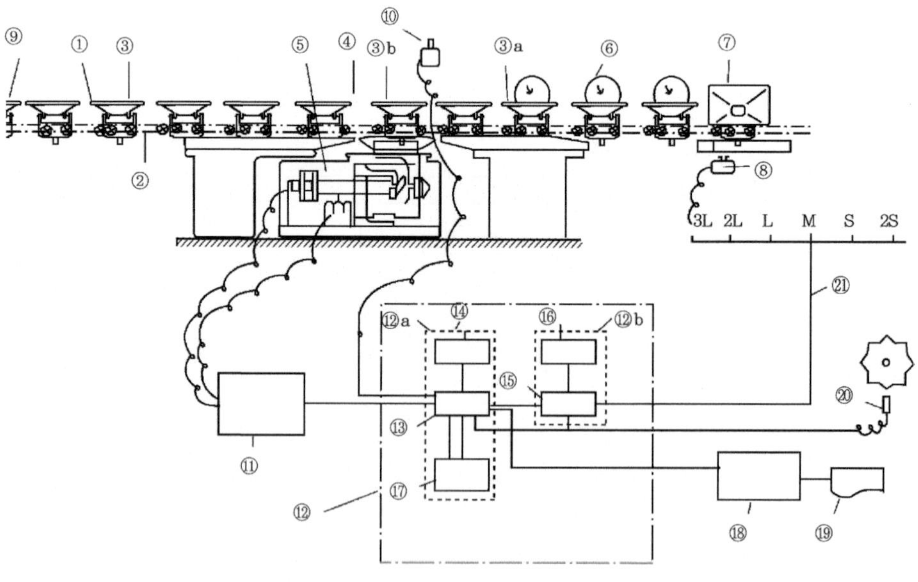

[그림 3.13] 연산장치 및 측정 제어회로의 블록선도

그림 3.13은 연산 장치 및 측정 제어회로의 블록선도로서 과실의 중량 측정 및 특정 배출구로 배출되는 신호 처리를 위해 전자저울(5)에서의 무게신호를 증폭기(11)로 증폭하여 디지털 신호로 변환하고, 그 펄스 신호를 연산 장치(12)의 연산판정회로(13)에 입력한다. 이후 과일 무게와 빈 접시를 합한 무게에서 기억회로(17)에 미리 기억되어 있던 빈 접시의 무게를 뺀 다음 과일의 실제 중량 값을 계산하며 무게 분류 설정회로(14)에 설정되어있는 무게분류 기준과 비교하여 과실의 무게 등급을 판정한다. 최종적으로 무게 등급 신호는 계수처리장치(18)에 전달되어 각 개별 농가별로 과일의 개수, 무게 등급 등을 집계하고 그 결과를 출력하는데 사용한다.

또한 이 신호는 쉬프트회로(15)로 전달되어 클록 원판의 발신 스위치(20)에서 전송되는 접시신호와 동기 되어 쉬프트 되며, 배출위치 설정회로(16)에 설정된 해당 무게 등급과 비교하여 해당배출구의 솔레노이드에 배출신호를 출력하는데 이용된다. 개인별 청과물의 중량계측이 종료되면, 전자 저울부(4)에 설치된 누름 버튼스위치(10)를 누름으로서 계수출력회로에 확인신호를 보내고, 계수장치에 기억된 개인별 집계결과를 프린트한다.

등급별 배출 솔레노이드 작동 알고리즘은 그림 3.14와 같이 구성될 수 있다.

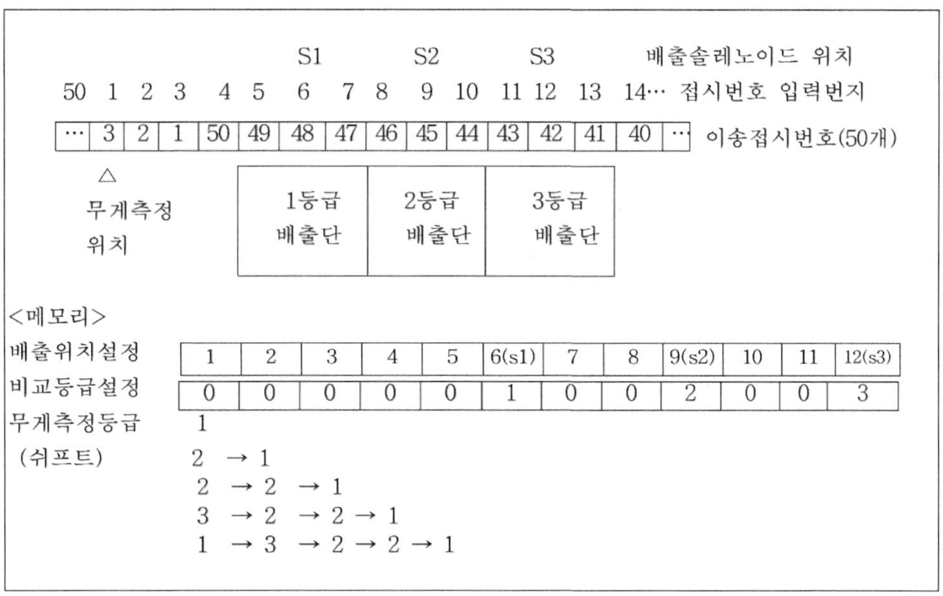

[그림 3.14] 등급별 자동배출을 위한 솔레노이드 작동 알고리즘

그림 3.14와 같이 무게를 3등급으로 가정할 경우 배출단이 3개 설치, 각 배출단에 솔레노이드 S1, S2 및 S3가 설치되며 각 배출단의 폭이 접시 3개의 피치와 같다고 가정하면, 배출위치 설정 메모리 번지에 그림과 같이 무게측정 위치를 기준으로 각 솔레노이드까지 접시의 수와 같은 번호를 입력한다.

또한 등급비교 설정 메모리 번지에 각 솔레노이드가 위치하는 번지에는 그 솔레노이드에 의해 배출되는 등급을 입력하고 그 외 번지는 0을 입력한다. 무게측정 센서를 지나가는 과일의 등급을 무게측정 등급메모리 번지에 입력한다. 접시가 지나갈 때 마다 판별되는 과실의 등급은 무게측정 등급 메모리 내에 입력되어 있는 등급을 한 칸씩 접시가 진행하는 방향으로 이동시키면서 입력한다. 새로운 등급을 입력한 후에 무게측정 등급 메모리(쉬프트 메모리)의 각 번지에 저장되어있는 등급 값과 비교등급 설정메모리에 저장되어 있는 등급 값과 비교하여 두 등급이 일치하면 해당 등급 배출 솔레노이드에 작동 신호를 출력한다.

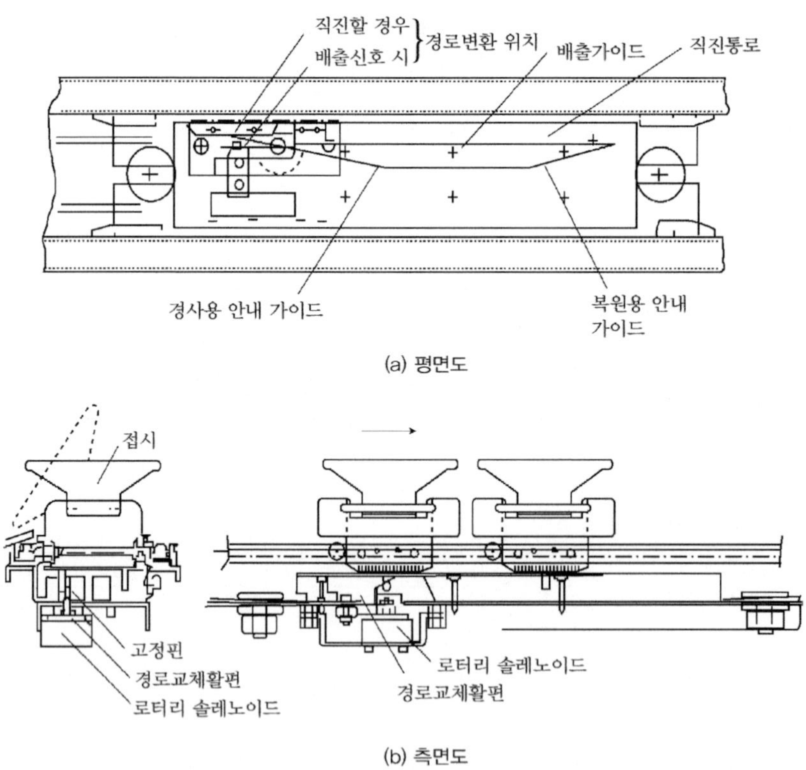

[그림 3.15] 솔레노이드 구동식 배출장치

그림 3.15에 명시된 배출장치는 컨베이어 하부의 로터리 솔레노이드, 여기에 부착되어 있는 방향가이드(로터리 솔레노이드 아암) 및 배출가이드, 컵에 내장되어 있는 작동 핀, 슬라이드, 경사링크기구로 구성된다. 구동 체인에 의해 직진하는 접시가 배출 등급의 배출단에 도달하면, 배출작동신호에 의해 로터리 솔레노이드의 방향가이드가 작동, 직진하던 접시 하부의 슬라이드 핀은 배출 가이드 면을 따라 움직이게 된다. 접시의 슬라이드 핀이 배출 가이드를 따라 움직이면서 접시를 기울어지게 하는 링크기구가 작동하여 접시가 기울어져 청과물이 배출된다. 슬라이드 핀이 복원용 안내 가이드 면을 지나면 슬라이드 핀이 원래 위치로 돌아오고 기울어졌던 접시도 바로 서게 된다.

[4] 외관 선별장치

청과물 개체의 색상, 모양, 표면결함 유무 등을 판별하는 장치로서 기계시각식 또는 카메라식 선별장치라고 한다.

(1) 카메라식 선별장치의 구성

조명장치, 카메라, 영상처리보드(frame grabber), 컴퓨터 등으로 구성되며, CCD 매트릭스(matrix) 카메라 또는 CCD 라인스캔(line scan) 카메라가 많이 이용된다.

CCD 센서는 가로×세로의 크기가 8×6 mm 정도로서 이 내에 256×256개 또는 512×512개의 작은 CCD 소자(화소라고 함)가 매트릭스 형태로 배열되

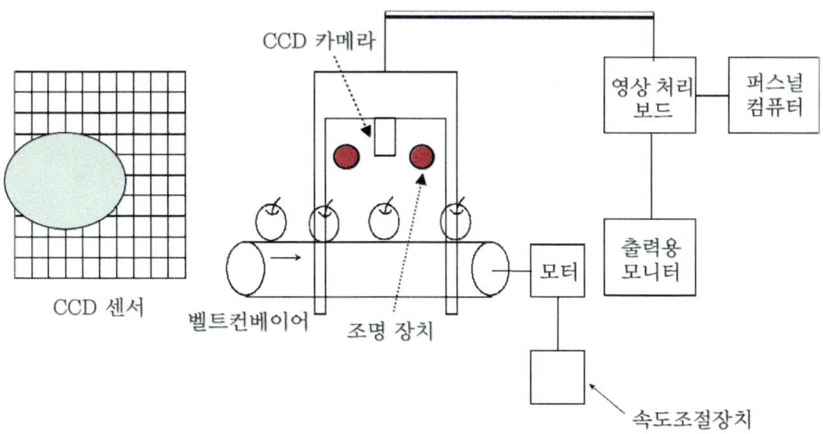

[그림 3.16] 카메라식 선별시스템

어 있다. 영상처리보드는 CCD 센서의 각 화소(pixel)에서 출력되는 신호를 읽고, 이들 각 화소의 색상 값(컬러 카메라, RGB) 또는 명암 값(흑백 카메라)을 메모리에 저장하는 기능을 수행한다. Line scan 카메라는 여러 개(256, 512 또는 1,024개)의 CCD 소자가 일렬로 배열된 라인센서가 설치된 것 형태를 갖는다.

(2) 영상분석의 기초

1) 기하학적 측도 설정

① 길이를 아는 사각형 도형을 제작한다.

② 사각형 도형에 대한 영상을 얻는다. 이때, 사각형의 가로와 세로가 영상에서의 수평선과 수직선에 각각 평행이 되도록 놓는다.

③ 영상에서 사각형 가로와 세로에 대한 화소수를 각각 측정한다.

④ 그리고, (실제 사각형의 가로길이) ÷ (영상에서 사각형 가로방향의 화소 수)와 (실제 사각형의 세로길이) ÷ (영상에서 사각형 세로방향의 화소 수)를 계산한다.

⑤ 또한, 영상에서 사각형에 해당하는 총화소수를 측정하고, (실제 사각형 면적) ÷ (면적내 총 화소 수) 또는 (실제 사각형 면적) ÷ {(영상에서 사각형 가로방향의 화소 수) × (영상에서 사각형 세로방향의 화소 수)}를 계산한다.

2) 히스토그램(histogram)

히스토그램은 영상의 각 화소가 갖는 명암 또는 색상 값(화소 값 또는 화소치라고 함)을 0~255로 표시하고 각 화소치마다 영상에서 나타난 화소의 빈도를 나타낸 것으로서 사과 영상에 대한 히스토그램의 예(그림 3.17), 사과와 배경을 구분하는데 기준이 되는 화소값을 문턱값이라 한다.

3) 영상 영역화

물체 영역과 배경 영역으로 나누는 것을 영상의 영역화라고 한다. 색채영상의 경우, R, G, B 각각의 영상프레임에 대한 문턱값을 구할 수 있으며, 가장 영상 영역화가 잘 이루어지는 프레임을 이용하여 영상을 영역화한다.

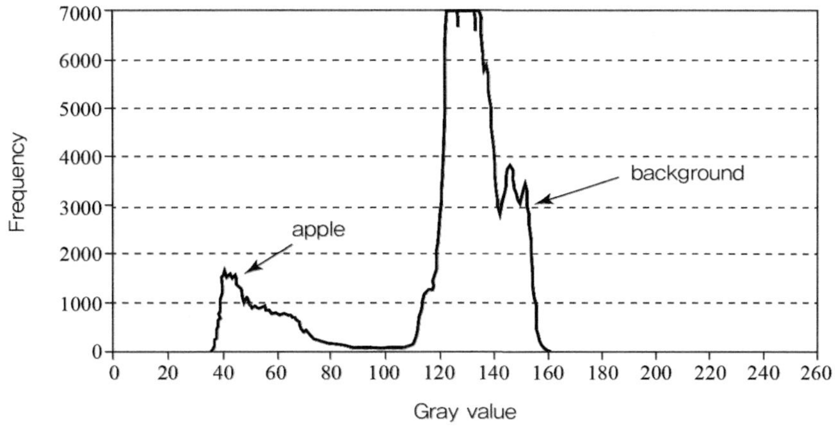

[그림 3.17] 사과 영상에 대한 히스토그램의 예

① 문턱값 결정 : 육안에 의하여 영상을 조사하여 결정하는 방법과 통계적인 기법을 동원하여 소프트웨어적으로 자동 설정하는 방법이 있다.

② 이치화 : 농산물 영상에서 농산물 영역과 배경 영역을 각각 서로 다른 두 개의 화소 값으로 나타내는 것을 영상의 이치화라고 하며, 흑과 백 등 두 개의 값으로 나타낸 영상을 이치화 영상(binary image)이라고 한다.

4) 경계추출

농산물의 크기, 면적, 형상 등을 계산하기 위해 농산물의 경계에 해당하는 화소의 좌표를 알아야 한다.

① 경계후보 화소 탐색방법 : 만일 배경과 농산물의 영상이 영역화 되어있지 않은 경우 경계화소의 좌표를 구해야 한다. 일반적으로 n×n 마스크 형태의 연산자(operator)를 이용하여 경계후보화소(화소치가 변화하는 정도가 큰 화소)를 탐색한다. 이를 위한 연산자에는 ⓐ 기울기 연산자(gradient operator), ⓑ 라플라시안 연산자(laplacian operator) 등이 있다.

② 체인코딩 : 물체의 경계좌표

- 카메라식 농산물 선별시스템에서는 조명단계에서부터 농산물과 배경의 밝기가 확실히 구분되도록 함으로써 정확한 영상 영역화가 가능하다. 영역화된 영상을 대상으로 경계좌표를 구하기 위해 체인코딩(chain coding)을 사용한다.

- 체인코딩은 선분에 대한 좌표와 방향 부호를 기억하는 방법이다.
- 이웃하는 화소 간의 방향을 8가지로 구분하고 각 방향에 번호를 부여한다.
- 어느 한 경계화소를 시작으로 반시계방향(또는 시계방향)으로 이동하면서 이웃경계화소와의 이동방향에 따라 0~7번 중 하나를 부여하면서 시작한 경계화소에 이를 때까지 진행한다. 화소 간의 방향을 간단하게 4가지로도 구분할 수 있다.

(3) 형상해석

기하학적 측도설정과 FOV(field of view) 선정이 이루어진 후, 영상입력 → 문턱값 설정 → 영상 영역화 → 체인코딩을 수행한 후 농산물의 각종 형상인자의 분석이 가능하며 아래와 같은 다양한 인자들을 해석하는 과정을 형상해석으로 이해할 수 있다.

1) 면적

① 히스토그램 데이터 이용 : 실제 영상처리에서 히스토그램을 저장하고 있는 배열변수(dimension variable)에서 미리 결정된 문턱 값을 기준으로 농산물 영역에 해당하는 화소치의 배열요소(dimension element)의 값을 합산하여 얻은 값과 기하학적 측도 설정에서 결정된 화소당 실제 면적의 값을 곱하면 실제 면적을 얻을 수 있다.

② 체인코딩 이용 : 이미 추출한 경계화소의 좌표를 이용하여 선적분의 개념을 도입하여 다음과 같이 구한다.

0번 방향 : y×화소 수평 길이×화소 수직 길이
1번 방향 : (y−0.5)×화소 수평 길이×화소 수직길이
2번 방향 : 0
3번 방향 : −(y−0.5)×화소 수평 길이×화소 수직길이
4번 방향 : −y×화소 수평 길이×화소 수직길이
5번 방향 : −(y+0.5)×화소 수평 길이×화소 수직길이
6번 방향 : 0
7번 방향 : (y+0.5)×화소 수평 길이×화소 수직길이

여기서 　y : 체인코드의 y좌표

물체의 면적 = 각 방향이 갖고 있는 면적의 합

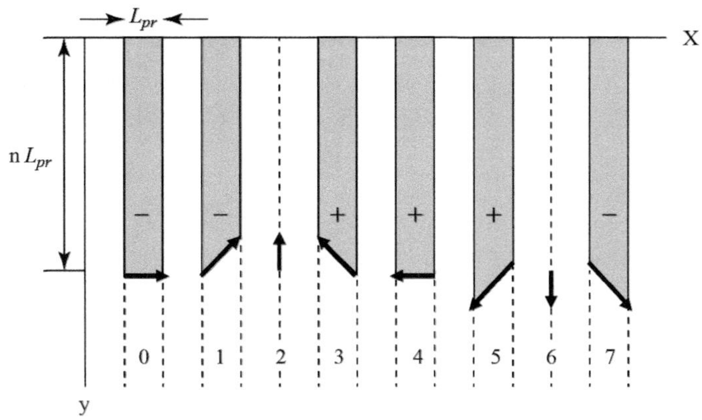

[그림 3.18] 경계좌표와 8–방향 체인코드(반시방향)를 이용한 물체 면적 계산

Ex

x (y: 아래 방향)

0,0	1,0	2,0	3,0	4,0	5,0	6,0	7,0	8,0	9,0
0,1									
0,2			3,2	4,2	5,2				
0,3			3,3			6,3	7,3		
0,4			3,4				7,4	Q	
0,5		P	3,5				7,5		
0,6				4,6	5,6	6,6			
0,7									
0,8									
0,9									

Point (4, 6)에서 반시방향
화소의 가로 및 세로의 길이는 각각 1로 가정

면적 $= 6x_1x_1 + 6 + (6 - 0.5) + 5x_0 + 4x_0 - 3 - (3 - 0.5) - 2 - 2 + 2x_0 + 3x_0 + 4x_0 + (5 + 0.5)$
$= 12 + 5.5 + 5.5 + 4 + 5.5$
$= 13.5$

* 경계화소의 중심을 연결할 경우 영상의 면적

$$8 + \left(\frac{3}{8}x_5 + \frac{1}{2}x_5 + \frac{5}{8} + \frac{1}{4}x_2\right) = 13.5$$

2) 길이

두 지점 $P(x_1, x_1), Q(x_2, y_2)$ 사이의 길이

$$길이 = \sqrt{(x_1 - x_2)^2 \times HPL^2 + (y_1 - y_2)^2 \times VPL^2}$$

여기서 HPL : 화소의 수평길이, VPL : 화소의 수직길이

3) 둘레길이

윤곽화소에 대한 체인코드 중 수평방향, 수직방향 및 대각선 방향의 화소 수를 각각 구한 후 다음 식으로 계산한다.

둘레길이 = (수평방향 코드의 총개수 × 화소의 수평길이당 실제길이) +
(수직방향 코드의총개수 × 화소의수직길이당 실제길이) +
(대각선방향 코드의 총개수) ×
$\sqrt{(\text{화소의 수평길이당 실제길이})^2 + (\text{화소의 수직길이당 실제길이})^2}$

Ex chain code : 0012243446667
둘레길이 = $5x_1 + 5x_1 + 3x\sqrt{1+1} = 14.2$

4) 도심

농산물 영상을 도형으로 보고 다음 식을 이용하여 도심의 위치, (C_x, C_y)를 구한다.

$$C_x = \frac{\sum \text{윤곽의 } x\text{좌표}}{\text{면적}}$$

$$C_y = \frac{\sum \text{윤곽의 } y\text{좌표}}{\text{면적}}$$

Ex

$$C_x = \frac{4+5+6+7x3+6+5+4+3x4}{14.5} = 4.7$$

$$C_y = \frac{6x3+5+4+3x2+2x3+3+4+5}{14.5} = \frac{51}{14.5} = 3.5$$

5) 장단축 길이

도형의 면적 모멘트를 최소로 하는 선분, 개체의 중심을 지나는 선분 중에서 길이가 가장 긴 선분, 또는 모든 선분 중에서 가장 긴 선분 등으로 정의된다. 개체의 중심을 지나는 선분을 장단축으로 간주하고 이를 측정하는 방법으로서 물체의 도심을 구한 후 도심에서 각 경계좌표 사이의 길이를 측정하여 그림 3.19와 같은 반경 프로파일 곡선을 만든다. 프로파일 곡선이 만들어지면 1도에서 180도까지 1도씩 증가하면서 해당 각도에서의 길이와 이 각도에서 180도 증가시킨 각도에서의 길이를 더하여 하나의 축 길이를 계산한다. 장축은 연산 결과 얻어진 180개의 축 길이 중에서 가장 긴 것을, 단축은 가장 짧은 것을 사용한다. 연산속도를 증가시키기 위하여 각도 증가분을 1도 이상으로 설정할 수 있다.

6) 물체방향(orientation)

모멘트에 의한 방법을 사용할 경우 다음 식을 사용한다.

$$\theta = \frac{1}{2}tan^{-1}[\frac{2\mu_{11}}{\mu_{20} - \mu_{02}}]$$

여기서 $\mu_{11} = \sum\sum(x-\overline{x})(y-\overline{y})$

$$\mu_{20} = \sum\sum(x-\overline{x})^2(y-\overline{y})$$

$$\mu_{02} = \sum\sum(x-\overline{x})(y-\overline{y})^2$$

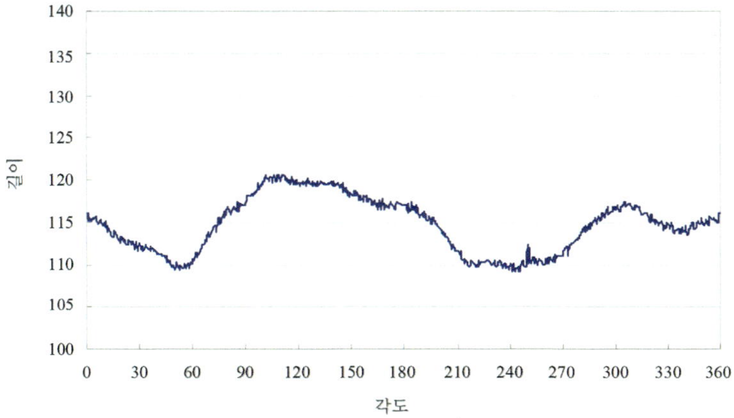

[그림 3.19] 장단축 길이 측정을 위한 반경 프로파일

7) 형상 판별

청과물의 형상은 위에서 구한 값들로부터 원형도, 구형도, 복잡도 등을 구하여 판정한다.

(4) 색상 판별

과실의 색상 판별을 위하여 영상데이터로부터 물체에 해당하는 각 화소의 색상 값을 구한다. 이들 값들을 이용하여 착색정도와 상관관계가 높은 색좌표 또는 판별변수를 구한다. 이후, 이 값을 기준으로 각 화소의 색상등급을 판별하고, 전체 화소의 색상등급의 구성비를 이용하여 최종적으로 색상등급을 결정한다. 측정된 색깔은 조명장치(형광등 조명, 백열등 조명 등)와 카메라 센서의 특성에 따라 차이가 있다.

[표 3.6] 후지사과의 착색 정도별 색상값

착색 등급*	L^*	a^*	b^*	Y	x	y
1	36.5	35.1	16.0	9.42	0.47	0.31
2	49.0	27.8	26.9	17.89	0.46	0.35
3	61.8	15.0	28.1	30.64	0.41	0.37
4	58.5	7.2	39.8	26.54	0.43	0.41
5	69.1	-8.1	53.3	39.96	0.41	0.45

[표 3.7] 후지사과의 착색 정도 판별을 위한 색상 값 및 색상지수별 Mahalanobis 거리

색좌표별 색상		Mahalanobis 거리	색좌표별 색상		Mahalanobis 거리
RGB	R	17.8	rgb	r	74.2
	G	125.0		g	130.7
	B	18.2		b	0.7
$L^*a^*b^*$	L^*	96.2	Yxy	Y	83.1
	a^*	123.2		x	57.4
	b^*	69.5		y	113.4
G/(G+B)		108.4	y/x		121.5
b^*/a^*		493.2			

[주] Mahalanobis 거리 값이 클수록 색상 판별이 용이함을 나타냄

(5) 표면 결함 검출

병반점, 타박상, 자상 등 표면결함의 검출은 건전한 표면과의 색상의 차이를 이용하거나 근적외 영상 등 특정 파장대역에서의 영상 정보를 이용하여 검출한다.

① 결점의 분광 특성
② 근적외선 영상에 의한 결함 검출

흑백 CCD 카메라, 광학필터, 광원 등을 이용하여 근적외선 필터 영상을 획득하여 대상 농산물의 멍든 부위에 대한 필터 영상을 분석할 수 있다.

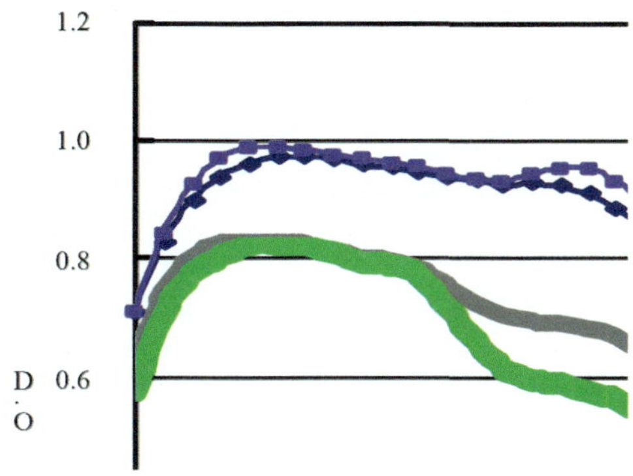

[그림 3.20] 후지사과 결점 부위의 흡광도 스펙트럼

[그림 3.21] 근적외선 대역통과필터 및 필터홀더

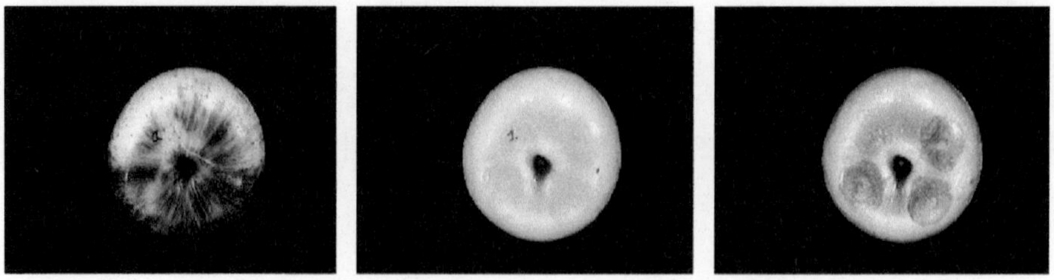

(a) 550 nm (b) 720 nm (c) 970 nm

[그림 3.22] 후지사과의 멍에 대한 파장별 필터 영상

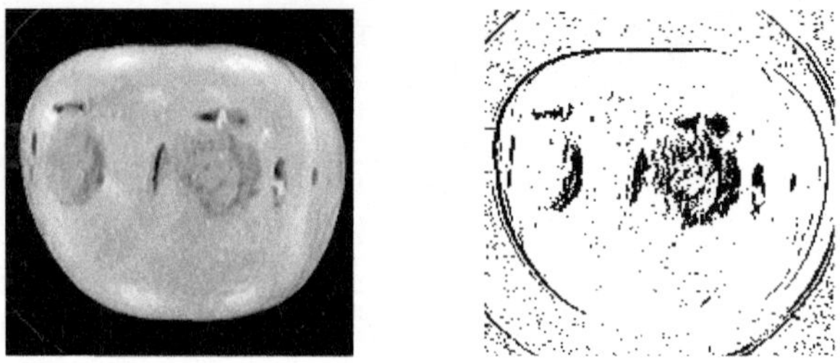

(a) 970 nm (b) 이치화 영상

[그림 3.23] 근적외선 영상을 이용한 결점검출 결과

[5] 내부품질 판별장치

내부품질인자로는 당도, 산도, 전분, 함수율 등 주요 성분과 내부의 갈변, 부패, 공동 등 내부결함이 대표적이며 이러한 인자들에 대한 비파괴 측정기술로서 광학적인 방법으로 전자기 복사선의 흡수원리를 이용하는 방법이 많이 이용되고 있다. 표 3.8은 내부품질인자에 해당하는 전자기 복사선의 흡수파장 대역을 보여주고 있다.

[표 3.8] 수분, 당 및 엽록소의 흡수파장

항목	흡수파장 (nm)
수분	770, 970, 1180, 1450, 1940
당	838, 888, 913, 978, 1005, 1380, 1437, 1687, 2080, 2202, 2275, 2320
엽록소	675

(1) 분광스펙트럼에 의한 내부품질 판별

1) 투과스펙트럼 방식

투과되는 광은 매우 미약하며, 광원의 강도가 강해야 하고, 광 검출기의 감도가 높아야 한다. 그 기본적인 구성은 그림 3.24와 같으며 이때 측정되는 과실의 투과스펙트럼 양상은 그림 3.25에서와 같다.

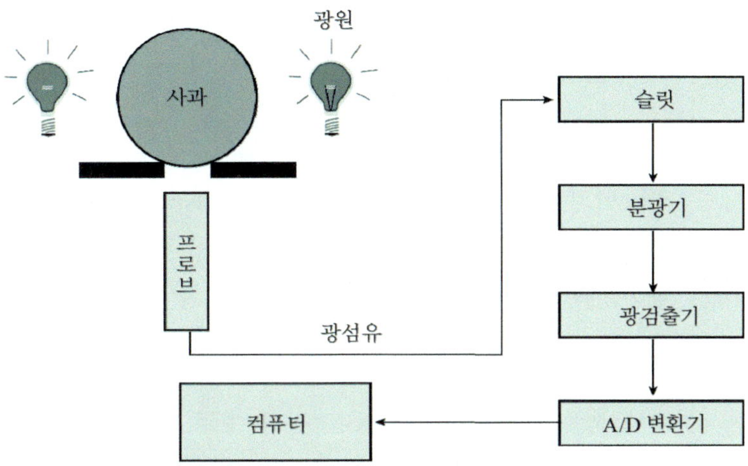

[그림 3.24] 투과방식 내부품질 판별장치 구성도

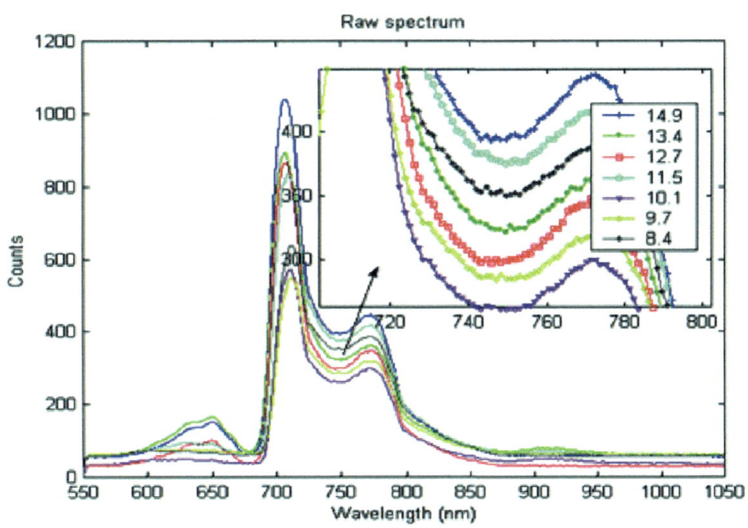

[그림 3.25] 7개 사과 시료의 당도별 측정 스펙트럼 비교

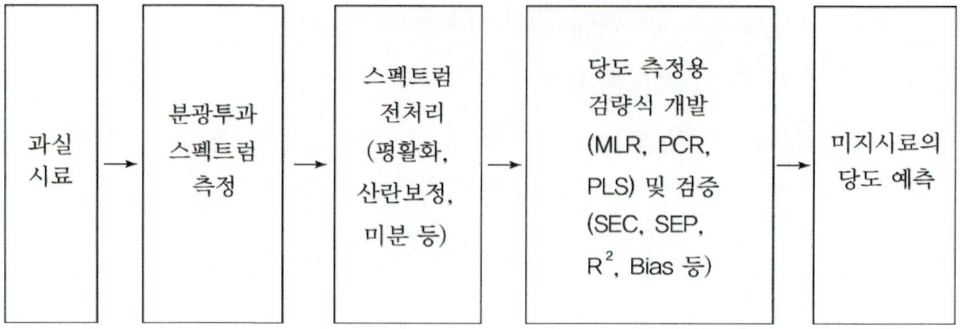

[그림 3.26] 분광 스펙트럼을 이용한 검량식 개발과정

분광스펙트럼을 이용한 검량식 개발과정은 그림 3.26과 같이 기술될 수 있다.

투과광식의 적용하는 경우 과실 전체를 대표하는 당도, 산도 등의 측정이 가능하고 과실 씨방 주위의 부패, 갈변 등 내부 결함의 판별이 가능하다. 하지만, 투과광이 매우 미약하며, 누광에 의한 치명적인 오차가 발생할 수 있으므로 누광을 철저히 차단해야 한다.

투과 스펙트럼을 이용한 당도 측정은 주로 5대 과실(사과, 배, 복숭아, 감 및 밀감) 및 멜론, 수박 등 구형 과채류에 적용되고 있으며 사과와 배의 경우 당도뿐만 아니라 산도, 숙도, 밀병, 갈변, 수침 등의 측정 및 판별이 가능하다. 선별능률은 초당 2~5개이고, 측정오차는 과실의 종류에 따라 차이가 있으나 당

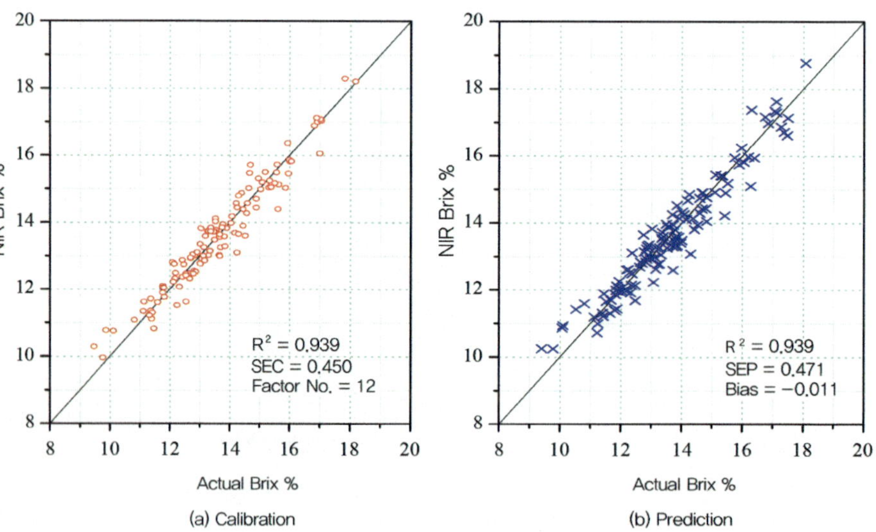

[그림 3.27] 사과당도의 실측값과 품질 판정장치에 의한 예측값의 비교

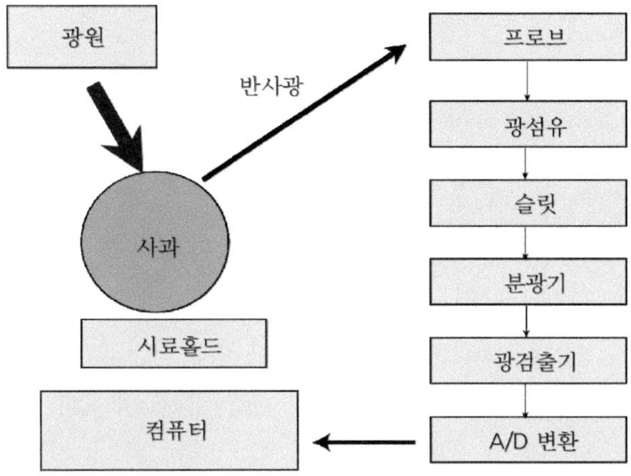

[그림 3.28] 반사광식 내부품질 판별장치 구성도

의 경우 표준예측오차(SEP)가 0.5~0.8 Brix%, 산의 경우 0.05~0.1%로 제시되고 있다.

반사 스펙트럼 구성은 일반적으로 그림 3.28과 같이 기술될 수 있으며 광이 조사되는 과육부분의 정보만 확보, 과실 전체를 대표하는 성분 예측은 불가능(과실은 부위별로 당 산도의 차이가 있음)하고 또한 내부 결함을 검출하는데는 한계가 있다.

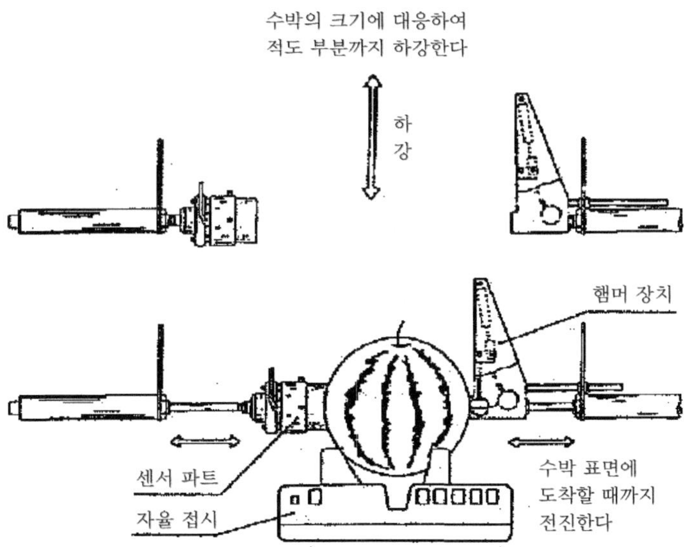

[그림 3.29] 수박의 타음에 의한 내부품질 판별장치

(2) 타음에 의한 내부품질 판별

수박을 포함하여 다양한 과실의 경우에는 숙도를 판정하는데 타음, 색깔 등을 이용할 수 있다. 이를 근거로 국내외적으로 해머장치, 타음센서(마이크로폰), 타음 해석장치 등을 이용하여 수박의 숙도 및 내부 공동을 선별할 수 있는 기술과 장치가 개발되었다.

타음 측정장치의 구성은 그림 3.29와 같으며 이 경우 음파센서는 수박의 적도부를 3등분하여 3개가 설치되어 있다. 컴퓨터에 의해 입력된 파형을 해석하고, 공동과, 미숙과, 적숙과 및 과숙과를 판정할 수 있다.

(3) 초음파, X-선/CT 및 자기공명영상(MRI) 내부품질 판별

의료 분야에서 사용되는 초음파 진단장치, X-선 단층촬영장치, 자기공명단층촬영장치(MRI)의 원리를 농축산물에 적용, 내부품질을 판정할 수 있다. 초음파 진단기술은 쇠고기, 돼지고기 등 육류의 품질뿐만 아니라 살아 있는 가축의 피하 지방층의 두께 등 육질을 판정하는데 이미 활용되고 있으며, 이 기술을 이용하여 과실류의 경도를 예측하기 위한 연구가 수행되고 있다. 또한, X선/CT 및 MRI 기술은 농산물, 축산물 및 가공식품의 내부 조직 및 결함 등의 판정이 가능하지만 현재로는 가격이 고가이므로 실용화되지 못하고 있는 실정이다.

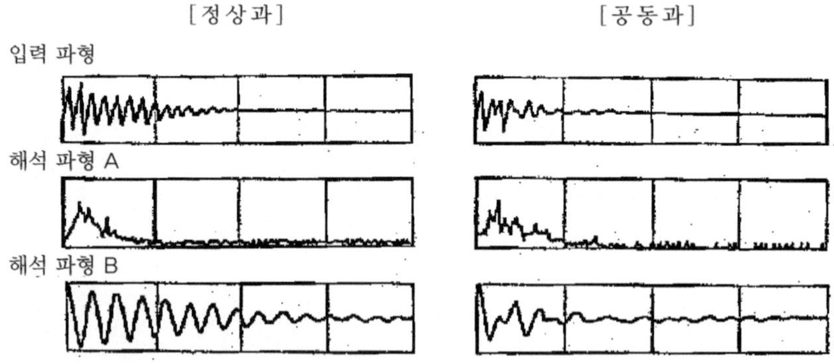

[그림 3.30] 수박의 정상과와 공동과의 음파 차이

참고문헌

1. 김기웅, 한국표준과학연구원 차세대 생체자기공명 측정기술 개발보고서, 2015년 12월

2. 하림, 이혁, 강태구, 초분광 센서 영상의 연구동향과 활용전망, Rural Resources, 2014, 56(2), 33-37

3. Ahn, C. K., I. S. Beak, C. Y. Mo, S. W. Kang, M. S. Kim and B. K. Cho. 2012. Development of non-destructive quality measurement technique for cabbage seed using hyperspectral reflectance imaging. Food Engineering progress, 16(3): 257-262

4. Kwon, T. H., W. K. Lee, D. A. Kwak, T. J. Park, J. Y. Lee, S. Y. Hong, C. Guishan and S. R. Kim. 2012. Forest canopy density estimation using airborne hyperspectral data. Korean Journal of remote sensing, 28(3): 297-305.

5. Jang, G. S., K. A. Sudduth, S. Y. Hong, N. R. Kitchen and H. L. Palm. 2006. Relating hyperspectral image bands and vegetation indices to corn and soybean yield. Korean journal of remote sensing, 22(3): 183-197.

6. Ryu, C. S., M. Suguri, S. B. Park and U. Mikio. 2013. Estimating catechin concentration of new shoots in the green tea field using ground-based hyperspectral image. SPIE conference in Remote Sensing 2013, Paper No. 8887-66.

7. Noh, H. K. and R. Lu. 2009. Apple quality measurement using hyperspectral reflectance and fluorescence scattering. Journal of biosystems Engineering, 34(1): 37-43.

8. 홍석주, 이아영, 김기석, 3D-IC 반도체 모듈의 내부결함 검사를 위한 초분광 영상기반 검출모듈 개발, 한국농업기계학회 2017 춘계공동학술대회 논문집, 146

9. 허아영, 최승원, 이재훈, 김태형, 박동조, 초분광 분해기의 광학계 설계 및 영상처리, 한국군사과학기술학회지, 2010, 13(2), 328-335

10. 강예성, 김성헌, 서재민, 유찬석, 하종규, 초분광 영상을 이용한 콩의 생육 추정, 한국농업기계학회 2014 추계학술대회 논문집, 2014, 19(2), 59-60

11. Abbot, J. A., G. S. Bachman, N. F. Childers, J. V. Fitzgerald and F. J. Matuski, 1968. Sonic techniques for measuring texture of fruits and vegetables. Food echnology 22(5):101-112

12. Abbott, J. A., A. E. Watada and D. R. Massie. 1976. Effe-gi, Magness-Taylor and Instron fruit pressure testing device for apples, peaches, and nectarines. J. Amer. Soc. Hort. Sci. 101(6): 698-700.

13. Abbott, J. A. and L. A. Liljedahl. 1994. Relationship of sonic resonant frequency to compression tests and Magness-Taylor firmness of apples during refrigerated storage. Transactions of the ASAE 37(4):1211-1215.

14. Armstrong, P. R., G. K. Brown and G. K. Brown. 1990. Impulsive excitation of acoustic vibrations in apples for firmness determination. Transactions of the ASAE 33(4):1353-1359

15. Brusewitz, G. H., and J. A. Bartsch. 1989. Impact parameters related to post harvest bruising of apples. Trans. of the ASAE 32(3):962-965

16. Finnery, E. 1967, "Dynamic Elastic Properties of Some Fruits During Growth and Development", J. Agric. Eng. Res., 14(4), pp. 249-255

17. Finnery, E., I. Ben-Gera and D. Massie, 1968, "An Objective Evaluation of Changes in Firmness of Ripening Bananas using a Sonic Technique", J. Food Science, 32(6), pp. 642-646

18. Finney, E. E. 1972. Vibration techniques for testing fruit firmness. J. Texture Studies 3:262-283

19. Finney, E. E. and K. H. Norris. 1978. Determination of moisture in corn kernels by near-infrared transmittance measurements. Transactions of the ASAE 21(30):581-584.

20. Javanoud, C. 1988, "Applications of Ultrasound to Food Systems" Ultrasonics, 26, pp. 117-123

21. Krimholtz, R., Leedom, D., and Matthaei, G., "New equivalent Circuits for Elementary Piezoelectric Transducers." Electronics, Letters 6, 398-399 (June 1970)

22. Kino, G. S. 1987. Acoustic waves-Devices, imaging & analog signal processing, Prentice-Hall, Englewood Cliffs, New Jersey

23. Kim, K. B., M. S. Kim, H. M. Chung, and S. D. Lee. 2003a. Mechanical properties and ultrasonic parameters of the apple flesh while in storage. J. of KSAM 28(3):239-244.

24. Liljedahl, L. A., and J. A. Abbott, 1994. Changes in sonic resonance of 'Delicious' and 'Golden Delicious' apples undergoing accelerated ripening. Trans. of the ASAE 37(3):907-9126539 yo Gakkaishi, Vol.39, No.6, pp.465-470

25. Liljedahl, L. A., and J. A. Abbott, 1994. Changes in sonic resonance of 'Delicious' and 'Golden Delicious' apples undergoing accelerated ripening. Trans. of the ASAE 37(3):907-912.

26. Mizrach, A., N. Galili, G. Rosenhouse, 1989, "Determination of Fruit and Vegetable Properties by Ultrasonic Excitation", Trans. ASAE Vol.32 (6), pp. 2053-2058

27. Mizrach, A., N. Galili, G. Rosenhouse, 1994, "Method and Apparatus of Ultrasonically Determining of Quality Parameters of Fresh Products", US Patent No. 5589209

28. Park, B. 1996, "Ultrasonic Technology for Nondestructive Food Quality Evaluation", Proc. Int. Symp. Quality Evaluation of Agricultural Products and Foods Using NDE, pp.112-134

29. Shmulevich, I., N. Galili. and D. Rosenfeld. 1996. Detection of fruit firmness by frequency analysis. Trans. of the ASAE 39(3):1047-1055

30. Upchurch, B., E. Furguson and G. Miles, 1985, "Spectral Analysis of Acoustical Signal for Damage Detection", ASAE Paper No. 85-6014

31. Yamamoto H., M. Iwamoto and S. Haginuma. 1980. Acoustic impulse response method for measuring natural frequency of intact fruits and preliminary applications to internal quality evaluation of apples and watermelons. J. of Texture Studies 11:117-136

32. 김만수, 최동수, 이영희, 조영길. 1998. 수박의 음향특성에 관한 연구. 한국농업기계학회지 23(1):57-66

33. 최완규, 이강진, 최규홍, 2004. 다중음향신호 검출에 의한 수박의 내부품질 예측, 한국농업기계학회 동계학술발표 논문집 Vol. 9, No. 1:472-475

CHAPTER 04

혼합, 성형 및 압출

혼합은 하나를 다른 구성요소 내에 분산시켜 둘 이상의 구성요소로부터 균일한 혼합물을 얻는 단위 작업이다. 더 큰 성분은 때때로 에멀젼과 유추하여 연속상 및 더 작은 성분은 분산상이라고 칭하지만, 이러한 용어가 이 문맥에서 사용될 때 유화를 의미하지는 않는다. 혼합은 보존 효과가 없으며 가공 보조제로만 사용되거나 식품의 섭식 품질을 변경하기 위한 것이다. 다양한 기능적 특성이나 감각적 특성을 달성하기 위해 성분을 결합하는데 사용되는 많은 식품산업에서 매우 광범위하게 적용된다. 예를 들어, 반죽과 아이스크림의 질감 발달, 설탕 결정화 제어, 반죽 및 일부 초콜릿 제품의 통기가 있다. 일부 식품에서는 각 성분의 비율이 법적 기준(예 : 혼합 야채, 혼합 견과류, 소시지 및 기타 육류 제품)을 준수하도록 적절한 혼합이 필요하다. 압출기 및 일부 유형의 크기 축소 장비에도 혼합 작용이 있다.

성형은 점도가 높거나 반죽과 같은 질감을 가진 식품이 혼합 작업 직후 다양한 모양과 크기로 몰딩되는 크기 확대 작업이다. 이것은 제빵, 과자, 스낵류의 다양성과 편의성을 높이기 위한 가공 보조 도구로 사용된다. 식품의 유통기한이나 영양가에는 직접적인 영향이 없다. 형성된 조각의 크기를 면밀히 통제하는 것은 매우 중요하다(예 : 구운 식품의 중심부로 열이 균일한 속도로 전달되도록 보장하고, 식품의 무게를 조절하며, 따라서 작은 식품의 균일성을 보장하고, 따라서 포만 중량을 조절하기 위함). 압출에도 성형 기능이 있다.

4.1 혼합

식품을 혼합할 때 다른 산업용 혼합 응용 분야와 다른 여러 측면이 있다.

• 혼합은 단순히 균질성을 보장하기보다는 바람직한 제품 특성을 개발하기

위해 주로 사용된다.

- 물리적 특성과 양이 다른 성분을 포함하는 다중 성분인 경우가 많다.
- 종종 고점도 또는 비뉴턴 액체가 포함될 수 있다.
- 일부 구성 요소는 과혼합으로 인해 깨지기 쉽고 손상될 수 있다.
- 혼합 패턴과 제품 특성 사이에 복잡한 관계가 있을 수 있다.

성공적인 혼합을 위한 기준은 먼저 허용 가능한 제품 품질(감각적 특성, 기능, 균질성, 입자 무결성 등)을 달성한 다음 적절한 안전성, 위생적 디자인, 합법성(일부 식품에 대한 구성 표준), 공정 에너지 효율성, 처리 변화에 대한 유연성으로 설명되었다(Campbell, 1995). 혼합 작업에 대한 자세한 검토는 Lindley(1991a–c)에 의해 제공된다.

4.1.1 고체 혼합 이론

액체 및 점성 페이스트와 달리 건조 분말 또는 미립자 고체의 완전히 균일한 혼합물을 얻는 것은 불가능하다. 달성되는 혼합 정도는 다음에 따라 다르다.

- 각 성분의 상대적인 입자 크기, 모양 및 밀도
- 각 성분의 수분 함량, 표면 특성 및 흐름 특성
- 재료의 응집 경향
- 해당 구성 요소에 대한 특정 믹서의 효율성

일반적으로 크기, 모양 및 밀도가 유사한 재료는 이종 재료보다 더 균일한 혼합물을 형성할 수 있다. 혼합 작업 중에 이러한 특성의 차이로 인해 구성 부품이 혼합되지 않거나 분리될 수 있다. 일부 혼합물에서는 일정 기간 후에 균일성이 달성되고 분리가 시작되는데, 이러한 경우 혼합 작업의 시간을 정확하게 맞추는 것이 중요하다. 최종 제품의 균일성은 혼합 메커니즘과 분리 메커니즘 사이에 달성된 평형에 따라 달라지며, 이는 차례로 혼합기 유형, 작동 조건 및 구성 식품과 관련된다.

혼합 시작 시(혼합되지 않은 상태에서) 2성분 혼합물을 샘플링하는 경우 대부분의 샘플은 전적으로 성분 중 하나로 구성된다. 혼합이 진행됨에 따라 각 시료의 조성은 더욱 균일해지며 혼합물의 평균 조성에 가까워진다. 조성의 변화를 결정하는 한 가지 방법은 연속 샘플에서 각 분수의 표준 편차를 계산하는 것이다.

$$\sigma_m = \sqrt{\left[\frac{1}{n-1}\sum(c-\bar{c})^2\right]} \tag{4-1}$$

여기서 σ_m = 표준 편차, n = 샘플 수, c = 각 샘플의 성분 농도 및 $\bar{c}$ = 샘플의 평균 농도이다. 혼합물의 균일성이 증가함에 따라 더 낮은 표준 편차가 발견된다.

혼합 정도를 모니터링하고 다른 유형의 장비를 비교하기 위해 여러 혼합 지수를 사용할 수 있다.

$$M_1 = \frac{\sigma_m - \sigma_\infty}{\sigma_0 - \sigma_\infty} \tag{4-2}$$

$$M_2 = \frac{\log\sigma_m - \log\sigma_\infty}{\log\sigma_0 - \log\sigma_\infty} \tag{4-3}$$

$$M_1 = \frac{\sigma^{2_m} - \sigma^{2_\infty}}{\sigma^{2_0} - \sigma^{2_\infty}} \tag{4-4}$$

여기서 σ_∞ = '완벽하게 혼합된' 샘플의 표준 편차, σ_0 = 혼합 시작 시 샘플의 표준 편차 및 σ_m = 혼합 중에 취한 샘플의 표준 편차이다. σ_0는 다음을 사용하여 찾는다.

$$\sigma_0 - \sqrt{[\,V_1(1-V_1)]} \tag{4-5}$$

여기서 V = 혼합물 내 성분의 평균 분수 부피 또는 질량을 나타낸다.

실제로 완벽한 혼합(σ_∞ = 0인 경우)은 달성할 수 없지만 효율적인 믹서에서는 합리적인 기간이 지나면 값이 매우 낮아진다. 혼합 지수 M_1은 거의 동일한 질량의 성분이 혼합되거나 비교적 낮은 혼합 속도로 혼합될 때 사용되며, M_2는 소량의 한 성분이 더 큰 부피의 재료 또는 더 높은 혼합 속도로 통합될 때 사용되고, M_3는 M_1과 유사한 방식으로 액체 또는 고체 혼합에 사용된다. 실제로 3가지 모두를 검토하여 특정 재료와 믹서 유형에 가장 적합한 것을 선택한다.

혼합 시간은 다음을 사용하여 혼합 지수와 관련된다.

$$\ln M = -Kt_m \tag{4-6}$$

여기서 K = 혼합 속도 상수, 혼합기의 유형과 구성 요소의 특성에 따라 달라지며, t_m [s] = 혼합 속도이다.

4.1.2 액체 혼합 이론

혼합기에 의해 저점도 액체에서 유도되는 구성 요소 속도는 다음과 같다.(그림 4.1)

A. 종방향 속도(믹서 샤프트와 평행)
B. 회전 속도(믹서 샤프트에 접선)
C. 혼합기 샤프트에 수직 방향으로 작용하는 시선 속도.

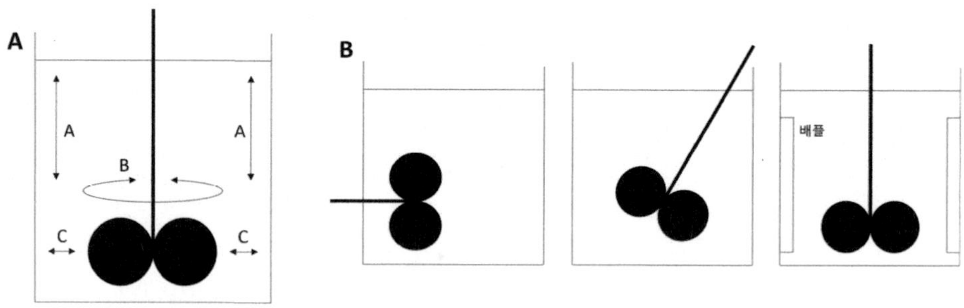

[그림 4.1] (A) 유체 혼합에 영향을 미치는 속도 성분: A, 세로, B, 회전, C, 방사형. (B) 액체의 효과적인 혼합을 위한 혼합기의 위치

성공적인 혼합을 위해 액체에 전달되는 반경 및 종방향 속도는 배플, 중심에서 벗어나거나 각진 혼합기 샤프트 또는 각진 블레이드를 통해 극대화된다. 저점도 액체를 적절히 혼합하기 위해서는 액체 전체에 난류가 유도되어 더 빠른 이동 부품 내에 느리게 움직이는 부품이 들어가도록 해야 한다. 소용돌이는 인접한 순환 액체 층이 비슷한 속도로 이동하며 혼합이 이루어지지 않기 때문에 피해야 한다. 액체는 믹서기 주위로 회전한다. 고점도의 액체, 페이스트 또는 반죽에서는 다른 액션을 필요로 하는데, 여기서 혼합은 다음의 역할을 수행한다.

• 용기 벽에 대고 또는 다른 재료에 재료를 반죽
• 혼합되지 않은 식품을 혼합된 부분에 접기
• 소재를 늘리기 위한 전단

효율적인 혼합은 음식에서 가능한 한 자주 신선한 표면을 만들고 재조합함으로써 이루어진다. 그러나 재료가 쉽게 흐르지 않기 때문에 용기 전체에 걸쳐 믹서 날을 이동시키거나 음식을 믹서 날개로 이동시킬 필요가 있다. 대부분의 액체 식품은 비뉴턴 특성의 식품이며, 가장 일반적인 종류는 유사 플라스틱, 팽창제 및 점탄성 특성의 식품이다. 장비 설계는 모터에 과부하를 주거나 혼합 효율을 떨어뜨리지 않고 철저한 혼합이 가능해야 한다. 가성 유동 식품(예 : 소스)은 혼합이 진행됨에 따라 작은 교반기 주위에 얇은 물질의 구역을 형성하며, 음식의 대부분은 움직이지 않는다. 회전 속도가 높을수록 구역이 더 빨리 명백해진다. 유성 또는 게이트 믹서 또는 롤러 밀을 사용하여 모든 식품이 혼합 작용을 받도록 한다.

팽창제 식품(예 : 옥수수 가루와 초콜릿)은 매우 주의해서 섞어야 한다.

믹서에 적절한 전원이 공급되지 않을 경우 점도의 증가로 구동 메커니즘과 샤프트가 손상된다. 일부 유성 혼합기나 패들 혼합기에서와 같이 접히거나 절단하는 동작이 이러한 유형의 식품에 적합하다. 점탄성 식품(예 : 빵 반죽)은 재료를 전단하기 위해 접고 펴는 동작을 필요로 한다. 트윈 샤프트 믹서와 맞물리는 블레이드가 있는 유성 믹서가 적합한 장비다. 혼합 속도는 혼합 지수로 특징지어진다. 혼합 속도 상수는 혼합기와 액체의 특성에 따라 달라진다. 혼합기 특성이 K에 미치는 영향은 다음과 같다.

$$K \propto \frac{D^3 N}{D_t^2 z} \tag{4-7}$$

$D[\mathrm{m}]$ = 교반기 지름 $N(rev\ s^{-1})$ = 교반기의 속도 $D_t[\mathrm{m}]$ = 용기 지름 $z[\mathrm{m}]$ = 액체 높이

믹서의 전력 요구량은 다음에 따라 다르다.

• 믹서기 내 식품의 특성, 양 및 점성

• 임펠러의 위치, 유형, 속도 및 크기

액체 흐름은 레이놀즈 수(Re), 프라우드 수(Fr), 검정력 수(Po)와 같은 일련의 무자원 숫자로 정의된다.

$$Re = \frac{D^2 N \rho_m}{\mu_m} \ , \ Fr = \frac{DN^2}{g}, \ Po = \frac{P}{\rho_m N^3 D^5} \tag{4-8}$$

여기서 $P(W)$는 교반기를 통해 전달된 힘, ρ_m는 혼합물의 밀도, μ_m=혼합물의 점성을 나타낸다.

레이놀즈 수와 프라우드 수, 그리고 검정력 수간에는 다음의 관계가 있다.

$$Po = K(Re)^n (Fr)^m \tag{4-9}$$

여기서 K, n과 m은 실험을 통해 발견된 선동기의 기하학과 관련된 요인이다. 프라우드 수는 소용돌이가 포장이 되지 않은 용기에서 형성되는 경우에만 중요하므로 방정식에서 제외된다.

혼합물의 밀도는 연속 및 분산 상의 성분 밀도를 더하면 알 수 있다.

$$\rho_m = V_1 \rho_1 + V_2 \rho_2 \tag{4-10}$$

여기서 V는 부피 분율을 나타내며, 첨자에 기입한 1과 2는 각각 연속 단계와 분산 단계를 나타낸다. 혼합물의 점도는 배플링 혼합기와 배플링되지 않은 혼합기에 대한 다음 방정식을 사용하여 확인할 수 있다.

$$\mu_m (\text{unbaffled}) = \mu_1^{V_1} \mu_2^{V_2} \tag{4-11}$$

$$\mu_m (\text{baffled}) = \frac{\mu_1}{V_1} \left(\frac{1 + 1.5 \mu_2 V_2}{\mu_1 + \mu_2} \right) \tag{4-12}$$

컴퓨터 보조 시스템은 특정 상황에서 믹서에 대한 최적의 성능을 판단하거나 특정 식품에 적합한 믹서를 선택하는데 사용된다. 이러한 시스템은 임펠러의 종류와 크기, 용기의 형태, 전력 입력, 혼합 속도 및 특정 혼합에 대한 온도 변화 제한 등을 고려한다.

4.1.3 장비

올바른 유형과 크기의 혼합기 선택은 혼합되는 식품의 유형과 양, 최소 에너지 소비로 필요한 혼합 정도를 달성하는데 필요한 작동 속도에 따라 다르다. 혼합 응용 프로그램의 수가 많고 혼합기 설계 및 개발의 다양한 경험적 특성으로 인해 사용 가능한 혼합기의 종류는 매우 다양하다.

[표 4.1] 믹서 선택에 사용되는 몇가지 요소

	텀블링 믹서	간단한 수직 나사	궤도 나사	이중 리본 믹서	팬 믹서	Z-블레이드 믹서
1. ~섞일 것인가						
자유롭게 흐르는 분말	✓	✓	✓			
응집성 분말	×	✓	✓			
눅눅한 분말	×	×	✓			
페이스트	×	×	✓			
슬러리	×	×	✓/×			
다양한 모양의 재료	×	×	✓			
밀도가 다른 재료	×	✓	✓			
다양한 크기의 재료	×	×	✓			
2. ~인가						
탈혼합이 쉬운	✓	×	×			
높은 전단	×	×	×			
낮은 전단	✓	✓	✓			
자동 세척	✓	×	✓			
자동 비움	✓	✓				
3. ~일 수 있는가						
브러쉬로 청소	✓	✓				
세탁으로 청소	✓	✓				
살균으로 청소	×	×				
가열 또는 냉각	×	✓				
압력 또는 진공 작동에 쉽게 적응	✓	×				
4. ~한가						
가벼운 불균형 하중 생성	×	×	✓	×	✓	×
균형이 맞지 않는 무거운 하중 생성	✓	×	×	×	×	×
외부 경비원 필요	✓	×	×	×	✓	×

	텀블링 믹서	간단한 수직 나사	궤도 나사	이중 리본 믹서	팬 믹서	Z-블레이드 믹서
시동 토크 낮을 것		✓	✓		✓	×
시동 토크 높을 것	✓	×	×	✓	×	✓
5. 전력 요구 사항						
< 5 hp/tonne	×	✓	✓	×	×	×
5-10 hp/tonne	✓	×	×	×	×	×
< 10 hp/tonne	✓	×	×	✓	✓	✓

[주] ✓ = 예, × = 아니오, ✓/× = 디테일한 디자인에 의존

믹서는 다음에 적합한 유형으로 분류된다.

① 건조 분말 또는 미립자 고형물

② 저점도 또는 중점도 액체

③ 고점도 액체 및 페이스트

④ 액체에서 분말의 분산

Pownall(1986)은 각 범주에 사용할 수 있는 혼합 장비를 조사했으며 혼합 장비를 선택하는데 사용된 몇 가지 요소는 표 4.1에 설명되어 있다. 일반적으

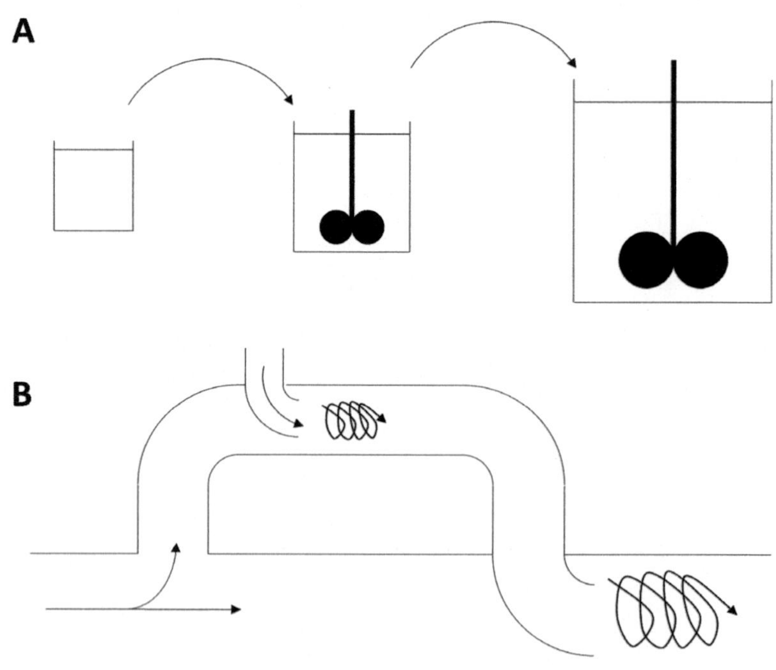

[그림 4.2] (A) 다단계 일괄 혼합, (B) 연속 혼합에서의 성분 분산.

로 여러 단계의 혼합을 통해 배치 및 연속 혼합기 모두에서 혼합 효율을 향상시킬 수 있다(그림 4.2). 예를 들어, 1 kg의 성분을 500 kg의 물에 혼합할 경우 약 25 kg의 물과 먼저 혼합한 다음 나머지 물과 혼합하면 더 효율적으로 혼합되기도 한다(Campbell, 1995).

[1] 건조 분말 및 미립자 고체용 믹서

이 믹서는 회전하는 용기의 텀블링 동작과 스크루 유형의 재료의 긍정적인 움직임을 일으키게 하는 것에 주목적이 있으며, 주로 곡물, 밀가루 및 분말 믹스(예 : 케이크 믹스 및 건조 수프)를 혼합하는데 사용된다. 텀블링 믹서에는 드럼, 더블 콘, Y-콘 및 V-콘 믹서가 되는데, 믹서에 재료를 절반 정도 채우고 20-100 rpm의 속도로 회전한다. 특정 성분의 혼합을 위한 최적의 혼합은 용기의 모양과 속도에 따라 다르지만 원심력이 중력을 초과할 때 속도는 임계속도보다 낮아야 한다. 혼합 효율은 내부 배플 또는 역회전 암에 의해 향상된다. 텀블링 믹서는 코팅 용도로도 사용된다.

리본 믹서에는 닫힌 반구형 홈통에서 반대 회전하는 나선형으로 형성된 두 개 이상의 얇고 좁은 금속날이 있다. 리본의 피치가 다르기 때문에 첫 번째 날은 재료를 홈통을 통해 빠르게 앞으로 이동시키고 두 번째 날은 재료를 천천히 뒤로 이동시키면서 재료의 전진 이동을 만들어낸다. 이 유형의 믹서는 건조 재료 혹은 작은 입자를 가진 식품에 사용된다.

수직 스크루 믹서는 내용물을 혼합하기 위해 중심축 주위를 도는 원뿔형 용기 내에 회전하는 수직 스크루를 가지고 있다. 이러한 유형의 장비는 소량의 재료를 대량의 재료에 섞는 데 특히 유용하다.

[2] 저점도 또는 중점도 액체용 믹서

많은 디자인의 교반기가 교반운동을 방해받지 않는 상태에서 액체를 혼합하는데 사용된다. 교반기 각각의 장점과 한계는 특정 상황에 따라 달라지는데, 이는 표 4.2에 요약되어 있다. 가장 단순한 패들 교반기는 용기 직경의 50-75%를 차지하고 20~150 rpm에서 회전하는 넓고 편평한 교반날로 이루어져 있다. 때때로 교반날은 칸막이가 없는 탱크에서 세로 방향 흐름을 촉진하기 위해 각진 날(피치형)이 사용되기도 한다. 임펠러 교반기는 회전축에 부착된 2개 이상의 교반날로 구성된다. 교반날은 편평하거나 각진 형태 또는 곡선의 형태를 가진다. 터빈 교반기는 4개 이상의 블레이드가 함께 장착된 임펠러 교반기이다. 교반날의 크기는 용기 직경의 30~50%이며 최소 30~500 rpm에서 작동한다. 터빈 교반기의 교반날도 반경 방향 및 길이 방향 흐름을 증가시키기 위해 편평하거나 각진 형태 또는 곡선의 형태를 가진다. 또한 교반날은 칸막이가 있는 탱크에 수직으로 장착된 평평한 디스크(베인 디스크) 임펠러에 장착할 수 있다. 임펠러 교반날은 가장자리에서 높은 전단력이 발생하므로 유화액을 사전 혼합하는데 사용된다. 날개가 짧은(용기 직경의 1/4 미만) 임펠러를 프로펠러 교반기라고 한다(그림 4.3).

각 유형에서 교반기는 액체의 길이 방향 및 반경 방향 이동을 촉진하고 와류 형성을 방지하기 위해 위치한다. 칸막이는 액체의 전단력을 증가시키고 회전 흐름을 방해하기 위해 용기 벽에 장착되지만 용기가 적절하게 세척될 수 있도록 설계에 주의가 필요하다. 프로펠러 교반기는 400~1,500 rpm에서 작동하며 액체 혼합, 농축 용액 희석, 시럽 또는 염수 준비 및 기타 성분 용해에 사용된다.

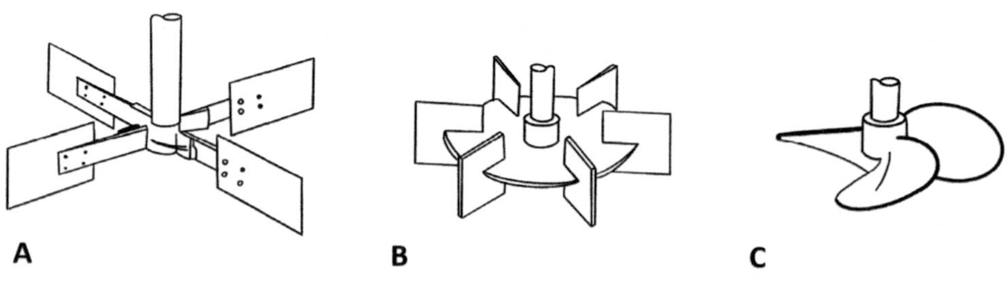

[그림 4.3] 교반기. (A) 평판날 교반기. (B) 평평한 디스크 임펠러(C) 프로펠러 교반기

분말-액체 접촉장치는 분말을 액체에 혼합하는데 사용되는 단기 체류 혼합기이다(그림 4.4). 이 장치는 균일한 분말 스트림을 액체 스프레이로 혼합하여 작동하며 교반날 또는 로터에 의한 후속 혼합을 포함할 수도 있다. 분말은 내부에 고정 혼합 교반기가 장착된 파이프를 통한 펌핑을 통해 액체와 혼합할 수도 있다. 펌프는 펌프 자체와 배관 모두에서 난류를 생성하여 재료를 혼합한다(그림 4.4). 다양한 유체 및 현탁액을 처리하는데 사용할 수 있는 다양한 펌프가 있다.

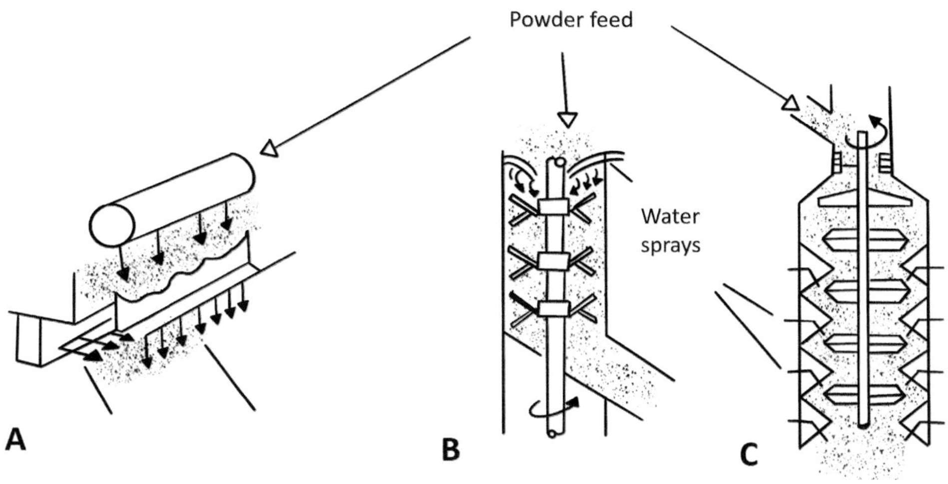

[그림 4.4] 분말-액체 접촉 장치 : (A) 넵튠 케믹스(부분), (B) 슈기 혼합기, (C) 버스 혼합기

[표 4.2] 선택된 액체 혼합기의 장점과 한계

믹서 종류	장 점	한 계
패들 교반기	좋은 방사형 및 회전 흐름, 저렴한 속도	낮은 수직 흐름, 높은 곳에서 높은 와류 위험
다중 패들 교반기	세 방향 모두에서 좋은 흐름	더 비싸고 더 높은 에너지 요구 사항
프로펠러 임펠러	세 방향 모두에서 좋은 흐름	패들 교반기보다 비쌈
터빈 교반기	아주 좋은 믹싱	비싸고 막힐 위험

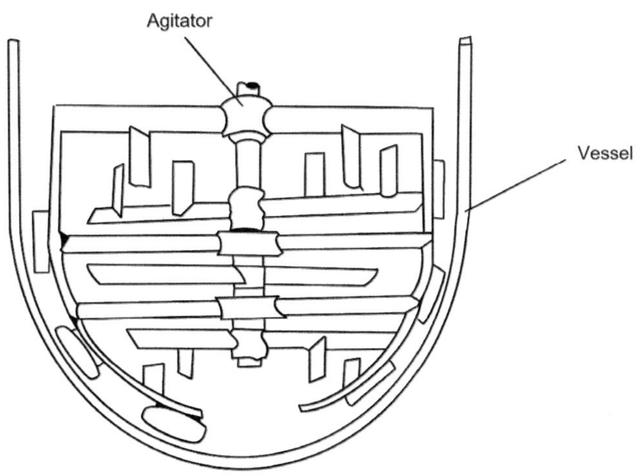

[그림 4.5] 앵커-게이트 교반기

[3] 고점도 액체 및 페이스트용 믹서

고점도를 가지는 액체는 다중 패들(게이트) 교반기 또는 더 일반적으로 높은 전단력을 발생시키기 위해 역회전 교반기와 같은 저속 수직축 임펠러를 사용하여 혼합된다. 이를 위해 기본적으로 사용되는 것은 앵커 및 게이트 교반기이다(그림 4.5). 음식이 뜨거운 표면에 타는 것을 방지하기 위해 앵커에 스크레이퍼날을 장착시켜 가열된 혼합 용기와 함께 자주 사용된다. 일부 복잡한 디자인에는 전단 작용을 증가시키기 위해 앵커의 고정 팔과 맞물리는 게이트에 팔이 있는 반면, 다른 디자인에는 식품의 방사형 움직임을 촉진하기 위해 기울어진 수직날을 사용한다.

이중축을 가진 수평 교반날 믹서의 경우 Z-교반날(또는 시그마 교반날)을 기본 디자인으로 사용한다. 이것은 금속 공급기 수평으로 장착된 2개의 견고한 교반날로 구성된다. 교반날은 서로 맞물려서 유사하거나 다른 속도(14~60 rpm)로 서로를 향해 회전하여 두 교반날 사이, 그리고 교반날과 특별히 설계된 바닥 사이에 전단력을 생성한다. 이 믹서는 제품에서 열로 소멸되는 상당한 양의 전력을 사용하는데, 따라서 혼합 시간을 줄이려면 혼합 효율이 높아야 한다. 이를 위해, 필요한 경우 공급기의 벽은 온도 제어를 위한 재킷으로 덮여 있다. 파쇄 및 혼합을 위한 특수 설계에는 톱니 모양의 날이 있으며 그리드랩, 이중 나벤 및 이중 클로를 포함한 기타 블레이드 구성을 사용할 수 있다(McDonagh, 1987).

유성 혼합기는 일반적으로 산업 및 가정용 응용 분야에서 모두 볼 수 있으며 혼합 작업에서 용기의 직경을 모두 포함하는 회전 블레이드(40~370 rpm)가 뒤따르는 경로에서 이름을 따왔다. 대안적인 디자인은 병류 또는 역류 회전 선박의 중심에서 오프셋된 고정 회전 블레이드를 사용한다. 두 유형 모두 블레이드와 용기 벽 사이에 작은 간격이 있다. 게이트 블레이드는 페이스트 혼합, 재료 혼합 및 스프레드 준비에 사용된다. 후크는 반죽 혼합에 사용되며 털은 반죽 준비에 사용된다.

스크루 컨베이어 믹서는 연속 회전자-고정자 믹서로 알려진 유형의 전형이다. 수평 로터는 슬롯이 있는 고정 배럴에 거의 딱 맞게 설계된다. 단일 또는 이중 나사는 점성 식품 및 페이스트를 배럴을 통해 전달하고 구멍이 있는 판 또는 격자를 통해 강제로 전달하는데 사용된다. 나사와 배럴 벽 사이의 작은 간격은 전단 및 반죽 작용을 일으킨다. 이것은 음식이 끝판이나 그리드에서 나올 때 전단 및 혼합으로 보완된다. 나사는 전단작용을 증가시키기 위해 핀으로 삽입될 수 있다. 이 유형의 장비는 압출 및 버터 또는 마가린 제조에도 사용된다. 최근에는 제품의 신속한 변경을 위한 레시피 저장 기능이 있는 자동 마이크로프로세서 제어, 프로세스 모니터링 및 제어 및 프로세스 및 제품 데이터의 로깅이 포함된다. 이러한 연속 믹서는 크래커, 비스킷, 빵, 크리스프 브레드, 러스크, 케이크 및 제과 제품용 반죽을 생산하는데 사용된다.

버터 휘젓기, 볼 쵸퍼 및 롤러를 비롯한 여러 다른 디자인은 각각 음식을 혼합하기 위해 특정 응용 분야에서 사용되며, 종종 동시 균질화 또는 크기 감소의 기능을 함께 사용한다. 롤러 밀과 콜로이드 밀은 크기 감소 장치로서의 기능 외에도 고점도 재료의 혼합에 적합하다.

최근에는 점성 재료 및 유체용으로 정적 혼합기가 개발되었다. 이 믹서는 공정 라인에 설치된 틀 내에 포함된 정밀하게 정렬된 일련의 정적 혼합 요소로 구성된다. 이 요소는 혼합할 식품의 유형과 필요한 혼합 정도에 따라 식품 재료를 정확하게 정의된 패턴으로 분할, 회전 및 통합하는데, 주로 방사형 혼합, 공정 분할 및 일시적 혼합의 세 가지 혼합 작업을 사용하여 작동한다. 방사형 혼합에서 유체는 일련의 180° 회전 통해 요소에 의해 편향되어 유체가 파이프의 중심에서 벽으로 그리고 다시 뒤로 이동한다. 분할에서 재료는 첫 번째 혼합 요소에 의해 두 가지 구성 요소로 분할된 다음 두 번째 요소에 의해 네 개의 스트림으로 분할되기 전에 180° 회전한 다음 필요한 혼합 정도에 도달할 때까지 다음 요소를 지나간다(그림 4.6). 과도 혼합은 요소 사이에 공간을 사용하여 연속적인 방사 혼합 후에 점성 물질의 이완을 허용한다. 코코아 덩어리 가공을 위해 초콜릿 제조에 사용되었다(Richards, 1997). 정적 혼합기는 탱크, 교반기 및 움직이는 부품의 필요성을 제거하여 자본 비용과 유지 관리 요구 사항을 줄인다.

4.1.4 식품에 미치는 영향

믹서의 작용은 식품의 영양 품질이나 유통 기한에 직접적인 영향을 미치지 않지만 혼합물의 구성 요소가 함께 반응하도록 함으로써 간접적인 영향을 미칠 수 있다. 반응의 특성과 정도는 관련된 구성 요소에 따라 다르지만 믹서에서 상당한 열이 발생하면 가속화될 수 있다. 일반적으로 혼합은 식품의 관능적 특성과 기능적 특성에 상당한 영향을 미친다. 예를 들어, 글루텐 발달은 반죽을 만드는 동안 단백질 분자를 정렬, 풀기 및 확장하는 스트레칭 및 접기 작용에 의해 촉진되며, 글루텐 구조의 강도를 높여 빵에서 원하는 질감을 생성한다. 주요 효과는 벌크 전체에 성분을 고르게 분포시켜 제품의 균일성을 높이는 것이다.

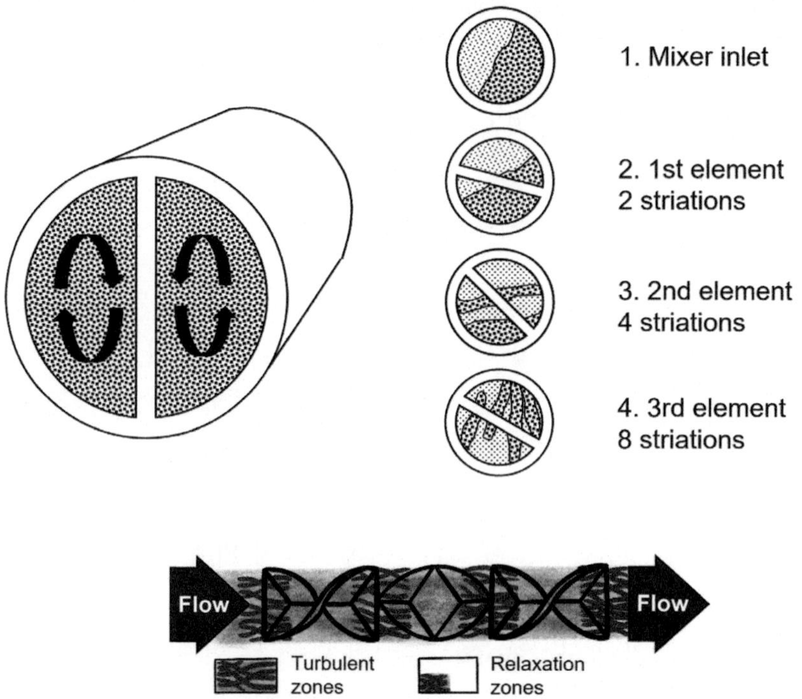

[그림 4.6] 혼합이 음식에 미치는 영향

4.2 성형

개별 제품을 위해 특별히 제작된 성형 및 성형 장비의 디자인은 매우 다양하다. 이 섹션에서는 빵, 비스킷, 파이, 스낵 식품 및 제과에 사용되는 장비에 대해 설명한다.

4.2.1 빵 성형기

빵 성형기는 반죽을 실린더 모양으로 만들어 교정 시 필요한 빵 모양까지 만들어낸다. 이 기계는 빵을 만들기 위해 다음의 세 가지 단계를 거치게 된다(그림 4.7).

① 롤링
② 컬링
③ 압연 밀봉

반죽 단계에서 롤러에는 반죽이 찢어지지 않고 부드럽게 시트 모양으로 굴릴 수 있도록 연속적으로 작은 간격이 있다. 시트 모양의 반죽은 느슨하게 원통 모양으로 말린 다음 반죽을 압력판에 압착하는 회전 드럼으로 인해 압축이 되는데, 이 때 반죽 속에 있는 갇힌 공기를 배출하기 위해 압력이 점차 증가한다. 반죽 구조가 압축되면 시트의 후행 단부에서 수분 함량이 높아지게 되는데, 반죽의 촉촉한 부분을 원통 중앙에 두는 것이 바람직하며 시트의 방향을 변경하여 가장자리가 먼저 롤링할 수 있게 하기 위해 다양한 디자인이 사용된다(예 : 교차 곡물 몰더 및 역 시팅 몰더) (마츠, 1972). 다른 재료로 반죽 공을 형성

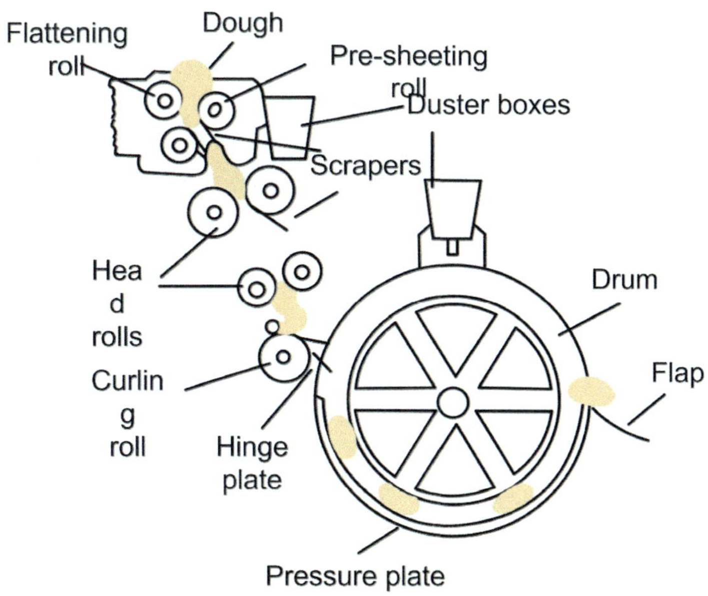

[그림 4.7] 빵 성형을 위한 드럼 몰더

하고 감싸는 장비는 Hayashi(1989)에 의해 설명된다. 이 과정에서 내부 재료와 외부 재료가 함께 압출된 다음 두 개의 '피막 디스크'로 분할 및 성형된다[그림 4.8 (A)]. 공급 재료의 크기에 따라 제품의 크기가 결정되는 기존 성형 기법과 달리, 외부 층의 상대적 두께와 내부 구체의 직경은 각 재료의 유량에 따라 결정된다. 따라서 유속 조절을 통해서 내부 및 외부 층의 상대적 두께를 쉽게 변경할 수 있어 다양한 제품 생산을 가능하게 한다[그림 4.8 (B)]. 이 장비는 쌀반죽이 겉으로 드러나고 팥으로 속을 채운 케이크를 생산하기 위해 일본에서 개발되었지만 널리 응용되어 현재는 잼, 도넛, 미트파이, 치즈로 채워진 햄버거와 야채 혹은 생선으로 채워진 음식 등 만드는데 사용된다.

4.2.2 파이와 비스켓 형성 과정

파이 케이스는 반죽 조각을 알루미늄 호일 용기 또는 재사용 가능한 파이 몰드에 넣은 후 다이로 눌러 형성된다. 그런 다음 필링을 케이스에 넣고 위에 연속적으로 반죽 시트를 깐다. 마지막으로 뚜껑은 왕복 날개로 절단한다.

비스킷은 다음 네 가지 방법 중 하나로 형성된다.

① 반죽을 금속 몰딩 롤러(die forming)에서 구멍 모양으로 압착한다[그림 4.9 (A)].
② 모양은 커팅 롤러를 사용하여 반죽 시트에서 잘라낸다. 인쇄 롤러의 돋아진 문자가 동시에 비스킷의 상단 표면에 디자인을 각인한다.
③ 부드러운 반죽은 철사 절단 기계에서 일련의 주사위를 통해 압출된다[그림 4.9 (B)].
④ 반죽의 연속 리본은 (와이어 절단 기계와 유사하지만 절단 와이어가 없는) 압출된 다음 왕복 날을 사용하여 필요한 길이로 절단한다.

레빈과 드류(1994)가 설명한 지방(크로아상, 페이스트리용), 접이식 반죽(패스티와 롤 형태), 소시지 롤, 과일 바(피그 롤, 케이크 등)를 만들기 위한 수많은 장비 디자인도 있다.

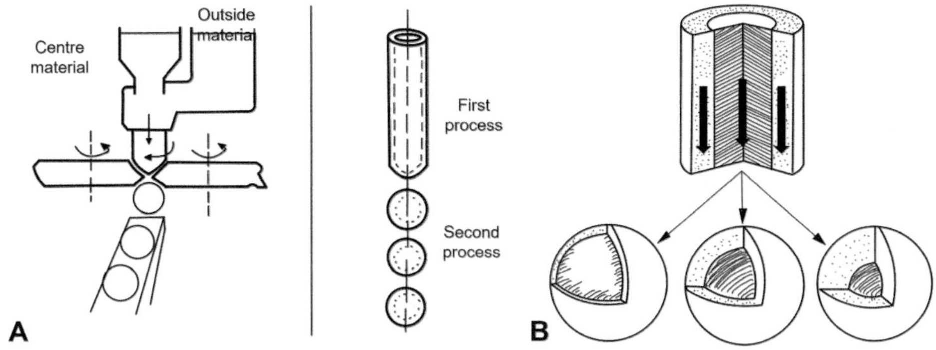

[그림 4.8] (A) 지속적으로 음식을 나누고 공 모양으로 만드는 회전하는 두 개의 원반.
(B) 외층과 내층의 두께의 차이는 서로 다른 물질 흐름 속도로 만들어 진다.

4.2.3 제과 성형기

제과 성형 장비는 특정 제품에 필요한 크기와 모양을 가진 개별 금형을 연속 컨베이어에 부착하여 구성된다. 각 몰드에 필요한 양의 뜨거운 설탕 덩어리를 정확하게 증착하기 위해 피스톤 필러가 있는 증착기 아래로 운반된다. 보관자는 단일 유형의 음식을 층으로 쌓거나 가운데 채워 넣을 수 있다(예 : 단단한 삶은 과자 주위에 액체 센터 또는 초콜릿 페이스트)[그림 4.10 (A)]. 그런 다음 음식은 냉각 터널에서 냉각된다. 충분히 경화되면 개별 과자가 배출되고 금형이 주기를 다시 시작한다(Verity, 1991)[그림 4.10 (B)]. 초콜릿 성형에 대한 자세한 내용은 Perreau(1989)에 의해 제공된다.

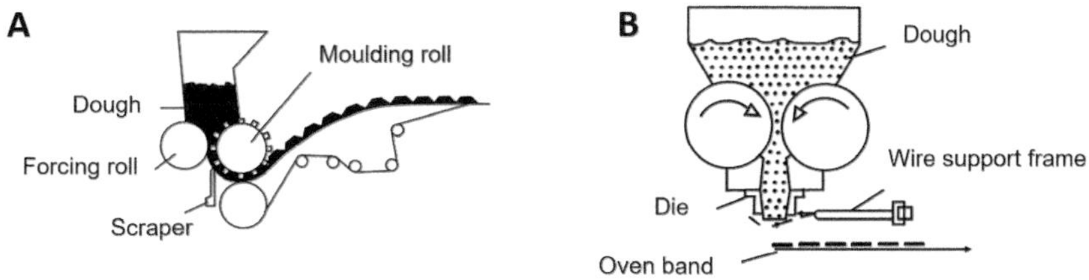

[그림 4.9] 제과 성형기. (A) 회전 몰더. (B) 와이어 절단기

세 가지 주요 유형의 장비는 사출 방법과 금형에 사용되는 재료가 다르다.

① 이젝터 핀이 장착된 금형은 단단한 과자(예 : 버터스카치)에 사용된다.
② 기계적 변형에 의해 식품을 배출하는 유연한 폴리염화비닐 몰드는 부드

러운 과자(예 : 토피, 퍼지, 젤리, 카라멜, 퐁당 및 초콜릿)에 사용된다.

③ 압축 공기 배출 기능이 있는 폴리테트라플루오로에틸렌 코팅 알루미늄 몰드는 젤리, 껌, 퐁당 및 크림에 사용된다.

각 유형의 장비는 자동으로 제어된다. 다른 유형의 성형 장비는 설탕 과자를 압출하고 일련의 롤러를 사용하여 성형하여 설탕 '로프'를 생산한다. 그런 다음 개별 과자를 로프에서 자르고 다이로 모양을 만든다.

마이크로프로세서로 제어되는 증착기는 케이크 믹스 및 제과 제품용 고점도 액체를 다양한 모양으로 형성하는데 사용된다. 메모리는 최대 99개의 서로 다른 제품의 크기, 모양 및 무게를 저장할 수 있으며 작업자가 두 자리 제품 코드를 사용하여 호출한다.

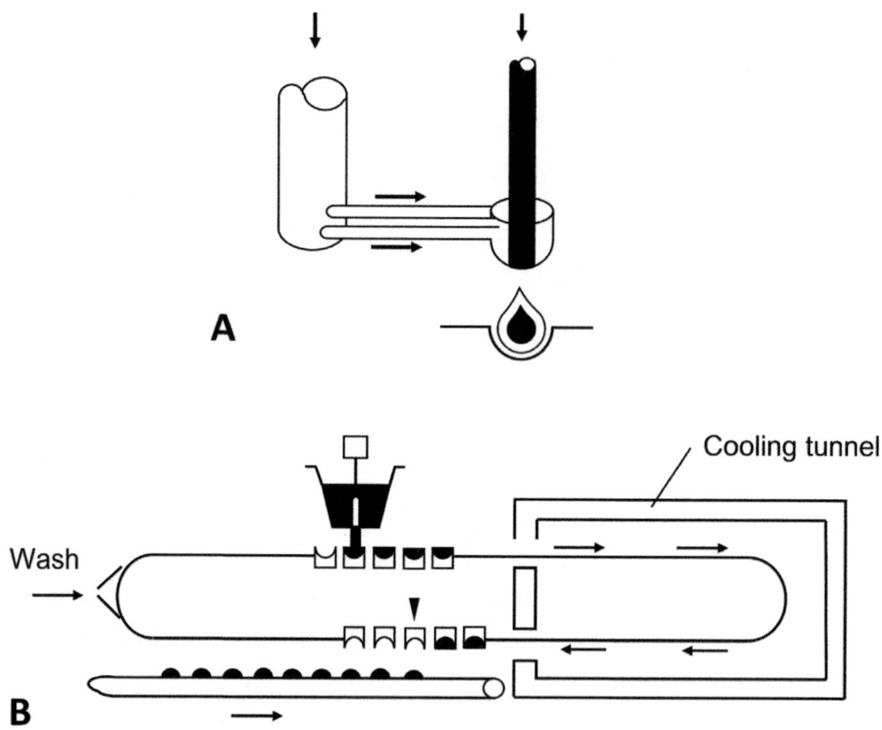

그림 [4.10] (A) 중앙 충전식 과자 증착기. (B) 공기 분리기를 이용한 제과 몰더

4.3 압출

압출은 혼합, 조리, 반죽, 전단, 성형 및 성형을 포함한 여러 단위 작업을 결합하는 공정이다. 압출기는 작동 방식(냉간 압출기 또는 압출기 조리기)과 구성 방법(1축 또는 2축 압출기)에 따라 분류된다. 작동 원리는 모든 유형에서 유사하다. 원료가 압출기 배럴에 공급되고 나사가 압출기 배럴을 따라 식품을 운반한다. 배럴 아래로 더 내려가면 작은 날개가 부피를 제한하고 음식의 움직임에 대한 저항을 증가시킨다. 결과적으로 배럴과 스크루 플라이트 사이의 공간을 채우고 압축된다. 배럴을 따라 더 이동함에 따라 스크루는 재료를 반죽하여 반고체의 가소화된 덩어리로 만든다. 음식이 100℃ 이상으로 가열되면 이 과정을 압출 조리(또는 고온 압출)라고 한다. 여기에서 마찰열과 사용되는 추가 가열로 인해 온도가 급격히 상승한다. 그런 다음 음식은 압력과 전단력이 더 증가하는 가장 작은 날개를 가진 배럴 섹션으로 전달되고, 마지막으로 배럴의 배출 말단에 있는 하나 이상의 제한된 개구부(다이)를 통해 강제로 배출된다. 식품이 다이에서 압력을 받으면서 최종 모양으로 팽창하고 수분이 증기로 방출되면서 빠르게 냉각된다. 압출 과정을 통해 막대, 구, 도넛, 튜브, 스트립, 소용돌이 모양 또는 껍질을 포함한 다양한 모양이 형성될 수 있다. 일반적인 제품에는 다양한 저밀도, 확장 스낵 식품 및 즉석 섭취 부풀린 시리얼이 포함된다(표 4.3). 압출된 제품은 이후 건조, 튀김 또는 포장을 통해 추가로 처리될 수 있다. 많은 압출 식품도 코팅 또는 엔로빙에 적합하다.

식품의 온도를 상온으로 유지하는 냉간 압출은 파스타 및 육류 제품과 같은 식품을 혼합 및 성형하는데 사용된다. 100℃ 미만의 온도에서 저압 압출은 감초, 생선 페이스트, 수리미 및 애완동물 사료를 생산하는데 사용된다. 압출 조리는 미생물 오염을 줄이고 효소를 비활성화 하는 고온 단시간 공정이다. 그러나 열간 압출 및 냉간 압출 식품의 주요 보존 방법은 제품의 낮은 수분 활성도(0.1~0.4), 특히 반습 제품의 경우 사용되는 포장재에 의한 것이다. 압출은 다음과 같은 이유로 인기 있는 공정이다.

- 다양성 : 원료, 압출기의 작동 조건, 금형의 형상을 변경하여 매우 다양한 제품을 생산할 수 있다. 많은 압출 식품은 다른 방법으로 쉽게 생산할 수

없다.

- 비용 절감 : 압출은 다른 조리 또는 성형 공정보다 가공 비용이 낮고 생산성이 높다. 콘플레이크 및 프랑크푸르트 제조를 포함한 일부 전통적인 공정은 압출공정을 사용할 때 더 효율적이고 저렴하다.
- 높은 생산 속도 및 자동화된 생산 : 압출기는 지속적으로 작동하며 처리량이 높다. 예를 들어, 스낵 식품의 경우 최대 315 kg/h, 저밀도 곡물의 경우 1200 kg/h, 건조 확장 애완동물 사료의 경우 9000 kg/h의 생산 속도가 가능하다(Mans, 1982). 압출기의 자동 제어에 대한 세부 사항은 Olkku et al.(1980) 및 Bailey et al.(1995).
- 제품의 품질 : 압출 요리는 짧은 시간 동안 적용되는 고온을 포함하며 제한된 열처리로 인해 많은 열에 민감한 구성 요소가 유지된다.

[표 4.3] 압출식품의 예

제품의 종류	예
시리얼 기반 제품	확장된 스낵제품 RTE 및 퍼프 모닝 시리얼 수프 및 음료 베이스, 인스턴트 음료 이유식 전호화 및 변성 전분, 덱스트린 바삭한 빵과 크루통 파스타 제품 미리 조리된 합성 밀가루
설탕 기반 제품	껌 감초 토피, 카라멜, 땅콩브리틀 과일 껌
단백질 기반 제품	질감 식물성 단백질(TVP) 반수분 및 팽창된 애완동물 사료 및 동물 사료 및 단백질 보충제 소시지 제품, 프랑크푸르트, 핫도그 수리미 카제인산염 가공 치즈

- 무 공정유출물 압출은 공정 폐수를 생성하지 않는 저수분 공정이기 때문에, 폐수처리 비용을 절감시키고 환경오염 문제를 일으키지 않는다.

압출은 입상 또는 분말 식품을 더 큰 조각으로 재형성하는 크기 확대 공정의 한 예로 볼 수 있다. 크기 확대의 다른 예에는 성형 또는 성형 및 분말 응집이 포함된다. 압출기는 또한 플라스틱 산업에서 포장재를 생산하는데 사용된다.

4.3.1 이론

압출은 혼합, 반죽 및 요리를 동시에 수반하기 때문에 식품에 많은 복잡한 변화를 유발한다. 여기에는 녹말과 단백질의 수화, 균질화, 젤화, 전단화, 지방 용해, 단백질의 변성 또는 방향 전환, 플라스틱화 및 팽창 등이 포함된다. 이렇게 복잡하기 때문에 압출기 작동에 대한 경험적 지식은 압출 과정에서 일어나는 상호 작용의 순서와 특성 및 그 효과에 대한 과학적 이론을 능가했다. 그러나 압출기 배럴 내부의 유체 흐름 거동 및 열전달에 대한 컴퓨터 모델링은 최근에 압출기 작동에 대한 이해를 높였다(Kulshhtha et al.(1995), Tan and Hofer(1995), Elsey et al.(1997), Schoner and Moreira(1997). 압출물의 특성에 가장 큰 영향을 미치는 두 가지 요인은 식품의 유동학적 특성과 압출기의 작동 조건이다.

[1] 식품의 유변학적 특성

공급 재료의 특성은 제품의 질감과 색상에 중요한 영향을 미친다. 가장 중요한 요소는 다음과 같다.

- 공급 재료의 유형
- 수분 함량
- 재료의 물리적 상태
- 화학적 구성, 특히 녹말, 단백질, 지방 및 당분의 양과 종류
- 촉촉한 소재의 pH

공급 재료의 구성, 수분 함량 및 입자 크기는 모두 압출기에서 제품의 점도에 영향을 미친다. 식 (4-13)과 (4-14)에서 점도는 압출기의 작동 조건과 제

품 품질을 결정하는 중요한 요소임을 알 수 있다. 동일한 압출기에서 동일한 작동 조건이 사용될 때 다른 유형의 원료는 완전히 다른 제품을 생산한다. 이는 전분, 단백질, 수분 및 기타 추가 성분(예 : 오일 또는 유화제)의 유형 및 양에 따라 점도가 다르고 흐름 특성이 다르기 때문이다. 예를 들어, 공급 물질의 pH를 조정하기 위해 산을 첨가하면 전분 젤라틴화 및 단백질 분자의 풀림에 변화가 발생한다. 이것은 차례로 점도를 변화시켜 압출 제품의 구조와 강도를 변화시킨다. 당 함량 또는 pH의 차이는 또한 Maillard 갈변 반응의 정도가 다르기 때문에 색상에 변화를 일으킨다.

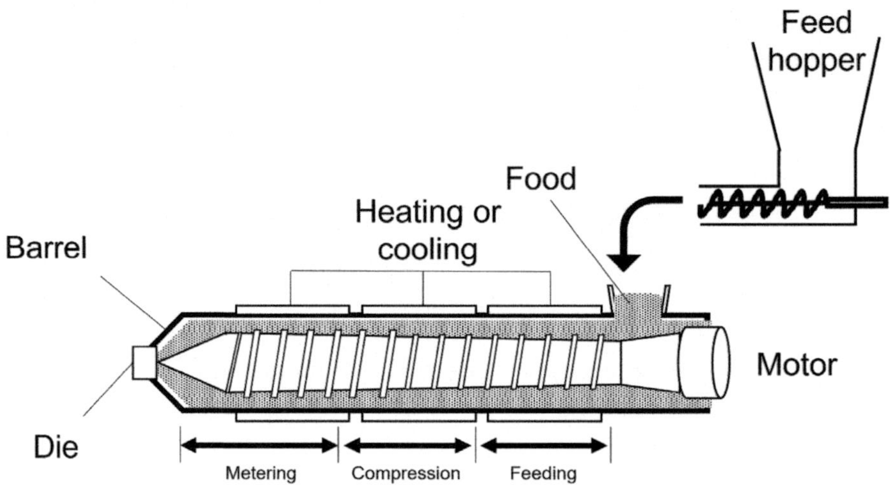

[그림 4.11] 단일 나사 압출기

전분 기반 식품의 압출 조리 중 물을 첨가하면 전분 입자가 팽창하고 물을 흡수하여 수화된다. 밀가루나 그릿과 같은 작은 입자는 큰 입자보다 더 빨리 수화되고 조리되며, 이는 결과적으로 제품 품질도 변경한다. 수분 함량이 증가하고 온도가 상승하면 전분이 젤라틴화되고 점성이 있는 가소화된 덩어리가 생성된다(Mercier, 1980). 전분의 젤라틴화는 일반적으로 점도를 증가시키지만 압출 조리기에서 강한 전단 작용은 거대 분자를 더 작은 단위로 분해하여 점도를 감소시킬 수도 있다. 재료가 금형을 떠나면 유리전이 상태가 되고, 이후 재료가 빠르게 팽창하고 냉각됨에 따라 온도는 유리 전이 상태 아래로 떨어지고 구조를 설정하고 제품 질감을 결정하는 가닥과 매트릭스가 형성된다(Blanshard, 1995). 전분의 변화에 대한 자세한 연구 결과는 Guy(1993)에 의해 기술되어 있다. 다양한 온도 및 전단 속도 조건에서 전분 용해도의 변화는 수분 흡수 지수(WAI)와 수용성 특성(WSC)을 측정하여 모니터링 된다. WAI가 증가하면 WSC가 감소한다. 곡물 제품의 WAI는 일반적으로 가공의 강도에 따라 증가하여 180-200℃에서 최대값에 도달한다.

대두 단백질, 글루텐 또는 카제인 분자는 고온의 습한 조건에서 펼쳐져 균일하고 점성이 있는 가소화된 덩어리를 생성한다. 전단 작용은 분자가 다이에서 나올 때까지 분자의 재정렬을 방지한다. 그런 다음 팽창 및 냉각으로 인해 단백질이 중합, 가교 및 재배향되어 특징적인 섬유 구조를 형성하고 제품의 최종 질감이 결정된다. 질소 용해도 지수는 단백질 변성 정도의 척도이다. 압출 조리 중에 감소하므로 사료 재료에는 대부분 변성되지 않은 단백질이 있어야 한다.

[2] 작동 특성

압출기에서 가장 중요한 작동 매개변수는 다음과 같다.

- 온도
- 압력
- 다이 구멍의 직경
- 전단율

전단율은 배럴의 내부 설계, 길이, 나사의 속도 및 형상에 의해 영향을 받는다.

압출기를 모델링하기 위한 대부분의 연구는 이축 압출기가 훨씬 더 복잡하기 때문에 단축 기계로 수행되었다(그림 4.11, 그림 4.12). 작동 시 단축 압출기는 일종의 펌프 역할을 하여 음식을 배럴을 통해 끌고 음식이 다이를 통과하기 전에 압력과 온도를 높인다. 최적의 펌핑을 위해서는 음식이 배럴에 달라붙고 나사 표면에서 자유롭게 미끄러져야 한다(Heldman and Hartel, 1997). 그러나 음식이 배럴에서 미끄러지면 압출기를 통해 이동하지 않고 단순히 혼합된다. 이러한 이유로 배럴 벽은 종종 미끄러짐을 최소화하기 위해 홈이 있다.

Harper(1981)에 의해 개발된 압출기 작동에 대한 단순화된 모델은 식품의 온도가 일정하고 유체 흐름이 뉴턴 및 층류이며 배럴 벽에 슬립이 없고 사이에 누출이 없다고 가정한다. 나사와 배럴. 이러한 가정으로 단일 스크루 압출기를 통한 유량은 방정식(4-13)을 사용하여 계산된다.

$$Q = G_1 N F_d + G_2/\mu \cdot \Delta P/L \cdot F_P \tag{4-13}$$

여기서 $Q\,[\mathrm{m^3/s}]$ = 계량 섹션의 체적 유량, $N\,[\mathrm{rpm}]$ = 나사 속도, μ = $[\mathrm{NS/m^2}]$ 계량 섹션의 유체의 점도, 나사 및 배럴 지오메트리에 의존하는 배럴의 $\Delta P\,[\mathrm{Pa}]$ 압력 증가, G_1 및 G_2 = 상수, 압출기 채널의 $L\,[\mathrm{m}]$ = 길이, F_d 및 F_p = 형상에 따른 드래그 인자로 인한 F_p압력 증가이다.

방정식의 첫 번째 부분은 펌핑과 배럴 벽에 대한 드래그에 의해 발생하는 배럴 아래로의 유체 흐름을 나타내는 반면, 두 번째 부분은 배럴의 압력 증가로 인한 고압에서 저압으로의 역류를 나타낸다. 배럴의 압력 양은 부분적으로 다이의 크기에 따라 극명한 차이를 보인다. 배럴이 다이 끝에서 완전히 열려 있으면 압력 상승이 없고 압출기는 단순히 스크루 컨베이어 역할을 한다. 반대로, 다이 끝이 완전히 닫히면 역류가 항력 흐름과 같아지고 더 이상의 움직임이 발생하지 않을 때까지 압력이 증가하면서 압출기는 혼합기의 역할을 수행하게 된다. 이 두 극단 사이에서 다이의 크기는 압출기의 성능에 큰 영향을 미친다. 드래그 흐름에 대한 압력의 비율은 0(열린 다이 구멍)에서 1(다이 구멍이 닫힘)까지 변하는 조절 계수(a)로 알려져 있다. 실제로 대부분의 압출기는 0.2에서 0.5 사이의 값으로 작동한다(Heldman and Hartel, 1997). 다이를 통한 흐름은 식 (4-14)를 사용하여 찾을 수 있다.

$$Q = K' \cdot \Delta P/\mu \tag{4-14}$$

여기서 $Q\,[\mathrm{m^3/s}]$ = 다이를 통한 체적 유량(그림 4.11), $\mu\,[\mathrm{NS/m^2}]$ = 다이 내 유체의 점도, $\Delta P\,[\mathrm{Pa}]$ = 다이를 가로지르는 압력 강하(내부에서 배럴에서 대기압까지) 및 K' = 일반적으로 실험적으로 발견되는 다이 구멍의 수, 모양 및 크기에 따라 달라지는 흐름 저항 계수이다. 압출기의 작동 조건은 두 방정식을 모두 만족하는 유량과 다이 압력 강하를 계산하여 찾을 수 있다. 작동 지점의 위치는 다이 유형, 나사의 플라이트 깊이, 나사의 길이 및 속도에 따라 결정된다.

위의 공식은 예를 들어 층계와 배럴 사이의 음식 누출, 부분적으로 비어 있는 배럴, 온도 변화 및 비뉴턴 유체의 영향을 고려하지 않은 간단한 모델을 기반으로 한다는 점에 유의해야 한다. 이러한 유체 중 하나는 압출 중에 젤라틴화 되고 압출기를 통과하면서 유동학적 특성이 변하는 전분 슬러리이다. 스크루 속도(및 체류 시간)가 최종 제품에서 필요한 특성을 얻기 위해 가열 정도와 균형을 이루는 것이 중요하지만 비뉴턴 유체의 변화가 훨씬 더 복잡하기 때문에 모델링하기가 매우 어려울 수 있다. 따라서 실제로 공식에서 만든 가정은 유동 거동이나 작동 조건을 예측하는데 유용성을 제한할 수 있지만 실험 연구의 시작점으로 사용할 수 있다. 대부분의 압출기 제조업체는 보다 정교한 모델과 다이 모양, 압출기 구성 및 제품 특성 간의 관계에 대한 실제 경험을 조합하여 장비를 설계한다. 이축 압출기의 상황은 훨씬 더 복잡하다. 나사의 맞물림 정도 또는 회전 방향의 변경은 압출기의 흐름 특성을 극적으로 변경하고 모델링 방정식을 매우 복잡하게 만든다.

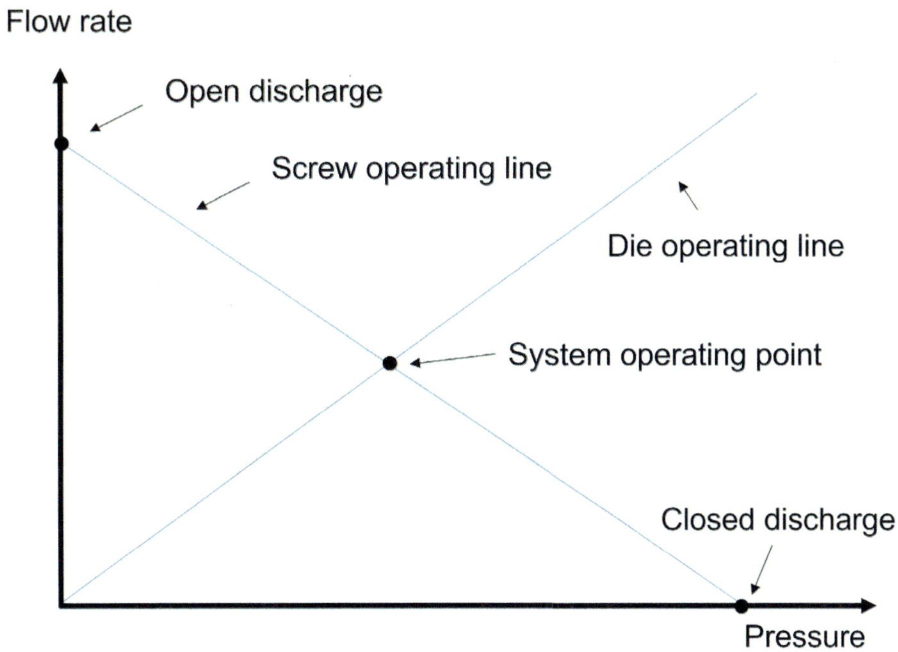

[그림 4.12] 단일 나사 돌출부의 작동 지점 결정 방법

4.3.2 장비

[1] 단축 압출기

장비는 마찰 마모를 견디기 위해 경질 합금 또는 경화 스테인리스강으로 만든 홈이 있는 원통형 배럴에서 회전하는 원통형 나사로 구성된다. 배럴의 길이 대 직경 비율은 2:1에서 25:1 사이이다(Hauck, 1993). 스크루의 피치와 직경, 플라이트 수 및 플라이트와 배럴 사이의 간격은 압출기의 성능을 변경하기 위해 각각 조정할 수 있다. 나사는 배럴에서 생성된 압력에 대해 음식을 펌핑하기에 충분히 강력한 가변 속도 전기 모터에 의해 구동된다. 스크루 속도는 압출기의 성능에 영향을 미치는 주요 요소 중 하나이다. 즉, 제품의 체류 시간, 발생하는 마찰열의 양, 열 전달 속도 및 제품에 대한 전단력에 영향을 미친다. 일반적인 나사 속도는 애플리케이션에 따라 150~600 rpm이다. 압출기 배럴에서 압축은 다이에 의해 생성되는 배압과 다음과 같은 방법으로 이루어진다.

- 나사 직경 증가 및 나사 피치 감소
- 스크루 피치가 일정하거나 감소하는 테이퍼 배럴 사용
- 스크루 플라이트에 제한을 두는 것

다이 압력은 저점도 제품의 경우 약 2000×10^3 Pa에서 확장된 스낵 식품의 경우 17000×10^3 Pa까지 다양하다(Heldman and Hartel, 1997). 단축 압출기는 식품에 대한 전단 작용의 정도에 따라 다음과 같이 분류할 수 있다.

- 높은 전단력 : 고속 및 얕은 층에서의 압출 아침 식사용 시리얼과 확장된 스낵 식품을 만드는데 필요한 높은 압력과 온도를 생성
- 중간 전단력 : 빵가루, 질감이 있는 단백질 및 반 촉촉한 애완동물 사료용.
- 낮은 전단력 : 깊은 층에서의 압출과 낮은 속도는 파스타, 육류 제품 및 껌 형성을 위한 낮은 압력을 생성.

압출 조리에서 압출기 모터의 에너지 대부분은 마찰로 손실되고 음식을 빠르게 가열한다(총 에너지 입력의 50~100%(Harper, 1987)). 추가 가열은 증기 재킷 배럴 및/또는 증기 가열 나사를 사용하여 달성할 수 있다(일부 애플리케이션에서는 재킷을 냉수를 사용하여 제품을 냉각시키는데 사용하기도 함). 다른 디자인에서는 전기 유도 가열 요소를 사용하여 배럴을 직접 가열한다.

일부 제품은 점도와 팽창 정도를 유지하기 위해 압출기 다이를 가열해야 하는 반면, 다른 제품은 팽창량을 줄이기 위해 다이를 냉각해야 한다(그림 4.13). 단축 압출기는 자본 및 운영 비용이 낮고 이축 기계보다 작동 및 유지 관리 기술이 덜 필요하다. 2축 기계의 유연성이 필요하지 않은 간단한 요리 및 성형 응용 분야에 사용된다.

[2] 이축 압출기

이축 압출기의 나사는 배럴의 '8자' 모양의 구멍 내에서 회전한다. 나사 길이 대 직경 비율은 10:1에서 25:1 사이이다(Harper, 1987). 압출기는 회전 방향과 나사가 맞물리는 방식에 따라 분류된다. 자체 와이핑(하나의 나사 비행이 인접한 나사에서 음식을 휩쓸어 냄)을 하며 함께 회전하는 맞물림 나사는 식품 가공 응용 분야에서 가장 흔히 볼 수 있다(그림 4.14). 압출층 사이의 간격은 큰 공간이 처음에 재료를 조리 섹션으로 운반한 다음 더 작은 공간이 상호 교환 가능한 다이를 통해 압출하기 전에 가소화된 덩어리를 압축하도록 조정할 수 있다. 이축 압출기의 주요 장점 중 하나는 나사의 맞물림 정도, 조명의 수 또는 나사의 피치 각도를 변경하여 작동이 더 유연하다는 것이다. 반죽 작업을 증가시키기 위해 제품이 디스크 사이를 통과하도록 나사에 '반죽 디스크'를 장착할 수도 있다. 이들의 작동 특성은 Frame(1994)에 설명되어 있다. 이축 압출기는 다음과 같은 장점이 있다.

- 처리량은 이송 속도와 무관하며 생산 속도의 변동은 나사의 양변위 작용에 의해 수용될 수 있다. 대조적으로, 단일 나사가 효과적으로 작동하려면 재료로 가득 차 있어야 한다. 양변위는 또한 단일 나사보다 더 높은 열전달 속도와 더 나은 열전달 제어를 생성한다.
- 트윈 스크루 기계는 기름지거나 끈적거리거나 매우 젖은 재료 또는 단일 스크루에서 미끄러지는 기타 제품을 처리한다. 1축 및 2축 기계의 한계는 각각 지방 4% 및 20%, 설탕 10% 및 40%, 수분 30% 및 65%이다. 따라서 다양한 원료를 사용하여 작업할 때 유연성이 더 뛰어나다.
- 정방향 또는 역방향 이송은 배럴의 압력을 제어하는데 사용된다. 예를 들어, 감초 및 과일 껌의 생산에서 식품은 가열 및 전방 이송에 의해 압축되고, 압력은 역 이송에 의해 해제되어 과도한 수분을 배출하거나 추가 향미

성분을 추가한 다음 압출을 위해 식품을 재압축한다.

• 짧은 토출 구간은 압출에 필요한 압력을 발생시키므로 단축 압출기보다 기계의 더 작은 부품이 마모된다.

• 미세 분말에서 입자에 이르기까지 입자 크기의 혼합물을 사용할 수 있지만 단일 나사는 입자 크기의 특정 범위로 제한된다.

이축 압출기의 주요 한계는 상대적으로 높은 자본 및 유지 관리 비용(단일 스크루 장비 비용의 최대 2배)과 작동 범위에 제약이 있다는 것이다(Harper,

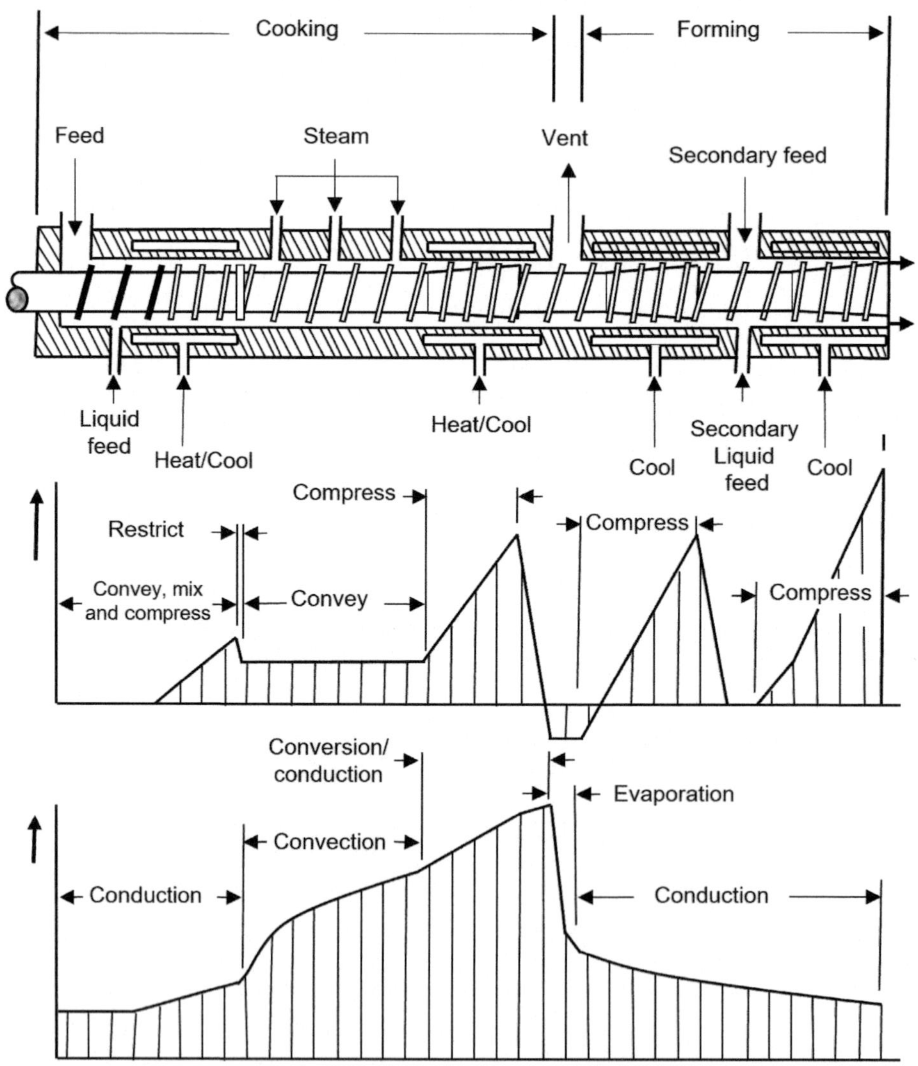

[그림 4.13] 팽창식품을 위한 고 전단 조리 압출기의 온도 및 압력 변화

1987). 이는 트윈 스크루를 구동하는데 필요한 복잡한 기어박스로 인해 도달할 수 있는 최대 토크, 압력 및 추력이 제한되기 때문이다.

[3] 보조 장비

분말 및 입상 공급 재료는 압출기에 공급하기 전에 먼저 물, 증기 또는 기타 액체와 혼합하여 전처리기에서 축축하게 한다. 이것은 더 정확하게 계량될 수 있고 더 균일한 압출 조건을 제공할 수 있는 더 균일한 공급 재료를 생성한다. 회분식 또는 연속식 전처리기의 체류 시간은 각 입자가 액체와 균일하게 혼합되고 증기 컨디셔닝의 경우 균일한 온도 평형이 유지되도록 밀접하게 제어된다. 최대 4.5분 동안 증기 또는 뜨거운 물로 전처리하면 공급 온도와 수분 함량이 증가하고 전분을 젤라틴화하고 단백질을 변성시킨다. 이는 압출기 효율성을 향상시키고 특정 에너지 소비를 낮추며 장비 마모 및 유지 보수 비용을 줄인다(Bailey 외 연구진, 1995).

압출기에는 배럴에 균일한 속도로 재료를 로드하기 위해 스크루 오거 또는 진동 피더가 있는 공급 호퍼가 장착되어 있다. 피더의 제품 중량(또는 호퍼 중량 손실)은 자동으로 공급 속도를 제어하는데 사용된다. 다른 제어 방법에는 가변 속도 모터의 속도 제어, 유체 공급 속도 대 건조 재료 공급 속도 및 배럴 온도가 포함된다. Bailey 외 연구진(1995)은 압출 공정, 시작 및 종료 순서, 경보 인식, 공식 저장 및 작업자에게 공정의 컬러 디스플레이 표시를 제어할 수 있는 컴퓨터화된 공정 제어 시스템을 설명한다. 제어 시스템은 작동 조건과 관련된 제품 공식을 포함하여 100개 이상의 공정 경보 조건을 지속적으로 모니터링한다. 지정되지 않은 조건이 있을 경우 작업자에게 시각적으로 경고하고, 극단적인 경우에는 정상적인 종료 또는 비상 정지를 제어한다. 이축 압출기의 제어를 위한 또 다른 시스템은 Lu 등(1993)에 의해 설명된다.

액체와 슬러리는 용적식 펌프에 의해 압출기 배럴로 펌핑되며, 공급 속도를 제어하기 위해 인라인으로 장착된 유량 측정 장치가 있다. 다이는 다른 모양의 구멍으로 생산되며 쉽게 상호 교환할 수 있다. 모양은 막대를 만들기 위한 둥근 구멍, 막대를 만들기 위한 사각형 구멍 또는 시트를 만들기 위한 슬롯과 같이 단순할 있으며, 특수 모양의 제품에 대해 더 복잡한 패턴을 가질 수 있다.

압출기에는 외부 쉘에 충전물을 연속적으로 주입하기 위해 특수 다이가 장착될 수도 있다. 이것은 공압출(co-extrusion)로 알려져 있으며, 내부가 액체 등으로 채워진 과자를 생산하는데 사용된다. 재료가 다이를 떠난 후 다이의 면을 가로질러 회전하는 일련의 날에 의해 필요한 길이로 절단된다. 회전 속도는 처리량에 맞게 조정되어 올바른 길이를 생성한다. 또는 절단을 위해 제품을 컨베이어로 별도의 절단기로 운반할 수 있다.

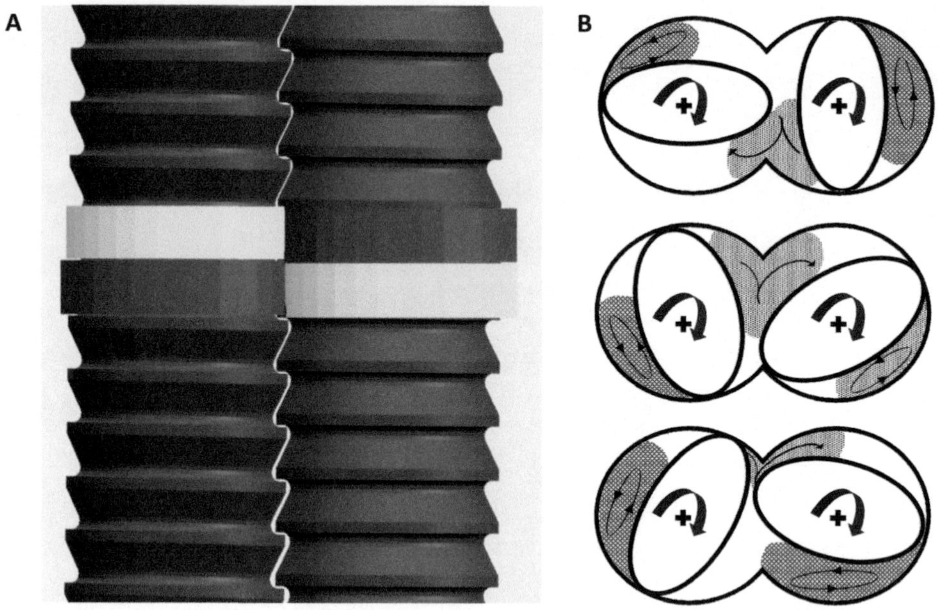

[그림 4.14] 반죽 혼합을 보여주는 공동 회전 트윈 스크류 압출기의 반죽 요소. (A) 밀봉 프로파일. (B) 재료 이동.

4.3.3 응용

[1] 냉간 압출

냉간 압출 방식 선 추가적인 조리나 왜곡 없이 제품이 압출된다. 압출기에는 저속으로 작동하는 심층압출 스크루가 있어 마찰이 거의 없이 재료를 반죽하고 압출한다. 이 방식은 파스타, 핫도그, 페이스트리 반죽, 그리고 몇몇 종류의 과자를 만드는데 사용된다.

[2] 압출 조리

압출 조리방식은 고온과 고압을 이용해 제품을 성형하는데 사용된다. 식품이 다이에서 나올 때 압력이 빠르게 방출되면 물질 내 증기와 가스가 순간적으로 팽창하여 저밀도 제품을 형성하게 된다. 고온 압출은 고온순간 공정으로 영양소 손실을 최소화하고 미생물 오염을 감소시킨다. 일부 제품의 수분 함량(스낵 식품, 바삭바삭한 빵 및 아침 시리얼)은 건조에 의해 압출된 후 더욱 감소된다.

(1) 제과제품

고온순간 압출 조리는 설탕, 포도당, 녹말의 혼합물에서 과일 잇몸, 주류 얼음과 같은 젤라틴화, 쫄깃한 제품을 생산하는데 사용된다. 열은 녹말을 녹이고, 설탕을 녹이고, 기계에서 배출되는 여분의 물을 증발시킨다. 플라스틱 재료에 착색 및 향미가 첨가되고 혼합 후 냉각 및 압출된다. 제조 및 가공 조건을 제어하여 부드러운 질감에서 탄력적인 질감으로 조절할 수 있고, 다이 변경으로 모양을 바꿀 수 있으며, 다양한 맛과 색상을 추가할 수 있다. 이러한 서로 다른 조합들은 각각 동일한 장비에서 생산되는 주류 얼음, 토피, 퍼지, 삶은 과자, 크림 및 초콜릿을 포함한 매우 다양한 잠재적 제품을 생산할 수 있게 한다(Best, 1994). 이 공정으로 만든 제과제품은 제품의 균일성이 높고, 후건조가 필요하지 않으며, 공정시간의 단축이 가능하다.

완숙 과자는 과립설탕과 옥수수 시럽으로 만들어진다. 압출기의 온도는 74℃까지 상승하여 균질한 탈결정질 덩어리를 생성한다. 당질량에 산, 향미, 색소가 첨가되며 제품이 다이에서 진공 체임버로 나올 때 수분 함량이 2%로 감소한다. 그런 다음 스탬프를 찍거나 기계를 형성하여 필요한 모양을 만든다. 달군 팬을 사용하는 기존 방법에 비해 압출기의 에너지 소비는 당질량 kg당 971 kJ에서 551 kJ로 감소하며, 증기 소비는 당질량 kg당 0.485에서 0.193 kg으로 감소한다(Huber, 1984).

(2) 시리얼 제품

1) 얇은 비스켓

밀가루, 분유, 옥수수 전분, 설탕, 물을 섞고 고온과 압력으로 제품을 압출한다. 바삭바삭한 빵은 수분 함량을 더 낮추고 표면을 갈색이 나게 굽는다. 오븐베이킹 대비 절약량을 보면 수분이 적게 제거되기 때문에 에너지 소비량이 최대 66%, 대형 오븐이 불필요하기 때문에 자본 비용과 바닥 공간이 최대 60%까지 절감된다(Vincent, 1984).

저압이면서 큰 다이 조리개는 사전 젤라틴화된 시리얼 반죽에서 예비모형 또는 반제품을 생산하는데 사용된다. 이 작고 단단하며 밀도가 높은 펠릿은 보관을 연장하고 다른 프로세서로 운반하는데 적합하며, 최종 제품은 튀김, 토스트 또는 퍼프 방식으로 생산된다. 반제품이 공기나 기름에서 가열되면 부드러워지고 팽창에 필요한 물리적 특성이 발달된다. 펠릿의 잔여 수분이 증기로 변하면서 제품이 최종 모양까지 빠르게 확장된다.

2) 시리얼 제품

전통적인 콘플레이크 제조에서는 각각의 그릿의 크기가 최종 콘플레이크의 크기를 결정했기 때문에 큰 옥수수 알맹이(그릿)가 필요했다. 그런 다음, 검댕을 압력으로 조리, 건조, 담금질하여 균일한 수분 분배를 보장하고, 껍질을 벗기고, 구워서 비타민 용액을 뿌렸다. 총 처리 시간이 5시간을 초과하였고 이제 저압 압출기에서 반죽 펠릿이 생산된다. 이때 알갱이의 크기가 콘플레이크의 크기를 결정한다. 그런 다음 전과 같이 벗겨지고, 구워지고, 뿌려진다. 압출 요리의 장점은 다음과 같다.

- 모든 크기의 옥수수 그릿을 사용하는데 따른 원자재 비용(19.4%) 절감 에너지 소비(100%), 자본 지출(44%) 및 인건비 절감(14.8%) (대링턴, 1987)
- 시동 후 몇 분 이내에 콘플레이크를 생산하기 위한 신속한 처리
- 최종 제품의 크기와 품질에 대한 철저한 통제
- 제품 사양을 쉽게 변경할 수 있는 유연성(Slater, 1984)

바로 먹을 수 있는 시리얼의 제조에 대한 자세한 내용은 Bailey 등이 제공한다(그림 4.15). 부서지거나 서로 붙어서 코팅하는 사료 재료 준비, 압출, 건조, 플레이크 분리 등의 각 단계는 프로그램 가능한 로직 컨트롤러에 의해 연결된다.

(3) 단백질 기반 제품

1) 조직식물 단백질

압출요리는 콩에 존재하는 효소를 파괴하는데, 유통기한을 단축시키는 요소 효소, 공기름의 산화로 향미를 떨어뜨리는 리포산시다아제, 단백질 소화성을 떨어뜨리는 트립신 억제제 등이 압출과정에 의해 파괴며, 이는 제품의 수용성, 소화성 및 보관 수명을 향상시킨다. 지방이 제거된 콩가루나 콩성분으로 만들어진 농축물이나 분리물은 축축하고 pH가 조절되어 있다. pH(5.5)가 낮을수록 최종 제품에서 쫄깃함을 증가시키는 반면 pH(8.5)가 높을수록 연하고 빠르게 수분을 보충할 수 있다. 색상, 향미, 염화칼슘 경화제를 첨가하고, 압출기에서 60~104°의 가소성을 띤다. 그런 다음 압출되어 확장된 텍스처 처리된 가닥을 형성하며, 6~8%의 수분 함량으로 냉각 및 건조된다. 다른 질감의 콩 제품 생산의 세부사항은 Smith와 Ben- Gera(1980)가 제공한다.

2) 육류 및 생선제품

육류 및 생선 제품에 압출기를 적용하는 것은 대부분 고기, 생선 또는 새우에서 이전에 충분히 활용되지 않았던 부산물을 포함하는 압출 과자 또는 선반 안정적 녹말 알갱이의 생산에 초점을 맞춘다. 또한, 다진 생선인 시오즈리의 제조는 다이 온도 6~27°에서 작동하는 압출기를 이용하여 조사되었다. 검사 처리에 대한 자세한 설명과 붉은 고기와 가금류에 대한 프로세스의 적용은 나이트 외 연구진(1991)에 의해 제공된다.

(3) 기타제품

변형 전분을 생산하기 위해 온도 조절-아밀라아제를 가진 효소 반응기로 압출기를 사용하는 것을 포함하여, 존스(1990년)는 압출에 대한 많은 더 최근의 적용을 설명한다. 카세이트는 또한 선택된 단백질 분해효소를 가진 압출기에서 부분 가수분해되며, 제품들은 매우 우수한 세균학적 품질, 개선된 색, 향미 및 수분 흡수 특성을 가지고 있는 것으로 보고되었다. 또 다른 적용 분야는 효소를 사용하지 않고 감자 전분으로부터 직접 올리고당 혼합물을 생산하여 다이어트 및 유아 식품에 적용하는 것이다. 135℃에서 건조 압출(수분 10~14%)을 먼저 사용한 후 연속 스크루 압력을 가해 콩가루에서 기름을 보다 효율적으로 추출할 수 있다. 이 공정은 정제 탈취 제품과 유사한 매우 고품질의 오일을 생산하며, 단백질 50%와 트립신 억제제 90%가 불활성화된 오일케이크와 함께 사람이 섭취하기에 적합한 것으로 알려졌다. 압출물은 또한 향신료의 오염을 제거하고 초콜릿 제조를 위해 볶기 전에 코코아 닙의 살균에도 사용되기 시작했다. 이 적용에서는 압출 조리가 미생물을 1,000배 감소시키고, 시간이 오래 걸리고 값비싼 응고단계가 없이 충분한 맛을 보였다.

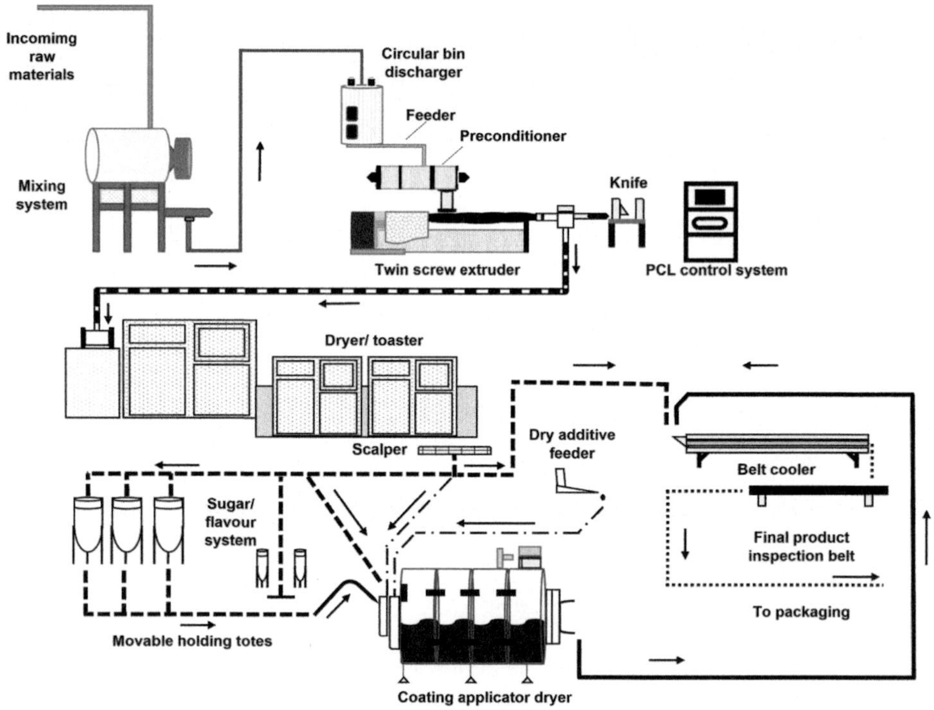

[그림 4.15] 시리얼 제품의 생산과정

4.3.4 식품에 미치는 영향

[1] 감각 특성

특색 있는 텍스처 제작은 압출 기술의 주요 특징 중 하나이다. 작동 조건 및 사료 재료에 의해 결정되는 녹말의 변화 정도는 달성할 수 있는 광범위한 제품 질감을 산출한다.

압출 요리의 고온 순간 조건은 음식의 색감과 풍미에 미미한 영향을 준다.

많은 식품에서 제품의 색상은 수용성 분말, 유화 또는 호수로 사료 재료에 첨가된 합성 색소에 의해 결정된다. 제품의 팽창 과도한 열 또는 단백질과의 반응, 설탕 또는 금속 이온 감소로 인한 색상 변색은 일부 압출 식품에서 문제가 될 수 있다. 향료는 냉간압출 전에 재료에 첨가될 수 있지만 음식이 다이에서 나올 때 맛이 변성되기 때문에 압출 요리에서는 잘 쓰이지 못하다. 이를 위해 마이크로 캡슐기술을 사용하는 것이 더 적합하지만 비용적인 측면에서 문제가 있다. 따라서 향료는 유화 스프레이나 점성이 있는 슬러리의 형태로 압출된 식품의 표면에 도포된다. 일부 제품의 경우 끈적거림이 발생할 수 있으므로 추가 건조가 필요하다.

[2] 영양가

압출 식품의 비타민 손실은 식품의 종류, 수분 함량, 처리 온도, 유지 시간에 따라 달라진다. 일반적으로 차가운 압출 시 손실은 최소화된다. 압출 조리 시 고온 순간 조건과 제품이 다이에서 나올 때 급속 냉각되어 대부분의 비타민과 필수 아미노산의 손실이 상대적으로 적다. 예를 들어 압출기 온도 154℃에서는 티아민이 95% 유지되고 시리얼에서 리보플라빈, 피리독신, 니아신 또는 엽산이 거의 손실되지 않는다. 그러나 아스코르브산과 β-카로틴은 식품이 상승된 온도(Harper, 1979년)에서 유지되는 시간에 따라 최대 50%까지 손실될 수 있으며, 쌀 제품에서 라이신, 시스테인, 메티오닌의 경우 처리 조건에 따라 50~90%까지 손실이 발생할 수 있다(Seiler, 1984년). 콩가루에서 단백질로의 변화는 형성과 처리 조건에 따라 달라진다. 높은 온도와 설탕의 존재는 Maylard 갈색을 유발하고 단백질의 질을 떨어뜨린다. 온도가 낮고 당분 농도가 낮으면 단백질 구조의 재배열로 인해 단백질 소화성이 높아진다. 콩 제품 내 항영양성분의 파괴는 질감 있는 식물성 단백질의 영양가치를 향상시킨다.

참고문헌

1. CAMPBELL, G. M. (1995) New mixing technology for the food industry. In: A. Turner (ed.) Food Technology International Europe. Sterling Publications International, London, pp. 119-122.

2. HAYASHI, T. (1989) Structure, texture and taste. In: A. Turner (ed.), Food Technology International Europe. Sterling Publications International, London, pp. 53-56.
   JACKSON, A. T. and LAMB, J. (1981) Calculations in Food Chemical Engineering. Macmillan, London, pp. 164-174.

3. LENIGER, H. A. and BEVERLOO, W.A. (1975) Food Processing Engineering. D. Reidel, Dordrecht, pp. 129-137.

4. LEVINE, L. and DREW, B. A. (1994) Sheeting of cookie and cracker doughs. In: H. Faridi (ed.) The Science of Cookie and Cracker Production. Chapman Hall, New York, pp. 353-386.

5. LEWIS, M. J. (1990) Physical Properties of Foods and Food Processing Systems. Woodhead Publishing, Cambridge.

6. LINDLEY, J. A. (1991a) Mixing processes for agricultural and food materials: 1: Fundamentals of mixing. J. Agricultural and Engineering Research 48, 153-170.

7. LINDLEY, J. A. (1991b) Mixing processes for agricultural and food materials: 2: Highly viscous liquids and cohesive materials. J. Agricultural and Engineering Research 48, 229-247.

8. LINDLEY, J. A. (1991c) Mixing processes for agricultural and food materials: 3: Powders and particulates. J. Agricultural and Engineering Research 48, 1-19.

9. MATZ, S. A. (1972) Bakery Technology and Engineering. AVI, Westport, Connecticut, pp. 237-257.

10. MCDONAGH, M. (1987) Mixers for powder/liquid dispersions. The Chem. Engr. March 29-32.

11. PERREAU, R. G. (1989) The chocolate moulding process. In: A. Turner (ed.) Food Technology International Europe. Sterling Publications International, London, pp. 73-76.

12. POWNALL, S. (1986) The mixing link. Food Manuf. February 33, 35-36.

RICHARDS, G. (1997) Motionless mixing - efficiency with economy. Food Processing, June, 29-30.

13. RUSHTON, J. N., COSTICH, E. W. and EVERETT, H. S. (1950) Chem. Engng Prog. 46, 395.

14. SMITH, T. (1985) Mixing heads. Food Process. February 39-40.

15. VERITY, R. (1991) Confectionery manufacture and starchless moulding. In: A. Turner (ed.) Food Technology International Europe, Sterling Publications International, London, pp. 97-99.

16. BAILEY, L. N., HAUCK, B. W., SEVATSON, E. S. and SINGER, R. E. (1995) Ready-to-eat breakfast cereal production. In: A. Turner (ed.) Food Technology International Europe, Sterling Publications International, London, pp. 127-132.

17. BEST, E. T. (1994) Confectionery extrusion. In: N. D. Frame (ed.) The Technology of Extrusion Cooking. Blackie Academic and Professional, Glasgow, pp. 190-236.

18. BLANSHARD, J. M. V. (1995) The glass transition. In: S. Beckett (ed.) Physico-Chemical Aspects of Food Processing. Blackie, London.

19. DARRINGTON, H. (1987) A long-running cereal. Food Manuf. 3, 47-48.

20. ELSEY, A. U., RIEPENHAUSEN, J., McKAY, B., BARTON, G. W. and WILLIS, M. (1997) Modelling and control of a food extrusion process. Computers and Chemical Engineering, 21 No. SS, pp. S361-366.

21. FRAME, N. D. (1994) Operational characteristics of the co-rotating twin-screw extruder. In: N. D. Frame (ed.) The Technology of Extrusion Cooking. Blackie Academic and Professional, Glasgow, pp. 1-51.

22. GUY, R. (1993) Creating texture and flavour in extruded products. In: A. Turner (ed.) Food Technology International Europe. Sterling Publications International, London, pp. 57-60.

23. HARPER, J. M. (1979) Food extrusion. CRC Crit. Rev. Food. Sci. Nur. February 155-215.

24. HARPER, J. M. (1981) Extrusion of Foods, Vol II. CRC Press, Boca Raton, FL.

25. HARPER, J. M. (1987) High-temperature short-time extrusion cooking. In: A. Turner (ed.) Food Technology International Europe. Sterling Publications International, London, pp. 51-55.

26. HAUCK, B. W. (1993) Choosing an extruder. In: A. Turner (ed.) Food Technology International Europe. Sterling Publications International, London, pp. 81-82.

27. HELDMAN, D. R. and HARTEL R. W. (1997) Principles of Food Processing. Chapman and Hall, New York, pp. 253-283.

28. HUBER, G. R. (1984) New extrusion technology for confectionery products. Manuf. Confect. May, 51-52, 54.

29. JONES, S. A. (1990) New developments in extrusion cooking. In: A. Turner (ed.) Food Technology International Europe, Sterling Publications International, London, pp. 54-58.

30. KNIGHT, M. K., CHOO, B. K. and WOOD, J. M. (1991) Applying the surimi process to red meats and poultry. In: A. Turner (ed.) Food Technology International Europe. Sterling Publications International, London, pp. 147-149.

31. KULSHRESHTHA, M. K., ZAROR, C. A. and JUKES, D. J. (1995) Simulating the performance of a control system for food extruders using model-based set-point adjustment. Food Control 6 (3), 135-141.

32. LU, Q., MULVANEY, S. J., HSEITH, F. and HUFF, H. E. (1993) Model and strategies for computer control of a twinscrew extruder. Food Control 4 (1), 25-33.

33. MANS, J. (1982) Extruders, Prep. Foods 11, 60-63.

34. MERCIER, C. (1980) Structure and digestibility alterations of cereal starches by twin-screw extrusion-cooking. In: P. Linko, Y. Malkki

PART II

가열처리

CHAPTER 5. 기존 가열기술

CHAPTER 6. 가열처리 공정

CHAPTER 05

기존 가열기술

식품의 보존은 부패물질과 질병을 유발하는 미생물을 사멸하거나 성장을 억제하는 것과 관련이 있다. 미생물은 거의 모든 식품원료의 성분에 존재하지만, 살아있는 유기체이므로 불리한 환경에서 성장할 수 없으며 주변 환경이 부적절하면 사멸한다. 가열을 통하여 이런 환경을 가장 쉽게 규제할 수 있으므로 가공식품은 일반적으로 존재하는 미생물을 죽이고 재 오염을 막기 위해 밀봉용기를 사용하여 일정 시간동안 가열한 후 보존된다.

식품의 기존 가열처리기술은 식품의 제조에서 사용되는 전통적인 용기내 가열공정인 레토르트 공정과 용기외 가열공정인 무균가공 공정으로 분류할 수 있다. 전통적인 용기내 가열공정에서는 식품 내용물을 용기에 충전하고 밀봉한 후에 열처리 공정이 진행된다. 무균공정에서는 용기와 식품의 내용물이 각각의 시스템에서 따로 멸균된 이후에 무균실에서 멸균된 식품 내용물이 멸균된 용기에 충전되어 밀폐 봉인된다. 용기내 가열공정은 산성 또는 저산성 식품의 경우에 보통 100℃ 이상의 온도에서 가압살균법을 적용하는 레토르트 공정이라고 한다. 무균공정은 주로 초고온 순간가열살균법을 사용하며, 무균 포장공정을 포함하여 무균가공 포장공정이라고 한다.

5.1 레토르트 공정

레토르트는 용기에 밀봉된 식품을 가열하기 위해 사용되는 밀폐된 가압용기이다. 여러 가지 레토르트 시스템이 밀폐용기에 포장된 상업적 멸균식품을 가공하는데 사용된다. 레토르트 시스템에는 다음과 같은 공통된 특징이 있다.

① 시스템이 가압되어 전달되는 온도가 끓는 물의 온도보다 훨씬 높다.

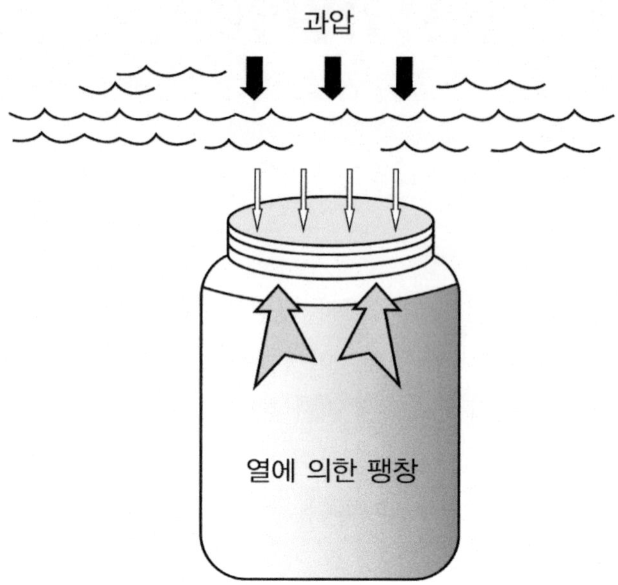

[그림 5.1] 용기 내부 압력상승의 과압으로 인한 상쇄

② 시스템은 제품에 열을 전달하는 수단으로 매체(열매체 또는 공정매체라고 함)를 사용한다. 가열매체로는 순수 증기, 온수(침지식, 물분무, 캐스케이드 방식), 그리고 증기/공기 혼합물이 레토르트 공정에서 사용된다.
③ 일부 시스템은 용기의 무결성을 유지하고 용기 내부의 압력 상승을 상쇄하기 위해 가열과 냉각 중에 과압을 제공한다(그림 5.1). "과압"이란 주어진 공정온도에서 가열매체에 의해 가해지는 압력을 초과하여 레토르트에 공급되는 압력으로서 증기 레토르트에서 121℃의 압력은 약 103.4 kPa이며, 이를 초과하여 레토르트에 공급되는 압력을 의미한다.
④ 레토르트는 용기를 상업적 멸균상태가 되도록 공정 온도와 시간을 포함하여 작업이 적절하게 진행되어야 한다.

5.1.1 레토르트 공정시스템의 장비와 기기

레토르트 공정시스템을 올바르게 설치, 작동, 그리고 유지 관리하는 것은 공정편차의 최소화와 상업적 살균을 위해서 매우 중요하다. 적절한 장비와 계측기를 활용한 올바른 작동과 유지관리가 필요하다.

[1] 밸브의 형태 및 사용

레토르트 공정에는 두 가지 기본 유형의 밸브(글로브밸브와 게이트밸브)가 사용된다. 공기배제는 증기 대기압에서 공정 전에 공기를 제거하는데 사용되는 레토르트의 대형 밸브 제어 개구이다. 글로브밸브는 통과하는 유량을 감소시키기 때문에 일반적으로 환기라인에 사용되지 않는다. 공기배제는 레토르트에서 공기와 증기를 신속하게 배제할 수 있는 적절한 유형의 밸브로 제어한다. 레토르트에 연결된 모든 공기 공급관과 급수관에는 공기 밸브, 기타 적절한 밸브 또는 배관장치가 설치되어 공기 또는 물이 레토르트로 누출되지 않도록 한다. 공기 또는 물이 레토르트로 새어 나오지 않도록 이중 블럭과 블리더 구성 또는 3 방향 밸브가 종종 설치된다.

[2] 블리더

블리더는 레토르트의 작은 구멍으로 가열매체인 증기의 순환을 제공하고 증기를 이용하여 레토르트로 들어오는 공기를 제거하며, 온도표시장치의 센서를 통과하여 가열매체를 흐르게 하거나 레토르트 바닥으로부터 응축수를 제거하는데 사용된다. 블리더의 크기는 온도계보다 큰 것부터 대형 공정용기의 개구부까지 다양하다.

[3] 가열매체의 순환시스템

모든 레토르트는 공정 중에 레토르트 내부의 온도분포가 균일해야 한다. 위에서 언급한 바와 같이, 블리더는 증기를 가열매체로 사용하는 레토르트에서 증기의 순환을 위해 사용된다. 다른 유형의 레토르트에서는 적절한 장비가 가열매체를 순환시킬 수 있는 적절한 위치에 있어야 한다. 팬은 전형적인 증기/공기 레토르트에서 증기/공기 가열매체의 균일한 혼합물을 공급하기 위해 사용된다. 침지식 레토르트에서 가열매체인 물은 순환펌프에 의해 일정한 온도분포를 제공하도록 스프레더 또는 다른 분배 시스템을 통해 순환된다.

[4] 스프레더

스프레더는 레토르트 전체에 걸쳐 증기 또는 물의 균일한 공급을 위해 사용된다. 스프레더는 배기라인과 물 라인 모두에 연결될 때 공기배제와 같은 다른 목적으로 사용되기도 한다.

[5] 머플러

머플러는 증기와 공기의 유출 소음을 줄이기 위해 블리더 또는 공기 배제구에 설치된다. 머플러가 공기 또는 증기의 제거와 레토르트 내의 온도 균일성을 방해하지 않도록 유지해야 한다.

[6] 응축수 제거시스템

일부 레토르트 시스템에서는 축적된 응축수를 레토르트에서 제거해야 한다. 증기가 응축되어 물로 변하면 레토르트의 바닥에 모이고, 제품의 가열속도, 가열매체의 순환, 그리고 기타 중요한 매개변수에 악영향을 미친다. 자동 응축수 제거시스템은 공정동안 응축수를 지속적으로 제거하기 위해 레토르트에 필요하다.

[7] 압력 조절

열처리 공정동안 과압을 제공하는 레토르트 시스템에는 필요한 과압을 유지하기 위해 레토르트로 출입하는 공기 또는 증기를 제어하는 자동 압력제어장치가 필요하다. 물이 시스템으로 들어가는 것을 방지하기 위해 공기 공급라인에 역류 방지를 위한 체크밸브가 설치된다. 공기 과압을 제어하는 시스템은 여러 가지 형태가 있으며, 한 가지 형태는 공기를 일정한 속도로 주입하고 압력이 설정점 이상으로 상승할 때 압력을 완화시키는 것이다. 다른 형태는 요구되는 과압을 유지하기 위해 레토르트에 진입하거나 배출되는 공기를 제어하는 자동 밸브로 레토르트 상부에 공기를 주입하는 것이다.

[8] 적재상자, 칸막이, 그리고 선반

레토르트 용기를 보관하는데 사용되는 적재상자, 칸막이, 그리고 선반은 스트랩 철, 천공된 판금, 또는 레토르트내의 조건을 견딜 수 있는 기타 적절한 재료로 제작된다. 상자, 칸막이, 그리고 선반은 레토르트 내의 모든 용기 주위에 가열매체를 균일하게 순환시키도록 설계되며, 증기 레토르트에서 공기배제 중에 공기의 제거를 방해하지 않아야 한다. 천공된 판금이 상자 바닥재에 사용되는 경우에도 천공구멍이 필요하고, 칸막이 사이에 디바이더를 사용하는 경우에도 천공되어야 한다. 선반에서 빠진 용기는 가열매체의 순환패턴을 방해하여 과소 공정을 초래할 수 있다.

[9] 온도표시장치

독립형 온도표시장치가 공정 중에 공식 공정온도를 제공하며, 수은 유리 온도계는 과거에 레토르트 공정에 가장 널리 사용되는 온도표시장치이었다. 이 온도계는 상대적으로 간단하여 열처리 공정에서 사용되었지만, 레토르트 작업에서는 수은 유리 온도계보다 오히려 저항온도감지기와 열전대 등이 널리 사용된다. 열처리 공정실의 조건에 의해 악영향을 받지 않는다는 것을 보여주기 위해 적절한 보정과 검사가 필요하다. 각 레토르트 시스템에는 적어도 하나의 온도표시장치가 필요하고, 시스템에 따라 온도표시장치의 센서는 레토르트 쉘 또는 레토르트에 부착된 외부 온수통에 설치된다. 온도표시장치의 설치 위치는 레토르트의 종류와 유형에 따라 달라진다.

[10] 온도기록장치

레토르트 공정시스템에는 공정기록을 영구적으로 제공하는 적어도 하나의 온도기록장치가 필요하다. 이 기록장치는 증기제어기와 결합되어 온도기록제어기를 형성할 수 있다. 온도기록장치의 기록값은 온도표시장치의 측정값과 가능한한 가깝게 일치하도록 조정되어야 하지만, 어떠한 경우에도 온도표시장치의 측정값보다 높지 않아야 한다. 온도기록장치의 센서 위치는 레토르트 시스템의 유형에 따라 달라진다. 센서는 레토르트에 부착된 외부 온수통 내에 설치되거나 레토르트 쉘 내에 직접 설치된다. 일반적으로 온도기록장치의 센서는 온도표시장치의 센서에 인접하여 설치된다.

[11] 온도제어시스템

각 레토르트에는 자동 증기제어기가 장착되어 레토르트 온도를 지정된 설정값으로 유지해야 한다. 대부분의 증기제어기는 공압식 또는 전자식으로 작동된다. 증기제어장치는 온도제어장치와 결합되어 기록제어장치를 형성할 수 있다. 레토르트에 설치된 다이어프램 작동식 제어밸브는 공기 공급장치에 장애가 발생하면 자동적으로 닫히기 때문에 레토르트 내의 과도한 온도와 압력을 방지하므로 공기 대 개방 유형이 바람직하다.

[12] 전자제어시스템

저렴한 마이크로 프로세서의 출현으로 레토르트 시스템을 위한 전자제어장치가 보급되고 있다. 이러한 제어시스템은 간단하고 신속하게 반응하는 온도제어시스템에서부터 전체 이벤트 시퀀스를 정밀하게 제어하는 복잡한 시스템에 이르기까지 다양하다. 이 시스템은 완전한 열처리 사이클을 제어하도록 프로그래밍을 할 수 있다. 레토르트에 응용될 수 있는 제어변수에는 공기배제, 멸균온도 도달시간, 공정온도 및 시간, 그리고 냉각 및 과압이 포함될 수 있다. 모니터링 입력은 시스템에 따라 자동 또는 수동으로 수행된다. 또한, 작업자의 입력에 따라 일부 레토르트 시스템은 특정 제품에 적합한 열처리 공정을 선택할 수 있다. 제어에 의해 수집된 공정 정보에 기초하여, 이들 시스템은 새로 계산된 열처리 공정이 발생된 임의의 편차를 보정하도록 작동 중에 열처리 공정 매개변수를 조정한다.

[13] 공기 공급기기

공압식 제어시스템에는 적절한 압력으로 깨끗하고 건조한 공기를 공급하기 위한 적절한 필터시스템이 필요하다. 공기 공급기의 수분, 오일, 부식성 액체, 또는 입자는 장비의 작동에 악영향을 미친다. 이러한 오염물질은 종종 기기의 고장이나 오작동의 원인이 되므로 깨끗하고 건조한 공기가 공급되고 제대로 유지 관리되는 시스템이 기기를 가장 효과적으로 작동시킨다. 공기 공급 시스템은 적절한 속도와 압력으로 공기를 공급하도록 설계되어 장비에 공기를 공급하기위해 전용 공기 공급시스템으로 사용된다.

[14] 압력 게이지

레토르트에는 내부의 압력을 모니터링 할 수 있는 압력 게이지 또는 기타 적절한 장치가 필요하다. 또한, 압력계는 작동 중에 유용한 정보를 레토르트 작업자에게 제공하며, 비정상적인 압력에 대해 경고함으로써 안전장치의 역할을 한다.

5.1.2 레토르트 작동절차

레토르트 작동절차는 레토르트 전반에 공정온도가 균일하게 분포되도록 운영되어야 한다. 가열매체에 관계없이 온도표시장치에 표시된대로 필요한 레토르트의 공정온도에 도달하고 레토르트 내에서 균일한 온도분포가 달성될 때까지 공정 타이밍이 시작되지 않아야 한다. 각 레토르트 시스템의 특정 작동단계는 가열매체가 증기, 물, 또는 증기/공기 혼합물 중에 어떤 것인지 여부에 따라 달라진다. 그러나 모든 경우에 적절한 온도 균일성은 가열시작과 공정 타이밍의 시작 사이의 경과시간으로 정의되는 멸균온도 도달시간 동안에 달성되어야 한다. 공정 타이밍은 통상적으로 레토르트가 온도표시장치에 나타나는 규정된 공정온도에 도달할 때와 필요한 작동단계가 완료될 때 시작된다.

[1] 공정매체

공정매체로 증기를 사용하는 레토르트의 경우에 공정 타이밍을 시작하기 전에 레토르트에서 공기를 제거하는 것이 중요하다. 그 이유는 공기가 증기보다 훨씬 덜 효율적인 열매체이기 때문이다. 증기는 물이 수증기로 전환하며 발생하는 상당한 열이나 "저장 에너지"를 전달한다. 레토르트에서 일어나는 현상으로 증기가 응축되면 그 만큼의 열을 잃고 나머지 열이 용기로 전달된다. 다른 의미로 증기는 보일러에서 발생한 열의 부하를 레토르트로 전달하는 것이므로 뜨거운 공기로는 이러한 작업을 수행할 수 없다. 이 증기의 중요한 특징은 121℃의 건조 열 오븐과 100℃의 실제 증기에 손을 놓는 효과를 비교하면 알 수 있다. 공정 타이밍을 시작하기 전에 레토르트에서 공기를 제거하는 절차를 "공기배제"이라고 한다.

[2] 레토르트의 우회방지

레토르트 공정실에서 제품의 통행 제어시스템은 레토르트에서 열처리 되지 않은 제품이 다음 공정으로 이행되거나 레토르트 공정을 우회하지 못하도록 방지해야 한다. 레토르트 공정이 되지 않은 제품을 담고 있는 모든 레토르트 바구니는 열에 민감한 표시기나 다른 효과적인 수단에 의해 분명하고 뚜렷하게 표시될 수 있다. 이것은 일반적으로 열 감지 잉크를 사용하여 캔 코딩과 함께 수행된다. 대안으로 각 바구니의 상단에 있는 용기 중에 일부를 표시하기도 한다. 지표 페인트, 꼬리표, 또는 테이프와 같은 여러 표시 시스템을 이러한 용도로 사용한다. 이 지표는 색상의 변화만으로 증기에 노출되었음을 나타내기 때문에 공정시간이나 공정의 적절성을 측정하는데 사용되어서는 안된다. 적절한 온도기록장치와 생산기록과 함께 열 표시장치를 사용하면 각 바구니가 정확한 온도와 시간에 처리되었음을 확실하게 확인할 수 있다. 제품의 각 단위가 레토르트 공정이 완료되었음을 확인하기 위해 열에 민감한 표시기에서 적절한 변화가 있었는지 육안검사를 통해 확인할 수 있다. 이러한 육안검사는 적재되지 않은 용기가 레토르트를 우회하여 밀봉기계에서 창고로 직접 가는 것을 방지하기 위한 것이다.

[3] 초기온도

초기온도는 레토르트 사이클이 시작될 때 가장 차가운 용기에 있는 내용물의 평균온도로서 레토르트의 적재에서 가장 차가운 온도를 나타내는 용기를 선택하여 결정된다. 가장 차가운 용기는 일반적으로 첫 번째 레토르트 적재상자에 들어가는 첫 번째 용기중 하나이다. 그러나 차가운 제품이 용기에 채워지거나 고온의 완충수가 사용되는 상황에서는 레토르트에 들어가기 위한 마지막 용기 중의 하나가 가장 차가워질 수 있다. 공정시작 직전에 선택된 용기의 내용물을 완전히 혼합하고 제품의 온도를 결정한다. 공정을 위해 물을 사용하거나 용기를 적재하는 것을 돕는 레토르트 시스템의 경우에 공정의 초기온도는 용기에 있는 내용물의 온도 또는 물의 온도 중에 더 낮은 온도로 결정한다. 초기온도는 공정시간, 레토르트 온도, 또는 다른 중요한 요소만큼 중요하다.

[4] 공정시기

공정시기는 규정된 레토르트 온도가 온도표시장치에 나타나고 공기배제 사이클 또는 멸균온도 도달절차와 같은 필수 레토르트 작동절차가 완료될 때까지 시작되지 않아야 한다. 이는 레토르트 전반에 걸쳐 균일한 온도가 유지되도록 하기 위한 것이다.

[5] 공정편차

실제 열처리 공정이 명시된 해당요건에 부합하지 않는 경우에 공정편차가 발생한다. 레토르트 가공된 저산성 제품에 대한 공정편차의 일반적인 원인으로는 초기온도, 공정시간, 또는 레토르트 온도의 요구사항을 충족시키지 못하거나, 충전 중량이나 상부공간과 같은 특정한 중요 요인을 충족시키지 못하는 경우이다. 산성화 식품의 경우에 편차는 제품에 대해 지정된 최대 pH 이상으로 나타나면 발생한다.

재처리가 결정되면 재처리된 제품이 상업적 멸균상태를 유지할 수 있도록 제조과정에서 재처리가 적절하게 진행되어야 한다. 특정 제품의 경우에 기존의 열처리 공정이 가공된 제품의 가열특성을 변경시킨다. 예를 들면, 콩이나 곡물이 액체에 있는 경우 가공된 제품이 가공되지 않은 제품보다 두껍기 때문에 재가공할 때 가열이 느려진다. 그러므로 제품이 재가공되는 경우에 열처리 공정조건은 제품상태와 사용조건에 따라 달라져야 한다.

5.1.3 정치식 증기 레토르트

정치식(靜置式) 레토르트는 밀폐 용기에 포장된 식품을 열처리 가공하는데 사용되는 회분식(回分式) 비교반형 압력용기이다. 일반적으로, 용기는 레토르트에 적재와 하역을 위해 선반, 상자, 대차, 바구니 또는 트레이에 적재되거나 뒤섞여 적재된다. 용기는 열처리 공정 중에 움직이지 않으므로 "정치식 레토르트"라 부른다. 상자를 다른 상자 위에 적재한 정치식 레토르트는 수직형 레토르트라고(그림 5.2) 하고, 상자 옆에 다른 상자가 적재되는 정치식 레토르트는 수평형 레토르트라고(그림 5.3) 한다. 용기를 지지하는 시스템 없이 열처리 가공작업을 하는 정치식 레토르트를 무선반형 레토르트라고 한다.

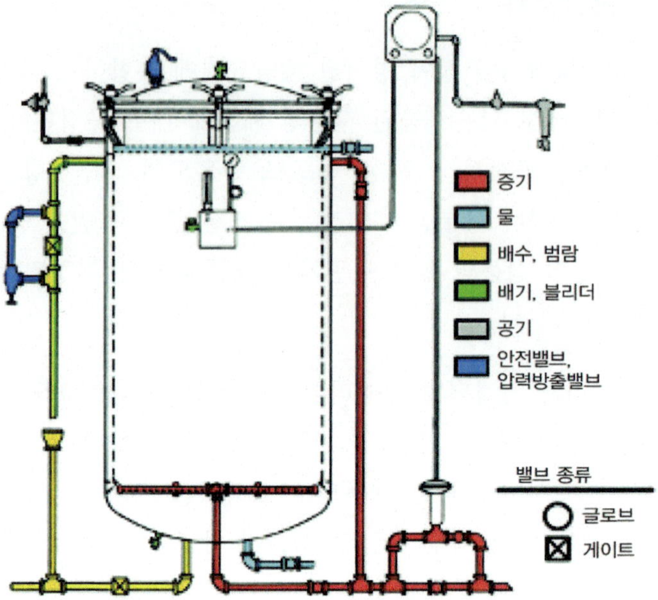

[그림 5.2] 정치식 수직형 레토르트

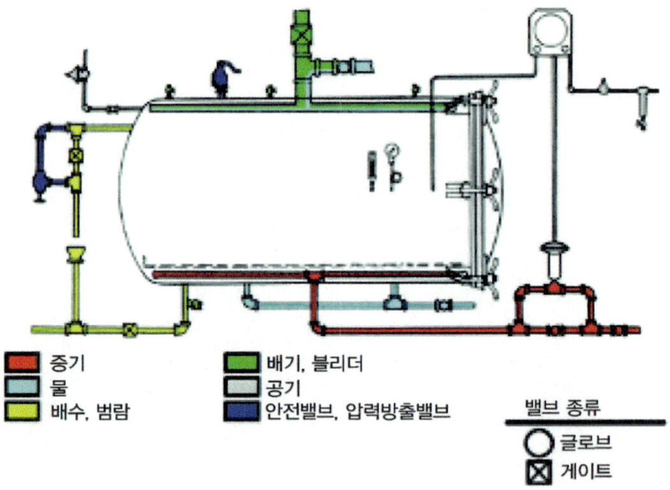

[그림 5.3] 정치식 수평형 레토르트

레토르트는 압력 용기이므로 6 mm 이상의 두꺼운 금속 판을 사용하여 둥근 원통 모양으로 만들어지고 리벳이나 용접으로 접합하여 제작된다. 도어 또는 뚜껑은 주철이나 중강판으로 만들어지고, 도어를 고정하기 위해 다양한 러그와

잠금 장치가 사용된다. 이러한 장치는 작업의 안전에 중요하며 작동 중 뚜껑 또는 도어가 내부 압력에 의해 파손이나 분리되지 않도록 설계와 제작이 되어야 한다. 레토르트 내부의 압력은 121℃에서 103.4 kPa 압력으로 약 10 톤의 힘이 레토르트의 뚜껑 또는 도어에 가해진다.

레토르트의 올바른 설치와 작동은 만족스러운 가공 결과를 얻기 위해서 필수적이다. 증기는 적절한 시간 내에 레토르트 온도를 규정된 공정온도에 도달하기에 충분히 공급되어야 한다. 용기가 레토르트에서 냉각되는 경우, 급수는 알맞은 시간 내에 적절하고 균일한 냉각이 이루어지도록 공급되어야 한다. 이러한 레토르트는 제품을 단순히 증기로 처리하기 때문에, 배출구는 공정 시작 전에 공기가 레토르트에서 제거되도록 작동되어야 한다.

[1] 온도 표시 및 기록 장치

각 레토르트에는 온도표시장치와 온도기록장치가 독립적으로 필요하다. 온도표시장치는 열처리 공정 중에 공식온도의 표시를 나타내고, 온도기록장치는 온도를 영구적으로 기록한다. 온도표시장치와 온도기록장치의 센서는 레토르트의 벽을 통해 직접 설치되거나 레토르트에 연결된 외부 온수저장통에 설치된다. 블리더는 전체 공정기간 동안 지속적으로 증기를 방출하면서 증기가 부착된 온도센서를 일정하게 지나도록 설치되어야 한다. 온도기록장치의 센서는 온도표시장치의 센서 옆에 설치된다.

[2] 증기 공급 및 제어

불충분한 증기 공급은 배기 요구조건을 충족시키지 못하여 공정온도에 도달하는데 더 긴 시간이 소요되며, 추가적인 레토르트의 공기배제 중에 온도변동으로 나타난다. 정치식 레토르트에 대한 증기 주입구는 레토르트의 적절한 운전이 되도록 충분한 증기를 공급할 수 있을 만큼 커야 하며, 공기배제 중에 공기 제거를 용이하게 하기 위한 지점으로 진입해야 한다. 증기가 레토르트의 상부 또는 하부로 유입될 수 있지만, 증기 주입구는 일반적으로 배출구의 반대쪽에 위치한다.

정치식 레토르트에는 복합 기록제어기가 될 수 있는 자동 증기제어기가 필요하다. 증기 주입구 파이프보다 작은 크기의 제어 밸브를 사용하는 것은 증기 주입구보다 큰 제어 밸브가 사용되는 경우보다 적은 변동으로 공정온도를 제어할 수 있는 장점이 있다. 그러나 증기제어기 우회로를 사용하지 않고 레토르트를 신속하게 가동시킬 수 있기 때문에, 증기 주입구 파이프와 같은 크기의 제어밸브는 한 명의 작업자가 여러 개의 레토르트를 지켜볼 때에 바람직한 안전장치이다.

[3] 증기 분포 및 순환

증기 레토르트의 스프레더(散氣管)는 레토르트 내부의 증기 순환을 촉진한다. 천공된 증기 스프레더(蒸氣散氣管)는 레토르트의 전체 길이로 연장되며 수평형 정치식 레토르트에 필요하다. 증기가 바구니안에 있는 용기 주변의 공기를 빼내지 않고 외벽 주위를 흐르면서 배출구로 빠져나가는 경향이 있으므로, 스프레더의 천공은 레토르트 외벽에 대해 아래로 향해서는 안된다. 또한, 증기가 외벽에 분사될 때, 외벽을 통해 구멍이 점차적으로 침식될 수 있다.

스프레더는 수직형 레토르트 설비에는 필요없지만, 정치식 수평형 레토르트에 사용하는 경우, 스프레더는 파이프의 상단 또는 측면을 따라 천공이 있는 십자형이나 직선형이 바람직하다. 증기가 레토르트 배출구 통로 반대쪽 끝에 있는 단일 통로로 들어갈 경우에 수직형 레토르트는 스프레더 없이 만족스럽게 공기배제를 할 수 있다. 증기가 적절하게 분포되도록 하기 위해, 스프레더의 천공 숫자는 천공의 총 단면적이 증기 주입구의 가장 작은 단면적의 1.5 배에서 2.0 배에 해당하는 정도를 가진다.

블리더는 증기와 함께 레토르트에 들어가는 공기를 제거하고 레토르트에서 증기의 순환을 돕는데 사용되는 레토르트의 작은 통로이다. 블리더는 살균온도 상승시간을 포함한 전체 열처리 공정 중에 개방되어 지속적으로 증기를 방출한다. 정치식 수평형 레토르트는 레토르트 상단을 따라 각 단부에서 용기의 가장 바깥쪽 위치로부터 약 30 cm내에 위치하는 적어도 하나의 블리더와 2.4 m 이내로 떨어져 있는 추가적인 블리더들도 필요하다. 정치식 수직형 레토르트는 증기 입구의 반대 위치에 적어도 하나의 블리더가 필요하다.

[4] 응축수 제거

최저에 있는 용기보다 위쪽에 증기 주입구가 있는 레토르트에서는 열처리 공정 동안 형성될 수 있는 응축수를 완전히 제거하기 위하여 레토르트 바닥에 3 mm 이상의 블리더 통로를 설치한다. 응축수 블리더는 응축수가 적절히 제거되도록 배치하는 것이 바람직하다.

[5] 배기구

배기구는 공기배제기간 동안 레토르트에서 공기를 제거하는데 사용되는 레토르트의 대형 밸브 제어 통로이다. 이들은 증기 주입구 반대편의 레토르트 부분에 위치하며, 열처리 공정 시작 전에 공기가 레토르트에서 적절히 제거되도록 작동된다. 배기구 통로에는 공기배제 기간 동안 레토르트에서 공기를 신속하게 배출할 수 있도록 완전히 개방되는 게이트 밸브, 볼 밸브 또는 풀 플로우 밸브와 유사한 타입의 밸브가 사용된다.

배기구는 라인에서 대기 단절없이 폐쇄 배수 시스템에 직접 연결되어서는 안된다. 레토르트 상부로 증기가 들어가는 무선반형 레토르트에서 배수구는 매니폴드 본관에 연결되어 완충수가 레토르트에서 배출된 후 배기구로 사용된다. 레토르트 배기구 매니폴드를 하나의 정치식 레토르트에서 여러 개의 배기 파이프로 연결할 때, 매니폴드에는 게이트 밸브, 볼 밸브 또는 풀 플로우 밸브 등이 사용된다. 레토르트 매니폴드는 파이프의 단면적이 모든 연결된 배기구의 총 단면적보다 크기가 커야 한다. 매니폴드는 라인의 대기 단절없이 폐쇄 배수 시스템에 직접 연결되어서는 안된다. 배기구와 연결된 배기 매니폴드 본관 또는 여러 개의 정치식 레토르트로부터의 매니폴드는 대기로 연결되어야 한다. 배기 매니폴드 본관은 밸브에 의해 제어되어서는 안되며, 단면적이 적어도 연결된 모든 레토르트 매니폴드 파이프 또는 배기구의 단면적과 동일한 크기이어야 한다.

[6] 급수

대부분의 레토르트에는 열처리 공정이 부분적으로 또는 완전히 끝난 후에 용기를 냉각하도록 물을 공급하는 파이프가 설치되어 있다. 냉각을 위해 물을 사용하는 레토르트는 열처리 가공 중에 레토르트 안으로 물이 누출되지 않도록 적절한 밸브가 장착된다. 냉각수가 레토르트의 상부로 들어갈 경우, 열처리 공정이 완료된 후 레토르트에 남아있는 증기가 응축되지 않도록 해야 한다. 증기가 응축되면 부분적인 진공이 생겨서 용기의 끝부분에 버클링(돌출변형)이 발생되거나 변형을 일으킬 수 있다. 진공 해소장치를 사용하거나 가압 냉각을 위해 공기를 사용하면 이러한 상황을 방지할 수 있다.

[7] 냉각용 공기 공급 장치

공기는 열처리 공정 후 레토르트에서 용기를 냉각할 때 과압의 공급원으로 사용된다. 냉각의 시작에서 냉각수가 레토르트에 유입되면 레토르트의 증기가 응축되거나 붕괴되어 레토르트 내부와 외부의 압력 차이가 발생한다. 용기의 버클링을 방지하기 위해 냉각수 밸브를 열기 직전에 레토르트 안으로 공기를 유입시킨다. 비응축 특성으로 인해 레토르트에 추가된 공기는 가압 냉각 중에 레토르트내의 압력을 유지시킨다. 이렇게 하면 레토르트에서 증기가 우발적으로 응축될 가능성이 제거된다. 가압 냉각을 위해 공기를 사용하는 레토르트에는 열처리 가공 중에 공기가 누출되지 않도록 적절한 밸브가 공기 라인에 필요하다.

5.1.4 정치식 과압 레토르트

"과압"이라는 용어는 주어진 공정온도에서 가열매체에 의해 가해지는 압력을 초과하여 레토르트에 공급되는 압력을 의미한다. 증기 레토르트에서, 121.1℃의 압력은 103.4 kPa으로 약 6.8 kg이며, 레토르트에 103.4 kPa을 초과하여 공급되는 압력을 과압으로 정의한다. 과압 레토르트 시스템은 주어진 온도에서 증기가 가한 압력보다 68.9~137.9 kPa 높은 압력에서 작동한다. 이 과압을 제공하기 위해 공정 사이클 중에 공기 또는 추가 증기가 도입된다.

포장구조와 폐쇄유형으로 인해 내부압력에 대해 제한된 저항을 갖는 특정한 용기의 무결성을 유지하려면 공정 중에 과압이 필요하다. 이러한 용기의 내부압력은 공정온도에서 순수한 증기의 압력보다 높다. 과압으로 가공되는 용기의 예로는 금속 이중 이음새 끝단 또는 열 밀봉식 뚜껑이 있는 반 강성 플라스틱 용기, 유연성 파우치, 금속 쟁반, 그리고 유리병이 있다.

[1] 공기 과압 전체 침지수 레토르트

공기로 과압하는 전체 침지수 레토르트에서 모든 용기는 공정수에 완전히 침지된다. 공정수는 가열매체로서 역할을 하고, 압축공기는 과압을 발생시키는 역할을 한다. 온도표시장치의 센서는 공정 중에 공정수 아래에 있고, 수직형 레토르트의 경우에 센서는 온도계 포켓에 설치된다. 온도계 포켓은 센서 주변의 공정수 순환을 원활하게 할 수 있도록 설계되어야 한다. 수평형 레토르트의 경우에 센서를 레토르트 쉘에 직접 삽입한다. 온도기록장치의 센서는 콤보 기록제어기가 장착된 수직형 레토르트를 제외하고는 온도표시장치에 인접하여 위치한다. 이런 경우에 기록조절기의 센서는 증기가 직접 닿지 않는 위치에서 가장 낮은 적재상자의 지지대 아래에 위치한다. 수평형 레토르트의 경우에 콤보 기록제어기의 센서는 기록제어기의 센서가 직접 증기를 접촉할 수 없도록 레토르트의 센터를 통과하는 수면과 수평면 사이에 위치한다.

전체 침지된 물 레토르트에서 적절한 순환이 제공 될 수 있는 방법은 두 가지가 있다. 수직형 레토르트의 경우에 가압공기를 사용하여 공정수의 순환을 촉진함으로써 적절한 온도분포를 달성한다. 수직형과 수평형 레토르트 모두의 경우에 적절한 온도분포를 제공하기 위해 레토르트 내에서 공정수가 기계적으로 순환된다.

수직형 레토르트에서 공정수의 순환을 촉진시키기 위해 공기를 사용하는 경우에 레토르트 바닥과 증기 조절밸브사이의 지점에서 공기가 증기라인으로 유입된다. 공기는 증기와 함께 레토르트로 이동하고 일반적으로 레토르트 바닥의 스프레더를 통과한다. 공기는 적재상자를 통해 위쪽으로 상승하면서 가열된 공정수를 교반시킨다. 적재상자 측면 벽과 레토르트 쉘 사이에 일정한 공간을 만들기 위해 적재상자 중심잡기 가이드를 사용하는 것이 바람직하다. 이 틈새는 공정수가 레토르트 벽을 따라 아래쪽으로 움직일 수 있는 공간을 허용하여 순환패턴을 완성한다. 수직형 레토르트에는 바닥 적재상자 지지대가 필요하다. 레토르트 바닥에는 배플 플레이트가 허용되지 않는다.

증기라인에 유입된 공기는 공정수의 순환을 촉진할 뿐만 아니라 증기가 냉수에 유입될 때 과도한 진동을 감소시키는 역할을 한다. 멸균온도 도달시간동안에 진동을 줄이기 위해서 더 많은 양의 공기가 필요하다. 멸균온도에 도달된 후 공기의 부피는 적절한 온도분포를 유지하는데 필요한 만큼 감소된다. 통상적으로 공기 공급라인은 공기가 두 개의 개구를 통해 흐르도록 한다. 즉, 멸균온도 도달시간 동안 공기를 공급하는 큰 개구와 공정 중에 공기를 공급하기 위한 작은 개구가 있다. 또한 증기라인으로 유입된 공기는 과압을 유지하는 역할도 한다. 대부분의 수직형 레토르트는 레토르트 상부공간에 추가 공기를 공급할 수 있도록 되어 있는데, 이는 과압에 대한 요구가 특히 가열에서 냉각으로 전환하는 동안에 증기라인을 통해 공급되는 것보다 클 수 있기 때문이다.

수평형 레토르트와 같이 전체 침지수 처리를 위해 설계된 많은 레토르트에서는 공기만 사용하면 적절한 온도분포를 달성할 수 없다. 이러한 레토르트에서 공정수는 펌프로 순환되며 흡입 매니폴드를 통해 레토르트 바닥으로부터 흡입되어 수평 레토르트의 상부 길이를 따라 연장된 분무기 또는 수직 레토르트의 상부의 내부 둘레 주위의 분무기를 통해 배출된다. 물 분무기의 구멍은 분무기를 따라 균일하게 분포되어야 하며 구멍의 총 단면적은 펌프의 출구라인 단면적보다 커서는 안된다.

작동 중에 레토르트의 수위를 결정하는 방법이 필요하다. 물은 멸균온도 도달기간과 공정기간을 포함한 전체 작동기간 동안 모든 용기를 덮어야 한다. 최소 권장수위는 용기의 최상층보다 15 cm 정도 높게 설정하는 것이 바람직하다. 또한, 물은 냉각기간에도 용기의 상부층을 덮어야 한다.

수직형 정치식 레토르트에서 초기 냉각수는 용기의 상부층보다 약 10 cm 정도 높은 공정수 내로 유입되도록 한다. 이것은 냉수가 레토르트의 바닥에 도입되는 경우보다 따뜻한 물과 차가운 물의 더 나은 혼합을 이룬다.

[2] 증기 과압 전체 침지수 레토르트

증기 과압을 이용한 전체 침지수 레토르트에서 모든 용기는 공정수에 완전히 침지된다. 물은 가열매체이고 추가 증기는 과압을 발생시킨다. 이 레토르트는 수평으로 구성되어 있고, 고유한 계측과 작동특성을 가진다. 물은 일반적으로 외부 혼합체임버에서 직접 분사된 증기로 가열된다. 또한, 증기는 과압을 제공하기 위해 레토르트 상부의 수위보다 높게 공급된다. 증기는 공정수를 가열하고 과압을 제공하기 위해 사용되기 때문에 두개의 독립된 별도의 증기 제어기가 필요하다. 공정수를 별도의 가압쉘에서 공정온도 이상으로 예열하고 예열된 공정수를 연결밸브를 통해 공정 시작시 공정쉘로 이동시킬 수 있다. 공정이 완료되면 냉각수가 공정셀로 유입되어 뜨거운 공정수의 일부를 다시 위쪽 가압셀로 밀어 넣어 다음 공정주기에 다시 사용할 수 있다.

[3] 물 스프레이 또는 캐스케이드 방식 레토르트

공정수를 이용한 일부 레토르트는 공정 중에 용기를 완전히 덮지 않고 용기에 분무식 또는 캐스케이드 방식으로 소량의 물을 사용한다. 레토르트 시스템의 한 유형은 레토르트의 바닥에서 공정수를 펌핑하고 용기의 상부와 중앙부에 위치한 물 분사노즐을 통해 공정수를 재도입하여 용기를 가열시키거나 냉각시킨다. 공정수는 증기분무기에 의해 내부적으로 가열되고 공기는 과압을 발생시킨다(그림 5.4). 물 분무와 증기/공기의 혼합물은 가열매체로 제공된다. 냉각수는 공정 사이클의 마지막에 레토르트에 주입된다. 다른 유형의 시스템은 레토르트의 상부에 위치한 물 분배 시스템을 사용하여 가열수 또는 냉각수가 용기 위로 캐스케이드 방식으로 흘러내리도록 한다. 물은 열 교환기에 의해 외부로 가열되고 시스템을 통해 순환된다. 공정이 완료된 후, 뜨거운 공정수는 열 교환기에 의해 냉각되어 냉각수로서 사용된다.

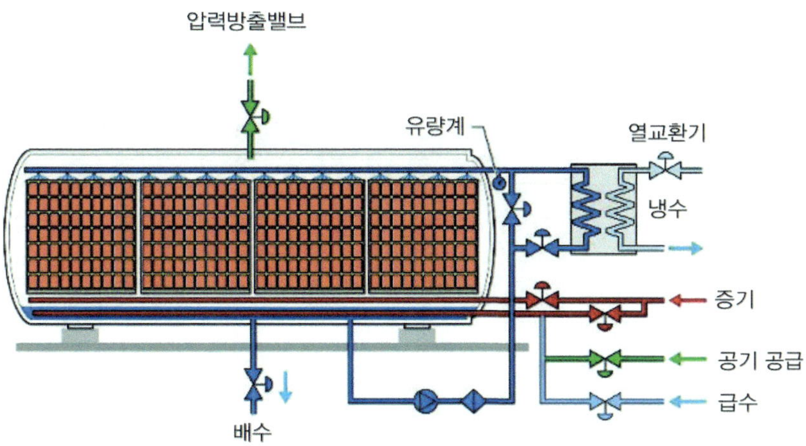

[그림 5.4] 물 분무식 레토르트

[4] 증기/공기 레토르트

일부 레토르트 시스템은 증기와 공기의 혼합물을 가열매체로 사용하며, 혼합물의 증기는 제품을 가열하고 공기는 과압을 발생시킨다. 증기와 공기의 균일한 혼합을 유지하고 혼합물을 용기사이에서 순환시키기 위해 레토르트의 앞이나 뒤에 고속 팬을 설치한다. 온도표시장치의 센서와 온도기록 제어장치의 센서를 레토르트 쉘에 직접 삽입하며, 센서는 증기가 직접 닿지 않도록 설치되어야 한다. 또한 증기/공기 레토르트에 공기의 주입구와 증기/공기 혼합물의 배출구를 제어하기 위해 압력을 기록하는 제어장치가 필요하다. 이러한 시스템의 경우, 압력을 제어하고 기록하며, 압력과 온도는 증기와 공기의 비율이 제품의 생산 규정을 충족시키도록 유지되어야 한다.

5.1.5 정수압 레토르트

정수압 레토르트(hydrostatic retort)는 일정한 열처리 공정온도에서 작업하며 레토르트를 통해 일정한 속도로 용기를 수송하는 연속적인 용기 운반차를 포함한다(그림 5.5). 따라서, 가공설비를 통한 용기의 연속적인 흐름이 있다. 정수압 레토르트는 보통 열처리 매체로서 증기와 열처리 가공 중에 용기를 부분적으로 교반시킨다. 그러나 일부 정수압 레토르트는 과압이 케스캐이드 방식의 물을 열처리 가열매체로 사용하고 일부는 열처리 공정 중에 용기의 회전이

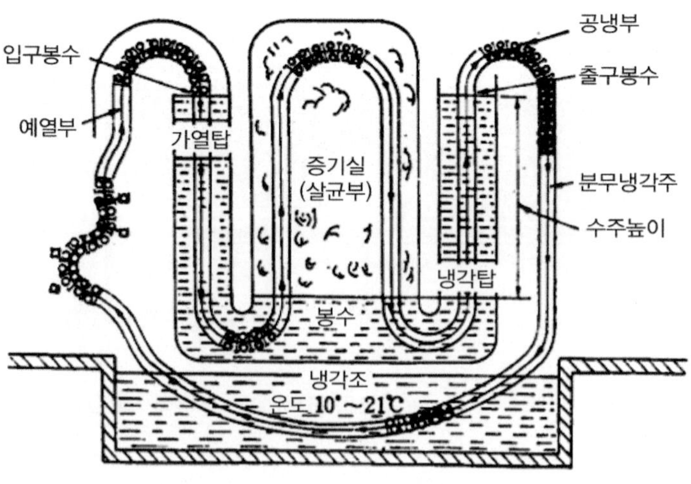

[그림 5.5] 정수압 레토르트

나 흔들림을 제공한다.

정수압 레토르트의 열처리 공정은 일정하게 상승된 온도로 유지되는 살균부("증기실"이라고도 함)에서 발생한다. 살균부(증기실)는 물의 끓는점보다 높은 공정온도를 얻기 위해 가압이 된다. 정수압 레토르트에는 대기로부터 살균부를 밀봉하는 도어나 밸브가 없다. 살균부 내의 압력은 반입주(가열탑)와 반출주(냉각탑)의 물의 무게에 의해 유지되고 균형을 이룬다. 이러한 레토르트의 기초가 되는 것이 바로 이 물 기둥의 무게에 의한 "정수압"이다. 용기 운반체인은 이러한 물 기둥을 통해 살균부로 들어가고 나간다. 운반체인의 속도와 체인이 살균부의 높이 위 또는 아래로 이동하는 횟수는 가열살균 공정시간을 결정한다. 살균부에서 용기 운반체인의 하단에서 상단 또는 상단에서 하단으로의 경로를 "패스"라고 하며, 두 번, 여섯 번, 그리고 여덟 번 패스하는 정수압 레토르트가 일반적이다.

레토르트 온도가 증가하면 결과적으로 살균부의 압력도 증가하게 된다. 당연히, 탑들의 물 기둥 높이는 압력 증가를 상쇄하기 위해 더 높아져야 한다. 예를 들어, 121.1℃에서 작업하는 살균부에서 103.4 kPa의 압력을 제공하기 위해서는, 반입주와 반출주의 물 기둥 높이가 증기와 물의 계면보다 11.3 m 되어야 한다. 그러므로 정수압 레토르트는 수주(水柱)의 최대 높이에 의해 최대 열처리 공정온도가 제한된다.

5.1.6 연속 회전식 레토르트

연속 회전식 레토르트는 연속적으로 용기를 취급하면서 간헐적으로 제품을 교반시키므로 "연속적으로 교반하는 레토르트"라고 불리며, 때로는 연속 교반 조리기라고도 한다(그림 5.6). 이 레토르트 시스템은 쉘(보통 직경 1.5 m)이라고 불리는 일련의 원통형 용기로 구성된다. 가공과 냉각은 이송 밸브하우징은 연결된 별도의 쉘에서 이루어진다. 레토르트의 디자인은 제품, 용기 유형, 그리고 공정 조건과 같은 여러 요소에 따라 달라진다. 쉘의 압력을 유지하기 위해 용기는 자체 밀봉 입구와 배출밸브를 통해 출입한다. 이송 밸브하우징은 하나의 쉘에서 다른 쉘로 용기를 운반한다. 용기가 공정 쉘을 통해 전진함에 따라 일정한 온도에서 가압 증기가 발생한다. 압력 냉각은 일반적으로 용기의 좌

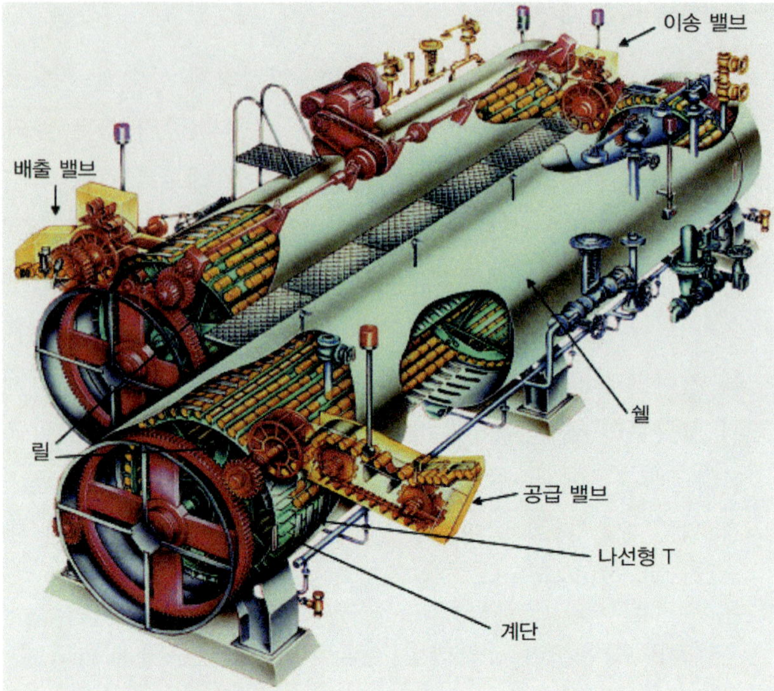

[그림 5.6] 연속 회전식 레토르트 (출처 : https://vimeo.com/258233477)

굴을 방지하기 위해 수행된다.

연속 회전식 레토르트는 정치식 레토르트보다 몇 가지 장점이 있다. 첫째, 간헐적인 제품교반으로 인해 일반적으로 공정시간이 단축된다. 용기가 쉘의 맨 아래에서 굴러 갈 때 교반이 발생하여 용기 내에서의 제품 이동을 초래하여 열 침투속도를 증가시킬 수 있다. 두 번째로, 제품 교반은 또한 더 높은 공정온도를 사용할 수 있다. 셋째, 고온에서 단시간 공정으로 인해 제품 균일성과 품질이 향상될 수 있다. 마지막으로 노동력 및 유틸리티 비용 절감을 통한 생산 원가 절감이 가능하다. 반면에 이 레토르트에서 발생할 수 있는 단점은 모니터링과 제어를 위한 많은 초기 투자 및 추가 핵심요소가 필요하다는 것이다. 또한, 이 레토르트는 릴 스텝과 나선형 T의 간격과 밸브 구성에 의해 부과되는 물리적 제한으로 인해 원통형 용기 크기의 길이와 직경 모두 제한된 범위에서만 수용된다.

적절한 통기절차가 완료되고 레토르트에 요구되는 가공온도까지 상승한 후, 용기가 도입되기 전에 릴의 회전속도가 설정된다. 필요한 공정시간을 위해 계산된 속도보다 빠른 릴 속도는 열처리를 약하게 하여 가공되지 않은 제품을 생산할 수 있다. 공정시간 외에도 제품의 속도가 제품의 교반에 영향을 줄 수 있으므로 속도를 적절하게 조정하는 것이 중요하다. 실제 회전속도가 열 침투 연구 중에 시험된 속도보다 느린 경우, 제품에서 교반이 덜 일어나서 공정이 규정대로 이루어지지 않을 수도 있다.

용기의 설계와 공정온도에 따라서 용기가 공정쉘을 떠날 때 용기의 좌굴을 방지하기 위해 압력 냉각이 필요하다. 용기의 변형을 방지하기 위해 용기는 이송 밸브하우징을 통해 압축 냉각쉘 또는 마이크로 쿨 밸브로 배출되며, 용기는 냉각수를 통과하면서 압축 공기에 의해 압력이 유지된다. 공정쉘의 공기 압력이 공정쉘에 가해지는 것을 방지하기 위해서 냉각쉘 또는 마이크로 냉각 밸브의 압력은 공정쉘의 증기 압력보다 약간 낮게 유지하는 것이 필요하다.

5.1.7 회분식 교반 레토르트

회분식 교반 레토르트는 제품에 교반을 제공하는 회분식 압력용기로서 "불연속 교반 레토르트"라고 한다(그림 5.7). 다양한 종류의 레토르트 제조사와 이 범주에 해당하는 모델은 여러 종류의 용기를 이용하여 많은 유형의 제품을 멸

[그림 5.7] 회분식 물 분무 교반 레토르트
(출처 : FMC Food Tech)

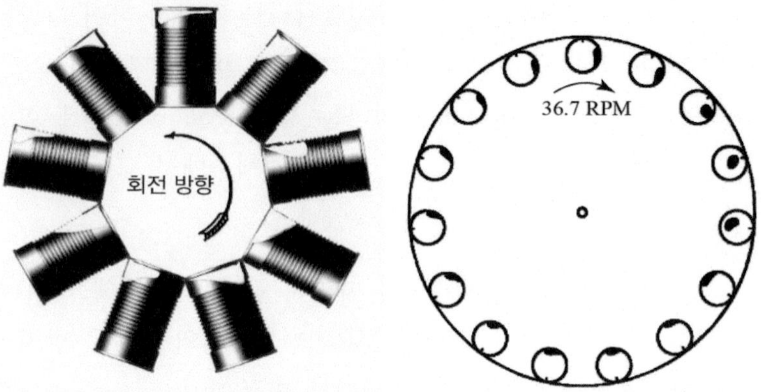

[그림 5.8] 엔드-오브-엔드 및 사이드-오브-사이드 회전

균하는데 사용된다. 레토르트는 증기, 물, 또는 증기/공기 혼합물을 가열매체로 사용하고, 공기나 증기는 과압을 생성하기 위해 사용한다. 공정 중에 지속적으로 제품을 교반하며, 연속적 제품교반의 유형은 엔드-오버-엔드(end-over-end) 회전과 사이드-오버-사이드(side-over-side rotation) 두 가지 회전이 있다(그림 5.8). 일부 레토르트는 공정 중에 제품을 흔들거나 진동시키는 것과 같이 제품의 교반을 전달하는 다른 수단을 사용한다.

회분식 교반 레토르트의 대부분은 전체 공정 사이클 중에 용기를 엔드-오버-엔드 방식으로 회전시킨다. 이러한 레토르트에서 용기는 실제로 적재상자나 랙에 적재된다. 적재상자는 다양한 프레임에서 엔드-오버-엔드 회전을 제공하는 회전 프레임워크에서 레토르트 내에 안전하게 고정된다. 이러한 유형의 레토르트는 용기 랙이 특정 용기에 맞도록 설계하므로 광범위한 용기 유형과 크기를 수용할 수 있다. 이러한 레토르트는 과압을 이용한 대부분의 레토르트에 적용될 수 있다.

또 다른 유형의 회분식 교반 레토르트는 과압 없이 순수한 증기 공정 환경에서 사이드-오브-사이드 교반을 제공한다. 용기는 연속 회전식 레토르트에서 논의된 것과 같은 디자인 기능을 사용하여 자동으로 레토르트에 적재된다. 레토르트를 통해 용기를 공급하기 위해 레토르트 쉘에 나선형 T가 부착되어 있다. 릴이 가득차면 나선형 T는 레토르트 쉘에서 풀려 안쪽 릴에 용기를 물리적으로 고정시키면서 내부 릴에 고정된다. 이 레토르트는 나선형 T와 릴의 공간과 구성으로 인해 용기 크기의 범위가 제한적이다.

회분식 교반 레토르트의 장점은 연속 교반으로 인하여 특정 제품의 가열속도를 빠르게 한다. 용기가 레토르트의 바구니 또는 랙에 물리적으로 장착되기 때문에 고속 회전이 가능하며, 더 빠른 회전속도와 이로 인한 제품의 교반속도가 증가함으로써 정치식 레토르트에서 가공된 동일한 제품의 경우보다 필요한 가공시간이 줄어든다. 이렇게 보다 짧아진 공정시간은 특정 제품유형의 품질과 균일성을 향상시킬 수 있다. 발생할 수 있는 단점 중에는 정치식 용기 취급, 많은 초기 투자, 그리고 추가적으로 중요한 요소를 모니터링하고 제어하는 것이다.

5.1.8 저온 살균공정

저온 살균기는 증기, 침지식 온수 또는 캐스케이드방식 온수를 사용하여 산성 식품을 처리하기 위한 열을 공급한다. 저온 살균기는 대기압 상태로 유지되며 자동 온도제어시스템을 사용하여 원하는 공정온도를 유지한다. 캐스케이드방식으로 물을 사용하는 장치가 가장 일반적이며 뜨거운 물을 사용하는 시작부분과 냉각수를 사용하는 나머지 부분을 갖춘 저온 살균기와 냉각기로 구성된다. 연속 운반벨트는 저온 살균기를 통해 용기를 운반하는데 사용되며 벨트속도에 따라 특정 체류시간이 결정된다. 용기를 유닛에 넣기 전에 적절한 저온 살균온도를 설정하고 벨트를 적절한 속도로 설정한다. 용기가 저온살균기에 들어갈 때 저온 살균기를 통해 균일하게 이동하도록 균등하게 분배해야 한다. 가열 및 냉각 부분에서 균일한 작동과 온도분포를 보장하기 위해 유지될 필요가 있다.

저온 살균기에는 최소한 하나의 온도기록장치가 장착된다. 공정매체로 물을 사용하는 저온 살균기의 경우에 온도기록장치의 프로브는 저온 살균기의 뜨거운 부분의 온수 배출 또는 저온 영역에 설치되며, 증기가 가열매체로 사용되는 경우에 프로브는 장치의 저온 영역에 설치된다. 온도제어시스템은 다른 레토르트에 대해 설명한 것과 동일한 유형의 자동 증기제어시스템이 사용된다.

5.2 무균공정시스템

식품의 기존 가열처리 기술은 앞에서 전통적인 용기내 가열공정인 레토르트 공정과 용기외 가열공정인 무균가공 공정으로 나누었다. 무균가공 공정에서는 용기와 식품의 내용물이 각각의 시스템에서 따로 멸균된 이후에 멸균된 식품 내용물이 무균실에서 멸균 포장용기에 충전되어 밀폐 봉인된다.

무균(aseptic)이란 미생물이 없는 상태 또는 미생물이 없는 상태를 만들고 유지하는 방법과 절차를 사용하는 것을 말한다. 상업적으로 멸균된 완제품을 제조하기 위하여 상업적으로 멸균된 용기와 상업적으로 멸균된 제품을 동시에 활용하여 밀폐하는 것은 미생물이 없는 조건을 생성하고 유지하는 가공 및 포장 시스템이 필요하다.

무균시스템의 공정 수립은 제품, 가공 설비, 그리고 하류 배관의 멸균뿐만 아니라 포장재료와 포장설비의 멸균과 전체 무균시스템을 통한 멸균상태의 유지를 고려해야 한다. 그림 5.9는 기본적인 무균시스템의 단순화된 도식이다. 원재료 또는 가공되지 않은 제품은 무균공정시스템을 통해 펌핑되어 가열되고, 열처리 공정온도에서 미리 정해진 시간 동안 유지되어 멸균되고, 냉각되고, 이후의 포장을 위한 저장탱크로 또는 용기에 충전과 밀봉을 위한 무균포장 유닛

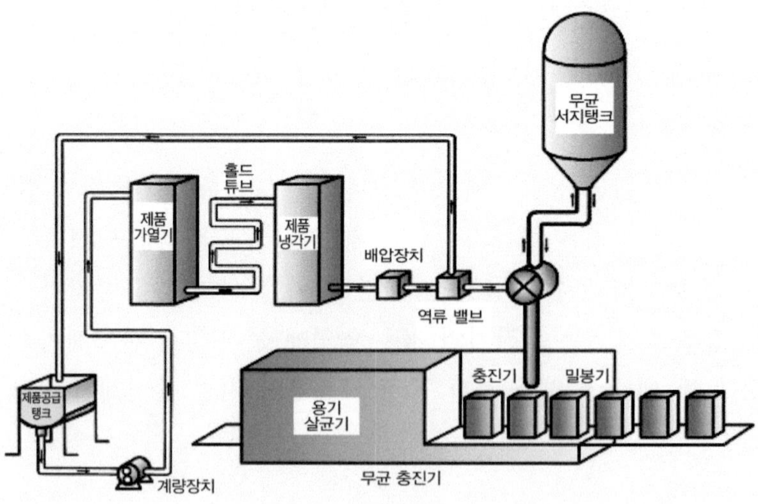

[그림 5.9] 무균 공정 및 포장 시스템

으로 운반된다. 상업적 멸균상태는 제품이 가열되는 시점에서 밀폐된 용기의 배출까지 시스템 전체에 걸쳐 유지된다.

5.2.1 무균공정시스템의 장비와 기기

[1] 열 교환기

열 교환기는 제품을 가열하고 냉각시키는 무균가공의 응용분야에 사용된다. 간단히 말해서 열 교환기는 고온 물질에서 저온 물질로 열을 전달하는데 사용되는 장치이다. 일부 열 교환기는 물질이 금속판이나 튜브에 의해 물리적으로 분리되어 있기 때문에 물질 사이에 직접적인 접촉이 없으므로 이 가열방식을 간접 가열이라고 한다. 난방을 위해서 증기 또는 뜨거운 물이 제품에 열을 전달하고, 냉각을 위해서는 제품이 열을 물 또는 다른 유체로 전달한다.

[2] 유로 제어 타이밍 펌프

무균공정에서 열처리 공정시간은 시스템을 가장 빠르게 움직이면서 통과하는 입자의 유속에 의해 결정된다. 일정한 유속은 일반적으로 타이밍 펌프 또는 정량 펌프라고 하는 펌프를 통해 결정된다. 타이밍 펌프는 속도는 가변적으로 조절하거나 고정할 수 있다. 고정비율 펌프의 펌핑속도는 펌프를 분해하지 않고는 변경할 수 없고, 가변속도 펌프는 일정한 범위 이내에서 속도를 쉽게 변경할 수 있다.

[3] 홀드튜브

홀드튜브는 유로제어 타이밍 펌프와 함께 특정 시간동안 제품이 특정 온도에 체류하게 한다. 열처리 공정에서 열매체는 홀드튜브에 전달되므로 이 장비에 대한 특정한 요구사항이 있으며, 무균공정시스템의 홀드튜브에서 자세히 설명된다.

[4] 자동 유로전환장치

잠재적으로 비균질 제품이 멸균 포장장비에 도달할 가능성을 방지하기 위해 무균 가공 및 포장시스템에 특별히 설계된 밸브와 같은 자동 유로전환장치를 사용한다. 유로전환장치는 멸균되고 안정적인 작동이 요구된다.

[5] 온도표시장치

저항온도감지기 및 열전대와 같은 장치도 무균공정시스템의 온도표시장치로 사용이 허용되지만, 열처리 공정실의 조건에 의해 악영향을 받지 않는다는 것을 보여주기 위해 보정과 검사가 필요하다. 열처리 공정시스템을 사용하기 전에 결함이 있는 온도표시장치를 수리하거나 교체해야 한다. 또한 온도표시장치는 설치시 정확하게 보정된 참조장치에 따라 테스트가 실시되고, 정확도가 의심스러운 경우에도 실시되어야 한다.

[6] 온도기록장치

자동 온도기록장치의 센서는 제품온도를 표시하기 위해 홀드튜브와 냉각기 사이의 보관튜브 배출구의 제품 내에 존재한다. 무균공정을 위해 저항온도 감지기 또는 기타 허용되는 온도표시장치를 사용하여 보관튜브 배출구에서 제품 온도를 측정한다.

[7] 온도제어시스템

자동 증기제어기를 지정된 홀드튜브 온도에서 제품을 유지하기 위해 가열매체를 공급하도록 사용된다. 이러한 제어기의 위치와 적용은 사용되는 가열시스템의 제품 유형에 따라 달라진다. 증기 제어장치는 온도제어장치와 결합되어 기록제어장치를 형성할 수 있다. 이 시스템에서 제어기에 연결된 증기 제어밸브는 공압식이나 전자식이다.

[8] 전자제어시스템

무균공정은 고도로 동기화된 연속작업이기 때문에 시스템의 한 부분의 동작이 전체 시스템의 전반적인 성능에 직접적인 영향을 줄 수 있다. 결과적으로 자동화된 제어시스템을 필요로 하는 무균 가공 및 포장 시스템과 관련하여 수많은 중요한 요소가 관련되어 있다. 무균시스템에는 사전생산의 멸균제어, 제품의 열처리 가공, 자동 흐름전환, 그리고 시스템의 압력과 냉각이 포함된다.

[9] 압력게이지 및 기록장치

무균공정을 위해 제품 간 축열기가 사용되는 경우가 있다. 축열기에서 멸균제품의 압력은 축열기의 모든 멸균되지 않은 제품의 압력보다 적어도 6.9 kPa 이상 높아야 축열기의 모든 누설이 멸균제품에서 멸균되지 않은 제품으로 이어질 수 있다. 이는 축열기에 설치된 정확한 차압기록장치의 제어기에 의해 확인된다.

5.2.2 무균시스템의 작동절차

세척된 공정시스템과 필러가 생산을 시작하기 전에 적절하게 멸균되지 않으면 상업적으로 무균상태의 무균 가공 및 포장된 제품의 성공적인 생산이 될 수 없다. 제품과 포장재를 무균시스템에 도입하기 전에 공정장비, 하류배관, 무균구역, 포장필러, 그리고 밀봉기에서 상업적 멸균상태가 달성되어야 한다. 또한, 이러한 상업적인 멸균상태는 작동 중에 무균시스템 전체에 걸쳐 유지되어야 한다.

장비의 적절한 사전생산 멸균을 위한 절차는 온도분포연구와 미생물 챌린지 연구에 의해 결정된다. 이 연구의 결과는 제품 출시 전에 상업적으로 무균상태를 유지하기 위해 노출시간, 온도, 그리고 화학적 농축 등과 같은 멸균절차와 매개변수를 설정하는데 필요한 정보를 제공한다. 또한, 포장이나 포장 재료를 제조 이전 또는 생산 중에 상업적으로 무균상태로 만드는 절차와 매개변수를 확보하기 위한 연구가 수행된다. 상업적 멸균을 달성하고 유지하기 위한 절차를 수립하는 것 외에도 새로운 무균 공정 및 포장 시스템은 일련의 테스트를 통해 시스템을 가동하여 모든 잠김, 경보, 그리고 연결이 제대로 작동하는지 확인이 필요하다.

상업적으로 무균 가공 및 포장된 제품의 생산은 생산시스템을 시작하기 전에 무균시스템이 필러의 무균영역과 공정시스템에서 상업적 멸균상태가 되도록 적절하게 살균되지 않는 한 실행할 수 없다. 이 부위의 무균상태가 작동 중에 상실되면 다시 멸균되어야 한다. 시스템의 재 오염을 방지하는 가장 단순하고 최선의 방법 중에 하나는 제품을 계속 유동시키고 가압을 유지하는 것이다. 배압장치는 제품이 끓는점을 넘는 동안 제품이 끓거나 인화를 방지하기 위해 사용되며 고압하에서 전체 제품 시스템을 통해 유지된다. 미생물에 대한 효과적인 장벽은 회전 또는 왕복 운동하는 샤프트와 무균밸브의 스템과 같은 모든 잠재적 오염지점에 필요하다.

5.2.3 무균공정시스템

무균공정시스템의 설비는 다양하지만, 모든 시스템에는 다음과 같은 공통된 특징이 있다.

① 시스템을 통해 제품을 이동시키고 제품 흐름을 제어하는 펌프
② 열처리 공정온도로 제품을 가열하도록 설계된 설비
③ 살균에 필요한 시간 동안 제품을 열처리 공정온도 이상으로 유지하도록 고안된 홀드튜브
④ 제품을 충전온도로 냉각시키기 위한 설비
⑤ 충전 전에 멸균되고 냉각된 제품을 저장하도록 설계된 설비
⑥ 생산 전에 모든 장비를 세척하는 방법과 가열기 하류에 있는 모든 장비를 살균하는 방법
⑦ 생산 중에 무균상태를 유지하도록 고안된 설비와 방법
⑧ 설비의 멸균, 제품의 멸균, 멸균상태 유지, 그리고 멸균되지 않은 제품이 포장설비에 도달하는 것을 방지하기 위한 제어 및 모니터링 장치

[1] 사전 멸균

제품 생산 전에 가공시스템을 멸균하지 않으면 멸균된 제품을 생산할 수 없으므로 시스템을 사전에 철저히 세척하여 멸균하여야 한다. 세척은 공정시스템의 필수적인 부분으로 CIP(Clean-In-Place)시스템을 사용하여 수행된다. CIP 시스템은 분해작업을 하지 않고도 공정시스템의 모든 제품 접촉 표면을 완벽하게 세척하게 한다.

제품 생산 전에 대부분의 공정시스템은 설비를 멸균하기에 충분한 시간 동안 온수를 순환시킨다. 일반적으로 시스템의 열 교환기에 의해 제품 가공 온도보다 상당히 높은 온도로 가열된 물은 모든 하류배관과 포장단위에 있는 충전밸

브쪽 설비까지 펌핑된다. 제품 가열기의 하류에 있는 모든 제품 접촉면은 필요한 시간 동안 온수를 연속적으로 순환시켜 지정된 온도 이상으로 유지되어야 한다. 냉각 설비의 냉각매체는 일반적으로 배출되어 냉각장비가 필요한 온도에 도달하도록 한다. 시스템이 지정된 시간 동안 온도를 유지한 후에, 시스템은 계속 물을 순환시키지만 냉각설비가 활성화되어 하류의 모든 설비는 정상 작동 온도로 냉각된다.

서지탱크(surge tank)는 크기 때문에 일반적으로 온수가 아닌 포화 수증기로 멸균된다. 서지탱크의 멸균은 독립적으로 수행되지만, 일반적으로 다른 설비의 온수를 이용한 멸균과 동시에 수행된다. 멸균 후 서지탱크가 냉각되면 응축수증기에 의한 진공이 형성되므로 탱크가 붕괴되는 것을 방지하기 위해 증기가 무균공기로 대체된다. 탱크에 공급되는 멸균공기시스템도 멸균이 필요하다. 무균시스템의 멸균을 적절하게 제어하려면, 온도센서가 적절한 온도가 전체적으로 유지되는 것을 확인하기 위해서 시스템의 냉점에 위치해야 한다. 따라서, 온도측정장치는 일반적으로 가열기로부터 가장 먼 지점에 위치한다. 이러한 먼 위치에서 적절한 온도가 얻어지면 멸균 사이클의 시간이 시작된다. 요구되는 시간이 경과하기 전에 이 온도가 최소온도보다 낮아지면, 멸균 온도가 다시 확립된 후에 사이클을 다시 시작해야 한다.

[2] 유속 제어

제품은 홀드튜브를 통해 균일하고 일정한 속도로 흘러서, 식품 또는 유체 흐름에서 가장 빠르게 움직이는 입자가 규정된 최소 시간 동안 적어도 최소한의 열을 받아야 한다. 가장 빠르게 움직이는 입자의 최소시간은 식품의 유동특성, 홀드튜브의 구성, 그리고 제품이 흐르는 속도의 함수이다. 제품의 유동특성과 홀드튜브의 구성이 고정되어 있으므로 시간제어는 시스템을 통해 제품을 펌프로 이동시키는 것에 의해 결정된다.

펌프가 홀드튜브에서 제품의 체류시간을 제어하므로 펌프를 타이밍 펌프 또는 계량펌프라고 한다. 타이밍 펌프는 펌핑속도가 고정되거나 변경될 수 있는 두 가지 형태가 있다. 고정속도 펌프의 펌핑속도는 펌프를 분해하지 않고는 변경할 수 없지만, 가변속도 펌프는 일정한 범위 내에서 속도를 쉽게 변경할 수 있다.

[3] 제품 가열

가열기는 제품의 온도를 규정된 최소 살균온도 이상으로 상승시킨다. 가장 보편적인 설비는 제품을 가열하기 위해 열처리 매체인 증기 또는 온수로부터의 열을 전달한다. 다른 열처리 기술인 옴 가열(ohmic heating)도 사용되고 있다. 열처리 기술은 직접 및 간접 가열의 두 가지 주요 범주로 나눌 수 있으며, 방법에 관계없이 제품의 멸균온도가 유지되도록 정확한 온도제어시스템이 필요하다.

직접가열은 가열매체와 제품 사이의 직접적인 접촉을 수반한다. 고온의 열매체는 저온의 제품과 접촉할 때 에너지를 방출하여 제품을 가열한다. 직접 가열 시스템은 수증기 분사식 또는 수증기 주입식의 두 가지 유형이 있다. 수증기 분사식은 제품이 체임버를 통해 펌핑될 때 분사체임버에서 수증기가 제품으로 주입된다(그림 5.10). 수증기 주입식 공정은 수증기로 채워진 주입체임버를 통해 제품이 주입된다(그림 5.11). 이 시스템들은 현재 균일한 저점도 제품의 가열에만 제한적으로 사용되고 있다. 직접가열의 한 가지 장점은 제품의 관능적 변화를 최소한으로 빨리 가열하는 것이다. 간접 가열시스템과 비교하였을 때, 시스템에서의 파울링(fouling) 또는 번온(burn on) 문제가 직접 가열시스템에서 감소된다. 직접가열의 단점은 수증기의 응축으로 인하여 응축수가 제품에 첨가되는 것이다. 이런 경우에 제품의 용량이 증가하여 홀드튜브를 통과하는 제품 유량의 속도가 증가한다. 또한 직접가열에 사용되는 증기는 비응축성 기체가 없는 조리에 적합한 품질이어야 한다.

간접가열에는 제품과 가열매체를 물리적으로 분리하는 설비가 필요하다. 열

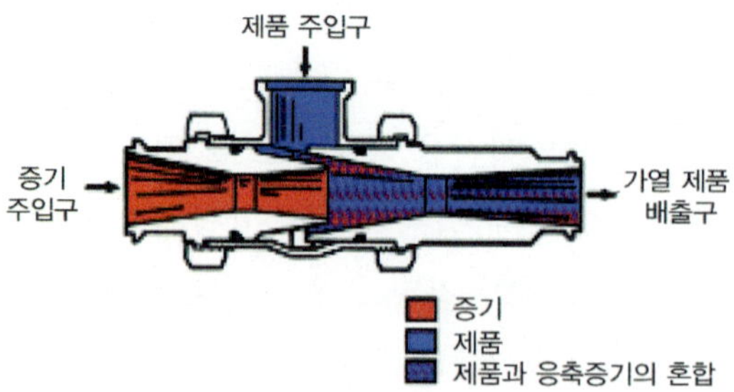

[그림 5.10] 수증기 분사식 가열기

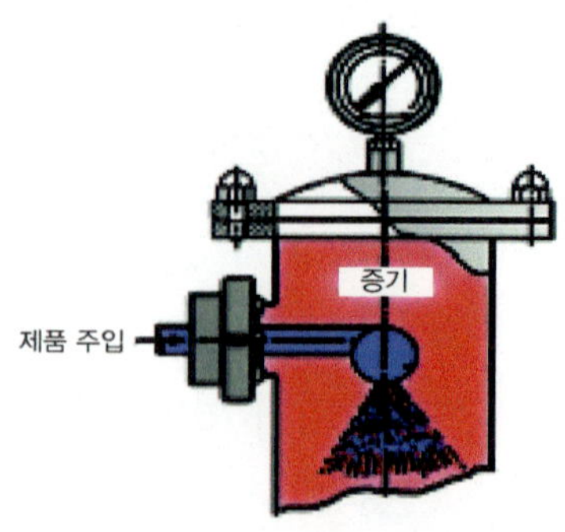

[그림 5.11] 수증기 주입식 가열기

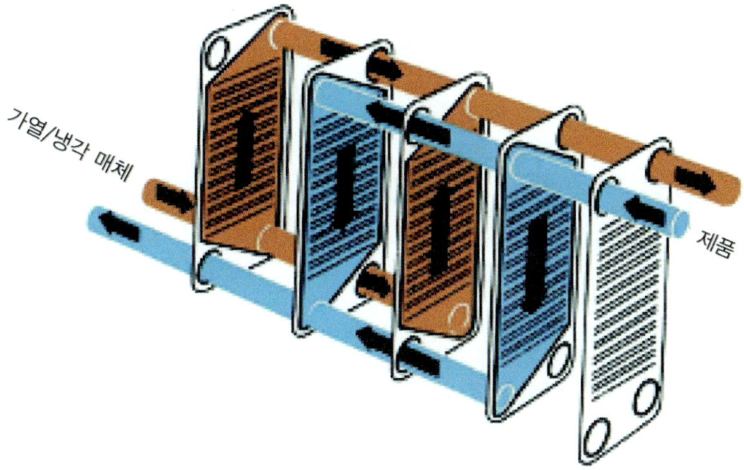

[그림 5.12] 판형 열교환기

은 가열매체에서 열교환기의 표면을 통하여 제품으로 전달된다. 간접 가열장치에는 판형, 관형, 그리고 표면긁기 열교환기의 세 가지 주요 유형이 있다.

판형 열교환기(그림 5.12)는 상대적으로 낮은 점도의 균질한 액체에 사용된다. 한쪽에는 제품이 통과하고, 다른 쪽에는 가열매체가 통과하면서 장벽을 이루는 판의 표면으로 열이 전달된다. 각 판은 개스킷으로 처리되고, 일련의 판은 하나의 프레스로 함께 유지된다.

관형 열교환기(그림 5.13)는 열전달 표면으로 판 대신 체임버에 동심원 튜브 또는 튜브를 사용한다. 제품은 이중관 스타일의 안쪽관과 삼중관 스타일의 중

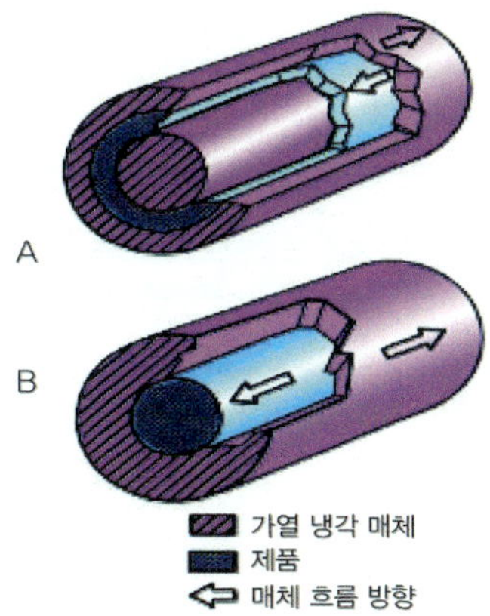

[그림 5.13] 관형 열교환기

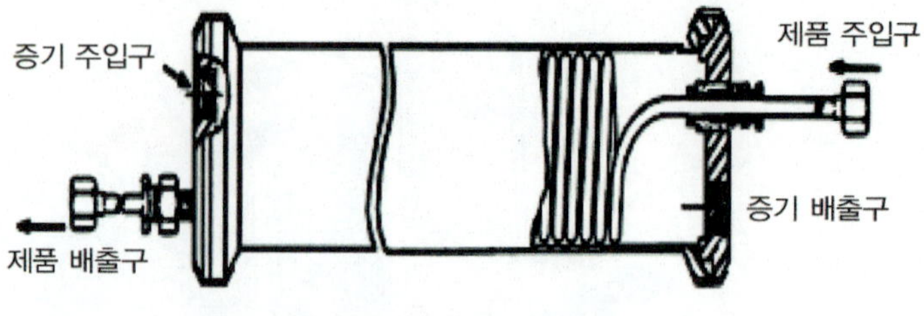

[그림 5.14] 다관형 열교환기

간관을 통해 흐르며, 가열매체는 다른 관에서 제품과 반대 방향으로 흐른다. 다관형 열교환기(그림 5.14)에서 관은 통 내부에 감겨 있다. 가열매체가 통을 통해 반대 방향으로 흐르는 동안 제품이 관을 통해 흐른다. 관형 열교환기는 주로 저점도 내지 중간 점도의 제품에 사용된다.

표면긁기 열교환기는 일반적으로 고점도 제품에 사용되며, 재킷이 달린 단열된 열교환 튜브 내에 동심원으로 위치한 스크레이퍼 블레이드(scraper blade)가 있는 뮤테이터 샤프트(mutator shaft)로 구성된다(그림 5.15). 회전하는 블레이드는 제품을 튜브의 내벽으로부터 연속적으로 긁어낸다. 이렇게 긁어내는 것은 제품의 축적과 번온(burn on)을 감소시킨다. 벽의 반대쪽으로 흐르는 가열매체는 순환하는 물 또는 수증기이다.

일부 간접 가열시스템에는 제품-대-제품 축열기가 사용된다. 이 장치는 판형 또는 관형 열교환기이며 제품이 판의 양쪽 또는 두 세트의 튜브를 통해 흐른다. 이 과정을 통해 고온 멸균된 제품의 열을 도입되는 차가운 비멸균 제품으로 이동시킬 수 있다. 멸균 제품의 열을 재활용함으로써 에너지와 비용 절감이 가능하다. 제품-대-제품 축열기를 사용하는 경우, 축열기에서 멸균된 제품

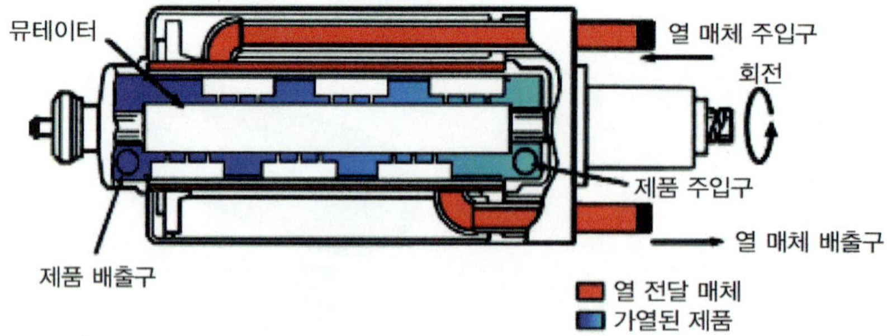

[그림 5.15] 표면긁기 열교환기

의 압력이 비멸균 제품의 압력보다 적어도 6.9 kPa 보다 크도록 제어가 되어야 한다. 이 비율은 축열기에서 어떤 누출이 발생하더라도 비멸균 제품이 멸균제품으로 이동하지 않도록 도와준다.

[4] 홀드튜브

일단 가열기가 제품을 필요한 살균온도까지 올리면, 제품은 지정된 시간 동안 그 온도를 유지해야 한다. 살균공정시간과 체류시간은 홀드튜브를 통해 흐르는 가장 빠른 제품의 입자 또는 유체의 흐름이 홀드튜브 내에 남아있는 시간이다. 제품의 유동특성과 펌프속도가 고정되어 있다고 가정하면, 길이와 내부직경으로 표시되는 홀드튜브의 구성이 체류시간을 결정하게 된다. 홀드 튜브는 제품이 적절한 시간 동안 멸균온도에서 유지되도록 하기 위해 다음과 같은 특정 요구사항을 충족해야 한다.

① 홀드튜브는 에어 포켓을 제거하고 자체 배수를 방지하기 위해 제품의 흐름 방향으로 상향 경사가 필요하다.
② 홀드튜브가 분리될 수 있는 경우, 모든 부품이 교체될 때 튜브가 더 짧거나 직경이 다르게 되도록 부품이 제거되거나 교체되지 않도록 해야 한다. 이러한 우발적인 변경은 체류시간을 단축시킨다.
③ 홀드튜브가 분리될 수 있는 경우, 튜브를 다시 조립할 때 개스킷이 내부표면으로 돌출되지 않도록 해야 한다.
④ 튜브에 응축수가 떨어지지 않도록 홀드튜브내의 제품온도에 영향을 줄 수 있는 통풍이나 찬 공기에 노출되어서는 안 된다.
⑤ 외부 가열은 홀드튜브를 따라 어떤 지점에서도 가해져서는 안 된다.
⑥ 홀드튜브내의 제품은 살균공정 온도에서 제품의 증기압보다 충분히 높은 압력을 유지하여 플래싱 또는 비등을 방지해야 한다. 플래싱은 홀드튜브 내에서 제품의 체류시간을 감소시킨다. 플래싱 방지는 일반적으로 배압장치를 사용하여 수행된다. 홀드튜브에서 제품의 온도는 홀드튜브의 출구에서 모니터링 해야 하므로 온도표시장치용 센서는 홀드튜브 배출구에 설치해야 한다. 자동 온도기록장치 센서도 제품 온도를 기록하기 위해 홀드튜브 출구의 제품에 위치해야 한다. 추가적인 온도기록장치 센서는 온도가 중요한 요소로 지정된 공정의 각 지점에 위치해야 한다.

[5] 제품 냉각

제품은 충전 전에 홀드튜브에서 제품 온도를 낮추는 제품 냉각기를 통과한다. 간접가열을 사용하는 시스템에서 냉각기는 일반적으로 가열기와 동일한 열교환기 유형이다. 냉각도 마찬가지로 제품-대-제품 축열기 또는 제품-대-물-대-제품 축열기(product-to-water-to-product regenerator)를 사용할 수 있다. 이 두 번째 유형의 축열기는 멸균제품이 비멸균제품에 접촉할 위험성을 감소시킨다. 직접가열을 사용하는 시스템은 일반적으로 플래시 또는 진공체임버를 사용하여 제품을 냉각한다. 뜨거운 제품은 체임버 내에서 감압에 노출되어 제품의 비등이나 플래싱이 발생한다. 제품 온도가 낮아지고, 가열 중 제품에 첨가된 물은 일부 또는 전부가 증발에 의해 제거된다.

[6] 멸균상태 유지

제품이 홀드튜브에서 나온 후에, 제품은 멸균된 상태이지만 시스템에 미생물이 들어갈 수 있다면 오염이 될 수 있다. 오염을 방지하는 가장 간단하고 최선의 방법 중 하나는 살균제품이 통과하면서 가압을 유지하는 것이다. 제품이 비등하거나 플래싱하지 않도록 배압장치를 사용하면 전체 시스템을 상승된 압력으로 유지할 수 있다. 잠재적인 모든 오염지점에서 미생물에 대한 효과적인 장벽이 필요하다. 이 위치의 증기 밀봉은 효과적인 장벽을 제공할 수 있지만 적절한 기능을 위해 육안으로 모니터링할 필요가 있다. 다른 방법은 멸균상태를 유지하기 위해 밸브의 스템에 벨로스(bellows) 또는 다이어프램(diaphragm)을 사용하여 특별히 설계된 무균밸브를 사용하는 것이다.

[7] 무균 서지탱크

무균 서지탱크는 포장하기 전에 멸균제품을 보관하기 위해 무균공정시스템에 사용된다. 용량이 약 100에서 수천 갤런에 이르는 서지탱크는 멸균시스템의 유속이 주어진 포장단위의 충전속도보다 훨씬 빠른 시스템에 유연하게 대응할 수 있도록 한다. 포장과 열처리 공정의 기능은 두 시스템사이에서 완충역할을 하는 서지탱크로 인해 독립적으로 수행될 수 있다. 서지탱크의 단점은 멸균을 유지하는 기본 전제인 "제품의 이동 유지"에 위배된다는 것이지만, "시스템의 압력 유지"라는 다른 기본 전제에 의해 보완된다. 멸균 공기 또는 다른 무균 가스공급시스템은 탱크 내에 보호 양압을 제공하며, 이러한 양압은 탱크에서 내용물의 이동에 도움을 준다.

[8] 자동 유로전환

잠재적으로 비멸균제품이 멸균 포장설비에 도달할 가능성을 방지하기 위해 무균공정시스템에서 자동 유로전환장치가 활용된다. 유로전환시스템은 제품의 재오염방지에 중요하다. 유로전환밸브는 이탈이 발생하면 자동으로 제품을 흐름 경로를 전환한다. 밸브가 제품의 흐름 경로를 전환시킬 수 있는 상황은 다음의 몇 가지 사례와 같다.

① 홀드튜브의 온도가 규정된 최저 온도보다 떨어지는 경우
② 축열기의 불충분한 압력 차이가 발생한 경우
③ 포장단위가 최소 작동규격 이하로 떨어지는 경우

5.2.4 무균포장시스템

무균포장시스템은 상업적 멸균제품을 상업적 멸균포장재와 결합하여 밀폐된 상업적 멸균제품을 생산하도록 고안되었다. 무균공정시스템과 마찬가지로 모든 무균포장시스템에는 공통적인 특징이 있다. 포장단위는 반드시 다음과 같은 조건을 충족해야 한다.

① 포장재와 제품을 하나로 합칠 수 있는 멸균환경을 조성하고 유지한다
② 포장재의 제품 접촉면을 멸균한다
③ 멸균된 제품을 멸균된 포장재에 무균상태에서 충전한다
④ 밀폐된 용기를 생산한다
⑤ 중요한 요소를 모니터링하고 제어한다.

[1] 설비와 포장재를 위한 살균제

살균제는 포장재와 설비의 내부표면을 멸균하여 무균 포장환경을 조성하기 위해 무균 포장단위에 사용된다. 일반적으로 이러한 물질에는 열, 화학 물질, 고 에너지 방사선 또는 이들의 조합으로 이루어진다. 사용된 살균제는 전통적인 살균시스템이 통조림 식품에 제공하는 미생물학적 안전성 측면에서 동일한

수준의 보호를 효과적으로 제공해야 한다. 이러한 요구사항은 포장재의 식품 접촉면과 기계 내의 무균구역을 구성하는 기계의 내부표면에 적용된다.

가열은 가장 널리 사용되는 멸균방법으로 증기 또는 온수가 일반적으로 사용되며 습열이라고 한다. 과열된 수증기 또는 뜨거운 공기는 특정 상황에서 사용될 수 있으며 건열이라고 한다. 습열은 동일한 온도에서 건열보다 훨씬 더 효과적이다. 습열을 사용하는 시스템은 대기압에서 작업하는 건열 시스템과 비교하여 높은 압력에서 작업한다. 마이크로파 복사 또는 적외선과 같은 다른 방법도 열을 발생시키는데 사용된다.

과산화수소와 같은 화학약품은 종종 살균제로 열과 함께 사용된다. 각 국의 규정에 따라 다르지만 통상 최대 35% 과산화수소의 농도가 식품 접촉면에 사용이 가능하다. 과산화수소가 살균제로 사용되는 경우, 포장설비는 과산화수소 잔류물에 대한 요건을 충족하는 완제품 포장재를 생산할 수 있어야 한다. 생산 조건하에 포장된 증류수로 실시한 테스트에서 과산화수소의 잔존량이 0.5 ppm를 넘지 않아야 한다. 과초산(peracetic acid 또는 PAA)은 전세계적으로 저산성 및 산성 식품의 무균 용도로 널리 사용되는 화학약품이다. 이 화학물질은 저온(60℃)에서 포장재를 멸균하는데 사용될 수 있다. 과산화수소와 마찬가지로 규정에 명시된 최종 포장잔류물과 같은 농도와 기타 조건에서 사용되어야 한다.

고 에너지 방사선, UV 광선, 감마선 또는 전자빔 방사선과 같은 다른 살균제는 단독으로 또는 다른 방법과 조합하여 사용될 수 있다.

[2] 무균실

무균실은 멸균 처리된 무균 포장기계 내의 공간으로 생산 중에는 무균상태로 유지되어야 한다. 이 곳은 멸균제품이 충전되어 멸균용기에 밀봉되는 영역으로 포장재가 멸균되거나 사전 멸균 처리된 포장재가 기계에 도입되는 지점에서 시작된다. 밀봉이 포장 위에 수행되고 완성된 포장이 그 공간을 떠난 후에 영역이 끝난다. 이 두 지점 사이의 모든 영역은 무균실의 일부로 간주된다.

제품 생산 전에 무균실은 포장재 또는 기타 제품 접촉면에서 달성된 것과 동일한 조건으로 멸균되어야 한다. 이 영역은 다른 재질로 구성된 움직이는 부분을 포함하여 다양한 표면이 포함된다. 살균제는 무균실 전체에서 균일하고 효과적으로 사용되고, 적용이 제어될 수 있어야 한다. 무균실이 멸균된 후 생산 중에는 멸균상태를 유지해야 하고, 멸균영역과 비멸균영역 사이에 살균 가능한 물리적 장벽을 제공하는 방식으로 구성된다. 멸균포장재와 밀폐된 완성포장이 이 구역의 멸균상태를 손상시키지 않으면서 무균실로 출입할 수 있는 메커니즘이 필요하다.

무균실의 멸균상태는 멸균공기 또는 기타 기체의 양압하에서 무균실을 유지함으로써 오염으로부터 보호된다. 완성된 용기가 멸균영역을 떠날 때 멸균공기를 밖으로 불어서 오염물질이 무균실로 들어오는 것을 방지한다. 무균실 내의 멸균 공기압은 충분히 높아서 해당 지역의 멸균상태를 유지해야 한다. 공기 또는 가스는 다양한 살균제를 사용하여 멸균이 가능하며, 가장 일반적인 방법은 소각(건열) 또는 한외여과이다.

[3] 무균 포장재 생산

다양한 종류의 무균포장시스템에서 사용되는 포장 유형은 다음과 같이 분류된다.

① 예비 성형된 경성(rigid) 및 반경성(semi-rigid) 용기 : 금속 캔, 플라스틱 컵, 유리 용기, 드럼, 플라스틱 병
② 권취식(web fed)판지 적층 및 플라스틱 용기
③ 부분적으로 적층된 종이 용기
④ 열 성형 충진 포장(thermoform-fill-seal)용기
⑤ 예비 성형된 백 또는 파우치
⑥ 블로우 성형 용기

무균포장시스템은 다양한 수단으로 용기를 살균할 수 있다. 예를 들어, 한 시스템에서는 과열증기로 금속캔을 멸균하고, 다른 시스템에서는 예비 성형된 플라스틱 컵은 과산화수소와 열, PAA와 열 또는 포화수증기로 멸균한다. 판지 적층으로 형성된 용기를 사용하는 시스템은 과산화수소와 열, PAA와 열 또는 과산화수소와 자외선 조사를 사용하여 포장을 멸균한다. 열 성형 충전 포장 용기에는 압출 열(건열) 또는 과산화수소와 열이 사용되기도 한다. 플라스틱 파

우치 또는 백은 감마선 조사, 압출 열 또는 과산화수소와 같은 화학적 수단에 의해 멸균될 수 있다.

CHAPTER 06

가열처리 공정

식품의 가공 및 저장을 위해 식품은 가열처리 공정을 거치게 된다. 식품 내 미생물을 제거하는 살균 및 멸균 공정을 통하여 식품의 안정성 및 저장성이 향상된다. 하지만, 기존 가열방법은 과도한 열처리로 인하여 식품 고유의 특성(색, 향미 등)이 저하되고 과도한 에너지를 필요로 한다. 이러한 단점들을 보완하기 위해 마이크로파 가열, 라디오파 가열, 적외선 가열 등과 같은 전자기파를 이용한 가열방법이 식품산업에 이용되고 있다. 본 장에서는 미생물을 사멸을 위한 살균공정, 농축 액상 식품 생산을 위한 증발공정, 전자기파를 이용하여 식품을 직접적으로 가열하는 유전가열, 통전가열에 대한 기초 이론을 소개하고자 한다.

6.1 살균(pasteurization)

살균은 영어로 pasteurization이라하며, 포도주를 50 내지 60℃에서 가열하여 이상 발효를 방지한 프랑스의 미생물학자 Louis Pasteur의 이름에서 유래되었다. 살균은 식품 내 미생물의 영양세포를 죽이는 것으로 정의되고 있다. 많은 식품들은 미생물(microorganism)이 번식하기 적합한 환경을 제공하며 미생물의 번식으로 인하여 식품이 변패 또는 부패되고 식중독을 유발할 수 있다. 식중독을 유발하는 대표적인 식품 매개 병원균에는 *Escherichia coli, Salmonella, Campylobacter, Staphylococcus aureus* 등이 있고, Norovirus, Rotaviruses 등과 같은 바이러스가 있다. 식품 내 미생물 성장에 영향을 주는 요인으로는 식품의 수분활성도(water activity, a_w) pH, 영양소 등이 있고, 환경적인 요인으로는 온도, 산소, 습도 등이 있다.

미생물의 최적 생장 pH 범위에 따라 호산성(acidophile, 0 내지 5.5), 호중성(neutrophile, 5.5 내지 8.0), 호염기성(alkalophile, 8.5 내지 11.5), 극호염기성(extreme alkaophile, 10 이상) 미생물로 분류할 수 있다. 미생물의 최적 온도 범위에 따라 저온(psychrophile, 0 내지 15℃), 내저온성(psychrotroph, 20 내지 30℃), 중온성(mesophile, 20 내지 45℃), 고온성(thermophile, 55℃ 이상), 초고온성(hyperthermophile, 80 내지 113℃) 미생물로 분류할 수 있고, 산소 유무에 따라 호기성(aerobe, 산소가 있는 대기 성장), 절대호기성(obligate aerobe, 반드시 산소 필요), 혐기성(anaerobe, 산소 없이 성장) 미생물 등으로 분류할 수 있다. 미생물의 생장이란 세포의 크기나 수의 증가를 의미하고 미생물의 수는 이분법으로 분열하여 2^n으로 증가한다(1→2→4…→ 2^n). 미생물의 성장 과정은 유도기(lag phase), 대수기(exponential phase), 정체기(stationary phase), 사멸기(death phase)로 나뉠 수 있다.

식품에 존재하는 미생물을 원하는 수준으로 감소하기 위해 가열살균방법이 많이 사용된다. 가열살균방법에는 저온장시간살균(LTLT : low temperature long time), 고온단시간살균(HTST : high temperature short time), 초고온살균(UHT : ultra high temperature)이 있다. 저온장시간살균은 pH가 4.5 이하인 과일주스와 같은 식품을 65℃에서 30분 동안 살균하는 방법이며, 고온단시간살균은 72 내지 75℃에서 15초 동안 식품을 살균하는 방법으로 대부분의 미생물이 살균되며, 초고온살균은 135 내지 150℃에서 2 내지 6초 동안 순간적으로 살균하는 방법으로 살균시간이 짧아 영양소 파괴를 최소화하며 대량생산에 적합한 살균방법이다.

멸균(sterilization)은 미생물의 영양세포와 포자를 모두 죽이는 것으로 식품공전에 정의되고 있으며, 멸균의 목적은 모든 미생물을 제거하는 것이다. 식품의 살균 및 멸균을 위한 열매체로 고온 고압의 증기를 주로 사용한다. 하지만 높은 가열처리는 미생물 사멸에 효과적이지만, 식품 고유의 특성(조직, 향미, 색 등)을 손상한다. 식품의 멸균을 위해서 일반적인 배치(batch) 형태의 레토로트 시스템, 연속식 레토로트 시스템이 사용되고, 최근에는 포장용기와 식품을 살균하여 무균실에서 포장하는 무균(aseptic) 방법이 사용되고 있다.

6.1.1 미생물 생존 곡선(microorganism survivor curves)

식품의 보존 및 저장을 위해 식품 내 존재하는 미생물의 수를 줄이는 미생물의 식품의 살균은 반드시 필요하다. 식품 내 미생물은 미생물의 최적 생장 환경 범위에서 가장 활발하게 생장하며 일정 온도 이상으로 가열처리를 하여 미생물의 최적 온도 범위를 벗어나게 되면 미생물은 생장능력이 저하되어 서서히 사멸된다. 미생물의 사멸 온도는 앞에 언급한 바와 같이 미생물의 최적 생장온도에 따라 다르다.

일정한 온도에서 식품을 가열처리 하게 되면 그림 6.1 (a)와 같이 감소하게 된다. 이러한 곡선을 미생물 생존 곡선(microorganism survivor curves)이라 한다. 생존 곡선을 나타낼 수 있는 일반적인 모델은 식 6-1과 같으며 일반적으로 일정한 온도에서 생존 미생물의 수는 가열 시간에 큰 영향을 받는다.

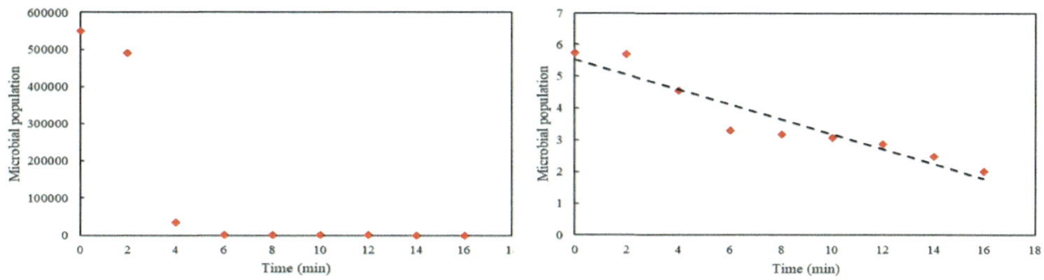

(a) (b)

[그림 6.1] 미생물 생장곡선(a), Semi-logarithmic 미생물 생장곡선(b)

$$\frac{dN}{dt} = -kN^n \qquad (6\text{-}1)$$

여기서, N : 생존균수, t : 시간(min or s), k : 사멸속도상수, n : 모델 지수

수많은 실험을 통해 미생물의 가열 과정 중 미생물의 생존수는 편대수관계에서 가열 시간과 비례하여 감소하는 것으로 나타났다. 이러한 생존 모델은 식 (6-2)를 1차식 형태로 표현할 수 있고 그림 6.1 (b)와 같은 생존곡선을 나타낸다.

$$\frac{dN}{dt} = -kN \qquad (6\text{-}2)$$

식 (6-2)를 초기 미생물 수(N_0), 생존 미생물 수(N), 가열 시간(t)에 관해 적분하게 되면 다음과 같은 식을 얻게 된다.

$$\int_{N_0}^{N} \frac{1}{N} dN = \int_{0}^{t} -k\,dt \tag{6-3}$$

$$\ln \frac{N}{N_0} = -kt \text{ 또는 } \frac{N}{N_0} = e^{-kt} \tag{6-4}$$

식 (6-4)을 상용로그로 나타내면

$$\log N - \log N_0 = -\frac{k}{2.303}t \tag{6-5}$$

사멸속도(k) 또한 미생물의 종류 및 가열 온도에 따라 다르며, 미생물의 수를 1 log 만큼 줄이는데 필요한 시간을 데시멀(1/10) 사멸시간(decimal reduction time)이라하고 D값(D-value)라 한다. 예를 들어, 1,000마리의 미생물이 100마리로 사멸하는데 걸리는 시간이 3분이라고 하면 이때 D값은 3분으로 나타낼 수 있다. 즉 생존 미생물의 수가 초기 미생물 수의 1/10(또는 90%)로 감소하는데 걸리는 시간을 D-값이라 한다.

식 (6-5)에 N을 $0.1N_0$, t을 D로 대입하게 되면 다음과 같은 관계를.

$$D = \frac{2.303}{k} \text{ 또는 } k = \frac{2.303}{D} \tag{6-6}$$

식 (6-5)에 $k = \dfrac{2.303}{D}$을 대입하게 되면 D는 다음과 같이 나타낼 수 있다.

$$D = \frac{t}{\log N_0 - \log N} \tag{6-7}$$

그림 6.2 (b)와 같이 일정한 온도에서 식품을 16분 동안 가열하고 초기 미생물의 수를 5.5×10^5, 16분 후 미생물의 수를 10^2라고 가정한다면, D값은 4.29분이다. 또한, 온도에 의해 영향을 받는 사멸속도(k)는 화학반응식에서 사용되는 Arrhenius 방정식을 이용하여 추정할 수 있다.

$$k(T) = Ae^{-(E_a/RT)} \tag{6-8}$$

여기서, $k(T)$: 온도에 따른 사멸속도, A : 반응 지수 인자(pre-exponential factor), E_a : 활성화에너지[J/mol], R : 일반기체상수[J/molK], T : 온도[K]

식 (6-8)의 자연로그로 나타내면 식 (6-9)와 같은데, $\ln k(T)$와 $\frac{1}{T}$의 관계를 이용하여 E_a를 구할 수 있다.

$$\ln k(T) = \ln A - \frac{E_a}{RT} \tag{6-9}$$

예를 들어, 각기 다른 온도(25, 37 및 52℃)에서 식품 내 미생물을 사멸할 때 사멸속도(k)가 1.395, 0.359 및 0.07이고 이를 이용하여 활성화 에너지를 구한다고 하자(그림 6.2). $\ln k(T)$와 $\frac{1}{T}$ 관계를 도식화 한 후, 다음과 같은 회귀방정식 $y = -10395x + 32.329$을 얻을 수 있다. 여기서 $y = \ln k(T)$이고 $x = \frac{1}{T}$라고 한다면, 회귀방정식의 기울기는 $\frac{E_a}{R}$임을 알 수 있다. 즉 기울기에 일반기체상수를 곱하게 되면 각기 다른 온도(25, 37 및 52℃)에서 식품 내 미생물을 사멸할 때 필요로 하는 활성화에너지는 약 86.42 kJ/mol임을 알 수 있다.

미생물의 사멸에 있어서 중요한 요인은 사멸 온도 및 시간이다. 사멸 온도가 증가하게 되면 사멸시간은 감소하게 된다. 사멸 온도가 증가하게 되면 미생물

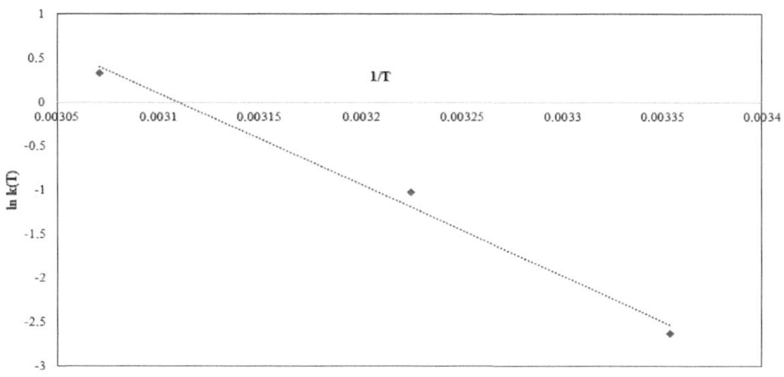

[그림 6.2] 사멸속도와 절대온도 역수의 Arrhenius 도표

의 생존수는 편대수관계에서 가열 시간과 비례하여 감소하는 것과 같이 D값 또한 사멸온도와 편대수관계에서 선형적으로 비례하여 감소하게 된다. D값이 1/10(또는 90%)정도 감소하는데 필요한 온도 증가량 또는 범위를 Z값(Z−value : 열저항상수(thermal resistance constant))이라 하며 미생물의 열에 대한 거동 및 내열성을 나타내는 척도가 된다. Z값은 식 (6−10)로 나타낼 수 있다.

$$z = \frac{T_2 - T_1}{\log D_{T_1} - \log D_{T_2}} \tag{6-10}$$

여기서, D_{T_1}, D_{T_2} : T_1과 $T_2(> T_1)$에서의 D값(min 또는 s, $D_{T_1} > D_{T_2}$)

예를 들어, 사과주스를 60℃에서 살균할 때 D_{60}값이 10분이고 121℃에서 살균할 때 D_{121}값이 15초(0.25분)이라고 한다면 이때 Z값은 38.08℃이다. 즉, 38.08℃의 온도를 증가하게 되면 D값은 1/10로 감소한다는 의미이다.

식 (6−7)을 $\log N_0 - \log N = m = t/D$($m$: 감소지수)으로도 표현할 수 있다. 만약 특정 온도에서 수행되는 우유 가열 살균 공정에서 미생물의 수를 10^{-6}(99.9999%)만큼 감소하는 것을 기준으로 삼았다면 감소지수는 6이고 t을 $6D$로 표현할 수 있다. 이때의 시간 t을 가열치사시간(thermal death time)인 F값(F−value)이라 할 수 있다. F값이란 특정한 온도에서 살균되는 식품 내 미생물의 수를 기준으로 삼는 감소지수만큼 사멸하는데 필요한 시간이며 일반적으로 감소지수에 D값을 곱하여 표시한다. 예를 들어, 특정 온도(x℃)에서 어떠한 식품 내 미생물을 99.99%만큼 감소시킨다면, 이는 미생물의 수를 초기 미생물 수 대비 10^{-4}만큼 감소시키고 가열치사시간을 $F_x = 4D_x$ 로 표현할 수 있다. 또한 식 (6−10)에 D_{T_1}과 D_{T_2}대신 F_{T_1}과 F_{T_2}을 대입하여 다음과 같은 식으로 나타낼 수 있다.

$$\log\frac{F_{T_1}}{F_{T_2}} = \frac{T_2 - T_1}{z} \quad \text{또는} \quad \frac{F_{T_1}}{F_{T_2}} = 10^{(T_2 - T_1)/z} \tag{6-11}$$

여기서, F_{T_1}, F_{T_2} : T_1과 $T_2(T_2 > T_1)$에서의 F값(min 또는 s, $D_{T_1} > D_{T_2}$)

6.2 증발(evaporation)

식품가공공정 중 증발공정이란 저농도의(묽은) 액상식품 내 수분을 증발시켜 고농도의(농축된) 액상식품을 얻는 단위조작이다. 증발공정을 거친 최종 제품은 액상식품이기 때문에 최종 제품이 고형분인 건조(drying or dehydration)와는 다르며, 2종 이상 희석된 용액에서 각각의 용액을 분리하는 증류(distillation)와는 다른 개념의 공정이다. 증발공정은 식품 내 수분(자유수, free water)이 감소함에 따라 수분활성도(a_w) 또한 감소하여 미생물학적 안정성 및 저장성이 향상되고 식품 내 무게 감소로 인하여 이송 및 저장 비용 절감 효과가 있다. 일반적익 증발 과정에서는 증발기내의 압력을 감압하고 열교환기(heat exchanger)를 설치하여 증기(vapor)와 액상식품의 열교환을 통해 식품의 수분을 감소시킨다.

액상식품의 비점(boiling point) 상승은 뒤링의 법칙(Dühring's rule)에 의해 추정할 수 있다. 듸링의 법칙은 순수한 물은 대기압에서 100℃에서 끓는 반면 소금수용액의 끓는점은 소금의 농도에 따라 상승하는 관계, 즉 동일한 압력에서 수용액의 비점과 물의 비점 사이의 선형관계를 설명한다. 식품 내에는 소금과 같은 이온결합 물질이 다량으로 함유되고 있어 증발과정 중 농축(concentration)에 의한 비점 상승은 열에 민감한 식품(heat sensitive food)의 품질을 저하시키고 증발기(evaporator)의 효율을 감소시키므로 증발기내 식품 증발 시간을 최소화하고 감압(modified pressure)하여 증발시키는 방식을 많이 사용하고 있다. 또한 농축과정에 의한 용액의 점도 상승, 액상식품의 증발과정 중 열교환기 표면의 오염(fouling) 또는 관석(scale)에 의해 열전달이 감소되어 증발기의 효율이 저하된다.

증발기의 종류에는 batch-type pan evaporator, natural circulation evaporator, rising-film evaporator, falling-film evaporator, rising/falling-film evaporator, forced-circulation evaporator, agitated thin-film evaporator 등이 있다. 실제 식품산업의 증발공정에서는 대량의 액상식품의 농도를 향상시키기 위해 많은 양의 에너지가 요구되고 한 개의 농축관으로 된 농축 증발기인 단일효용 증발기(single effect evaporator)를 이용하여 표적

농도까지 농축은 어렵기 때문에 다중효용 증발기(multi effect evaporator)를 사용되고 있다. 다중효용 증발기는 첫 번째 증발기에서만 열교환기의 열매체로 증기가 투입되고 그 이외의 증발기에서는 각각의 증발기에서 증발된 수분을 열매체로 사용하는 방식이다.

6.2.1 단일효용 증발기(single effect evaporator)

단일효용 증발기란 그림 6.3과 같이 증발기 내에 열교환기와 농축관을 이용하여 액상식품의 농도를 증가시키는 장치이다. 증발기의 효율을 높이기 위해 증발기 내부의 압력을 감압 조절하여 원료 액상 식품의 비점을 하강시키고 증발기 내부의 증발온도를 식품의 비점으로 일정하게 유지시킨다. 단일효용 증발기내 물질수지(mass balance)는 식 (6-12)와 같고, 가열을 위해 사용되는 스팀의 양과 응축된 스팀의 양의 물질수지는 식(6-13)과 같다.

$$\dot{m}_f = \dot{m}_{cf} + \dot{m}_{vf} \tag{6-12}$$

$$\dot{m}_S = \dot{m}_{CS} \tag{6-13}$$

여기서, $\dot{m}_f$: 원료 액상 식품 유량[kg/s], $\dot{m}_{cf}$: 농축된 액상 식품 유량[kg/s], $\dot{m}_{vf}$: 액상식품에서 증발된 증기 유량[kg/s], $\dot{m}_S$: 증기 유량[kg/s],

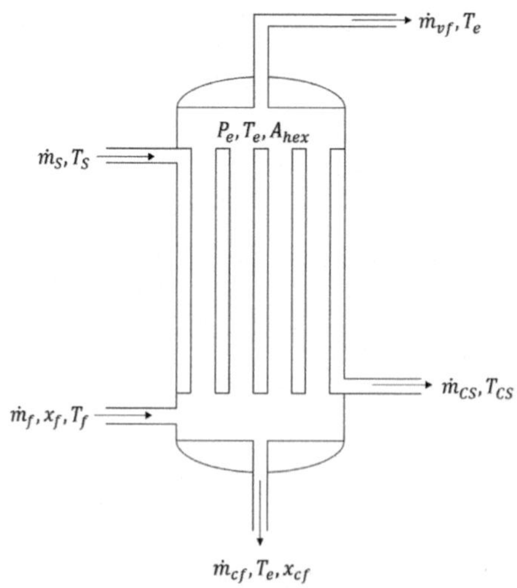

[그림 6.3] 단일효용 증발기 개략도

$\dot{m}_{CS}$: 응축된 증기 유량 [kg/s]

액상식품 내 용질(고형분)의 물질수지는 다음과 같이 나타낼 수 있다.

$$\dot{m}_f \times x_f = \dot{m}_{cf} \times x_{cf} \tag{6-14}$$

여기서, x_f : 원료 액상 식품 고상분율(solid fraction), x_{cf} : 농축 액상 식품 고상분율

단일효용 증발기의 전체적인 에너지수지(energy balance)는 식 (6-15)와 같이 나타낼 수 있다.

$$\dot{m}_f h_f + \dot{m}_S h_S = \dot{m}_{cf} h_{cf} + \dot{m}_{vf} h_{vf} + \dot{m}_{CS} h_{CS} \tag{6-15}$$

여기서, h_f : 원료 액상 식품 엔탈피 [kJ/kg], h_S : 증기 엔탈피 [kJ/kg], h_{cf} : 농축된 액상 식품 엔탈피 [kJ/kg], h_{vf} : 원료 액상 식품에서 증발된 증기 엔탈피 [kJ/kg], h_{CS} : 응축된 증기 엔탈피 [kJ/kg]

증기($\dot{m}_S$), 응축된 증기($\dot{m}_{CS}$), 원료 액상식품에서 증발된 증기($\dot{m}_{vf}$)의 엔탈피는 상태량표를 이용하여 구할 수 있으나, 원료 및 응축된 액상식품의 정확한 엔탈피는 구하기 어렵기 때문에 비열과 온도 증가량을 이용하여 추정한다. 이때 원료 액상 및 농축된 액상식품의 상(phase)은 변화하지 않으므로 온도 증가량의 기준온도를 0℃로 가정한 후 현열(sensible heat)을 구한다.

$$h_f = c_{fp} \times (T_f - 0), h_{cf} = c_{cfp} \times (T_e - 0) \tag{6-16}$$

여기서, c_{fp} : 원료 액상 식품 비열 [kJ/kg℃], T_f : 원료 액상 식품 온도 [℃], c_{cfp} : 농축된 액상 식품 비열 [kJ/kg℃], T_e : 증발기 내 원료 액상식품 비점 [kJ/kg]

증발기 내 열교환기의 열전달량은 다음과 같이 표현된다.

$$q = UA_{hex}(T_S - T_e) = \dot{m}_S h_S - \dot{m}_{CS} h_{CS} \tag{6-17}$$

여기서, q : 열전달량 [W], U : 총괄열전달계수 [W/m^{2}K] A_{hex} : 열교환기의 면적 [m^2]

증발기 시스템의 효율은 스팀경제성(steam economy)로 표현할 수 있는데 증발기에 공급된 증기 유량과 원료 액상식품에서 증발된 수증기의 유량의 비로 나타난다.

$$\text{Steam economy} = \frac{\dot{m}_{vf}}{\dot{m}_S} \quad (6\text{-}18)$$

6.2.2 다중효용 증발기(multi-effect evaporator)

다중효용 증발기는 그림 6.4와 같이 제 1 증발기에서만 증기를 열원으로 사용하고 제 1 증발기에서 액상식품으로부터 증발된 증기를 제 2 증발기의 열원으로 사용하고 제 1 증발기에서 부분적으로 농축된 액상식품을 제 2 증발기로 이송한다. 마찬가지로 제 2 증발기에서 증발된 증기를 제 3 증발기의 열원으로 사용하여 목표 기준 농도로 농축된 액상식품을 제 3 증발기에서 얻는다. 이러한 다중효용 증발기를 순류 공급 시스템(forward feed system)이라고도 하며, 제 2, 3 증발기에서 액상식품의 비점을 조절하기 위해 증발기내의 감압 압력조절은 필수적으로 요구된다. 다중효용 증발기내 물질수지(mass balance)는 식 (6−19), 액상식품 내 용질(고형분)의 물질수지는 식 (6−20)를 이용하여 구할 수 있다.

$$\dot{m}_f = \dot{m}_{cf3} + \dot{m}_{vf1} + \dot{m}_{vf2} + \dot{m}_{vf3} \quad (6-19)$$

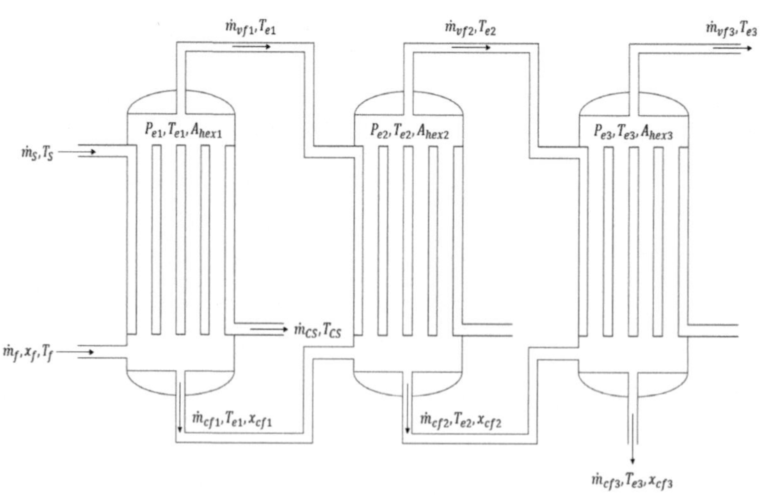

[그림 6.4] 다중효용 증발기 개략도

$$\dot{m}_f x_f = \dot{m}_{cf1} x_{cf1}, \dot{m}_{cf1} x_{cf1} = \dot{m}_{cf2} x_{cf2}, \dot{m}_{cf2} x_{cf2} = \dot{m}_{cf3} x_{cf3} \rightarrow \dot{m}_f x_f = \dot{m}_{cf3} x_{cf3} \quad (6-20)$$

여기서, 각 식에서 항의 아래첨자는 증발기의 순서를 나타낸다.

다중효용 증발기에서 각각의 증발기의 에너지수지(energy balance)는 식 (6-21), (6-22) 및 (6-23)과 같이 나타낼 수 있다.

$$\dot{m}_f h_f + \dot{m}_S h_S = \dot{m}_{cf1} h_{cf1} + \dot{m}_{vf1} h_{vf1} + \dot{m}_{CS} h_{CS} \quad (6-21)$$

$$\dot{m}_{cf1} h_{cf1} + \dot{m}_{vf1} h_{vf1} = \dot{m}_{cf2} h_{cf2} + \dot{m}_{vf2} h_{vf2} + \dot{m}_{CS1} h_{CS1} \quad (6-22)$$

$$\dot{m}_{cf2} h_{cf2} + \dot{m}_{vf2} h_{vf2} = \dot{m}_{cf3} h_{cf3} + \dot{m}_{vf3} h_{vf3} + \dot{m}_{CS2} h_{CS2} \quad (6-23)$$

여기서, $\dot{m}_{CS1}, \dot{m}_{CS2}$: 제 1, 2 증발기에서 발생된 증기의 응축 유량 [kg/s], h_{CS1}, h_{CS2} : 응축된 증기 엔탈피 [kJ/kg]

단일효용 증발기와 마찬가지로 원료 및 응축된 액상식품의 엔탈피는 비열과 온도 증가량을 이용하여 추정한다. 온도 증가량은 각각의 증발기의 액상식품의 비점(T_{e1}, T_{e2}, T_{e3})과 기준 온도 0℃를 이용하여 구한다. 또한 각각의 증발기내 열교환기의 열전달량은 다음과 같이 표현된다.

$$q = U_1 A_{hex1} (T_S - T_{e1}) \quad (6-24)$$

$$q = U_2 A_{hex2} (T_{e1} - T_{e2}) \quad (6-25)$$

$$q = U_3 A_{hex3} (T_{e2} - T_{e3}) \quad (6-26)$$

여기서, 각 식에서 항의 아래첨자는 증발기의 순서를 나타낸다.

다중효용 증발기의 스팀경제성(steam economy)는 다음과 같이 나타낼 수 있다.

$$\text{Steam economy} = \frac{\dot{m}_{vf1} + \dot{m}_{vf2} + \dot{m}_{vf3}}{\dot{m}_S} \quad (6-27)$$

6.3 유전가열(dielectric heating)

유전가열이란 전기장 또는 전자기파에 의해 유전체를 가열하는 방법으로써 높은 주파수에서 유전체 내의 분자 쌍극자 회전(molecular dipole rotation)에 의하여 유전체가 가열된다.

전자기파(전자파, electromagnetic waves)란 전기의 흐름에 의해 자유공간에서 전기장과 자기장이 동시에 발생하여 이들이 주기적으로 바뀌면서 생기는 파동으로 정의되는 전자기 에너지이다. 전자기파는 주파수(f) 또는 파장(λ)의 범위에 따라 γ 선(γ rays), X 선(X rays), 자외선(UV : Ultra violet), 가시광선(Visible light), 적외선(IR : Infrared), 마이크로파(Microwaves) 및 라디오파(Radio waves)로 구분할 수 있다(그림 6.5). 식품의 비가열처리 공정에는 γ 선, X 선, 자외선, 가열처리 공정에는 적외선, 마이크로파, 라디오파가 주로 사용되고 있다.

전자기파의 에너지 및 전자기파와 물질과의 상호작용(interaction)의 형태(에너지 전이)는 주파수 및 파장에 따라 다르게 나타난다. 전자기파의 전파속도는 빛의 속도로 전파되며 식 (6-28), 전자기파가 갖는 에너지는 광자에너지(energy of photon)로 산출할 수 있고 전자기파의 에너지는 전자기파의 주파수에 비례하며 식 (6-29)로 구할 수 있다. 광자(Photon) 또는 전자(Electron)의

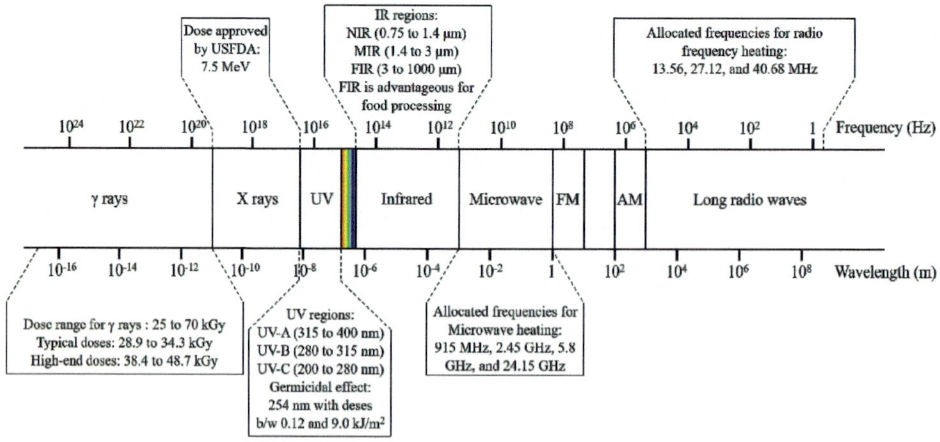

[그림 6.5] 전자기파 스펙트럼

에너지 단위는 Joule(J)이 아닌 electron-volt(eV)이고 1 eV(= 1.602×10^{-19}J)는 하나의 광자 또는 전자를 1 V 올리는데 필요한 에너지이다.

$$c = \frac{1}{\sqrt{\epsilon_0 \mu_0}} \tag{6-28}$$

$$E = hf = h\frac{c}{\lambda} \tag{6-29}$$

여기서, c : 자유공간에서의 빛의 속도(3×10^8m/s), ϵ_0 : 자유공간에서의 유전율(8.854×10^{-12}F/m), μ_0 : 자유공간에서의 투자율(1.257×10^{-6}H/m), E : 광자에너지(Energy of photon, J 또는 eV), h : Plank 상수(6.63×10^{-34} (J·s = 4.14×10^{-15}eV·s), f : 주파수(Hz), λ : 파장(m)

유전체(dielectric material)란 전기장 내에 극성을 지니게 되는 절연체로 전기장 내에서 전자의 움직임이 발생하지 않고 대신 정전하와 부전하가 변위되어 전하가 분리되는 분극현상이 일어나는 물질이다. 식품은 절연체에 가깝기 때문에 유전가열에 적합하며, 수분, 염분 및 전해질 성분이 다량으로 함유하고 있는 식품의 유전가열은 높은 열효율과 짧은 가열시간의 장점이 있다. 유전가열 중 마이크로파 가열(microwave heating)과 라디오파 가열(radio frequency)이 식품의 열처리, 살균, 멸균, 건조 등에 주로 사용되고 있으며, 본 장에서는 마이크로파 및 라디오파 가열의 가열원리, 복소유전율, 마이크로파 및 라디오파 가열장치의 구성요소에 대해 소개하고자 한다.

6.3.1 마이크로파 가열(microwave heating)

마이크로파(microwaves)는 300 MHz 내지 300 GHz(등가 파장 : 1 mm 내지 1 m) 주파수 범위의 교류신호(alternating current signal)인 전자기파(electromagnetic wave)이다. 마이크로파는 레이다, 내비게이션 장치 및 각종 통신수단에 사용되는 중요한 전자기파이기 때문에, ITU(International Telecommunication Union) 및 Federal Communications Commission (FCC, USA) 등과 같은 조직은 산업적(industrial), 과학적(scientific) 및 의학적(medical) 용도의 마이크로파 주파수 범위(ISM microwave bands)를 할

당 및 규제하고 있다. 마이크로파 가열에 할당되는 주파수는 915 MHz(±15 MHz), 2.45 GHz(±50 MHz), 5.8 GHz(±75 MHz) 및 24.125 GHz(±125 MHz)이고 이 중 915 MHz는 식품산업용 마이크로파 가열장치, 2.45 GHz는 가정용 마이크로파 오븐에 주로 사용되고 있다. 915 MHz 및 2.45 GHz의 파장의 길이($\lambda_{915\ MHz}$ 및 $\lambda_{2.45\ GHz}$)는 각각 0.328 m 및 0.122 m이다.

$$\lambda_{915\ \mathrm{MHz}} = \frac{3 \times 10^8\,(m/s)}{915 \times 10^6\,(1/s)} = 0.328\,\mathrm{m}$$

$$\lambda_{2.45\ \mathrm{GHz}} = \frac{3 \times 10^8\,(\mathrm{m/s})}{2.45 \times 10^9\,(1/\mathrm{s})} = 0.122\,\mathrm{m}$$

마이크로파(microwaves)는 가시광선과 유사하게 빔(beam)으로 형성되어 중공(中空) 관을 통해 전달할 수 있다. 재료의 유전특성(dielectric properties)에 따라 마이크로파는 투과될 수도 또는 반사될 수 있다. 예를 들어, 유리, 테플론(Teflon), 도자기 등과 같은 식품 용기들은 낮은 유전특성을 갖고 있기 때문에 마이크로파는 투과될 수 있으며 유전가열이 발생되지 않는다. 이러한 재료들을 마이크로파 투과 물질로 간주할 수 있다.

기존의 식품 가열처리 방법과 비교하여 마이크로파 가열의 가장 큰 장점은 전자기파의 에너지를 식품 내에서 직접 열에너지로 변환시켜 식품을 전체적으로 가열(volumetric heating)하기 때문에 짧은 시간 내에 식품의 급격한 온도 증가가 일어난다. 마이크로파 가열은 식품의 건조, 데치기(blanching), 템퍼링(tempering), 살균 및 멸균 등에 사용되고 있다. 그러나 마이크로파 가열은 식품의 형상 및 용량에 따라 국부가열(localized heating)에 의한 불균일한 가열이 발생하는 단점이 있다. 이러한 불균일한 가열을 방지하고 최종 식품의 품질을 향상시키기 위해 마이크로파 가열과 진공, 적외선 가열 등과 같은 기존 가열 방식이 복합된 새로운 가열 방법들이 연구되고 있다.

[1] 마이크로파 가열 원리(mechanism of microwave heating)

식품의 마이크로파 가열은 주로 식품 내의 이온분극(ionic polarization)과 분자(쌍극자)회전(dipole rotation)에 의해 발생한다. 식품은 소금 등과 같은 이온과 물과 같은 분자를 다량으로 함유하고 있어 식품에 마이크로파를 가하게 되면 전자기파 에너지가 분자의 진동에너지로 변형되고 이 진동에너지에 의한 마찰에 의해 식품이 가열된다. 마이크로파 가열에 영향을 주는 요인으로는 마이크로파의 주파수, 유전특성, 식품의 형상, 질량, 열적 특성, 수분 함유량 등이 있다. 특히, 유전특성은 마이크로파 가열에 크게 영향을 주는 중요한 요소이다.

이온을 함유한 식품에 마이크로파가 가해지면 마이크로파의 전기장에 의해 이온이 갖고 있는 고유의 전하 특성으로 인하여 가속된 속도로 식품 내에서 이동하게 된다. 가속된 속도로 이동하는 이온들은 서로 충돌하여 결과적으로 이온의 운동에너지가 열에너지로 변환된다. 이온의 농도가 높은 식품은 이온 충돌이 더 많이 발생하여 빠르게 식품의 온도를 증가시킨다. 이러한 현상을 이온 분극(ionic polarization)이라 한다.

마이크로파에 의해 가열되는 물질들은 분극 분자(polar molecule)를 가지고 있다. 식품 재료들은 물과 같은 분극 분자를 다량으로 함유하고 있다. 이러한 분극 분자들은 무질서한 모양(임의의 방향)으로 배열되어 있다. 마이크로파가 식품에 조사하게 되면 마이크로파의 정전기장 전위 변화에 따라 분극 분자들은 인력(attractive force)과 척력(repulsive force)에 의해 배열이 변화하게 된다. 예를 들어 산소(O (δ^-))와 수소(H (δ^+))로 구성된 물 분자가 정전기장에 놓이게 되면 물 분자의 양극(δ^+)은 −전위로 배열되고 정전기장의 방향이 바뀌게 되면 물 분자의 음극(δ^-)은 +전위로 배열된다. 2.45 GHz 마이크로파 정전기장의 방향은 1초에 약 24억 5천만번 변화한다. 2.45 GHz의 마이크로파가 식품에 조사하게 되면 식품내의 극성 분자들은 빠르게 변화하는 마이크로파 정전기장의 극성에 따라 정렬을 유지하기 위해 분자회전(dipole rotation)을 하게 된다(그림 6.6). 이러한 빠른 분자 회전은 식품 내의 극성분자 및 매질(surrounding

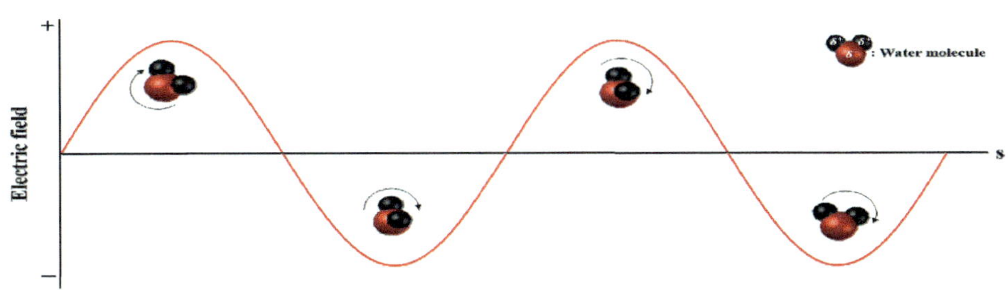

[그림 6.6] 전기장 내 극성 분자의 회전

medium)과의 마찰로 인한 열에너지로 인하여 식품이 가열된다. 온도가 증가함에 따라 극성 분자는 정전기장의 극성에 더 빠르게 정렬한다.

[2] 유전특성(dielectric properties)

마이크로파 가열에 있어서 식품의 전기적 특성은 매우 중요하다. 이러한 전기적 특성은 유전특성(복소유전율, complex permittivity)으로 나타낼 수 있다. 유전율 복소유전율은 물체가 전기장 내에서 나타내는 특성 즉, 전자기파의 교류성 전기장에 따라 유전체가 반응하는 정도(손실)를 복소수 형태로 정의하여 손실표현이 가능하도록 하는 특성이다. 복소유전율(ϵ_c)은 실수부인 유전상수(ϵ', dielectric constant)와 허수부인 손실계수(ϵ'', dielectric loss factor)로 구성되고 유전상수는 물체가 전기에너지를 흡수 또는 저장하는 능력을 나타내며, 손실계수는 물체의 전기에너지 손실용량(열의 형태로 손실)되는 것을 나타낸다. 유전상수(ϵ')는 통상의 유전율(permittivity, ϵ)를 나타내고 손실계수(ϵ'')는 유전체 내에서 교류성 전기장(또는 전자기파)이 겪는 전력손실을 의미한다.

$$\epsilon_c = \epsilon' - j\epsilon'' = \epsilon'\left(1 - j\frac{\sigma}{2\pi f \epsilon'}\right) = \epsilon'(1 - j\tan\delta) \qquad (6\text{-}30)$$

$$\tan\delta = \frac{\epsilon''}{\epsilon'} \qquad (6\text{-}31)$$

여기서, ϵ_c : 복소유전율[F/m], σ : 전기전도도(S/m, S : Siemens [1/ohm]), f : 주파수[Hz], $\tan\delta$: 손실탄젠트(또는 손실역률), δ : 손실각

손실탄젠트(또는 손실역률, loss tangent)는 식품 내 마이크로파 에너지의 침투 및 마이크로파 에너지가 열에너지 등으로 손실되는 척도로 식 (6-31)과 같이 표현된다. 또한 손실탄젠트가 클수록 마이크로파의 전달이 감소한다. 비유전율(relative permittivity)는 매질의 유전율과 진공의 유전율의 비로 식 (6-32)과 같이 표현된다.

$$\epsilon_r = \frac{\epsilon}{\epsilon_0} = \frac{\epsilon_c}{\epsilon_0} = \frac{\epsilon' - j\epsilon''}{\epsilon_0} = \epsilon_r(1 - j\tan\delta) = \epsilon_r' - j\epsilon_r'' \qquad (6\text{-}32)$$

여기서, ϵ_r : 비유전율, ϵ_0 : 진공에서의 유전율(8.854×10^{-12}F/m),

$\epsilon_r^{'}$: 비유전상수, $\epsilon_r^{''}$: 비손실계수

대부분의 고체 및 액체 상태 물질의 비유전상수(relative dielectric constant, $\epsilon_r^{'}$)는 1보다 크고, 비유전상수는비손실계수(relative loss factor)는 전기장 내에서 물질의 전기전도도(electrical conductivity) 또는 비저항(specific resistance)의 함수로 표현할 수 있다.

$$\epsilon_r^{''} = \frac{\epsilon^{''}}{\epsilon_0} = \frac{\sigma}{2\pi f \epsilon_0} = \frac{1}{2\pi f \rho \epsilon_0} \tag{6-33}$$

여기서, σ : 전기전도도(S/m, S : Siemens[1/ohm]), ρ : 비저항[ohm·m]

대표적인 복소유전율 측정방식에는 coaxial probe, transmission line, free space, resonant cavity, parallel plate, inductance measurement 방식 등이 사용되고 특히 식품의 복소유전을을 측정하기 위해 coaxial probe 및 parallel plate 방식이 주로 사용된다(그림 6.7). Coaxial probe 방식은 동축케이블(coaxial cable)을 사용하여 회로망분석기(network analyzer)에 연결된 coaxial probe를 시료의 표면에 접촉하여 측정된 반사계수(S-parameter 중 S_{11}(Reflection coefficient))를 복소유전율을 환산하는 방식이며, 시료의 전처리 없이 유전율을 측정할 수 있다는 장점이 있다. 고체 시료뿐만 아니라 분

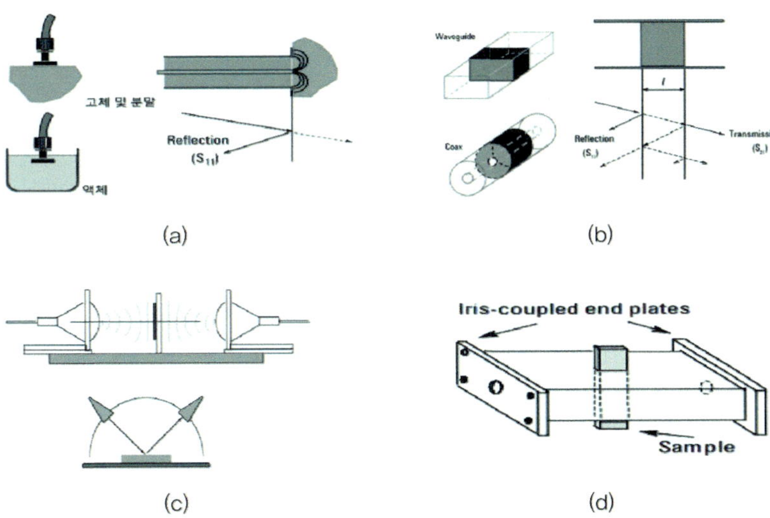

[그림 6.7] 복소유전율 측정방식 : (a) Coaxial Probe, (b) Transmission Line, (c) Free Space, (d) Resonant Cavity

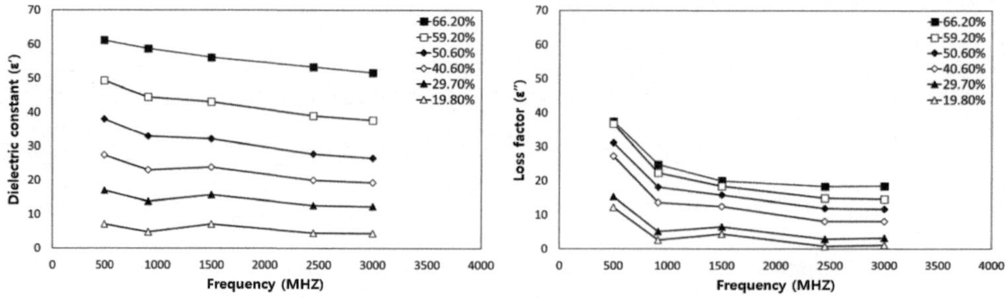

[그림 6.8] 함수율과 주파수 변화에 따른 고구마의 복소유전율 변화

말, 액체, 분말 시료에도 쉽게 적용할 수 있다. Coaxial probe 방식을 사용하여 물질의 복소유전율을 측정할 때, 발생될 수 있는 오차의 요인은 프로브와 연결된 동축케이블의 안정성(cable stability), probe와 접촉된 시료 사이의 공극(air gap), 재료의 두께 등이 있다.

복소유전율은 주파수, 압력, 온도, 재료의 구성성분, 계측 방법 등에 영향을 받는다. 그림 6.8은 고구마의 함수율과 측정주파수에 따른 복소유전율 변화를 나타낸 것으로 동일한 주파수에서는 함수율의 변화에 따라 유전상수와 손실계수가 감소하는 경향이 나타나고, 동일한 함수율에서는 주파수가 증가함에 따라 유전상수와 손실계수가 감소하는 경향이 나타난다. 농산물 및 식품의 유전특성은 구성성분 및 구조와 밀접하게 관련이 있으며, 주파수, 함수율, 온도에 큰 영향을 받는다.

[3] 마이크로파 열 변환 및 침투깊이(conversion of microwave energy into heat and penetration depth of microwave)

마이크로파 자체는 열에너지가 아니며 마이크로파 가열은 앞서 언급한 바와 같이 마이크로파 에너지와 유전체간의 상관관계(이온분극, 분자(쌍극자) 회전)에 의해 발생된다. 마이크로파 에너지에 의한 열 변환 에너지(유전체 단위 면적당 마이크로파 에너지 흡수량)는 식 (6-34)을 이용하여 추정할 수 있다.

$$P_v = 2\pi f E^2 \epsilon_0 \epsilon_r'' = 2\pi f E^2 \epsilon_0 \epsilon_r' \tan\delta \qquad (6\text{-}34)$$

여기서, P_v : 마이크로파 열 변환 에너지 [W/m^3], E : 전기장의 강도 [V/m] $\tan\delta$: 손실탄젠트(ϵ_r''/ϵ_r')

마이크로파의 유전체 침투깊이(penetration depth)는 식 (6-35)을 이용하여 산출할 수 있다. 열 변환 에너지와 마이크로파 침투깊이는 유전체의 유전특성과 마이크로파 주파수에 따라 변화한다. 즉, 식품 고유의 유전특성 및 온도에 따라 마이크로파 가열 효율 및 침투깊이는 큰 영향을 받는다.

$$d_p = \frac{c}{2\sqrt{2}\,\pi f\left(\epsilon_r'\left[\sqrt{1+\left(\frac{\epsilon_r''}{\epsilon_r'}\right)^2}\,\right]\right)^{1/2}} \tag{6-35}$$

여기서, d_P : 마이크로파 침투 깊이(m)

[4] 마이크로파 가열 장치(microwave heating device)

실생활에서 식품을 가열 또는 재가열하기 위해 주로 사용되는 전자레인지(또는 microwave oven)와 식품산업에서 사용되는 연속식 마이크로파 가열 장치는 크게 전원장치(power supply), 마그네트론(magnetron), 도파관(waveguide), 조리실(cavity), 제어부(control panel)로 구성되어 있다.

전원장치(power supply)는 마이크로파 가열 장치의 핵심부분인 마그네트론에 고전압을 전송하는 장치로 교류 전류(AC)를 직류 전류(DC)로 변환하는 고전압 변압기가 내장되어있고, 마그네트론에서 마이크로파를 발생할 수 있도록 수천 V의 직류 전원을 공급한다.

마그네트론(magnetron)은 일종의 마이크로파 튜브(마이크로파 생성장치, 선형 빔튜브 생성)로써 자기장과 전자 빔의 상호작용을 통해 일정 주파수 범위의 마이크로파를 생성하는 장치이다. 마이크로파 가열을 위한 마그네트론의 발진 주파수는 915 MHz와 2.45 GHz로 제한되어 있으며, 가정용 전자레인지의 발진 주파수는 일반적으로 2.45 GHz이다.

도파관(waveguide)은 전자기파의 전력을 원하는 지점까지 가능한 그대로 전달 할 수 있도록 전파를 유도하는 일종의 마이크로파 전송선으로 금속의 내부가 중공인 평행평판(parallel-plate), 구형(rectangular), 원형(circular) 도파관 등이 사용된다. 도파관은 발진 주파수 범위에 따라 규격화되어 있으며, 2.45 GHz의 마이크로파를 전송하기 위해 WR340 또는 WR430 구형 도파관이 주로 사용되고 있다. 또한, 전송 중 전력 손실을 줄이기 위해 stub를 이용한 임피던스매칭(impedance matching)이 필요하다.

조리실(cavity)은 다중 가열 영역이 발생하는 multi-mode cavity와 하나의 집중된 가열 영역이 발생하는 single-mode cavity로 분류할 수 있고, 실생활에 사용되는 전자레인지의 조리실은 일반적으로 multi-mode cavity이며 식품의 균일한 가열을 위해 주로 회전접시(turn table)를 사용한다. 또는 마그네트론에서 발생된 마이크로파를 multi-mode cavity 내에 균일하게 분사하기 위해 마이크로파가 반사될 수 있는 금속 재질로 만들어진 팬(fan)을 사용한다.

6.3.2 라디오파 가열(radio frequency heating)

마이크로파(microwaves) 가열과 유사한 라디오파 가열은 유전가열로 분류될 수 있고 라디오파 가열은 고상, 액상 및 다상 식품을 빠르고 품을 전체적으로 가열한다. 라디오파 가열에 주로 사용되는 전자기파 주파수는 13.56, 27.12 및 40.68 MHz이다. 그림 6.9는 라디오파 가열 장치 개략도이며, 높은 전기장에서 변환된 전자기장이 식품 내 이온성분의 분극을 유도하기 때문에 라디오파 에너지는 두 전극 사이에 놓인 식품과의 직접적인 접촉 없이 전자기파를 통과시켜 생성될 수 있다. 전극 중 하나는 접지가 되어 있고 두 전극의 구조는 전하를 축적할 수 있는 커패시터 구조와 유사하다.

라디오파 가열 또한 전자기파 에너지를 열에너지로 변환하여 식품을 가열하기 때문에 식품의 유전특성에 따라 가열 효율이 달라지고, 식 (6-34)과 식 (6-35)을 이용하여 라디오파 열 변환 에너지, 유전체 침투깊이를 산출할 수 있다.

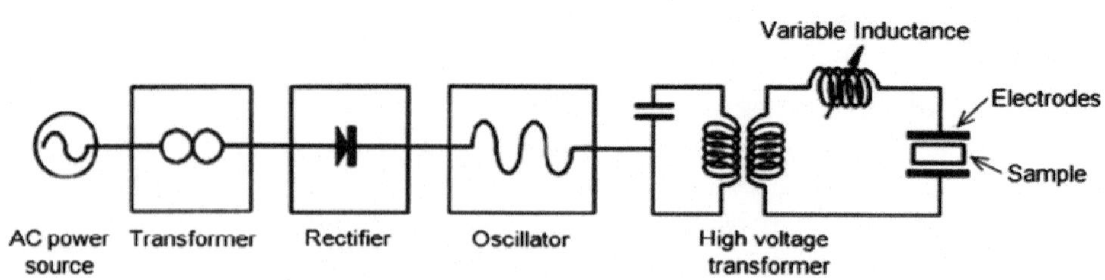

[그림 6.9] 라디오파 가열 장치 개략도

6.4 통전가열(ohmic heating)

통전가열(ohmic heating)이란 한 쌍의 전극판(electrode) 사이에 식품을 전극판과 직접 접촉시켜 전기(교류전류, AC)를 통과시키면 식품의 전기 저항특성에 의해 전기에너지가 열에너지로 변환되어 식품을 가열하는 방법이다(그림 6.10). 통전가열은 Joule heating, electrical resistance heating이라고도 하며, 다양한 식품 가공 분야에서 사용되며 특히 식품의 살균 및 멸균, 단백질성 식품의 제조(예 : 두부 제조)에 활용되고 있다. 통전가열은 높은 에너지 효율을 얻을 수 있는데 최대 90%의 전기에너지가 모두 열에너지로 변환된다. 통전가열의 가열속도(heating rate)는 식품의 전기적 특성인 전기전도도(electrical conductivity)에 큰 영향을 받는다. 통전가열을 단상식품(single phase food) 가열에 이용하면 높은 열효율과 함께 균일한 가열이 이루어진다. 다상식품(multiphase food)의 가열에 적용할 경우, 각기 다른 상(액체 또는 고체)의 전기전도도에 의한 불균일한 가열이 발생한다.

6.4.1 전기전도도(electrical conductivity)

전기전도도(electrical conductivity, σ)는 물질이 전하를 운반할 수 있는 정도를 나타내는 물리량으로 비저항(specific resistance, ρ)과 역수의 관계를 나타낸다. 식품의 전기전도도는 식품의 구성 성분에 따라 크게 다르며 특히 소금과 같은 전해질을 함유하고 있는 식품의 전기전도도는 매우 크다. 전기전도도는 식 (6-36)을 이용하여 산출할 수 있다.

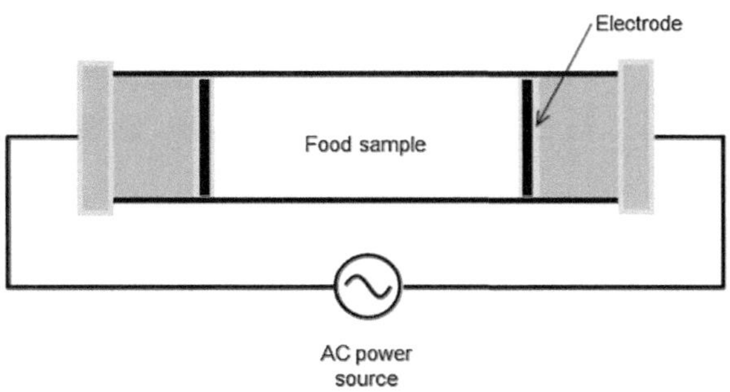

[그림 6.10] 통전가열(ohmic heating) 개략도

$$\sigma = \frac{L}{A} \cdot \frac{I}{V} \tag{6-36}$$

여기서, σ : 전기전도도(S/m, S : Siemens [1/ohm]), L : 전극판 사이의 거리 [m], A : 전극판의 면적 [m^2], I : 전류 [A], V : 전압 [V]

그림 6.11 다양한 농산물의 전기전도도를 나타내었다. 그림 6.11 (a)에 보이는 바와 같이 대부분의 농산물 및 식품의 전기전도도는 온도가 증가함에 따라 선형적으로 증가한다. 즉 농산물 및 식품의 전기전도도는 온도와 선형함수의 관계를 갖는다. 기준온도의 전기전도도를 알고 있다고 하면 온도에 변화에 의한 전기전도도를 선형 근사(linear approximation)를 이용하여 식 (6-37)로 산출할 수 있다. 하지만, 그림 6.11(b) 및 (c)와 같이 온도가 증가함에 따라 구성성분의 변화[에 : 전분호화(starch gelatinization)]로 인하여 비연속 선형관계가 나타난다.

$$\sigma_T = \sigma_0[1 + m(T - T_0)] \tag{6-37}$$

여기서, σ_T : 특정 온도 전기전도도, σ_0 : 기준 온도 전기전도도, m : 선형온도계수, T : 온도 [℃], T_0 : 기준온도 [℃]

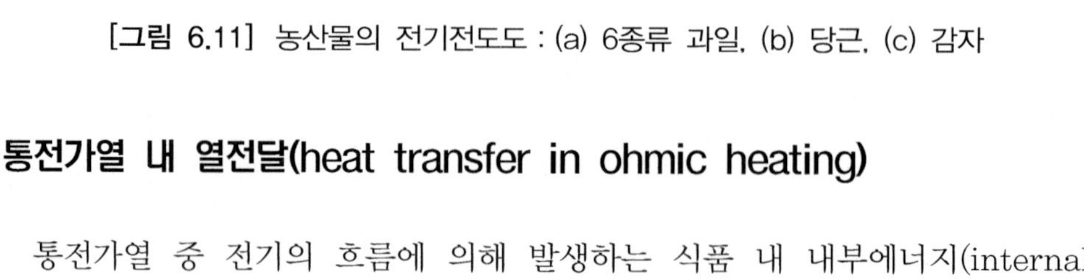

(a) (b) (c)

[그림 6.11] 농산물의 전기전도도 : (a) 6종류 과일, (b) 당근, (c) 감자

6.4.2 통전가열 내 열전달(heat transfer in ohmic heating)

통전가열 중 전기의 흐름에 의해 발생하는 식품 내 내부에너지(internal energy)발생은 식 (6-38)을 이용하여 산출할 수 있다. 식 (6-38)은 ohm의 법칙(I^2R)과 유사하며 식품의 전기적 특성에 따라 발생되는 내부에너지는 변화한다.

$$Q = \sigma(T)|E|^2 = \sigma(T)|-\nabla V|^2 \tag{6-38}$$

여기서, Q : 내부에너지 [W/m³], $\sigma(T)$: 전기전도도, E : 전기장의 세기 [V/m], ∇ : 델연산자, V : 전압 [V]

식품 내 전압 또는 전기장 구배 및 온도 구배는 식 (6-39)과 식 (6-40)을 이용하여 구할 수 있다. 온도 구배를 위한 식 (6-40)에서 질량 전달(mass transfer)과 대류의 효과는 간주하지 않는다.

$$\nabla[\sigma(T)\nabla V] = 0 \tag{6-39}$$

$$\rho C_p \frac{\partial T}{\partial t} = \nabla(k\nabla T) + Q \tag{6-40}$$

여기서, ρ : 밀도 [kg/m³], C_p : 비열 [kJ/kg℃], k : 열전도도 [W/mK], t : 시간 [s]

6.4.3 회로 유추 모델(circuit analogy model)

다상 식품(multiphase food)을 통전가열을 이용하여 가열할 경우, 고상, 액상 식품의 전기전도도 차이에 의하여 불균일한 가열이 나타난다. 이러한 다상 식품 내 전기전도도의 차이를 Sastry와 Salengke(1998)는 다상식품의 총 등가 저항을 산출하는 회로 유추 모델을 개발하였다. 다상식품을 그림 6.12의 전기회로로 표현하였다. 다상식품 내 총 등가 저항은 식 (6-41)를 이용하여 구할 수 있다.

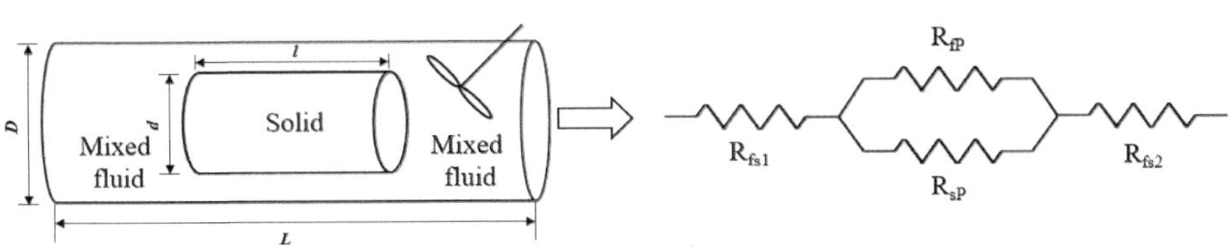

[그림 6.12] 다상식품의 회로 유추 모델

$$R = R_{fS1} + R_{fS2} + \frac{R_{fP}R_{sP}}{R_{fP} + R_{sP}} \tag{6-41}$$

$$R_{fS1} = R_{fS2} = \frac{L-l}{\frac{\pi D^2}{2}(\sigma_{0f}[1+m_f(T_f-T_0)])} \tag{6-42}$$

$$R_{fP} = \frac{l}{\frac{\pi(D^2-d^2)}{4}(\sigma_{0f}[1+m_f(T_f-T_0)])}$$

$$R_{sP} = \frac{l}{\frac{\pi d^2}{4}(\sigma_{0s}[1+m_s(T_s-T_0)])} \tag{6-43}$$

여기서, D : ohmic tube 지름[m], d : 고상식품 지름[m], L : ohmic tube 길이[m], l : 고상식품 길이(m), R : 다상식품 등가저항[Ω], R_{fs} : 액상식품 직렬연결 저항[Ω], R_{fP} : 액상식품 병렬연결 저항[Ω], R_{sP} : 고상식품 병렬연결 저항[Ω], σ_{0f} : 액상식품 기준온도 전기전도도[S/m], σ_{0s} : 고상식품 기준온도 전기전도도[S/m], m_f : 액상식품 온도계수, m_s : 고상식품 온도계수, T_f : 액상식품 온도[℃], T_s : 고상식품 온도[℃], T_0 : 기준온도[℃]

6.5 적외선가열(infrared heating)

적외선(infrared)이란 가시광선보다 파장이 긴 전자기파의 한 부분으로 가시광선 영역의 붉은색 가시광선 영역보다 파장이 길다. 적외선은 크게 근적외선[near infrared(NIR), 파장 : 0.75 내지 1.4 μm], 중적외선[Mid Infrared (MIR), 파장 : 1.4 내지 3 μm], 원적외선[Far Infrared(FIR), 파장 : 3 내지 1000 μm]영역으로 분류할 수 있다. 적외선 가열은 적외선과 식품 내 구성성분, 이온 및 분자들의 상관관계를 바탕으로 분자를 진동시켜 진동에 의한 마찰열로 식품을 가열하는 방식이다. 식품의 주 구성성분인 물, 지질, 단백질과 당분은 적외선 흡수 파장범위는 크게 2.7 내지 5.92이며, 구성성분에 따라 흡수 파장영역이 다르다. 적외선 가열은 높은 열에너지 효율과 빠른 가열 속도로 인해 살균, 멸균, 해동, 건조 등과 같은 다양한 식품가공공정에 활용되고 있다. 특히 식품가공공정에서 근적외선과 원적외선이 주로 사용되고 있으며, 근적외선의 침투깊이는 대략 1 mm로 식품의 표면에 열을 발생시킨다. Wien 변위 법칙(Wien's displacement law)에 의해 특정 온도에서 적외선의 최대 파장 길이(λ_{max})를 구할 수 있다.

$$\lambda_{max} = \frac{2898}{T} \tag{6-44}$$

여기서, T : 온도 [℃]

참고문헌

1. 3김만수 외 6인, 생체물성공학, 2006
2. 김형열 외 4인, 식품가공 기술학, 2003
3. 변유량 외 8인, 식품공학, 2016
4. 손종철. "전자레인지 (Microwave Oven) 란 무엇인가?." 식품과학과 산업 32, no. 1 (1999) : 2-11.
5. 안장우 및 김선아, 식품가공 및 저장학, 2016
6. 유상렬 외 4인, 식품미생물학, 2014
7. 이준신 외 8인, 태양전지공학 개론, 2013
8. 홍석인. "마이크로파 (MW) 가열특성." 식품기술 9, no. 1 (1996) : 144-150.
9. Chandrasekaran, S., Ramanathan, S. and Basak, T., 2013. "Microwave food processing-A review." Food Research International, 52(1), pp.243-261.
10. Jin, Yinzhe, Chancong Jiang, Yang Jiao, Yvan Llave, Mika Fukuoka, and Noboru Sakai. "Analysis of ohmic heating of yellowtail (Seriola quinqueradiata) fillets at high frequencies by 3D simulation-Effect of ohmic heating system (batch and pseudo-continuous), sample shape, and size." Innovative Food Science & Emerging Technologies 66 (2020) : 102482.
11. Jun, Soojin, and Sudhir Sastry. "Modeling and optimization of ohmic heating of foods inside a flexible package." Journal of Food Process Engineering 28, no. 4 (2005) : 417-436.
12. Khan, Muhammad Talha, and Syed Muzamil Ali. "A brief review of measuring techniques for characterization of dielectric materials." International Journal of Information Technology and Electrical Engineering 1, no. 1 (2012).
13. Koral, Tony. "Radio frequency heating and post-baking." Biscuit World Issue 7.4 (2004) : 1-6.

14. Krishnamurthy, Kathiravan, Harpreet Kaur Khurana, Jun Soojin, Joseph Irudayaraj, and Ali Demirci. "Infrared heating in food processing : an overview." Comprehensive reviews in food science and food safety 7, no. 1 (2008) : 2–13.

15. Lee, Dongyoung, Sangdae Lee, Chang Joo Lee, and Seung Hyun Lee. "Detection of artificially water–injected frozen Octopus minor (Sasaki) using dielectric properties." Journal of Chemistry 2019 (2019).

16. Lee, Dongyoung, Changyeun Mo, Chang Joo Lee, and Seung Hyun Lee. "Change in dielectric properties of sweet potato during microwave drying." Food science and biotechnology 28, no. 3 (2019) : 731–739.

17. Lee, Seung Hyun, Won Choi, and Soojin Jun. "Conventional and emerging combination technologies for food processing." Food engineering reviews 8, no. 4 (2016) : 414–434.

18. Note, Agilent Application. "Agilent basics of measuring the dielectric properties of materials." Agilent literature number (2006) : 1–34.

19. Pozar, David M. "Microwave engineering." John wiley & sons, 2011.

20. Rosenthal, Ionel. "Electromagnetic radiations in food science." 2012.

21. Sastry, Sudhir K., and S. Salengke. "OHMIC HEATING OF SOLID-LIQUID MIXTURES : A COMPARISON OF MATHEMATICAL MODELS UNDER WORST-CASE HEATING CONDITIONS 1." Journal of Food Process Engineering 21, no. 6 (1998) : 441–458.

22. Sarang, Sanjay, Sudhir K. Sastry, and Lynn Knipe. "Electrical conductivity of fruits and meats during ohmic heating." Journal of Food Engineering 87.3 (2008): 351–356.

23. Shim, JaeYong, Seung Hyun Lee, and Soojin Jun. "Modeling of ohmic heating patterns of multiphase food products using computational fluid dynamics codes." Journal of Food Engineering 99, no. 2 (2010) : 136–141.

24. Singh, R. Paul, and Dennis R. Heldman. "Introduction to food engineering." Gulf Professional Publishing, 2001.

25. Terigar, B.G., Balasubramanian, S. and Boldor, D., 2010. "An analysis of the microwave dielectric properties of solvent–oil feedstock mixtures at 300-3000 MHz." Bioresource technology, 101(16), pp.6510–6516.

PART III

비가열처리

CHAPTER

07 비가열기술

학습목표

- 방사선 공정의 원리 및 적용 기계에 대한 이해
- 초고압 공정의 원리 및 적용 기계에 대한 이해
- 콜드 플라즈마 공정의 원리 및 적용 기계에 대한 이해
- 광 펄스 공정의 원리 및 적용 기계에 대한 이해

비가열 공정(Non-thermal process)은 가열, 냉동, 건조 등의 공정들을 거치지 않고 농식품을 살균·보존하는 기술을 말한다. 일반적으로 농식품은 살균을 위하여 60°~100℃에서 짧은 시간 가열된다. 하지만 많은 에너지가 농식품에 흡수되어 원하지 않는 현상들이 일어난다. 비가열 공정에서는 전통적인 열처리 공정보다 낮은 온도에서 살균이 일어나, 농식품의 품질파괴를 최소화한다. 이러한 기술들은 농식품의 살균이나 보존을 위하여 오랫동안 연구되어 왔으며, 최근에 가열 처리된 식품보다는 신선 식품을 선호하는 소비자들의 선호도와 맞물려 많은 관심을 끌고 있다. 따라서 본 장에서는 비가열 공정 기술로 주목 받고 있는 방사선 조사, 초고압 공정, 콜드 플라즈마, 광 펄스 공정의 원리와 적용 기계의 특성에 대해 살펴본다.

7.1 방사선 공정

7.1.1 방사선 공정 개요

방사선 조사는 방사선이 파장의 형태로 공간을 이동하여 에너지를 전달하는 현상을 말한다. 방사선원은 자연에 존재하는 방사성 동위원소(radioactive isotope)의 자연 붕괴에 의해 발생하는 감마선과 전자를 가속시킨 전자선, 그

리고 X선이 있다. 방사선 에너지가 농식품에 흡수될 때 농식품을 구성하는 분자나 원자와 충돌하여 에너지를 잃게 되지만 전자가 방출되면서 전리를 일으킨다. 그리고 방사선에 의해 활성화된 분자는 불안정한 라디칼(free radical)을 발생하여 구성 성분과 반응한다. 이들이 화학작용을 하여 미생물의 DNA를 파괴하고 결국 사멸시킨다.

이러한 방사선을 농식품에 적당히 쪼이면 품질 변화 없이 발아를 억제하거나 숙도를 지연시키고 병원균, 기생충 및 해충을 사멸시켜 안전한 농식품을 만든다. 지금까지 유해 세균과 곰팡이들을 사멸하기 위해서 화학약품들을 사용하였으나 인체에 치명적이고 환경 파괴의 원인으로 지목되고 있다. 따라서 오늘날 많은 선진국에서는 경제적이고 인체에 무해한 방사선 조사 방법을 활용하고 있다. 본 장에서는 방사선이 농식품에서 반응하는 원리와 구체적인 적용 기계시스템을 소개한다.

7.1.2 방사선원의 종류와 반응

주로 두 종류의 방사선원(전자선과 감마선 혹은 X선)이 농식품의 조사에 이용되고 있다. 전자선은 양극관(cathode)에서 발생한 전자들을 전기장에서 가속시켜 높은 에너지를 갖게 한다. 감마선과 X선은 모두 높은 에너지의 전자기파(electromagnetic wave)로 동일한 성질을 가지고 있고, 단지 차이는 발생 방법이다. 감마선은 방사선 동위 원소로부터 발생하고 X선은 기계로부터 발생한다.

방사선의 에너지 세기는 방사선이 대상체에 미치는 영향을 좌우한다. 방사선의 에너지 세기 단위는 MeV(메가 전자 볼트)이다. 메가 전자 볼트는 전자 하나가 백만 볼트(10^6 V)의 전기장을 통과할 때 생기는 에너지로, 1.6×10^{-13} J에 해당한다.

이온화 방사선이 대상체에 미치는 주요한 효과는 이온화이다. 일반적으로 분자의 이온화에 필요한 평균 방사선 에너지는 32 eV이다. 방사선이 대상체와 반응하며 진행할 때, 방사선 에너지는 이온화의 결과로 감쇠된다. 이 감쇠 형태는 방사선의 종류에 따라 달라진다.

전자선이 대상체와 반응하며 진행할때의 감쇠 형태는 그림 7.1의 (1)과 같다. 입사된 전자는 대상 물체와 반응하여 2차 입자(전자 혹은 광자(photon))들을 발생시킨다. 발생된 2차 입자들도 에너지를 가지고 진행하며 또 다른 입자들을 발생시킨다. 이러한 현상은 전자의 에너지가 감소되어 대상 물체에 모두 흡수될 때까지 지속된다. 따라서 최대 에너지는 전자선이 입사되는 표면에 나타나지 않고, 2차 전자들이 가장 많이 분포 된 중간 정도의 투과 깊이에 나타난다.

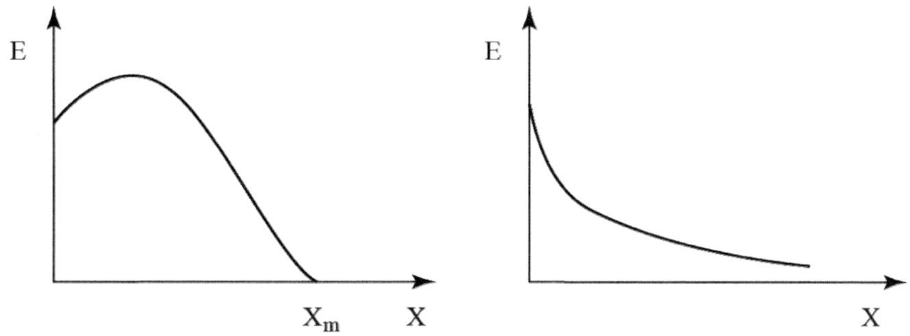

(1) 전자선 (2) 감마선 혹은 X선

[그림 7.1] 방사선이 대상체에 조사되었을 때의 에너지 감쇠

감마선이나 X선은 대상체에 조사될 때 전자선과는 다른 반응을 보인다. 방사선이 대상체를 통과할 때, 에너지 강도는 지수함수적으로 감소한다. 따라서 그림 7.1의 (2)에서와 같이 최대 투과 깊이는 나타나지 않는다.

방사선은 어떤 물질을 투과할 때 그 물질의 분자를 이온화시킴으로써 에너지를 전달한다. 이때 단위질량당 방사선에 의해 흡수된 에너지의 양을 흡수선량(absorbed dose)이라 한다. 흡수선량의 단위로 널리 쓰이고 있는 것은 그레이(Gy)이다. 1 Gy는 1 kg의 물질에 1 J의 에너지가 흡수된 것을 말한다.

7.1.3 방사선 조사가 식품에 미치는 영향

주요 영양소(탄수화물, 단백질, 지방)들은 중간 정도의 선량까지는 영양 성분의 변화가 거의 일어나지 않는다. 오히려 가열, 건조 등의 공정에서 높은 영양 손실이 발생한다. 또한 농식품에 고온을 이용하여 가열했을 때 유발되는 발암물질이 방사선 조사에는 발생하지 않는다. 하지만 높은 선량에서는 탄수화물의 섬유질 구조가 영향을 받고, 특히 지방을 많이 함유한 농식품에서는 악취가 나서 품질이 저하된다. 방사선 조사가 농식품에 적용된 예는 표 7.1과 같다.

[표 7.1] 방사선 조사의 적용 예

효 과	대상 농식품	조사량 [kGy]
멸균	육류, 어패류, 향신료 등	2 - 7
신선도 연장	과일, 야채, 육류 등	0.5 - 5.0
병해충의 살충	곡물, 밀가루, 건조 과일 등	0.2 - 0.8
발아 억제	양파, 마늘, 감자 등	0.05 - 0.15

멸균은 농식품에서 자랄 수 있는 모든 미생물(바이러스 제외)을 제거하며 상대적으로 높은 방사선량을 이용한다. 멸균 처리된 농식품은 상온에서 오랫동안 밀폐용기에 저장해 두어도 미생물에 의한 부패가 일어나지 않는다. 또한 미생물에 의해 쉽게 감염이 일어날 수 있는 향신료나 건조 식품 첨가물의 처리에도 적용되고 있다.

과일이나 채소의 경우 방사선 조사를 통해 숙성이 지연되어 신선도가 연장된다. 하지만 신선도의 연장은 조사된 방사선량과 조사시 대상체의 성숙도에 따라 차이가 있다. 경우에 따라서는 성숙도가 촉진되는 경우도 있다.

방사선 조사에 의한 살충(disinfestation)은 저선량으로 농식품에 숨어있는 저장 해충을 살충하거나 불임화시킬수 있다. 저장 곡물 및 과일의 방사선 조사에 의한 살충은 잔류 농약이 우려되는 훈증제의 사용을 대체할 방법으로 주목받고 있다. 방사선 조사로 처리하면 살충제 잔류를 거의 없앨 수 있다. 또한 방사선 조사는 미생물에 의해 발생하는 식중독균을 없애거나 줄일 수 있다. 육류에 주로 존재하는 병원성 세균(E-coli, Salmonella)등은 1 kGy 이하의 선량으로 개체수를 10% 이하로 감소시킬 수 있다. 이러한 저선량은 품질의 변화에 큰 영향을 주지 않기 때문에, 냉동한 육류 식품의 처리에 매우 효과적이다.

매주 낮은 조사량(0.05~0.15 kGy)은 감자나 양파의 발아를 억제한다. 조사는 세포 분열을 유발하는 DNA에 영향을 주어 발아를 억제한다.

7.1.4 방사선 조사 시설

농식품의 조사는 농식품을 포장된 상태 혹은 산물 형태로 높은 방사선 에너지에 노출시킨다. 농식품의 조사에서는 감마선과 높은 에너지의 전자선이 주로 이용되고 있다. 감마선은 방사선 동위 원소인 코발트(^{60}Co)로부터 발생한다. 방사선 동위 원소에서 발생하는 에너지는 멈출 수 없기 때문에, 사용하지 않을 경우에는 차폐가 되어 있는 수조에 담가서 보관한다. 사용 시에는 물속에 보관된 방사선원이 들어올려지고 컨베이어 벨트에 의해 이송된 농식품이 방사선 에너지가 발산하는 공간을 이동해간다. 감마 조사기에서 선량의 균일도를 향상시키기 위해 그림 7.2와 같이 농식품의 앞면과 뒷면이 방사선원에 노출되도록 한다. 감마선은 극성을 띠고 있지 않아서 농식품에 조사될 경우 지수 함수적으로 감소한다. 일반적으로 감마 조사기에서 조사 에너지가 절반으로 감소하는 깊이는 약 11 cm이다. 따라서 양방향 조사를 할 경우 박스에 포장된 농식품의 처리에 효과적이다. 하지만 감마선은 모든 방향으로 조사 에너지를 발산하기 때문에 처리 속도가 매우 느려서, 1 kGy의 조사에 거의 1시간이 소요된다.

농식품 조사의 다른 조사 시설로는 전자 가속기가 있으며, 그림 7.2와 같이 조사될 농식품이 컨베이어 벨트에 의해 이송되어 전자선에 노출된다. 전자 가속기에서 발생한 전자선은 감마선보다 높은 10 MeV의 에너지를 가지고 있어 4 cm 두께의 농식품 처리에 적합하다. 또한 선량비(dose rate)가 감마선보다 훨씬 크기 때문에 대용량을 신속하게 처리할 수 있다. 전자 가속기의 장점으로

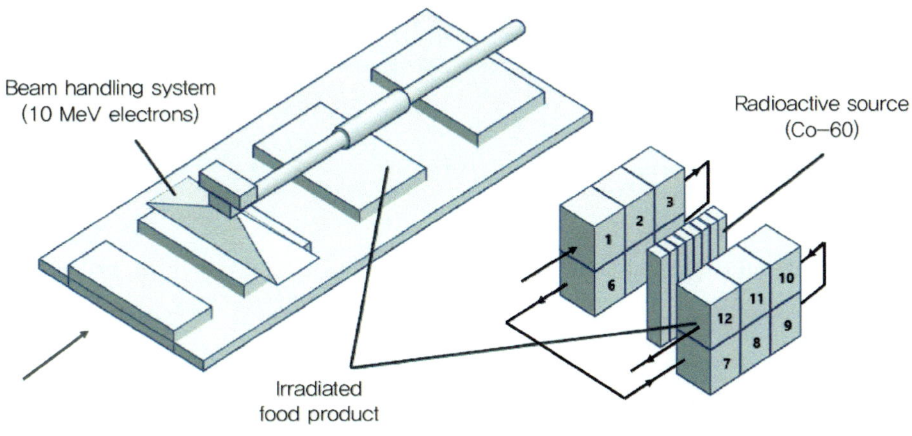

[그림 7.2] 방사선 조사 처리 시설(감마선과 전자가속기) (IAEA, 2002)

는 전자선의 발생을 제어할 수 있고, 방사선원을 사용하지 않기 때문에 사후 처리가 용이하다. 하지만 전자선의 투과 깊이가 제한적이어서 두께가 두꺼운 농식품이나 적재된 농산물의 산물 처리에는 적합하지 않다. 전자선을 텅스텐과 같은 금속에 쏘아주면 X선이 발생하며, 감마선과 같이 투과력이 높아 농식품의 조사에 이용되기도 한다. 그러나 X선 발생 효율이 낮아서(1~2%) 사용이 매우 제한적이다.

7.2 초고압 공정(high-pressure processing)

7.2.1 초고압 공정 개요

초고압 공정(high-pressure processing)은 주로 세라믹이나 카바이드(carbide)와 같은 재료의 생산에 이용되어 왔으나 최근에는 농식품산업에도 적용되고 있다. 농식품에 높은 압력을 가하면 열처리에서와 마찬가지로 단백질과 탄수화물의 변성이 일어나고 효소와 미생물들은 비활성화된다. 하지만 초고압 공정은 상온이나 냉장 온도에서 처리를 하여 농식품의 신선도를 오래 유지할 수 있다. 또한 압력이 대상체에 균일하게 적용되며, 기능성 식품의 개발에도 이용되고 있다.

초고압 공정 기술은 20세기 초에 처음으로 연구가 시작되었으나, 초고압 장치의 제작이 어렵고 고압을 견뎌낼 수 있는 포장 방법을 개발하지 못하여 1990년도까지 실용화 되지 못했다. 하지만 지금은 과일 잼, 쥬스, 샐러드 드레싱, 과일 요거트 등의 생산 공정에 활발히 적용되고 있으며 처리량도 꾸준히 증가하고 있다. 이러한 초고압 공정 기술은 품질의 변화 없이 효과적으로 병원균들을 제거할 수 있다. 또한 처리 시간이 짧고 에너지 소모도 다른 비열처리와 비교했을 때 상대적으로 적다. 하지만 기본 시설 비용이 크고 건조 농식품의 적용에는 적합하지 않다. 신선 딸기와 같이 내부에 공기가 많이 존재하는 경우 고압을 가할 경우 외형이 변형될 수 있다.

본 절에서는 비열공정 중에서 가장 주목받고 있는 초고압 공정의 작동 원리와 시스템의 소개를 통하여 공정 기술에 대한 이해를 돕고, 앞으로의 적용 분야와 전망에 대하여 알아본다.

7.2.2 초고압 공정의 작동 원리

밀폐된 용기내의 농식품에 초고압을 가하면 압력은 균일하게 농식품에 작용한다(그림 7.3). 포장된 상태의 농식품에도 압력은 균일하게 작용한다. 이와 같이 대상체에 압력 구배가 나타나지 않아 모든 부분이 동일한 압력을 받게 된다. 또한 압력을 받은 농식품의 부피는 감소하게 되어, 분자간의 거리가 가까워져서 농식품의 온도가 상승하게 된다. 100 MPa 압력을 가했을 경우 온도는 10℃ 증가하게 된다.

초고압 공정에서 압력에 따른 반응 속도 상수(reaction rate constant)는 아레니우스(Arrhenius) 방정식을 이용하여 다음과 같이 나타낸다.

$$\Delta V = -RT\left(\frac{\partial \ln k}{\partial p}\right)T$$

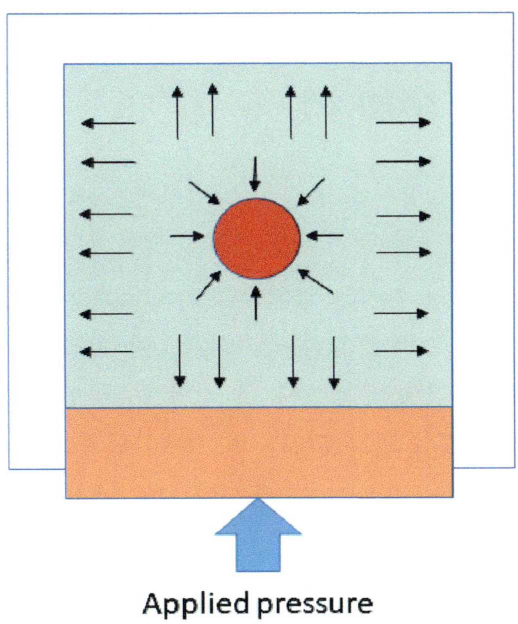

[그림 7.3] 초고압 공정에서의 정압 과정

여기서 ΔV는 활성 부피의 변화량, R은 기체상수(8.314 J/mol·K), k는 반응 속도 상수, T는 절대 온도를 나타낸다. ΔV가 양수일 경우는 압력이 감소하는 반응을 나타내며, 반응 속도는 압력에 의해 빨라지거나 느려질 수 있다.

초고압 공정은 단백질과 같은 생물분자의 안정성에 기여하는 수소 결합에 영향을 끼쳐서 단백질의 신진대사를 비활성화 시킨다. 결국 유해 미생물의 생식과 증식에 중요한 역할을 담당하는 단백질에 비가역적 변성을 유발하여 세포를 사멸시킨다. 하지만 비타민이나 풍미(flavor) 성분들은 수소 결합보다 강한 공유 결합을 하고 있어서 초고압 공정에 크게 영향을 받지 않는다.

초고압 공정을 이용하여 유해 미생물을 살균할 경우, 감압 과정에서 미생물의 세포가 다시 회복될 수 있다. 세포가 성장 단계(exponential growth phase)일 경우 압력에 영향을 크게 받아서 피해를 입은 세포막의 회복이 어렵다. 반면 세포가 안정 단계(stationary phase)일 경우에는 감압 과정에서 세포막이 쉽게 복구된다. 또한 초고압 공정 후 미생물을 최적 활동 온도에 보존할 경우 복구가 쉽게 일어난다. 따라서 초고압 공정을 이용하여 병원성 박테리아를 살균할 경우 박테리아의 생장 단계와 최적 생장 온도를 잘 파악하고 있어야 살균 후 복구를 최소화 할 수 있다.

7.2.3 초고압 공정 장치와 작동

초고압 공정 장치는 압력을 발생시키는 방법에 따라 간접 압축과 직접 압축으로 분류된다. 간접 압축의 경우는 그림 7.4에서 보는 바와 같이 압력 매개체인 물이 외부에 설치된 압력증강(intensifier) 펌프에 의해 압력 용기 내로 보내져서 대상 유체에 압력을 가한다. 이 방법에서는 고압의 전달관(tubing)을 통하여 물이 압력 용기까지 잘 전달될 수 있도록 연결부(fitting)를 선정해야 한다. 반면 직접 압축에서는 피스톤이 압력 용기 내에 위치하여 대상 유체에 압력을 가한다. 반복된 가압과 감압 과정에서 피스톤과 압력 용기 사이의 기밀을 유지시킬 수 있는 동적 압력 씰(seal)이 필요하다. 따라서 구조가 간단하고 압력 손실이 더 작은 간접 압축이 상업용으로 더 많이 이용되고 있다. 초고압 공정에서 압력 매개체로 물이 주로 사용되고 있다. 그 이유로는 물이 비압축성

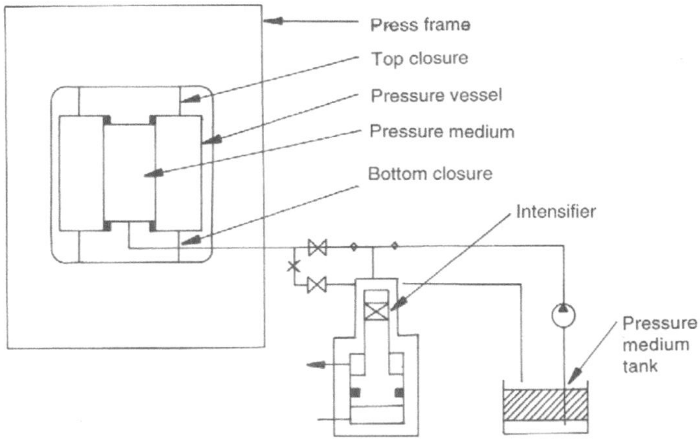

[그림 7.4] 초고압 공정에서 이용되는 간접 압축 장치(Mertens, 1995)

이고 농식품에 적용되었을 때 압력이 균일하게 전달되기 때문이다.

초고압 공정 시스템의 작동은 다음과 같다. 먼저 압력 용기에 농식품을 채우고 일정 시간 동안 압력을 가한다. 압력을 가하는 시간은 압력 매개체인 물의 압축성과 대상 농식품의 강도와 미생물 살균 정도에 영향을 받는다. 농식품의 내부에 공기가 있을 경우 압력을 가하는 시간이 크게 증가하게 된다. 압축은 몇 분간 진행되고, 감압은 매우 빠르게 몇 초 동안 일어난다.

초고압 공정은 공정이 일어나는 온도에 따라 저온 살균법(pasteurization)과 고온 살균법(sterilization)으로 분류된다. 저온 살균법에서는 식물성 병원 박테리아를 살균하기 위하여 600 MPa의 고압으로 상온에서 농산물을 처리한다. 고온 살균법에서는 박테리아 포자(spore)를 처리하기 위하여 고압(500~900 MPa)을 고온(90~121℃)에서 몇 분 동안 유지한다. 처리 후 농식품을 냉장 온도에 보관하는 저온 살균법과는 달리 고온 살균법에서는 상온에 보관한다. 온도, 압력, 시간을 통하여 공정의 효과를 최대화할 수 있다.

초고압 공정은 살균 과정 뿐만 아니라 냉동과 해동 과정에도 이용된다. 초고압 냉동 과정에서는 0℃ 이하에서 액체 상태를 유지하며, 감압이 될 경우 과냉각(super cooling)이 일어나 냉동이 신속히 진행되어 얼음 결정의 크기가 작아지게 된다. 따라서 일반적인 냉동 과정보다 미세 구조와 질감이 더 뛰어나다. 초고압을 이용한 해동 과정에서는 해동이 일반 공정보다 낮은 온도에서 이루어져서 미생물의 증식이 억제된다. 하지만 두 공정 모두 높은 압력을 이용하기 때문에 농식품의 질감이나 색이 변할 수도 있다.

또한 초고압 공정은 포장된 상태로 처리를 하는 배치(batch) 공정이 널리 이용되고 있다. 소비자가 포장재를 열 때까지 밀폐된 상태를 유지하기 때문에 농식품이 더욱 안전하게 보존된다. 반면 유사 연속(semicontinuous) 공정에서는 액상 식품을 압력 용기에 주입하고, 압력을 가하고, 배출하는 일련의 과정이 연속적으로 일어난다. 장치가 복잡하고, 압력 용기의 내부가 액상 식품과 집적 접촉하기 때문에 식품이 오염될 우려가 있다.

7.2.4 초고압 공정에서 미생물의 살균

초고압이 미생물에 미치는 영향은 열처리와 비슷하다. 표 7.2는 초고압 공정에서 병원성 박테리아의 처리 압력, 온도, 시간, 그리고 지수 감소율(log reduction)을 나타내고 있다. 병원성 미생물의 처리에는 보통 5~6 지수 감소율이 요구된다. 지수 감소율은 미생물의 개수가 지수 함수적으로 얼마만큼 감소하는 가를 나타내는 지표이다. 즉 지수 감소율이 1이면 90% 감소를 의미하고, 지수 감소율이 2이면 99% 감소를 의미한다. 따라서 지수 감소율이 6이면 10^6개의 박테리아 중에 1개만이 살아남게 된다. 리스테리아(Listeria)는 유제품이나 육류에서, 살모넬라(Salmonella)는 계란에서, 그리고 이콜라이(E-coli)는 야채와 과일에서 식중독을 일으키는 병원성 미생물이다. 이러한 병원성 미생물은 표에서 볼 수 있듯이 상온의 초고압 공정에서 모두 살균이 가능하다. 한 예로 액상 달걀

[표 7.2] 초고압 공정에서 미생물 처리 조건과 감소율

미생물	처리 조건			비활성 (지수 감소율)
	압력(MPa)	온도(℃)	시간(min)	
Escherichia coli O157	550	20	1	4
Listeria monocytogenes	375	20	15	2.0
Salmonella enteriditis	450	20	5	4.04
Staphylococus aureus	400	25	15	1.0
Vibrio volnificus	200	25	10	2.5

의 경우 10분 동안 450 MPa의 압력을 가하면 살모넬라는 모두 사멸된다.

고압은 생물체의 효소 반응에 영향을 준다. 농식품에 높은 압력을 가하면 품질에 영향을 끼치는 산화효소(oxidase)의 활성을 효과적으로 감소시킨다. 또한 멜라노이딘(melanoidin)에서 발생하는 활성산소(free radical)를 제거하여 갈변현상을 억제한다. 하지만 고압만으로 효소의 활성이 충분하지 않기 때문에 열처리와 함께 적용하는 것이 필요하다.

7.2.5 초고압 공정의 전망

초고압 공정은 최근에 주목 받고 있는 농식품 공정 기술 중의 하나이다. 초고압 공정은 저온이나 상온에서 유제품(우유, 커드(curd), 치즈) 내의 병원성 미생물을 효과적으로 살균할 수 있다. 또한 열에 쉽게 변성이 일어나는 농식품의 유효 기간을 연장하여 오래 보존이 가능하다. 현재 고압 처리된 과일 쥬스가 시중에서 판매되고 있다.

하지만 초고압 공정이 더욱 발전하기 위해서는 다음의 몇 가지 사항들에 주목해야 한다. 첫째로, 초고압 공정이 열처리에 대한 대안으로 제안되고 있으나 높은 압력에서 단백질의 변성이나 지방의 산화에 대한 명확한 메카니즘이 규명되어 있지 않다. 둘째로, 초고압 공정을 농식품에 적용했을 때 발생할 수 있는 독성이나 알레르기의 유발 여부에 대한 연구가 부족하다. 셋째로, 초고압 공정은 다른 농식품 공정의 전처리 공정(pre-treatment)으로 이용될 수 있다. 농식품에 압력을 가할 경우 세포벽의 파괴가 일어나고, 세포막의 투수성이 증가하게 된다. 따라서 연속적인 건조나 삼투압 탈수(osmotic dehydration) 과정에서 처리 속도를 증가시킬 수 있다. 마지막으로 농식품에 높은 압력을 가하면 농식품의 감각 품질(sensory quality)이 변할 수 있다. 감각 품질의 변화를 줄이며 농식품의 처리를 위해서는 다른 비열 공정(예를 들면, 감마선 조사, Pulsed light 공정, Ultrasound 등)을 함께 적용하면 가능할 것이다. 초고압 공정과 다른 농식품 공정과의 조합을 통하여 농식품의 품질 변화를 최소화하며 살균 효과를 최대화 할 수 있는 연구가 필요하다.

7.3 콜드 플라즈마(cold plasma)

7.3.1 콜드 플라즈마의 개요

오염된 음식에 의한 식품원인성 질병(foodborne illness)은 국민 건강뿐만 아니라 경제적 손실로 인하여 최근에 부각되고 있다. 주 병원성 박테리아는 살모넬라(Salmonella)와 이콜라이(E-Coli)이고 익히지 않는 육류에서 질병을 일으켜 왔다. 최근에는 이러한 목숨까지 위협하는 박테리아가 신선 채소에서도 발견되고 있다. 일반적으로 과채류의 수확 후 공정에서 이용되는 세척 과정에서 미생물의 지수 감소율(log reduction)은 2 정도로 99%의 감소를 보이고 있다. 하지만 유해 미생물을 농식품으로부터 제거하여 소비자가 안심하고 농식품을 섭취하기 위해서는 적어도 지수 감소율이 5 정도(99.999% 감소)가 되어야 한다. 따라서 보다 안전하고 효과적인 유해 미생물 처리 기술이 필요하다.

콜드 플라즈마는 비가열 농식품 처리 기술의 하나이다. 플라즈마는 섬유, 유리, 전자 제품, 종이 등 재료의 처리에 주로 이용되어 왔으며 최근에 농식품의 살균 기술로 주목 받고 있다. 본 절에서는 콜드 플라즈마의 발생 원리, 미생물과의 반응 매커니즘, 그리고 장·단점 등을 통하여 비가열 처리 기술로서의 발전 전망을 알아본다.

7.3.2 콜드 플라즈마의 발생 원리

플라즈마는 물질의 4번째 상태라고 불린다. 물질이 에너지를 받게 되면 상(phase)이 변하게 된다. 즉 가장 낮은 에너지 상태인 고체에서 액체로, 그리고 최종적으로 기체 상태에 도달하게 된다. 기체는 분자들(질소, 산소, 이산화탄소 등)의 느슨한 집합체로, 더욱 높은 에너지를 받게 되면 자유 전자와 양이온으로 분리된다. 플라즈마는 이와 같이 이온화된 기체 상태로 비극성(neutral) 분자, 자유 전자, 그리고 양이온으로 구성되어 있다.

기체를 이온화하여 플라즈마 상태로 변환시키기 위한 에너지원으로는 열 에너지, 전기 에너지, 레이저, 조사(radiation) 등이 있다. 입자에 전달된 에너지

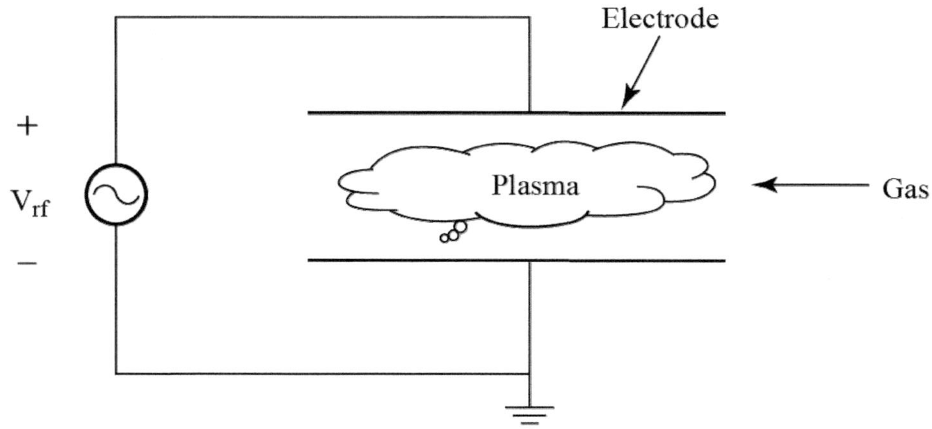

[그림 7.5] RF 전압을 이용한 콜드 플라즈마의 발생

는 짧은 시간동안 지속되며, 다른 입자들과 재결합(recombination) 과정을 거쳐 가시광이나 UV 광을 발산한다. 활성 입자가 농식품을 만날 경우에 저장된 에너지는 유해 미생물인 병원성 박테리아나 바이러스에 전달된다. 결국 유해 미생물은 DNA가 파괴되어 사멸하거나 비활성화된다. 콜드 플라즈마는 상온에서 플라즈마가 생성되어 농식품에 열에 의한 피해 없이 유해 미생물을 처리할 수 있는 공정 기술이다.

그림 7.5는 플라즈마 생성 과정의 한 예를 보여주고 있다. 전압은 두 전극 사이에 존재하는 기체를 통하여 전류를 흐르게 하며, 기체는 이온화되어 플라즈마를 형성한다. 하지만 이온화된 기체 원자의 비율은 매우 낮다. 일반적으로 전자 입자와 양이온 입자의 수는 기체 원자의 1/100,000 수준이다. 상당한 에너지를 가지고 있는 전자 입자는 기체 원자와 연속적으로 반응하여 양이온을 발생시키고 에너지를 전달한다. 그리고 에너지를 전달받은 양이온은 대상 미생물들과 반응한다.

7.3.3 콜드 플라즈마 시스템의 유형

콜드 플라즈마는 대기압 혹은 낮은 압력에서 발생하며, 이온화 기체는 공기, 질소뿐만 아니라 헬륨(He), 아르곤(Ar), 네온(Ne) 등이 있다. 농식품 처리에 이용되는 콜드 플라즈마는 농식품과 플라즈마의 위치에 따라 3가지로 분류된다. 첫째는 플라즈마 발생 지점과 농식품의 위치가 상당히 떨어져 있고, 둘째

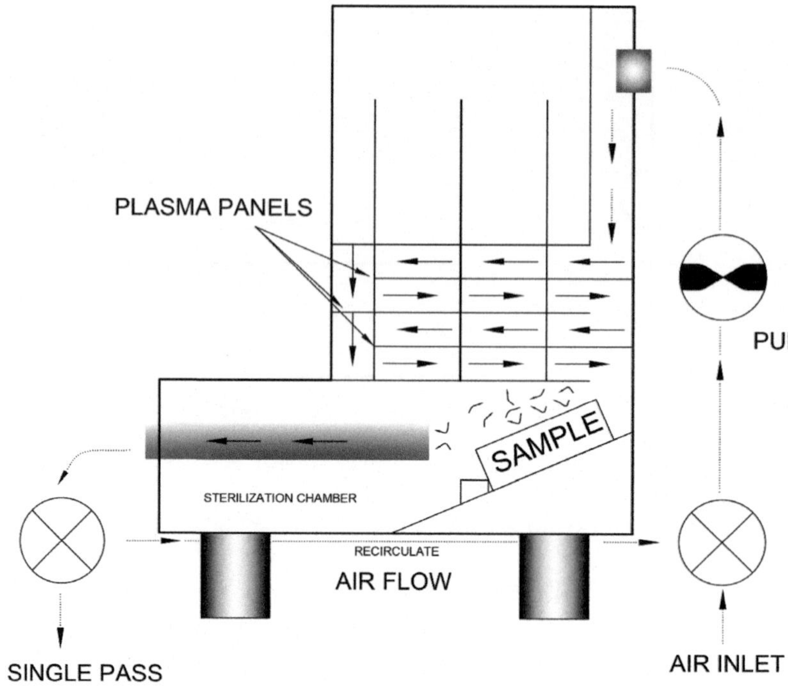

[그림 7.6] 콜드 플라즈마 원격 처리 시스템 (Gadri, 2000)

는 플라즈마 발생 지점과 농식품이 매우 근접해 있고, 셋째는 농식품이 플라즈마 발생 영역 내부에 위치해 있다.

첫 번째는 콜드 플라즈마의 원격 처리 시스템이라 할 수 있다. 발생된 플라즈마는 다른 공급 가스(feed gas)에 의해 이동이 되어 처리될 농식품의 표면과 접촉한다. 이 방식은 장치가 단순하고 대상체의 형태와 크기의 제한을 덜 받는다. 그러나 플라즈마에서 발생한 활성 전자는 이동 도중 다른 중이온(heavy ions)이나 원자들과 반응하여 플라즈마의 활성도를 감소시킨다. 그림 7.6은 원격 처리 시스템의 한 예를 보여주고 있다. 3개 이상의 전극에서 발생된 플라즈마는 공급 가스(공기)에 의해서 샘플 위를 흐르게 된다. 플라즈마 패널 표면에서의 전력 밀도(power density)는 $0.44\ W/cm^2$으로 나타났다. 이콜라이(E-coli)와 포도상구균(staphylococcus aureus)은 10초 동안 각각 99.99%, 99% 감소되었다.

두 번째는 콜드 플라즈마의 직접 처리 시스템이다. 발생된 플라즈마가 처리될 대상체에 직접 공급되어, 첫 번째 경우처럼 활성 입자가 다른 이온들과 재

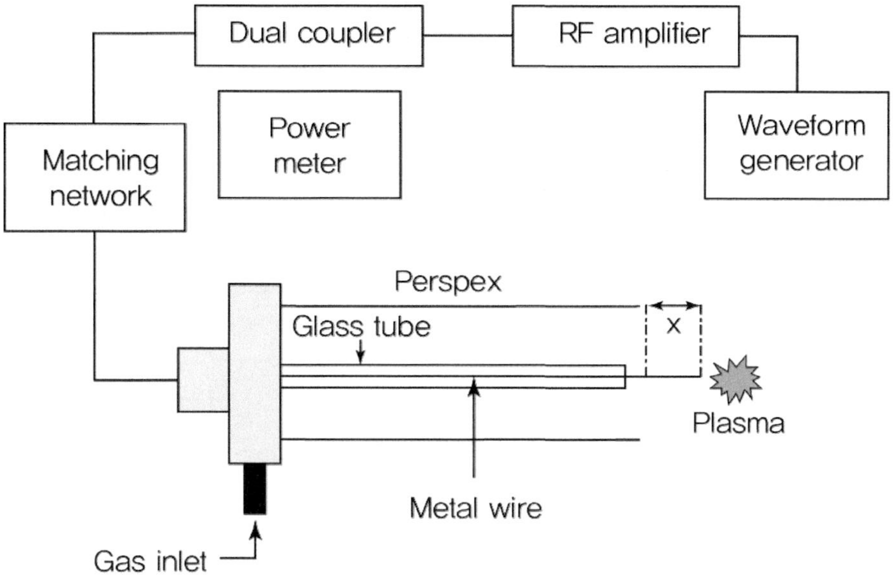

[그림 7.7] 금속선을 이용한 플라즈마 직접 처리 시스템 (Sladek, 2005)

결합하여 사라지는 경우는 매우 적다. 따라서 활성 입자의 재결합에 의한 UV 발생이 대상체의 표면에서 높게 나타난다. 또한 이 시스템은 초당 수 백 만개의 플라즈마가 발생하는 펄스 모드로 작동된다. 하지만 농식품의 수분 활성도(water activity) 또는 내부 수분 함량이 높을 경우 높은 전압으로 인하여 전류가 대상체에 흐를 수 있다. 전류가 육류나 식물 조직(tissues)에 흐를 경우 부분적으로 열이 집중되어 단백질 변성 뿐만 아니라 농식품의 외부 품질에도 영향을 줄 수 있다. 따라서 직접 처리 시스템의 경우 특정 부분에서 전기 전도 현상이 일어나지 않도록 설계해야 한다.

그림 7.7은 직접 처리 시스템의 한 예를 보여주고 있다. 얇은 금속선의 끝에서 플라즈마가 발생하며 박테리아가 배양된 세균 배양 접시(petri dish)를 아주 가까운 거리(1 mm~10 mm)에서 노출시켰다. 전체 전력 사용량은 실험 조건에 따라 20 mW에서 3 W사이의 범위에서 나타났고 공급 가스는 헬륨(He)을 이용하였다. 이콜라이(E-coli)를 대상으로 한 실험에서 1 mm의 거리에서 10초간 노출시켰을 때 지수 감소율이 4.6으로 나타났다. 노출 시간을 60초로 연장할 경우 지수 감소율이 5.1로 증가하여 비활성(inactivation) 비율이 증가한 것을 알 수 있다. 전력 사용량이 증가할수록 비활성 비율은 증가했고, 플라즈

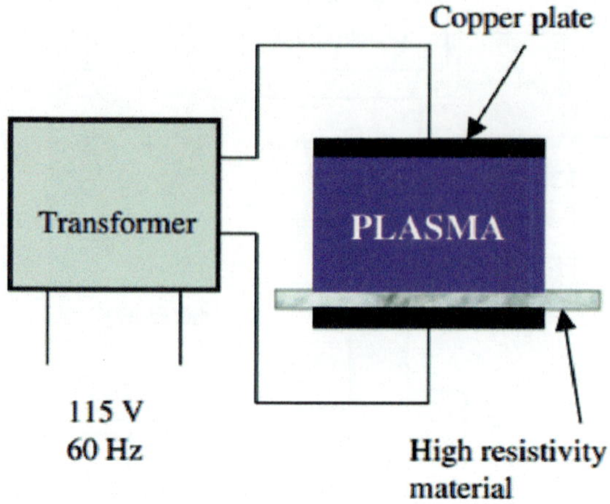

[그림 7.8] 저항성 장벽 방전을 이용한 전극 접촉 처리 시스템
(Laroussi, 2003)

마 말단과 처리 시료 사이의 거리가 멀어질수록 비활성 비율은 감소했다.

세 번째는 전극 접촉 처리 시스템이다. 항균 처리될 대상체의 표면이 2개의 전극(electrode) 사이에 위치한다. 즉 대상체의 표면이 플라즈마 발생 영역 안에 놓이게 된다. 따라서 대상체는 자유 전자, 라디칼(radicals), 이온, UV 등의 활성 물질에 노출된다. 하지만 대상체가 두 플라즈마 전극 사이에 위치해야 하기 때문에 크기의 제한이 따른다. 따라서 이 시스템은 견과류, 딸기, 씨앗과 같이 크기가 작은 농식품의 살균에 적합하다.

그림 7.8은 전극 접촉 처리 시스템의 한 예를 보여주고 있다. 저항성 장벽 방전(resistive barrier discharge)은 두 개의 전극으로 구성되어 있고, 한쪽은 전기 저항이 큰 재료의 층으로 되어있다. 개스가 공급되는 두 전극 사이의 간격은 최대 5 cm까지 조절이 가능하다. 대기압 상태에서 헬륨이 공급되고, 공급 전압은 3 kV, 그리고 사용 전력은 50 W~300 W이다. 양성 세균(gram-positive)인 고초균(Bacillus subtilis)을 10분간 노출시킨 결과 99.99% 살균이 되었다. 이콜라이(E-coli)의 경우는 세포막이 크게 손상되었다. 따라서 이 시스템을 농식품의 처리에 이용할 경우 전처리로 이용하는 것이 바람직하다. 화학적 항균 처리를 병행하면 살균 효과를 크게 향상시킬 수 있을 것이다.

7.3.4 콜드 플라즈마의 적용 및 전망

지금까지 연구 결과 콜드 플라즈마는 유해 미생물 살균에 매우 효과적인 것으로 나타났다. 하지만 콜드 플라즈마 처리 시스템에서 살균 효과에 대한 명확한 이해가 필요하다. 플라즈마 처리 시스템에는 UV에 의한 효과와 라디칼이나 하전 입자(charged particles)에 의한 효과가 미생물 살균에 함께 기여한다. 또한 이 효과들은 공급 가스, 사용 전압, 그리고 플라즈마 발생에서 대상체 까지의 거리 등에 영향을 받는다. 따라서 특정 농식품의 최적 처리를 위하여 반응 메커니즘의 규명이 필요하다. 하나의 예로 UV는 저압(low pressure) 콜드 플라즈마 처리에서는 큰 영향을 주지만 대기압 조건에서는 영향이 미비하다.

콜드 플라즈마가 농식품에 이용될 경우 대상체의 수분 활성도, 단백질 함량, 지방 함량 등에 영향을 받는다. 예를 들면 껍질이 있는 가금류와 껍질을 제거한 가금류의 플라즈마에 의한 항균 처리 결과는 차이가 난다. 또한 콜드 플라즈마 처리에 의한 색(color), 결(texture), 향(aroma) 등의 감각 품질 변화 뿐만 아니라 화학적 잔유물 존재 여부, 독성에 대한 연구가 필요하다.

콜드 플라즈마는 상온에서 육류, 채소, 과일 등을 품질의 손상 없이 살균하는 최신 기술로 앞으로 발전 가능성이 매우 높다. 하지만 기술 수준이 상대적으로 초기 단계라 산업화를 위한 많은 연구가 필요하다.

7.4 Pulsed light 공정

7.4.1 Pulsed light 공정 개요

광 펄스(Pulsed light)는 200 nm의 백색 UV광부터 1,000 nm의 근적외선까지를 포함하고 있다. 이 영역은 감마선이나 X선보다 에너지가 낮아서 분자들을 이온화하지 않는다. 광 펄스는 태양광와 비슷한 스펙트럼을 보이지만 태양광은 대기로 진입하며 UV 파장이 감쇠되나, 광 펄스에서 UV 영역은 큰 비중을 차지하고 있다(그림 7.9). 광 펄스는 아주 짧은 시간(1 μs~0.1 s) 동안

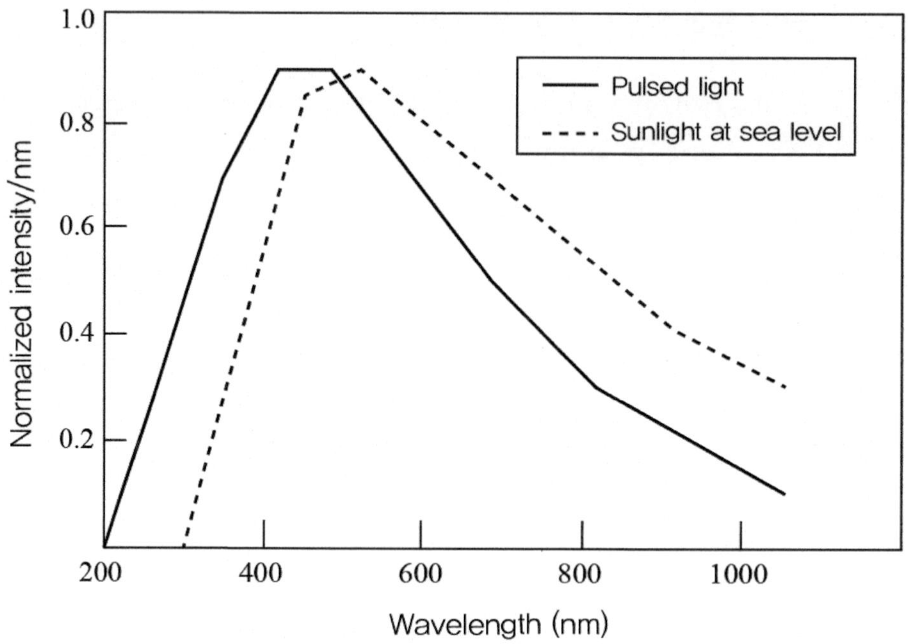

[그림 7.9] 광 펄스와 태양광과의 스펙트럼 비교(Dunn, 1995)

발생하며 태양광보다 강도(intensity)가 20,000배 세다. 방사선이 전달하는 에너지의 강도는 일반적으로 플루언스("fluence")로 나타내며 단위는 J/cm^2이다. 농식품이나 포장재의 처리에 이용되는 플루언스는 0.1–50 J/cm^2이다. 광 펄스는 UV광보다 침투 깊이와 전달 에너지가 커서 유해 미생물을 더욱 효과적으로 처리 할 수 있다. 광 펄스는 1980년도에 개발되었으며 현재는 포장재의 살균 뿐만 아니라 농식품 표면의 유해 미생물 처리에도 사용되고 있다. 따라서 본 절에서는 비열처리 중의 하나인 광 펄스의 발생 원리, 발생 장치, 적용 분야에 대해 알아보고 앞으로의 전망을 제시한다.

7.4.2 Pulsed light 공정의 원리

에너지 E_o를 가지고 있는 광(light)이 농식품의 표면에 조사되면 반사에너지는 rE_o로 표현된다. 여기서 r은 샘플의 반사 계수이다. 또한 일정한 양의 광은 내부로 침투하며 흡수된다(그림 7.10). 조사된 광과 샘플과의 반응은 에너지 강도, 샘플의 구조, 강도 등에 영향을 받는다.

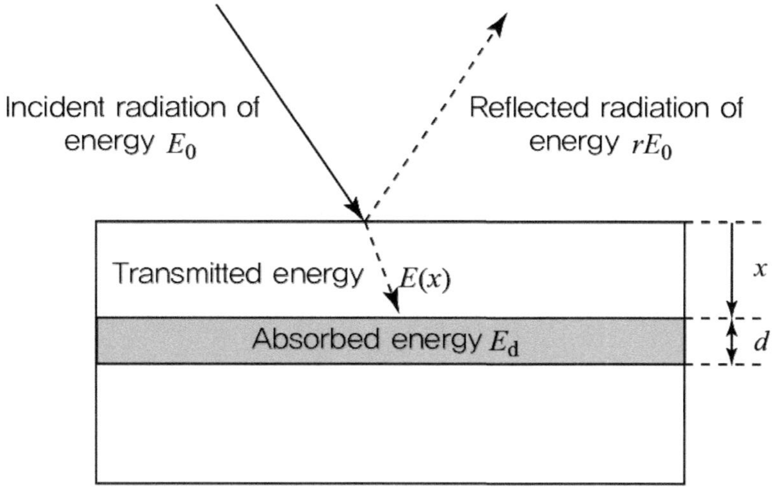

[그림 7.10] 입사 광에서 반사, 투과, 및 흡습 (Cacace, 2014)

침투한 광은 샘플의 내부와 반응하여 반사, 산란, 회절 현상을 일으킨다. 또한 내부 구조에 흡수되어 광은 빠르게 소멸하며, 스펙트럼의 변화를 일으킨다. 한편 단백질의 공액 이중 결합(conjugated double bond)에 흡수된 에너지는 미생물의 DNA를 변질시켜 세포의 증식을 불가능하게 만든다. 이와 같은 현상은 주로 UV 영역에서 일어나며 광화학 효과(photochemical effects)라고 한다.

샘플의 표면에서 x 만큼 투과된 광 에너지($E(x)$)는 Beer-Lambert의 법칙에 의해 아래의 식으로 표현된다.

$$E(x) = (1-r)E_o e^{-kx}$$

여기서 E_o는 샘플의 표면으로 입사된 에너지이고, k는 소멸 계수이다. 소멸 계수는 주어진 에너지에서 샘플의 투명도에 영향을 받는다. 즉 샘플이 고체일 경우 불투명하기 때문에 에너지 전달이 매우 적다($k \to \infty$). 반면 샘플이 액체나 기체일 경우에는 투명도가 매우 높아서 흡수되는 에너지가 거의 없다($k \to 0$). 하지만 일반적으로 농식품을 포함한 많은 대상체에서 빛이 샘플을 통과할 때 강도는 급격히 감소한다.

깊이 d에서 흡수된 에너지는 E_d로 표현된다.

$$E_d = E(x)(1-e^{-kd})$$

흡수된 에너지는 주로 열로 변환되며 온도 변화는 다음과 같다.

$$\triangle T = \frac{E_d}{\rho C_p A d}$$

여기서 ρ는 밀도 [kg/m^3], C_p는 비열 [J/kg·K], 그리고 A는 표면적 [m^2]을 나타낸다. 이와 같이 에너지가 대상체 표면에 흡수되어 온도를 상승시키고 결국 식물세포(vegetative cells)를 파괴한다. 이러한 현상을 광열 효과(photothermal effects)라고 하며 주로 가시광선 영역에서 일어난다.

광은 연속적으로 혹은 펄스 형태로 샘플에 전달될 수 있다. 동일한 에너지를 전달할 경우 광 펄스에서는 펄스의 지속시간의 짧기 때문에 큰 파워가 발생한다. 예를 들면 1 kJ의 에너지를 전달할 경우 펄스의 지속시간이 1 ms이면 파워는 1 MW가 된다. 따라서 샘플에 연속파보다 더 깊이 에너지를 전달할 수 있다. 또한 펄스 지속 시간이 짧기 때문에 대상체 전체에 열이 전달되는 시간이 크게 감소한다. 따라서 펄스를 이용하면 얇은 표면층에 효과적으로 열을 전달할 수 있다.

7.4.3 Pulsed light 공정 시스템

광 펄스 시스템은 전원 장치와 램프로 구성되어 있다. 전원 장치는 고전압을 발생하는데 사용되며, 높은 전류 펄스는 램프에 공급된다. 그림 7.11에서 보는 것과 같이 교류 전원으로부터 정류된 직류 전원은 축전기를 충전하는데 이용된다. 축전기가 고전압에 도달하게 되면 전기 스위치가 닫혀서 축전기에 충전된 전하가 UV 램프에 흐르게 된다. 램프에는 비활성 기체가 채워져 있고, 높은 전류 펄스가 램프에 공급되면 기체는 강한 펄스의 빛을 발산한다. 발산된 빛은 대상체에 조사되어 유해 미생물을 살균한다. 섬광(flashing) 주파수, 램프의 개수, 그리고 섬광의 구조는 처리 대상체에 의해 결정된다.

광 펄스 시스템에서 처리 영역에 광이 적합하게 조사되고 있는지 모니터링하는 것은 매우 중요하다. 이를 진단하기 위하여 램프에서 발생하는 플루언스나 램프의 전류를 측정한다. 첫째, 램프 플루언스를 통하여 UV 광에서 발생한 에

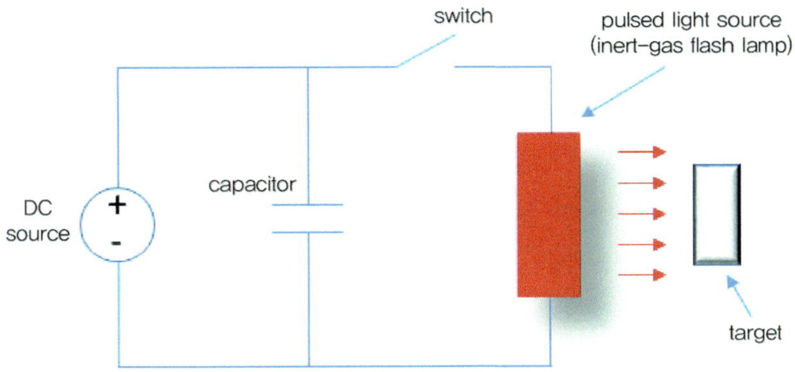

[그림 7.11] 광 펄스 시스템의 구성

너지가 유해 미생물 살균에 충분한가를 확인한다. 실리콘 광다이오드가 램프 플루언스 측정에 이용되며, 측정 결과 출력값이 낮으면 램프를 교체해야 한다. 일반적으로 펄스당 플루언스는 0.1−3 J/cm^2로 측정된다. 둘째, 매 펄스가 발생할 때 램프의 전류를 측정한다. 전류는 조사된 광의 강도(intensity)와 스펙트럼을 반영하고 있다. 따라서 전류가 설정된 값보다 낮게 측정되면, 시스템의 작동을 멈추고 원인을 분석해야 한다.

광 펄스 시스템은 고정식(batch type)이나 연속식(continuous type)으로

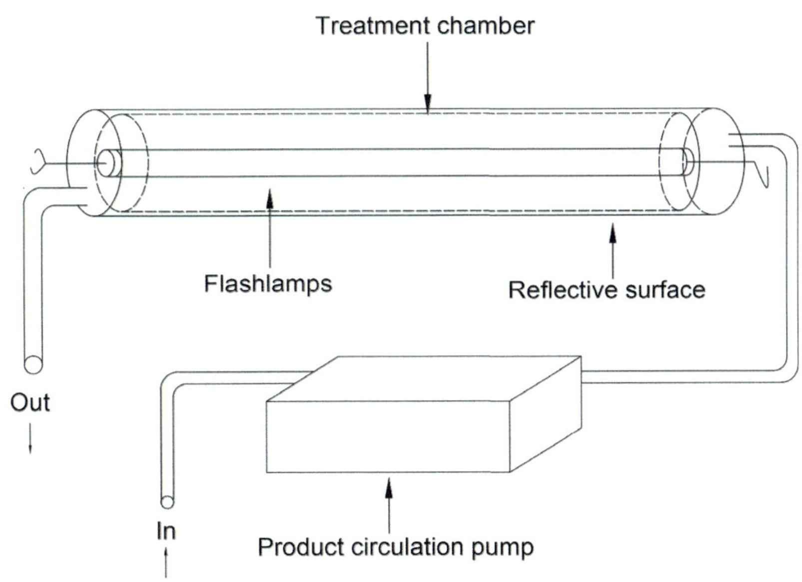

[그림 7.12] 액체 농식품 처리를 위한 연속식 광 펄스 시스템 (Dunn, 1989)

작동이 된다. 고정식의 경우 여러 개의 램프가 설치된 처리 공간 내부에 샘플이 놓이게 된다. 연속식의 경우는 샘플이 컨베이어와 같이 움직이는 장치위에 놓여 램프의 광에 조사된다. 그림 7.12는 광 펄스를 이용하여 연속적으로 액체를 살균하는 시스템을 보여주고 있다. 중심에 램프가 설치된 투명한 관 사이를 액체가 통과하며 살균 과정을 거치게 된다. 유체의 이동 속도를 달리하여 미생물의 살균 효과를 조절한다.

7.4.4 Pulsed light 공정 적용 및 전망

광 펄스는 여러 가지 농식품의 유통 기한을 증가시킨다. 빵, 케이크, 피자, 베이글에 광 펄스를 적용한 결과 유통 기한이 11일 증가했다. 또한 생선 필렛(fillet)에 광 펄스 처리를 한 후 15일간 냉장 보관 하며 품질 변화를 측정하였으나 차이가 거의 나타나지 않았다. 전체적으로 광 펄스 처리를 한 농식품에서 외형 품질이나 영양 성분의 변화는 나타나지 않았다. 하지만 투과 깊이가 짧아서 주로 농식품의 표면 처리에 이용되고 있다. 광 펄스를 농식품의 부패를 유발하는 식물성 미생물 처리에 적용할 경우 지수 감소율은 9로 나타났으며, 포장재에 존재하는 박테리아 포자(spores)의 경우는 지수 감소율이 7로 나타났다. 또한 광 펄스는 병원성 미생물인 살모렐라, 이콜라이, 리스테리아의 살균에도 효과적인 것으로 나타났다. 그러나 표면이 거칠거나 굴곡이 있을 경우 광 펄스의 살균 효과는 제한을 받는다. 이러한 경우 지수 감소율은 2~3(99%~99.9%)정도로 감소한다. 만약 광 펄스를 다른 비열 처리 공정(고압 처리, 콜드 플라즈마 등)과 함께 사용하면 처리 두께가 증가하여 대상체 전체를 살균 할 수 있을 것이다.

광 펄스는 짧은 시간에 큰 파워를 이용하여 병원성 미생물을 효과적으로 살균한다. 또한 처리 시간이 짧아서 농식품의 영양 성분과 외형 품질의 변화가 적다. 하지만 광 펄스를 농식품에 적용했을 때 독성이나 알러지에 대한 연구가 필요하다. 또한 품질에 영향을 주지 않고 특정 병원성 미생물을 살균 할 수 있은 최적의 공정 계수[처리 강도(플루언스), 처리 시간(펄스의 개수)]들이 결정되어야 한다.

연습문제

1. 농식품 처리에서 중요한 공정인 비가열기술을 간단히 설명하시오.

2. 감마선이 농식품에 조사되었을 때 일어나는 반응을 설명하시오.

3. 멸균(sterilization)과 살충(disinfestation)의 차이점을 설명하시오.

4. 농식품 처리에 이용되는 전자 가속기의 특징을 설명하시오.

5. 초고압 공정이 병원성 미생물을 살균하는 과정을 설명하시오.

6. 초고압 공정에서 간접 압축 장치가 직접 압축 장치보다 많이 사용되는 이유를 설명하시오.

7. 초고압 공정이 살균뿐만 아니라 냉동과 해동 과정에도 이용되는 이유는 무엇인가?

8. 콜드 플라즈마가 미생물을 살균하는 원리를 설명하시오.

9. 콜드 플라즈마 시스템의 3가지 유형과 각각의 특징을 설명하시오.

10. 광(light)이 농식품의 표면에 입사되었을때의 반응을 도식적으로 설명하시오.

11. 광화학(photochemical)효과 와 광열(photothermal)효과를 비교 설명 하시오.

참고문헌

1. Cacace, D. and L. Palmieri. 2014. High-intensity Pulsed Light Technology. In : D. Sun(Ed), Emerging technologies for food processing. Academic Press : 239-258.

2. Demirci, A. and K. Krishnamurthy. 2011. Pulsed Ultraviolet Light. In : H.Q. Zhang (Eds), Nonthermal Processing Technologies for Food. Blackwell Publishing Ltd:249-261.

3. Dunn, J., T. Ott, W. Clark. 1995. Pulsed light treatment of food and packaging. Food Technology, September : 95-98.

4. Gadri, R.B., J.R. Montie, T.C. Montie, K. Kelly-Wintenberg, P. Tsai, D.J. Helfritch, P. Feldman, D.M. Sherman, F. Karakaya, and Z. Chen. 2000. Sterilization and plasma processing of room temperature surfaces with a one atmosphere uniform glow discharge plasma (OAUGDP). Surface and Coatings Technology 131 : 528-542.

5. IAEA. 2002. Dosimetry for food irradiation. In : Technical Report Series 409. International Atomic Energy Agency, Vienna, Austria

6. Laroussi, M, D.A. Mendis, and M. Rosenberg. 2003. Plasma interaction with microbes. New Journal of Physics 5 : 41.1-41.10

7. Mertens, B. 1995. Hydrostatic pressure treatment of food : equipment and processing. In : G.W. Gould(Ed.), New Methods of Food Preservation. Blackie Academic and Professional : 135-138.

8. Niemira, B.A. 2012. Cold Plasma Decontamination of Foods. Annual Review of Food Science and Technology 3 : 125-142.

9. Ortega-Rivas, E. 2012. Ionizing Radiation : Irradiation. In Non-thermal Food Engineering Operations. Springer : 231-249.

10. Sladek, R.E.J. and E. Stoffels. 2005. Deactivation of Escherichia coli by the plasma needle. Journal of Physics D : Applied Physics 38 : 1716-1721.

11. Tao, Y., D. Sun, E. Hogan, and A.L. Kelly. 2014. High-Pressure Processing of Foods : An Overview. In D. Sun(Ed), Emerging technologies for food processing. Academic Press : 3-24.

CHAPTER 08

식품건조

8.1 식품의 건조

물은 식품을 이루고 있는 주요 성분 중 하나이며, 이중 수분은 표 8.1과 같이 식품에 많은 비율을 차지하고 있다. 식품 내의 물은 영양소 및 화학물질 등을 융해 및 미생물의 번식 및 변질과도 관계가 깊다. 따라서 식품의 수분을 제거하는 공정을 건조라 하며, 건조의 목적은 장기 저장, 가공성 증대, 포장 및 수송의 효율 증대, 상품성 증대 등을 들 수 있다.

[표 8.1] 식품의 수분함량

식품	수분[%]	식품	수분[%]
우유	87	마카로니	10
식육	70	비스킷	5.1
빵	40	탈지분유	3.5
소시지	42	감자칩	1.5

건조기술은 1,600년 전부터 열원을 이용한 인공 건조기술이 개발되면서 시작되었다. 식품의 건조를 통하여 장기 보관이 가능하며, 식용 전 물을 재습시키면 건조 전의 식품에 거의 비슷한 상태 및 새로운 식품 형태로 증대도 가능하게 되었고 소비자의 요구를 만족시켜 줄 있을 만한 식품이 생산되기에 이르렀다.

8.1.1 함수율

식품에서 함수율은 중요한 기준 중 하나이며, 함수율은 일반적으로 백분율로 나타낸다. 함수율의 표시 방법에는 식품의 전체중량 중 수분중량의 비로 표시하는 습량기준 함수율(wet basis moisture content)과 건조되지 않은 식품에서 수분중량을 뺀 건조물중량(dry matter)에서 수분중량의 비로 표시하는 건량기준 함수율(dry basis moisture content)이 있다.

$$MC_W = \frac{G_W - G_D}{G_W} \times 100\% \tag{8-1}$$

$$MC_D = \frac{G_W - G_D}{G_D} \times 100\% \tag{8-2}$$

여기서, MC_W : 습량기준 함수율(wet basis moisture content)

MC_D : 건량기준함수율(dry basis moisture content)

G_W : 식품의 전체중량

G_D : 건조물 중량

습량기준 함수율은 일반적인 상업적 용도로 사용되며, 공학적 비교 분석을 위하여 건량기준 함수율이 사용된다. 다음은 두 기준 함수율의 상호 환산식을 나타낸 것이다.

$$MC_W = \frac{100 \cdot MC_D}{100 + MC_D} \tag{8-3}$$

$$MC_D = \frac{100 \cdot MC_W}{100 - MC_W} \tag{8-4}$$

8.1.2 함수율 측정 방법

식품의 함수율을 측정하는 방법은 크게 직접 및 간접 측정법으로 구분할 수 있다. 직접측정법은 식품의 수분을 제거하여 무게를 제거 전·후를 측정하여 함수율을 계산한다. 직접 측정방법 중 식품의 수분을 직접 열을 가하여 수분을 제거하여 무게를 측정하는 상압정온건조법이 있으며, 분쇄 및 액상 시료를 증발시켜 혼합증기를 냉각시켜 수분의 무게를 측정하는 증류방법 등이 있다. 간접 측정방법은 함수량에 따라 변화하는 물리적 성질과 수분의 관계를 이용하여 측정한다. 직접 측정방법은 정확도가 높아 정확한 함수율 측정이 필요할 때 사용하지만 많은 시간이 소요되는 단점이 있으며, 간접 측정방법은 신속한 측정이 가능하지만 측정값이 신뢰성이 떨어지는 단점이 있다.

[표 8.2] 상압정온건조법의 건조온도, 건조시간 및 샘플무게

	오븐온도 (±1℃)	건조시간		샘플 무게 [g]
		시	분	
양배추	130	4	0	10
당근	100	1	40	10
케일	130	4	0	10
양파	130	0	50	10

(출처 : ASABE 2016, D245_6)

8.1.3 수분활성도

식품 내부의 수분은 자유수 증발보다 많은 에너지가 필요하다. 식품의 수분활성도(water activity, a_w)는 식품과 같은 온도의 물의 포화수증기압(p_s)에 식품 중의 수증기의 분압(p_v)의 비율로 표시하며, 식은 다음과 같다.

$$a_w = \frac{p_v}{p_s} \tag{8-5}$$

식품이 일정한 환경에서 평형함수율 및 주위 공기와 평형상대습도에 도달했을 때 재료 내부의 수증기분압은 공기 중의 수증기 분압과 동일하므로 이 때의 수분활성도는 평형상대습도를 100으로 나눈 값이며, 식은 다음과 같다.

$$a_w = \frac{ERH}{100} \tag{8-6}$$

식품에 따라 수분활성도는 다르게 나타나며 신선식품은 0.85~1.00, 건조 및 균류는 0.6~0.85 및 건조식품의 경우 0.6 이하이다. 식품에서 미생물 생육 및 효소반응은 수분활성도에 따라 식품의 변질변화와 밀접한 관계가 있다. 수분활성도가 0.7 이하에서는 곰팡이 성장, 이스트 성장 및 박테리아 성장이 정지되지만 함수율이 낮아지면 축소, 조직 연화현상 등이 나타난다. 식품의 안전한 함수

율은 물분자가 단분자층으로 흡착된 5~13%, wb 범위가 안정적이다.

[표 8.3] 미생물 생육과 식품의 최저 수분활성도 (출처 : 식품가공학, 수학사)

미생물	최저 수분활성도	식품	최저 수분활성도
세균	0.93	채소, 과일, 어패류	0.98~0.99
호염성 세균	0.75	잼	0.82~0.386
효모	0.85	건조과일	0.72~0.86
내삼투압성 효모	0.60	곡류	0.60~0.64
곰팡이	0.80	밀가루	0.61
내건성 곰팡이	0.65	탈지분유	0.11

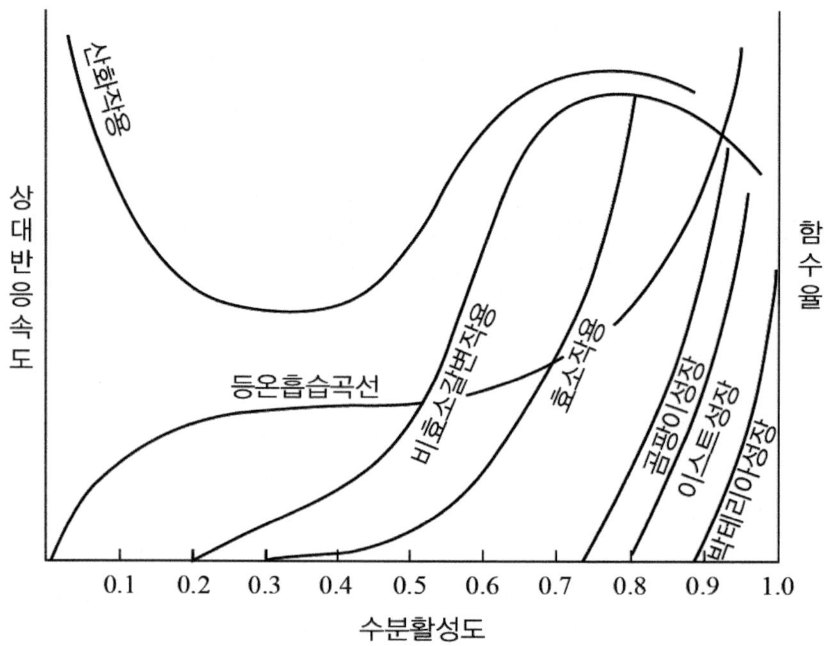

[그림 8.1] 수분활성도가 식품의 품질저하 반응속도에 미치는 영향
(출처 : 수확후공정공학, 씨아이알)

8.2 건조의 원리

8.2.1 건조의 개념

순수한 물은 외부의 온도와 압력에 의하여 고체·액체·기체상태로 변화하며, 그림 8.1과 같은 조건에 따라 상이 나타난다. 식품내의 수분은 외기조건에 따라 건조가 가능하다. 액체 → 기체의 상변화가 증발이며, 고체 → 기체는 승화이다.

그림 8.1에서와 같이 화살표 방향으로 건조가 가능하며, 공기 중의 압력을 내리는 방법과 온도를 높이는 방법으로 건조가 가능하다. 고체상태에서 승화를 이용하는 건조도 가능하며, 특히 진공하에서는 얼음의 승화를 이용하는 건조도 있다.

8.2.2 건조의 조건

그림 8.1과 같이 기체 조건의 온도와 압력에 식품은 계속적으로 건조가 이뤄지지만 식품 내부의 결합수 및 모세관흡착수는 건조되지 않고 수분이 남아 있는 생태에서 건조는 종료된다. 식품 내부의 수증기압이 주위 공기의 수증기 분압과 평형을 이루었을 때 재료의 함수율을 주위 공기에 대한 평형함수율(equilibrium moisture content, EMC)이라 하며, 이 때 주위 공기의 상대습도를 평형상대습도(equilibrium relative humidity, ERH)라 한다. 평형함수율은 주변 온도와 상대습도에 따라 영향을 받을 뿐 아니라 식품의 종류에 따라서 다르다.

그림 8.2와 같이 온도 및 상대습도에 따라 평형함수율은 다르게 나타나며, 내부의 수분을 방출하여 평형상태에 도달할 경우 방습평형함수율 및 수분을 흡수하여 평형상태에 도달할 경우 흡습평형함수율이라 한다. 방습평형 함수율이 흡습평형함수율보다 항상 높게 나타나게 되는데 두 평형함수율의 차이를 이력현상 효과(hysterisis effect)라 한다.

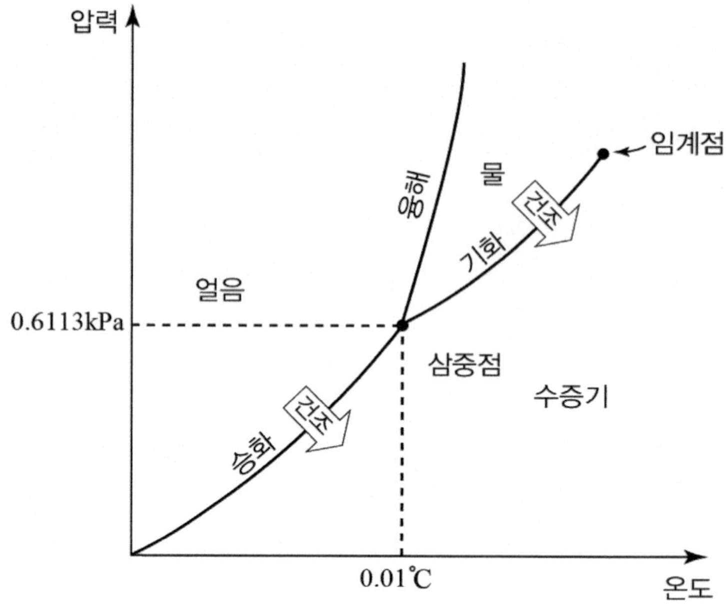

[그림 8.2] 물의 온도 및 압력에 따른 상태

8.2.3 건조과정

식품 내의 수분이 증발할 때는 증발잠열이 필요하며, 이 에너지는 건조과정 중에 계속 적으로 외부에서 공급되어야 한다.

건조과정을 건조시간이 경과함에 따라 함수율과 건조속도의 변화를 나타낸 것이며, 그림 8.3 (a)에서 보면 건조시작 후 함수율은 계속적으로 감소하지만 식품의 품온은 계속적으로 상승하여 건조온도까지 상승한다. 그림 8.3 (b)에서 건조속도에 따라서 3단계로 구분하며, AB 구간을 예열기간(warming-up period), BC 구간을 항률건조기간(constant-rate period), CDE 구간을 감률건조기간(falling-rate period)이라 한다.

건조식품의 표면적이 클수록, 다공일수록, 식품표면을 통과하는 공기속도가 빠를수록, 공기의 온도가 높고 그 습도가 낮을수록 표면변화가 일어자니 않는 한 건조속도는 빨라진다. 그러나 감률건조기에는 건조속도가 계속적으로 감소하여 식품의 평형함수율에 가까워질수록 건조시간 증가하게 된다.

[1] 예열기간

건조가 시작되면 식품의 품온은 건조공기에 의하여 상승하게 되며, 식품의 품온은 초기온도에서 건조에 필요한 습구온도까지 상승하게 되는데 이때를 예열기간이라 한다.

[2] 항률건조기간

예열기간 후 식품의 내부에서 수분이 계속적으로 이동되어 식품 표면에서 건조가 이루어지며, 건조공기에서 전달된 열량은 모두 수분 증발에 이용된다. 식품의 온도는 건조공기의 습구온도로 일정하게 유지되며, 함수율은 건조시간에 비례하여 직선적으로 감소하고 건조속도는 일정하게 된다. 점 C는 항률건조기간이 끝나고 감률건조기간이 시작되는 점이며, 이 점의 함수율을 임계함수율(critical moisture content)이라 한다.

[3] 감률건조기간

감률건조기간은 항률건조 후 임계함수율에서 시작되며, 건조가 진행될수록 건조속도가 감소하는 기간이다. 이 기간은 식품 내부의 수분이동량이 표면의 수분증발량보다 작다. 식품 표면이 점차 건조되기 시작하며, 표면온도는 상승하기 시작되며 결국 건조가 계속될 경우 건조온도까지 상승하게 된다. C-D 구간을 제1차 감률건조기간하며, D점 이후에는 제2차 감률건조기간이 시작된다. 식품의 함수율이 건조공기와 평형을 이루는 평형함수율에 도달하는 기간이며, 건조속도가 느려지는 기간이다.

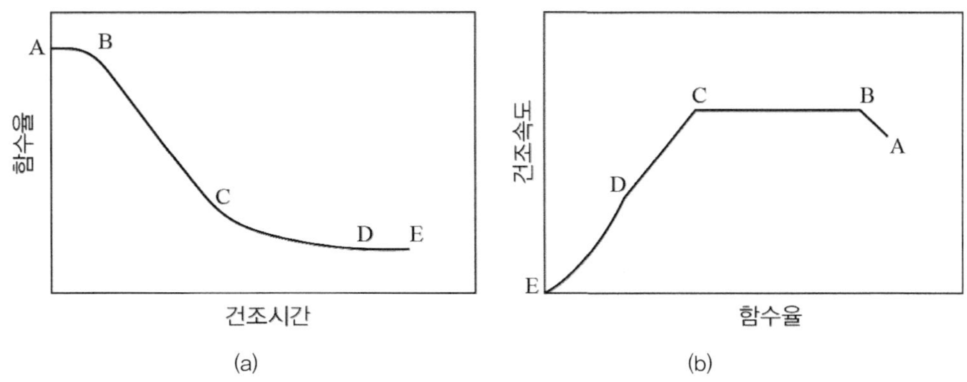

[그림 8.3] 건조특성 곡선

[4] 건조속도(건감률)

식품을 건조할 때 품질 손상도 중요하지만 건조할 때 식품 공정 중 많은 양의 에너지가 소요되는 에너지 집중 공정이므로 열원의 종류 및 시간에 따라 건조속도가 결정된다. 따라서 식품건조에 사용되는 건조속도는 u (%/h)는 다음 식으로 나타낼 수 있다.

$$u = \frac{MC}{t} \tag{8-7}$$

여기서, MC : 함수율(moisture content)
t : 건조시간 $[h]$

8.3 건조 식품 품질

8.3.1 가용성 물질의 이동

식품건조 중에는 내부의 수분이 표면으로 이동할 때 수분에 용해 되어 있는 여러 가지 용질을 함께 운반된다. 건조로 인하여 수분이동으로 식품 표면의 농도가 내부보다 높게 되어 가용성 물질이 표면으로 이동하고 건조로 인한 수축현상으로 이동하기도 한다. 가용성 물질의 이동은 건조조건 및 식품에 따라 달라지는데 내부 및 표면 양쪽으로 동시에 물질 전달이 된다.

8.3.2 수축

수분이 건조로 인하여 증발되면 수분 부피만큼 수축이 발생하지만 대부분 수분 공간에 공기가 생기는 등으로 수축현상은 구조적 변화가 적다. 건조속도가 낮은 건조 초기에는 많이 발생하지만 건조 후기에는 감소되어 나타나며, 수축 정도는 초기체적에 대한 상대적인 체적변화로 나타낸다. 많은 수분을 포함하고 있는 육류와 과채류는 동결건조를 제외하고 건조하는 동안 수축이 발생하며, 초기 부피에 40~50%의 수축이 발생한다.

8.3.3 표면변화

건조에 사용되는 공기의 온도가 높고 상대습도가 낮을수록 고수분의 식품의 내부에서 표면으로 확산하는 수분의 양보다 많은 수분이 표면에서 증발이 이루어질 때 표면의 변화가 발생하며, 이 변화로 인하여 수분의 이동 방법인 모세관이 막혀 건조가 지연되는 경우가 발생할 수 있다. 수분의 이동 경로인 표면변화를 방지하기 위해서는 공기의 온도 너무 높지 않게 상대습도는 너무 낮지 않게 조절해야 하며, 식품 내부의 수분이 표면으로 확산되는 양보다 더 많은 수분이 이동하지 않도록 해야 한다.

8.3.4 맛과 향의 상실

식품의 맛과 향은 휘발성 유기성분이며, 비등점이 물보다 낮아 건조 중 수분이 증기로 상변화할 때 동시에 상실된다. 대부분의 모든 건조과정에서 식품의 향기와 맛의 손실이 발생한다. 그러나 건조식품의 수분만을 선택적으로 이동후 표면 건조가 가능하다면 맛과 향의 휘발을 줄일 수 있다.

8.4 식품건조 장치

식품을 건조하는 방법은 식품의 종류, 상태, 처리량 및 열적 특성 등에 따라 다르게 적용되며, 식품의 건조 효율 및 제품의 품질을 고려할 경우 그림 8.4와 같다. 식품의 건조는 크게 열원을 사용여부에 따라서 크게 구분하며, 일반적으로 건조방법은 가열한 공기를 직접 송풍하는 건조방법이다. 동결건조방법은 식품 내부의 수분을 동결시켜 저온·저압상태에서 열을 공급하여 승화를 이용하여 건조하는 방법이다.

[1] 자연건조

태양열과 공기의 자연대류를 이용하여 건조시키는 방법이며, 시설구조가 간단하며 관리가 용이하고 건조비용이 절약적인 장점이 있지만 기상조건에 따른 건조 불균일 및 건조소요시간이 긴 단점을 가지고 있다. 곡류, 면류, 과실, 채소, 해산물, 임산물 등의 건조에 이용되고 있는 방법이다.

[표 8.4] 식품의 특성에 따른 건조기의 종류

식품의 특성	건조기의 종류	대상 식품
고 체	상자형건조기(tray or cabinet dryer)	과채류, 육류, 과자류
	터널건조기(tunnel dryer)	과채류
	벨터건조기(belt dryer)	과채류, 곡류, 시리얼, 견과류
	회전건조기(rotary dryer)	종자류, 곡류, 설탕결정
	팽화건조기(puffing dryer)	과채류
분 립	기송건조기(pneumatic or flash dryer)	전분, 펄프
	유동건조기(fluidized bed dryer)	입자류
액 체	분무건조기(spray dryer)	우우, 차, 커피, 주스
	드럼건조기(drum dryer)	우유, 수프, 푸레이크
	기포건조기(foam dryer)	과일주스, 퓌레
열에 약한 식품	동결건조기(freeze dryer)	주스, 커피, 채소

[2] 상자형 건조기

가열한 공기를 캐비넷 내부의 상자에 있는 식품 표면에 보내서 수분을 증발시키는 건조기이며, 열풍을 식품 표면에 평행으로 보내는 평행류건조 및 재료를 통과하는 통기류건조 방식이 있다. 가열된 공기는 충분한 건조가 이루어질 때까지 댐퍼를 이용하여 재순환하며, 충분한 건조가 이루어진 고수분의 공기는 배출하여 에너지를 절감한다. 식품의 열원이 공급되는 부분과 배출되는 부분의 건조 불균일의 단점을 가지고 있으며, 과채류, 육류, 과자류 등의 건조에 사용된다.

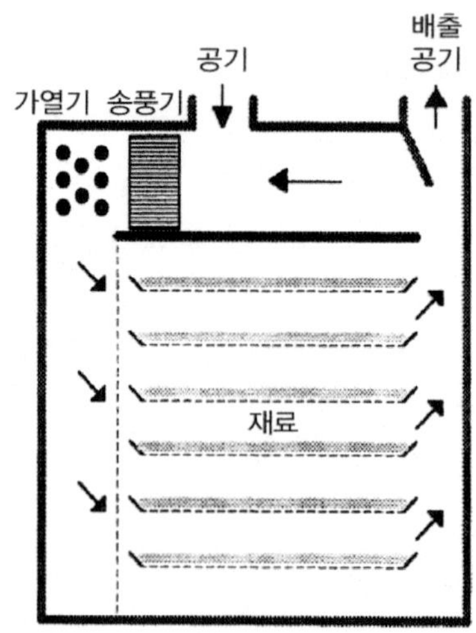

[그림 8.4] 평행류 방식의 상자형 건조기

[3] 터널 건조기

열풍의 흐름이 있는 터널 내부에 식품을 넣은 카트를 투입하여 배출될 때까지 건조하는 건조기이며, 목표함수율까지 건조를 위하여 터널의 건조속도를 조절이 필요하다. 카트 한번의 투·배출로 인하여 건조가 완료되므로 연속건조가 가능하다. 열풍의 흐름 방향에 따라 건조기를 구분하며, 카트의 진행방향과 동일한 병류식, 카트의 진행 방향과 반대 방향은 향류식이며, 긴 터널이 필요할 경우 투입구에서는 병류식 및 배출구에서는 향류식을 이용하는 혼합류식이 있다.

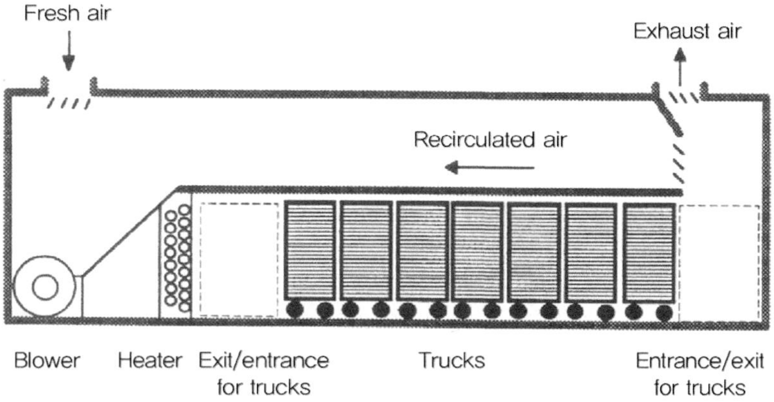

[그림 8.5] 터널 건조기 (출처 : 수확후공정공학, 씨아이알).

[4] 벨트 건조기

컨베이어 건조기라고도 하며, 식품을 구멍이 많은 벨트 위에 투입하여 식품 사이로 열풍을 통과하여 건조가 이루어진다. 열풍의 흐름에 따라 향류식 및 병류식으로 사용이 가능하나 벨트를 수직으로 통과하여 식품을 건조하는 통기류가 가장 많이 사용되고 있다. 1회 통과로 건조가 완료되기 위하여 벨트를 1단 또는 다단으로 하여 건조시간의 조절 또는 벨트의 속도를 조절하여 건조시간을 조절한다. 절단된 과일이나 채소의 건조에 주로 이용되며, 벨트에 달라붙는 식품의 건조는 불가능하다.

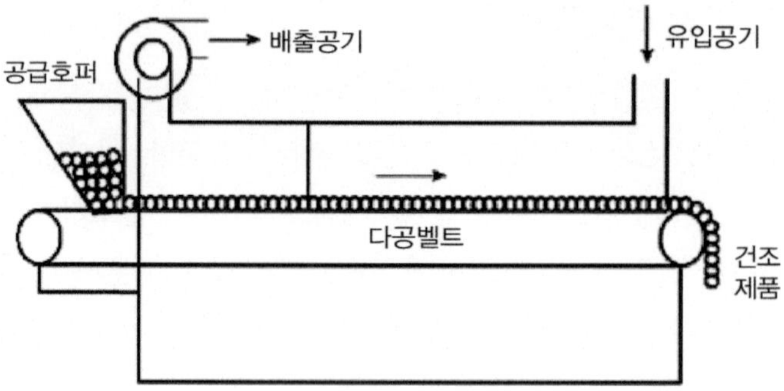

[그림 8.6] 벨트 건조기 (출처 : 수확후공정공학, 씨아이알).

[5] 회전 건조기

긴 원통에 경사를 이용하여 중력 방향으로 식품을 이동시키며, 원통 회전이 회전하면서 내부로 열풍이 들어와 건조가 이루어진다. 내부에는 플라이트(flight)가 있어 원통의 회전할 때 재료를 원통의 중심으로 낙하시켜 열풍과 접촉하며, 열풍의 방향은 병류식 및 향류식이 있다. 재료는 경사 상단으로 계속 투입되며, 경사 하단으로 배출이 가능한 연속건조가 가능하다. 회전건조기는 플라이트(flight)로 교반효과가 좋고 건조가 균일하여 입자의 흐름이 좋은 재료만 건조가 가능하다.

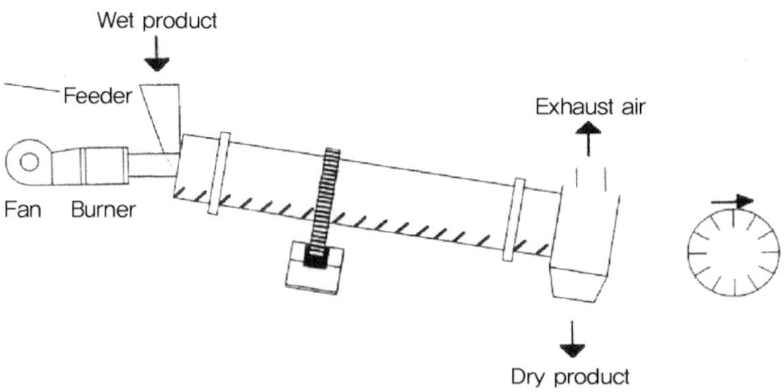

[그림 8.7] 회전 건조기 (출처 : 수확후공정공학, 씨아이알)

[6] 기송 건조기

열풍의 이송 중 재료를 열풍과 혼합하여 건조가 이루어지며, 식품은 출구에서 사이클론을 이용하여 건조된 식품과 건조에 사용된 열풍을 분리하여 배출하는 건조기이다. 건조관은 건조에 필요한 시간을 위해 적절한 길이가 필요하며, 재료의 이송이 가능하도록 충분한 풍속이 요구된다. 곡물, 밀가루, 우유 등의 건조에 이용된다.

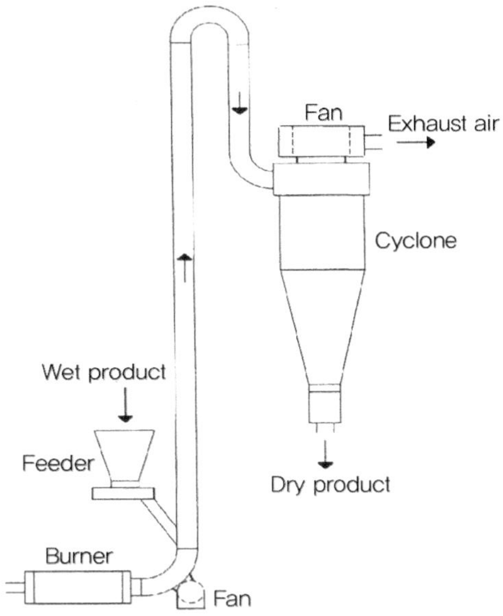

[그림 8.8] 기송 건조기
(출처 : 수확후공정공학, 씨아이알)

[7] 분무 건조기

즉석식품의 건조를 위하여 액상식품을 분무하여 건조하는 방법이며, 액상식품이 내부에 건조되는 시간은 1초 미만으로 매우 빠른 건조가 가능하다. 사이클론을 이용한 건조공기와의 분리·배출 후 건조된 제품은 즉시 포장이 가능하여 생산능률이 높다. 또한 액상식품이 열풍 습구온도 이하로 상승하므로 장시간 열에 노출되면 열변성이 쉽게 일어나는 식품에 적합하다. 하지만 액상식품으로 가공이 가능한 식품 및 건조 후 점성으로 인한 부착이 발생이 없는 제품만 가공이 가능하며, 건조소요 에너지가 많이 소요되는 단점을 가지고 있다. 분무 건조기는 분무립과정, 열풍과 분푸립의 접촉과정, 수분증발과정, 분리 및 회수과정으로 진행되며, 우유, 과즙, 커피 등의 건조에 이용된다.

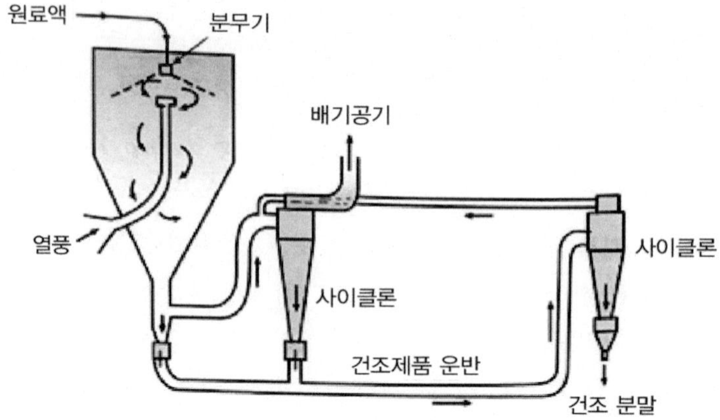

[그림 8.9] 분무 건조기 (출처 : 식품공학, 맥그로힐)

[8] 드럼 건조기

가열된 드럼표면에 액상식품을 직접 접촉시켜 건조하는 건조기이며, 드럼표면에는 드럼이 회전할 때 드럼의 표면에 건조되어 부착된 건조식품을 칼날을 이용하여 긁어내어 분리된다. 드럼의 원통은 기하학적으로 완전한 원형을 이루어야 하며, 제품 회수용 칼날은 원통의 폭과 길이가 일치해야 하고 드럼과 유격을 조절할수 있는 장치가 필요하다. 드럼은 직접 가열하거나 내부에 수증기 또는 물로 가열하고, 드럼의 회전속도 및 가열온도에 따라 건조속도가 결정된다. 전도열을 이용하여 에너지효율이 매우 높으나 액상으로 가공이 가능한 식품만 건조가 되는 단점이 있다. 분무건조가 어려운 점성이 높은 식품의 경우 사용이 가능하다. 이유식 및 감자의 건조에 이용된다.

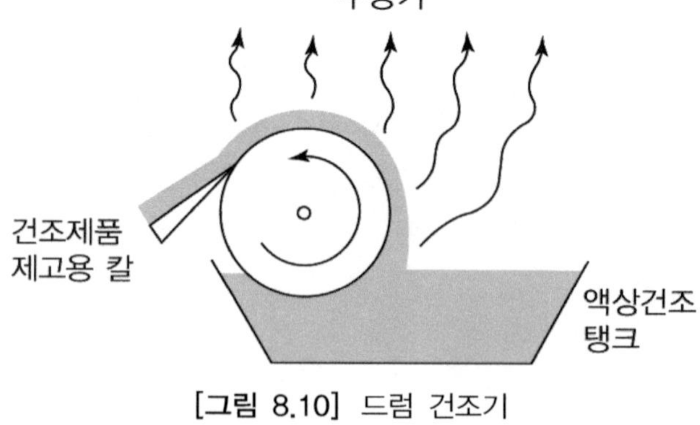

[그림 8.10] 드럼 건조기
(출처 : 수확후공정공학, 씨아이알)

[9] 유동층 건조기

작은 구멍이 많은 판(다공판)아래에서 열풍이 올라와 식품을 공기가 유동하여 건조하며, 건조기 내의 열풍은 식품을 이동시키며 건조하게 된다. 유동식은 연속식과 비연속식이 있으며, 바닥은 유동시켜 배출시킬수 있는 단순 작은 구멍만 있는 구조의 바닥과 다공판 및 배출구가 있는 복잡한 구조의 건조기가 있다. 열풍은 건조 후 사이클론을 이용하여 미세입자가 비산되는 것을 방지하고 송풍기의 위치에 따라 송풍장치 및 흡인장치로 사용이 가능하다. 이 건조기는 유동이 가능한 식품만 건조가 가능하며, 함수율과 상관없이 유동성이 확보된 식품을 건조하며, 콩, 밀가루, 코코아, 설탕 등의 건조에 이용된다.

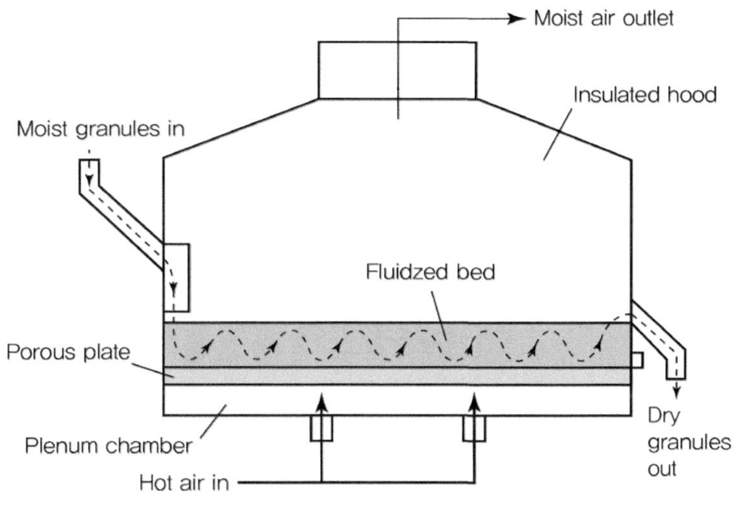

[그림 8.11] 유동층 건조기 (출처 : 수확후공정공학, 씨아이알)

[10] 팽화 건조기

식품을 짧은 시간동안 고온·고압으로 건조 열을 공급한 후 갑자기 상압에 노출하여 식품 내부의 수분의 증기로 순간 상변화를 이르켜 분출 건조되는 건조기이며, 이런 방식으로 약 5%이상의 수분이 증발한다. 건조와 함께 식품은 스펀지와 같은 다공성 구조가 되어 수분의 재흡수 인한 복원이 우수하며, 감률건조기간이 비교적 긴 식품에 효율적이다. 스펀지 형태의 다공성 구조로 인하여 건조시간이 단축되며, 과채류 등의 건조에 이용된다.

[11] 동결 건조기

식품을 냉동시킨 후 식품 내부의 얼음을 3중점(0.01℃, 0.6113 kPa)이하의 진공상태에서 승화시켜 수분을 제거하는 건조기이며, 이 때의 얼음의 승화는 공기중의 수증기압과 식품 내부의 수증기압의 차이로 증기압이 높은 쪽으로 이동하여 건조가 이루어진다. 동결건조가 되는 과정은 식품내의 수분은 동결상태로 승화하여 건조되고 식품내에 남아 있는 수분은 약간의 가열을 통하여 공기중으로 완전 증발되며, 동결건조가 가장 효율적으로 건조되는 방법은 식품내 모든 수분의 동결이 필요하나 대부분의 식품을 완전 동결은 불가능하여 일부는 동결 건조 후 일부 열풍건조를 이용하기도 한다. 동결건조는 증발을 이용하는 건조기보다 낮은 온도에서 건조하므로 색, 맛, 향, 영향 등의 손실이 없으며, 식품의 수축에 의한 외형변화도 적다. 동결건조는 채소, 과실, 주스류, 육류 등의 가공식품의 건조에 사용된다.

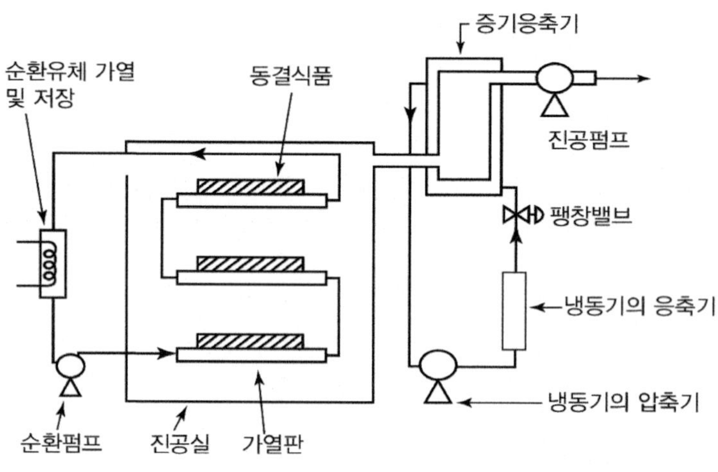

[그림 8.12] 동결 건조기(출처 : 수확후공정공학, 씨아이알)

[12] 마이크로파 건조기

식품 재료 내부에 물분자에 2.45 GHz의 전자기파를 이용하여 양전하와 음전하가 빠르게 방향을 바꾸는 회전으로 인하여 발생하는 열을 이용한 가열 및 건조에 사용하는 건조기이며, 마이크로파는 가열, 건조, 살균, 해동, 조리 등 광범위하게 사용되고 있다. 마이크로파는 물분자에 의해 흡수되어 건조되므로 내·외부 동시에 가열이 가능하며, 함수율이 높은 식품에서 품질 손상없이 단시간에 건조가 선택 건조할 수 있다. 또한 식품자체내의 열을 발생하여 건조가 가능하므로 예비건조시간이 필요 없으며, 일정하게 온도 상승이 가능하다. 선택적 가열 특성 때문에 미세조직의 고품질 세라믹 제품 및 화학반응의 초기화 등 다양한 식품건조에 사용된다.

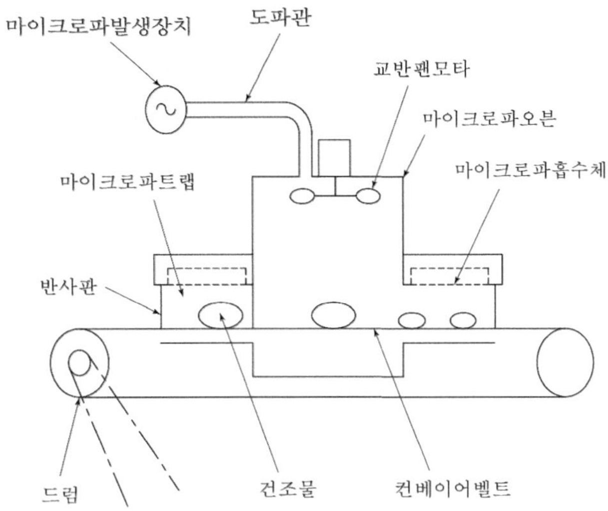

[그림 8.13] 마이크로파 건조기
(출처 : 수확후공정공학, 씨아이알)

참고문헌

1. 농림부, 안전한 고품질 쌀 생산을 위한 RPC 시설 및 운영기술 매뉴얼, 2008
2. American Society of Agricultural and Biological Engineers Stadard 2016, "Moisture Measurement-Unground Grain and Seeds"
3. Heldman, D. R. and D. B. Lund. 2007. Handbook of Food Engineering, 2nd Edition. CRC.
4. Keum. D. H. "Post-harvest process engineering", CIR, 2008
5. Park. W. J., Lee S. K. "Food processing", Soohaksa, 2015
6. Singh, R. P. and D. R. Heldman. 2001. Introduction to Food Engineering. 3rd Edition. Academic Press
7. Valentas, K. J., E. Rotstein and R.P. Singh. 1997. Handbook of Food Engineering Practice. CRC.

CHAPTER 09

식품저장

식품은 수분, 탄수화물, 지방, 단백질, 무기질 및 비타민 등 다양한 성분으로 구성되는 다성분계 화합물로서, 이들 성분에 따라 다양한 반응이 일어나고, 구조의 변화나 품질의 저하가 발생하게 된다. 이러한 품질저하는 식품의 종류뿐 아니라 저장조건에 따라서도 다르게 나타나며, 주로 물리·화학적, 생화학적 및 생물학적 요인들이 저장조건을 결정하게 된다.

식품은 신선하고, 안전하고, 맛있어야 하며, 소비자는 식품을 선택할 때 이들을 중요한 소비지표로 판단하고 있다. 식품저장의 중요한 지표인 신선도는 산소, 효소, 광 및 미생물 등 다양한 요인에 따라 변화하게 되며, 이들 요인을 잘 조절하여 신선하고 안전하게 식품을 저장해야 한다. 식품저장 중 품질변화에 가장 큰 영향인자는 미생물로서, 식품 품질사고에 약 90%가 미생물에 의한 사고로 보고되고 있다. 따라서, 식품저장 기술은 미생물을 통제하는 기술이 가장 폭넓게 보급되고 있다.

9.1 저장 중 품질변화

9.1.1 물리화학적 원인

[1] 수분

식품은 생물자원이 원재료로서, 대부분 수분이 포함되어 있는데, 수분은 품질변화에 큰 요인중에 하나이며, 품질관리에 가장 중요한 성분이다.

식품 중의 수분은 그 존재 형태에 따라 자유수(free water)와 결합수(bound water)로 구분된다. 자유수는 유리수라고도 하며 식품내에서 자유롭게 움직일

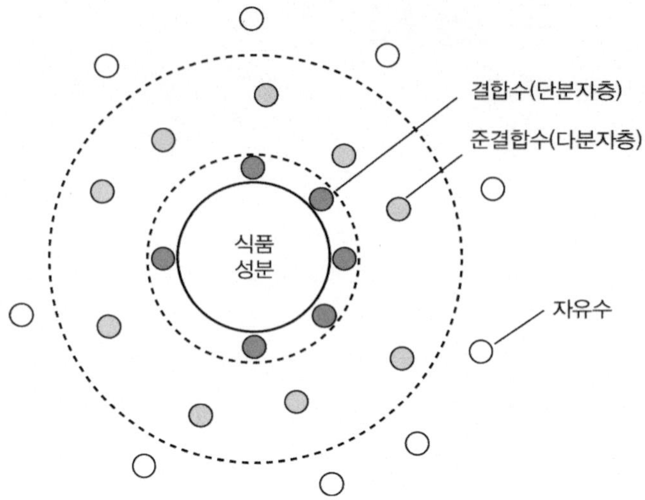

[그림 9.1] 식품성분과 수분(물)분자의 결합상태

수 있는 물이며, 결합수는 식품에 포함되어 있는 성분과 상호작용으로 결합하고 있어 자유롭지 못한 물로서, 용매로 작용할 수 없으며 0℃에서도 얼지 않는다.

당류나 단백질 등은 물과 결합력이 높은 성분으로서, 식품에 당류나 단백질이 포함될 경우 물 분자와 상호작용을 일으키게 된다. 이때 물과 탄수화물 사이에 일어나는 작용은 주로 수소결합이다. 단백질도 물과의 상호작용이 일어나지만, 수소결합 이외에 분자 중에 아미노기($-NH_2$)와 카르복실기($-COOH$)의 이온적인 상호작용도 결합에 영향을 주고 있으며, 그 결합 형태는 구성하는 아미노산의 종류에 따라 다르다.

결합수는 결합의 강도 차이에 따라 두 가지로 구분한다. 수분과 상호작용을 일으키는 용질(solute) 분자에 접촉하고 있는 수분 분자는 결합성이 강하지만, 단분자층을 형성할 정도로 그 수가 적은데, 이를 결합수라 한다. 단분자층 위에 약하게 결합되어 있는 층에 존재하는 수분을 준결합수라고 하며 결합수에 비해 수가 많다(그림 9.1).

식품에서 결합수라고 불리는 것은 대부분 준결합수이며, 결합수와 준결합수는 동결로 증발되지 않고, 다른 용질의 용매로서도 이용되지 않으며 미생물의 번식에도 이용되지 않는 물이다. 이에 비해 자유수는 수용성 물질의 용매로 이용되고 식품이 놓여 있는 환경에 따라 방습 또는 흡습하는 자유로운 물로서 미생물의 번식과 화학반응에도 이용된다. 같은 수분 함량을 갖고 있는 식품이라도 결합수가 많은 식품은 미생물이 번식하기 어렵고 화학적 변화도 느려 저장성이 좋으나 자유수가 많은 식품은 미생물의 번식이 쉽고 화학적 변화도 빨라 저장성이 나쁘다. 즉, 식품의 품질저하 관점에서는 결합수를 포함한 전체 수분 함량보다는 자유수의 함량이 중요하다.

식품에 있는 자유수의 비율은 수분활성도(water activity)로 표현할 수 있으며, 식품의 저장성을 나타내는 중요한 지표이다. 식품의 수분활성도는 다음과 같이 식품이 나타내는 수증기압(P)에 대한 순수한 물의 일정 온도에서의 수증기압(P_0)의 비로 구한다.

$$a_w = \frac{P}{P_0}$$

순수한 물은 모두 자유수로서, 이 상태에서 수분활성도는 1이다. 즉, 식품중의 수분이 대부분 자유수로 되어 있다 하면 $P = P_0$이므로 수분활성도는 1이 되고, 반대로 수분의 대부분이 결합수라면 $P = 0$이 되어 수분활성도는 0이 된다. 따라서 수분활성도는 0에서 1사이로 표시된다.

수분활성도는 수용성 물질을 식품에 첨가할 때 낮아지게 된다. 소금이나 설탕을 식품에 첨가하면 미생물의 생육이 억제되는데, 이는 수분활성도가 낮아지기 때문이다. 또한 식품의 동결에 의해서도 수분활성도가 내려간다. 미생물의 생육도 수분활성도와 밀접한 관계가 있어 미생물의 생육에 필요한 수분활성도는 세균은 $a_w \geq 0.90$, 효모는 $a_w \geq 0.88$, 곰팡이는 $a_w \geq 0.80$ 이므로, $a_w < 0.60$ 조건에서 미생물의 생육을 억제할 수 있다. 보통의 식품은 수분과 성분 사이의 복잡한 관계 때문에 실험에 의한 측정이 일반적이지만 이상용액에서는 라울의 법칙(Raoult's law)에 따라 X_w를 물 몰분율(molar fraction)로 하면 다음과 같이 수분활성도를 구할 수 있다.

$$X_w = \frac{\text{물의 몰수}}{\text{물의 몰수} + \text{용질의 몰수}} = a_w$$

즉, 50g의 순수한 물(분자량 18)에 자당(분자량 342)용액이 50% 포함되어 있다면 수분활성도는 다음과 같다.

$$a_w = \frac{50/18}{50/18 + 50/342} = 0.95$$

[2] pH

용액의 수소이온 농도를 나타내는 기준으로 pH가 사용된다. 식품에 함유되어 있는 물은 미세하지만 이온화하여 수소이온과 수산화물이온으로 분리된다.

$$\underset{\text{물}}{H_2O} \Leftrightarrow \underset{\text{수소이온}}{H^+} + \underset{\text{수산화물이온}}{OH^-}$$

수소이온(농도)과 수산화물이온(농도)의 사이에는 항상 다음과 같은 관계가 성립된다.

$$[H^+] + [OH^-] = 10^{-14}[mol^2/L^2]$$

순수한 물 1L 중에 H^+가 1.0×10^{-7}mol이 존재하고 있다. 수소이온 농도를 나타내기 위하여 수소이온 농도의 역수의 상용대수, 즉 수소이온 지수로 나타낸 것이 pH이다.

$$pH = -\log[H^+]$$

순수한 물의 pH는 7.0으로, 이를 중성으로 한다. pH$<$7.0은 산성, pH$>$7.0은 알칼리성으로 수소이온 농도가 높은 것이 pH는 낮아지고, 수소이온 농도가 낮을수록 pH는 높아지게 된다.

식품의 원재료는 대부분 생물자원으로서, 생물자원의 pH는 거의 중성에서 산성 부근에 있다. 생물자원은 생육에 적합한 최적의 pH를 유지하고 있으며, 일정한 상태를 항상 유지하고 있다. 사람의 혈액의 경우 항상 pH 7.4±0.05로 유지된다. 생물자원의 pH가 항상 일정한 상태로 유지될 수 있는 이유는 체액이 완충작용(buffer action)을 가지기 때문이다.

[표 9.1] 식품의 pH

식품	pH	식품	pH	식품	pH
밥	6.0	라면	9.0	레몬	2.4
식빵	5.3	벌꿀	3.6	딸기	3.6
소고기	5.3	시금치	6.3	오렌지주스	3.8
우유	6.6	무	4.8	맥주	3.7
요구르트	4.2	오이	5.6	소주	4.0
흰자	9.0	양배추	6.1	식초	2.6
노른자	6.0	사과	4.2	간장	4.2
방어	5.7	바나나	5.3	두부	6.1

미생물도 종류 및 균종에 따라 생육에 적합한 pH가 있으며, 그 범위를 조금이라도 벗어나게 되면 생육이 불가능한 특징이 있다. 이러한 특징을 이용하여 식품의 pH를 제어함으로써 미생물에 의해 발생하는 품질변화를 억제할 수 있다. 일반세균은 pH 7의 중성 부근이 최적 생육조건이며, pH 5.5 이하에서는 생육이 어려워지고 pH 3.5 이하에서는 거의 생육하지 못한다. 효모 생육의 최적 pH는 4.0~4.5이고, 곰팡이는 생육 범위가 넓어 pH 3.5 이하에서 생육하는 종류도 있다.

식품은 일반적으로 저장 중 pH의 변화가 없지만, 이러한 원인은 일반적으로 식품에 포함된 성분이 pH의 변화를 억제하는 완충기능 때문이다. 단백질 분자는 이온화 가능한 작용기(functional group)를 많이 함유하고 단백질이 풍부한 음식의 완충기능은 특히 높다.

일반적으로 식품의 pH는 중성 또는 약한 산성을 가지고 있지만, 저장 및 가공과정에서 pH가 크게 바뀔 수 있다. 이에 따라 식품 성분이 변화되고, 유해물질이 생성하는 원인이 될 수 있다. 예로서, 단백질은 알칼리에 의해 반응하여 발생되는 Lysinoalanine이 영양결핍과 신장기능의 저하를 가져올 수 있다.

식품중에는 카르복시기와 아미노기와 같은 약산(weak acid)과 약염기(weak base)가 나타나는 작용기의 화합물이 많고, 일부 완충작용도 한다. 약산(HA)이 수용액 중에서 이온화되어 소량의 H 이온을 생성하면,

$$HA \Leftrightarrow H^+ + A^-$$

여기서, A^-는 생성된 공역염기이다. 위와 같은 해리평형에 있을 때, 해리상수(dissociation constant, K_a)로 나타낸다.

$$K_a = \frac{[H^+][A^-]}{[HA]}$$

수소이온을 방출하기 쉬운 강산은 $[H^+]$가 커지므로 K_a의 값은 커지고, 반대로 약산을 작아지게 된다.

양변에 log를 취하면 다음과 같다.

$$\log K_a = \log[H^+] + \log[A^-] - \log[HA]$$

$-\log K_a$을 pK_a, $-\log[\mathrm{H}^+]$을 pH로 표현하면 다음과 같으며, Henderson-Hasselbalch 방정식이라 한다.

$$\mathrm{pH} = pK_a - \log\frac{[HA]}{[A^-]}$$

pK_a는 산의 해리기의 고유값으로 산의 농도를 알면 pH가 예상할 수 있다. 예를 들어, pK_a가 3인 산이 있으면, 그 산은 중성 pH 7 상태에서 log $([A^-]/[HA])$ 값이 4이다.

또한, $[HA]=[A^-]$ 상태(산과 공역염기의 농도가 동일)를 감안하면 다음과 같다.

$$\mathrm{pH} = pK_a$$

예를 들어, 5% 초산($AcOH$)수용액(식초에는 약 5%의 아세트산을 포함)의 pH를 계산하면,

$$AcOH \Leftrightarrow H^+ + AcO^-$$

$$K_a = \frac{[H^+][AcO^-]}{[AcOH]}$$

양변에 log를 취하면,

$$\log K_a = \log[H^+] + \log[AcO^-] - \log[AcOH]$$

위식에서, $[AcO^-] = [H^+]$가 되므로, 다음과 같다.

$$\log K_a = 2\log[H^+] - \log[AcOH]$$

$-\log[H^+] = \mathrm{pH} - \log K_a = pK_a$ 이며, 식을 정리하면 다음과 같다.

$$\mathrm{pH} = (pK_a - \log[AcOH])/2$$

여기서, 5% 초산수용액의 몰농도는 5 g/100 mL = 50/60 mol/L = 0.833 mol/L 이고, 초산의 pK_a=4.75 이므로 pH는 2.41이 된다.

$$\mathrm{pH} = (4.75 - \log 0.833)/2 = 2.41$$

[3] 산소

산소는 대기에 약 20% 조성되어 있고, 수중에도 존재하고 있다. 인간을 포함한 모든 생명체는 이 산소를 체내로 받아들여 체내에서 일어나는 산화반응에 이용하고, 여기서 발생하는 에너지를 이용하여 생명을 유지한다. 산소는 반응성이 매우 높고, 많은 성분과 용이하게 결합반응을 한다. 이러한 반응을 작은 의미에서 산화(oxidation)라고 한다.

식품의 경우 산화도 품질저하의 원인이 된다. 신선식품, 가공식품에 관계없이 향기, 색 및 영양소 등의 성분이 저장 중에 산화되어 대부분의 경우 품질저하가 일어난다.

식품의 산화의 예로는 지방의 자동산화(autoxidation)가 가장 많은 문제가 되고 있으며, 이 경우를 산패(rancidity)라고도 한다. 유지(oil)에 함유된 불포화지방산은 공기 중에서 쉽게 산화되고 변질된다. 산화가 진행되면서 냄새와 색이 변하고 다양한 산화물이 생성된다. 이 지질의 산화는 라디칼 반응(radical reaction)에 의해 진행된다. 즉, 이 반응을 자가촉매반응(autocatalytic reaction)이라고도 하며, 초기에 생성된 라디칼이 연쇄 반응으로 지방분자와 반응하여 증식되고, 산화반응이 더욱 가속된다. 이러한 반응을 자동산화라고도 한다. 이 반응은 지방에 포함 된 다른 물질의 특성 및 저장 상태 등에 따라 다르지만, 활성이 강하고 반응성이 풍부한 형태의 산소 즉, 활성산소 중의 일중항산소(singlet oxygen)의 영향이 있을 수 있다. 이 반응의 속도는 높은 온도만큼 높은 산소분압을 촉진시키며, 미량으로 존재하는 철 이온, 구리 이온 등에 의해서도 촉진되기 때문에 유지의 저장에 적합한 조건 설정이 필요하다. 산소는 식품의 열화(deterioration)에 큰 원인 인자로서, 이를 방지하기 위해 저온저장, 진공포장, 가스치환포장, 항산화제 및 산소흡착제 등 다양한 저장방법 및 조건이 개발되고 있다.

[4] 온도

식품의 변질은 식품에 포함된 성분이 다양한 요인, 특히 화학 반응에 의해 발생하는 경우가 많다. 분자의 반응 전후의 상태를 에너지 준위(energy level)에서 보면, A와 B는 다르다(그림 9.2). 즉 A에서 B 로의 반응은 열이 방출되는 발열 반응(exothermic reaction), B에서 A로 반응은 열이 흡수되는 흡열반응(endothermic reaction) 이며, 이 반응에 의해 각각 안정된 반응 생성물로 전환한다. 이 반응에서는 A에서 X를 거쳐 B에 이르는데, A와 X사이의 에너지를 화학 반응을 개시하기 위해 필요한 최소량의 에너지인 활성화 에너지(activation energy)라고 하며, A에서 B에 도달하기 위해서는 이 활성화 에너지보다 큰 에너지가 필요하다. 활성화 에너지가 낮을 것일수록 반응이 일어나기 쉽다. 이러한 현상은 지방의 자동산화 등에서 흔히 나타나며, 온도가 높을수록 빠르게 진행된다. 일반적으로 화학 반응은 온도가 10℃ 상승하면 반응속도가 2~3배 빨라진다.

식품을 조리하거나 가공하기 위해서는 다양한 열처리 공정이 필요하다. 이러한 열처리에 의해 식품을 구성하는 성분은 다양한 변화가 발생하게 된다. 전분의 호화(gelatinization), 단백질의 변성, 좋아하는 색이나 향기로 변화되는 등의 긍정적인 부분도 있지만, 과도한 가열에 의한 부정적인 부분도 발생하게 된다. 또한 트립토판(typtophane) 등의 아미노산과 같은 가열에 의해 돌연변이를 일으키는 변이원성물질이 생성되어 안전면에서 문제가 발생할 수 있다.

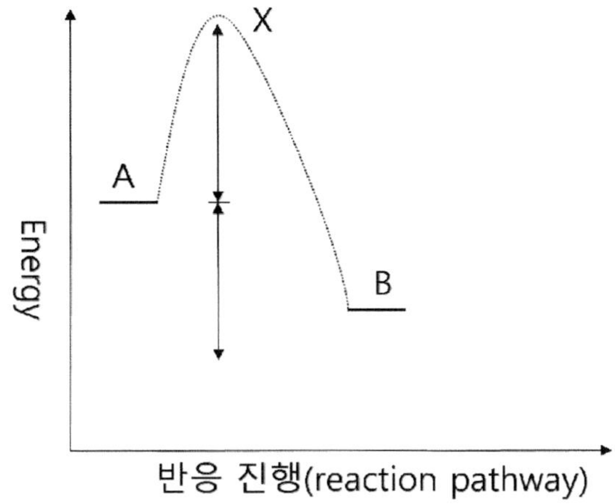

[그림 9.2] 반응전후의 에너지 준위

일반적으로 식품은 상온 또는 상온보다 약간 낮은 온도에서 저장을 하게 된다. 이러한 저장 방법은 식품을 구성하는 성분의 변화와 미생물에 의한 변질이 발생하게 된다. 식품을 상온인 약 20℃에서 저장할 경우, 이 온도범위에서는 미생물이나 산화에 의한 변질이 일어나기 쉽다.

온도범위에서 성분의 변화를 나타내는 지표로 Q_{10}(온도계수)이 사용된다. Q_{10}은 일정한 온도 범위에서 온도가 10℃ 상승에 따른 반응 속도의 비율을 나타낸 것으로서, 숫자가 커질수록 반응에 미치는 영향이 크다는 의미이다. 온도

[표 9.2] 온도상승에 따른 반응속도의 증가(Q_{10})

반응의 종류	Q_{10}	온도범위[℃]
일반적인 화학반응	2~3	-
맥아 아밀라제에 의한 전분의 소화	2.2	10~20
계란의 응고	623	69~76
광합성	1.6	4~30
세균의 생육	2.3	20~37
당류의 호흡	3.3	15~25
오렌지의 호흡	2.3	10~20
세균의 가열살균	12~136	48~59
세균포자의 가열살균	2~10	40~140

를 낮춘 경우에도 반응에 미치는 영향이 동일하여, 예를 들어 야채의 호흡과 미생물의 생육은 온도가 10℃ 낮아지면 반응에 미치는 영향은 1/2～1/3으로 낮아진다.

[5] 광

태양광 에너지는 식물의 광합성에 의해 화학에너지로 변환되고, 이 에너지를 이용하여 생체성분이 합성 된 동물은 그 식물을 섭취함으로써 생명을 유지하고 있다. 즉 태양 광(에너지)은 모든 생명체를 지탱하는 에너지원이 된다.

태양 광은 자외선, 가시광선 및 적외선 등 다양한 파장의 빛으로 이루어져있다. 광은 전자기파의 일종으로 자외선(ultraviolet rays)은 파장이 짧고 에너지가 크다. 따라서 햇빛에 노출되면 식품의 성분을 구성하는 분자는 여기상태(exited state)가 되고, 반응성이 높아지면서 색소나 향기 성분 등의 열화가 촉진된다. 가시광선(visible rays)은 에너지가 낮고, 직접 분자의 반응성을 높이는 것은 아니지만, 엽록소와 리보플라빈(riboflavin) 등의 색소에 빛을 노출하면, 이 분자는 광 에너지를 흡수하여 색소가 우선 활성화되어, 이것이 지질 및 단백질 등과 반응하여 열화를 촉진한다. 이와 같이 광의 흡수에 의해 얻어진 에너지를 화학에너지의 다른 물질로 전환시켜 반응을 촉매하는 물질을 광증감제(photosensitizer), 이에 의한 반응을 광증감반응(photosensitizer reaction)이라 한다. 광증감제로서 반응하는 화합물은 색소 외에도 히스티딘(histidine), 트립토판(typtophane) 등의 아미노산이 있다. 야채와 과일은 재배과정에서 태양 광이 중요한 에너지원이 되지만, 식품에서는 색소 등의 광증감제의 반응을 일으키는 성분이 다수 포함되어 있기 때문에 저장과정에서 가능한 빛을 차단해야 한다. 가공식품의 경우에도 동일하다.

[6] 생화학적 원인

효소(enzyme)는 식품의 변질에 영향을 미치는 큰 인자중에 하나이다. 효소는 생물의 생명활동에 필요한 화학반응의 촉매로서, 생물이 생산하는 물질이다. 즉, 생물의 세포내에서 생육을 촉진하는 다양한 생화학 반응과 생화학 반응이 효율적으로 진행되도록 하는 촉매제의 역할을 한다.

효소는 활성을 가지고 있는 단백질의 일종으로 특정한 물질에만 작용하여 물

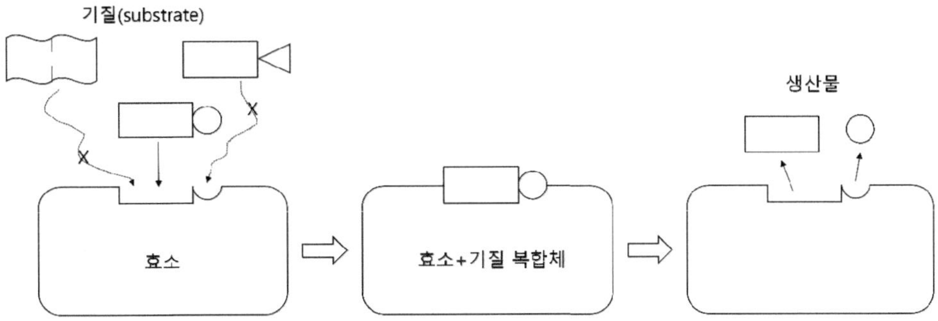

[그림 9.3] 효소 반응

질을 분해 또는 합성한다. 이와 같이 효소가 작용 또는 반응하는 물질을 기질(substrate)이라 하며, 효소 반응의 결과에 따라 생성되는 물질을 생산물이라 한다. 효소의 가장 특징은 각각의 효소가 특정 분자에 대해서만 반응하는 성질이다. 이 성질을 기질특이성(substrate specificity)이라 한다. 즉, 효소는 기질이 결합하여 반응이 일어나는 활성부위가 있고, 이 활성부위의 형태와 기질의 모양이 맞지 않으면 효소 반응이 일어나지 않는다.

기질특이성은 효소는 촉매의 일종으로 어떤 반응의 속도를 매우 빠르게 만들어주는 역할을 하지만 특정 분자에만 특이적으로 결합하고 그 분자의 반응을 진행시키는 성질이다. 즉, 소화효소 중에서 아밀라아제(amylase)는 전분(starch)만을 분해하고 단백질, 지방 및 섬유소는 분해하지 못한다. 프로테아제(protease)은 단백질만 분해하고 다른 물질은 분해하지 못한다. 지방의 분해에는 리파아제(lipase)가 대표적이다. 이러한 기질특이성 때문에 생체내에서 진행되는 많은 반응을 위해서는 많은 효소가 필요하다.

국제효소위원회(EC)는 효소 반응의 형태에 의해 EC 1~6까지로 구분하고 있다.

① 산화환원효소(oxidoreductase) : 기질의 산화 환원을 촉매하는(H(수소)의 산화, 환원 등)

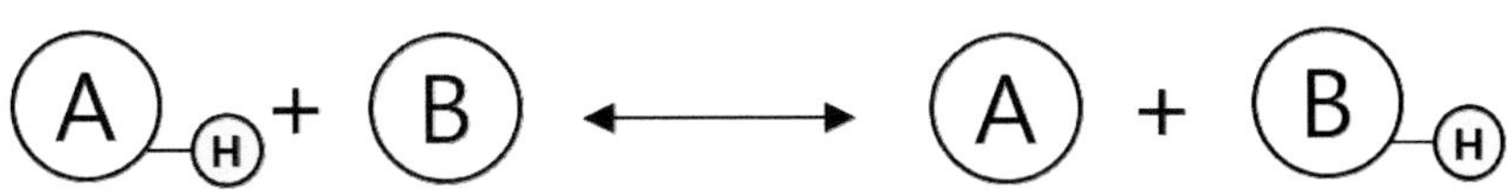

② 전이효소(transferase) : 기질이 있는 작용기(R)를 다른 기질에 전이

③ 가수분해효소(hydrolase) : 기질의 가수 분해를 촉매

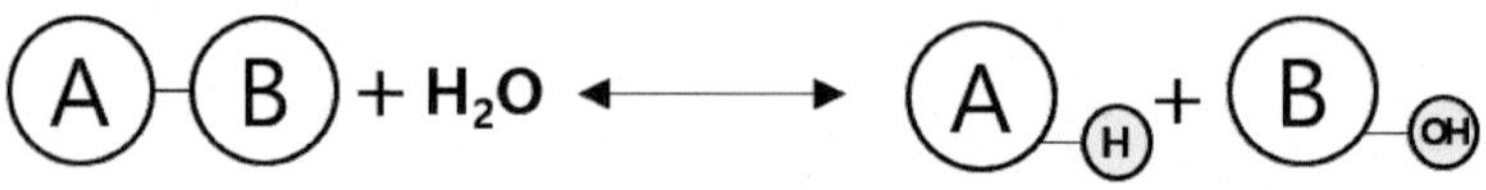

④ 리아제(lyase) : 기질에서 작용기(R)를 제거 또는 첨가(가수분해는 제외)

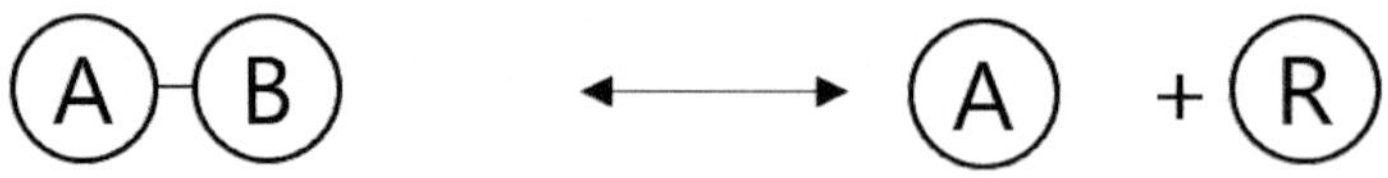

⑤ 이성화효소(isomerase) : 기질을 이성화

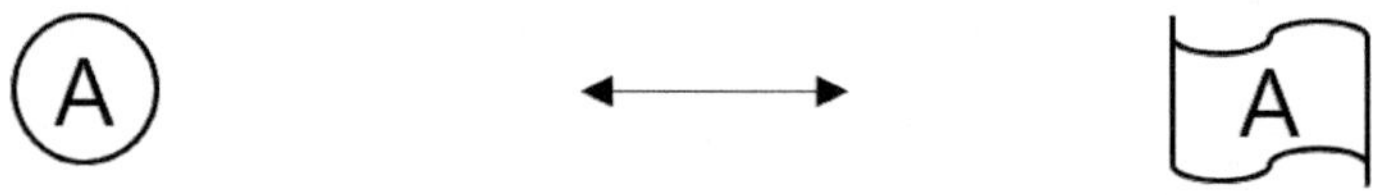

⑥ 합성효소(ligase) : ATP(adenosine triphosphate)를 이용하여 기질과 기질을 결합[Pi는 무기인산(HOPO32−)]

효소는 생물이 살아있는 생육상태에서는 매우 규칙적이고 효율적인 반응을 하는 물질이지만, 식물이 수확된 후 또는 동물이나 수산물의 생육이 정지된 경우에는 세포의 손상이 진행되면서 효소의 반응이 오히려 품질저하로 이어진다.

효소는 기질특이성 외에도 온도 및 pH 등의 최적조건 유지가 필요하다. 따라서, 신선식품이 냉장 및 냉동 등에서 저온저장하는 것은 효소의 활성을 억제하는 중요한 수단이다.

효소는 단백질이기 때문에 가열하거나 온도가 상승하면 변성되어 효소활성

이 약해지고 일정한 온도 이상이 되면 기능을 상실하게 된다. 예를 들면, 야채나 과일의 가공공정에서 전처리로 뜨거운 물이나 증기에 단시간 노출하는 방법은 효소의 활성을 억제시켜 저장이나 유통과정에서 품질저하를 방지하는 하나의 방법이다. 이러한 처리방법을 블랜칭(blanching, 데치기)이라 한다.

효소는 분자 내에서 많은 수소결합을 이루고 있는데, pH에 따라 수소결합 정도가 달려져 구조가 변하게 된다. 효소의 이러한 구조변화는 반응속도에도 큰 영향을 준다. 효소는 특정 기질에 대해 특이적 반응을 하므로, 이때 효소가 기질을 가려내는 데에 3차원적인 구조가 가장 중요하다. 그러나 pH가 변하면서 효소의 구조가 바뀌게 되고 효소는 특이적으로 반응했던 기질과 효과적으로 결합하지 못하게 된다. 최적 pH는 아밀라아제는 7, 펩신은 2, 트립신은 8로 알려져 있다.

[7] 생물학적 원인

미생물은 우리가 생활하는 주변에 항상 존재하고 있다. 식품은 우리의 영양분이 되는 성분을 포함하고 있는데, 이 성분은 미생물에게도 번식을 위한 영양분으로 이용된다. 따라서 신선식품, 가공식품 등 모든 식품에서 미생물과 접촉하는 것을 방지하거나, 접촉해도 생육할 수 없는 조건으로 하지 않는 한 식품 내외부에서 번식하여 성분을 분해하고 변질시키고, 맛에도 영향을 주고 부패까지 진행하게 된다.

일반적으로 식품에 미생물이 번식하여 변질되는 것을 부패라고 부른다. 미생물을 이용하여 새로운 식품을 만드는 것을 발효라고 부르지만, 새로운 식품의 발효와 관련 없는 다른 미생물의 혼입으로 변질되는 것을 부패라 한다.

식품의 부패에 관련 있는 미생물은 일반적으로 곰팡이, 효모 및 세균 등 3가지로 크게 구분한다.

세균에 의한 부패는 식중독과 관련이 있는데, 세균은 초기에 번식하였을 때는 육안이나 관능적으로 판별이 불가능하며, 최종단계에서 이취, 맛 등으로 판별할 수 있다. 효모가 번식하였을 때는 일반적으로 가스의 발생이 수반하며, 악취는 발생하지 않는다. 즉, 미생물에 의한 맛의 변화와 물성의 변화, 황화수소와 이산화탄소의 발생 등에 의해 부패의 정도가 결정된다.

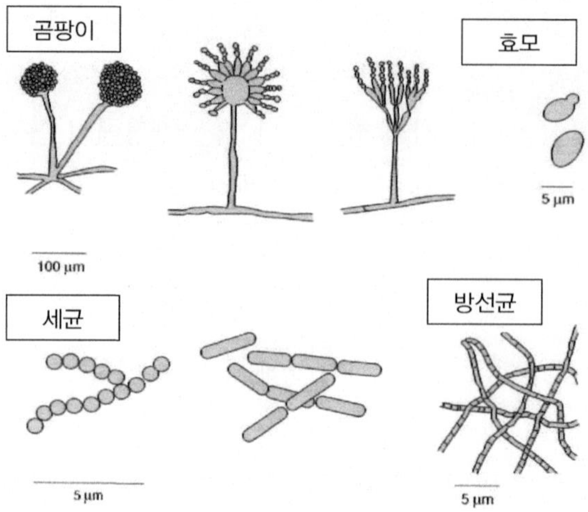

[그림 9.4] 미생물의 형태

미생물 중에는 식품위생 문제가 안전성면에서 주의를 요하는 종류가 있다. 예를 들어 O-157 등의 병원성대장균, 살모넬라균, 보툴리누스균 등의 식중독균, 곰팡이독소(진균독소) 등은 외관이나 맛의 변화만으로는 오염을 판정하는 것이 어려운 경우가 많다.

식품에 증식하는 미생물은 식품의 성분, 즉 영양원이 되는 성분의 차이와 온도, 습도 및 pH 등의 환경 요인에 의해 생육하는 균종이 다르기 때문에 식품의 저장조건을 미생물에 종류에 따른 설정하는 것이 필요하다.

9.2 식품저장 방법

9.2.1 수분조절에 의한 저장

대부분의 식품에는 수분을 포함하고 있다. 미생물의 생육에 수분은 필수적으로 수분의 적정한 조절은 식품의 안전저장을 위해 중요한 기술이 된다.

[1] 수분활성

앞에서 언급했듯이 식품에 포함되어 있는 수분은 자유수, 결합수 및 준결합수로 구성되어 있다. 특히, 결합수는 당류와 단백질 등과 결합하고 건조나 증발도 되지 않고 동결도 어렵우며, 미생물과도 반응이 어렵다. 준결합수는 결합수와 수소결합 등에 의해 다소 느슨하게 결합되어 있어 건조과정에서 어느정도 수분이 증발하게 된다. 자유수는 식품내의 성분과 상호작용을 하지 않기 때문에 자유롭게 이동이 가능한 수분이며, 쉽게 증발하여 미생물과도 반응이 쉽게 일어난다. 미생물은 일반적으로 수분이 많은 곳에서 잘 생육하므로, 이는 자유수가 많은 식품에서 잘 생육한다는 의미이다.

대표적인 식품의 수분활성도(a_w)는 표 9.3과 같다. 비교적 높은 수분 20~40% 범위에서 수분활성도가 0.65~0.85 범위의 중간에 있는 식품을 중간수분식품이라 한다. 이는 수분활성도의 값에서 전체 수분 중에 차지하는 준결합수가 많다는 것을 의미하며, 미생물의 번식이 어려워 중장기 저장이 가능하게 된다. 또한 이러한 음식은 어느 정도의 수분을 포함하고 있어 질감이 부드럽고, 별도의 복원 과정 없이도 그대로 먹을 수 있는 등의 특징이 있다. 여기에 포함되는 식품으로는 곶감, 건포도, 잼, 건소시지, 조림, 오징어 및 건어물 등이 대표적이다. 이 기술을 이용하여 높은 저장성을 가지는 가공식품 개발이 이루어졌고, 대표적으로 우주식 등이 개발되었다.

곡류는 안전저장을 위해 적정한 수분으로 건조한 후 저장하고 있다. 벼는 15.0% 이하, 밀은 12.5% 이하로 저장하는 경우가 많으며, 저장 중 외기의 온습도에 의해 수분이 증가하는 경우가 많다. 수분의 증가와 함께 곰팡이가 쉽게 발생하는데, 이는 수분이 비교적 낮음에도 불구하고 자유수가 많아 수분활성도가 높기 때문이다.

[표 9.3] 식품의 수분활성도(a_W)

a_W	식 품 명
>	야채, 과일, 육류, 수산물, 치즈, 빵, 햄, 계란
0.9~0.8	곡류, 두류, 카스테라, 염장연어
0.8~0.6	잼, 건조과일, 간장, 건어물, 조림
0.6~0.5	건면(수분 12% 이하), 조미료, 건멸치
0.5~0.3	비스켓(수분 3~5%), 건조계란(수분 5%)
0.2	건조야채(수분 5%), 시리얼(수분 5%), 분유(수분 2~3%)

즉, 미생물은 자유수가 많을수록 수분활성도가 높을수록 번식과 생육하기 쉽다. 미생물이 생육 가능한 수분활성도는 세균은 0.90, 효모는 0.88 이며, 곰팡이는 0.8이다. 그러나 미생물 중에는 이 범위를 넘어 성장하는 종류도 다수 있다. 예를 들어 호염성세균(halophilic bacteria)은 0.75, 내건성곰팡이 (xerophillic bateria)는 0.65, 접합효모(zygosaccharomyces)는 0.61에서도 생육이 가능하다. 따라서, 식품의 안전저장을 위해서는 각각의 식품에서 수분활성을 제어할 필요가 있다.

[2] 등온흡습탈습곡선(adsorption-desorption isotherm)

밀폐 용기에 식품을 넣어 일정한 공기조건(온도)을 유지하게 되면, 시간이 경과하면서 수분도 계속해서 증발하다가 공기조건과 평형을 이루는 상태가 된다. 이 상태에서 수분을 평형수분 또는 평형상대수분이라 한다.

각 온도에서 평형수분 함량을 세로축에, 수분활성도를 가로축으로 하면 그림 9.5와 같은 등온흡습탈습곡선이 얻어진다.

그림에서와 같이 탈습(건조) 때와 흡습할 때는 극히 드문 경우를 제외하고 다른 곡선을 그린다. 탈습곡선은 항상 흡습곡선 위에 위치하게 되는데, 이러한 현상을 이력현상(hysteresis)라고 하며, 이 경우 같은 수분에서도 수분활성도는 2개의 값을 가지게 된다.

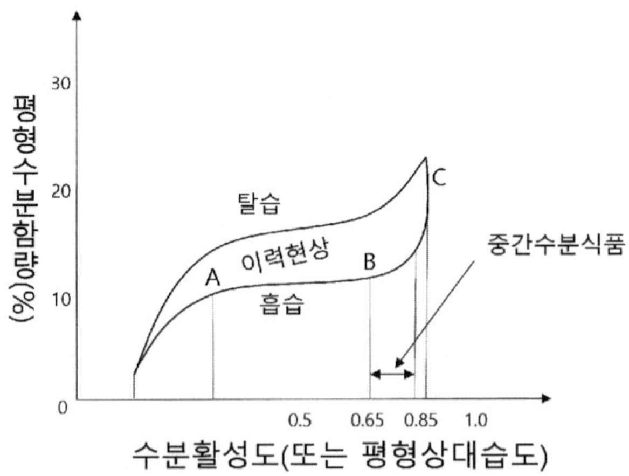

[그림 9.5] 식품의 등온흡습탈습곡선(예)

곡선에서 흡습 시작점에서 A까지는 수분함량이 낮은 대단히 낮은 영역으로서, 식품의 성분과 결합하는 단분자층을 형성하는 결합수이다. A에서 B까지는 준결합수, B에서 C까지는 자유수로 간주할 수 있다. 이 곡선은 각각의 식품에서 포함하고 있는 성분의 조성에 따라 다르게 나타난다. 따라서, 이력현상을 통해 식품의 수분 존재 형태를 알 수 있으며, 이는 식품의 품질을 유지할 수 있는 지표라 할 수 있다.

[3] 건조

건조는 식품에 포함된 자유수를 증발시켜 수분활성도를 낮게 함으로써, 미생물의 번식과 생육을 억제하여 저장성을 높일 수 있는 저장기술의 하나이다. 즉, 건조의 주요 목적은 식품에 포함된 수분을 저장이나 유통에 적정한 수분으로 조절하는 것이다.

물은 고체, 액체 및 기체 등 3가지 상태로 유지한다. 건조는 액체상태에서 기체상태로 변환되는 증발이 주로 일어나지만, 고체상태에서 기체상태로 직접 변환(승화)하는 방법도 있다. 또한, 액상 식품을 농축하여 보존성을 향상시키는 경우에도 물을 제거할 필요가 있는데 그림에서와 같이 대기압(1기압)에서 물의 끓는점은 100℃이지만, 압력을 낮추면 비등점(boiling point)이 내려가게 된다. 따라서, 감압농축(진공농축)하는 것은 농축온도가 낮아지며 품질도

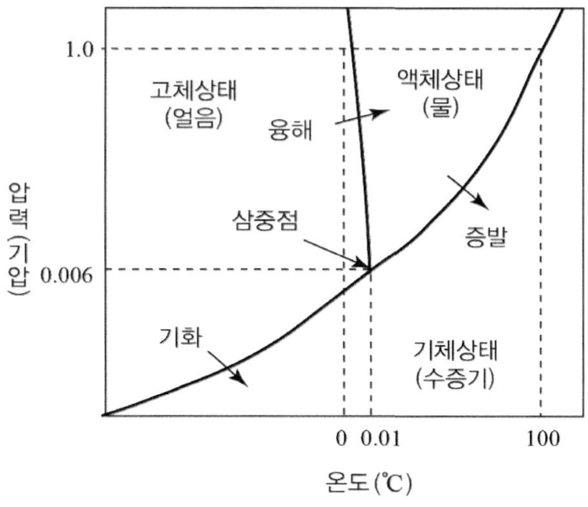

[그림 9.6] 물의 상태

좋은 영향을 가져올 수 있다.

식품의 건조방법은 자연건조법과 인공건조법으로 크게 구분할 수 있다. 자연건조법은 태양, 풍력 등 자연의 에너지를 이용하는 방법으로 천일건조가 대표적인 방법이다. 천일건조는 태양에너지를 이용하기 때문에 건조비용이 매우 저렴하지만 기상조건이 큰 영향을 미치므로, 우리나라와 같은 기후 변화가 심한 지역에서는 한계가 있다. 무, 고추 및 곶감 등에 일부 사용되고 있다.

인공건조법에는 곡물, 야채 및 과일의 건조에 이용되는 열풍건조, 분유나 커피 건조에 사용되는 분무건조, 열원의 차이를 이용한 적외선 건조와 마이크로파 건조 등 많은 건조법이 있다.

이들 건조법은 모두 액체상태에서 기체상태로의 변환에 의한 방법이며, 진공동결상으로의 변환에 의한 방법이지만, 진공동결건조는 식품을 고체상태(얼음)로 만든 후 진공조건에서 승화시켜 수분을 제거하는 방법이다.

일반적인 건조방법은 건조과정에서 수분은 식품의 표면에서 증발하거나 내부의 모세관현상에 의하여 내부확산이 연속적으로 진행되면서 건조가 이루어진다. 이때 증발하는 수분과 확산하는 수분의 양이 동일한 것이 이상적이지만, 급격히 건조를 진행할 경우 증발하는 수분량이 확산량보다 많아지면서 모세관현상이 중단되어 수분이 식품 내부에 남아있게 된다. 이러한 건조가 일어날 경우 표면은 건조한 것처럼 보여도 건조 후에 내부의 수분이 천천히 표면으로 이동하여 전체적으로 건조가 부족한 상태가 되어 미생물 등이 번식하게 된다.

가열건조법으로 야채를 건조하면, 수분의 증발과 동시에 구성하고 있는 세포조직의 활성도 중단되는 상태가 되며 가수하게 되면 원래대로 복원하는 성질을 가지게 된다. 진공동결건조법은 얼음상태에서 증기로 직접 수분을 제거하고, 세포조직도 비활성화 시키게 된다. 따라서, 복원성이 뛰어나게 되고 향기, 맛 등의 유지가 가능하여 인스턴트 식품의 제조시 원재료의 건조 등에 많이 이용되고 있다. 또한, 진공 즉 산소가 없는 조건에서 공정이 진행되므로 산화 등에 의한 품질저하를 방지할 수 있다. 따라서 건조비용은 많이 들지만 고품질의 제품을 얻기 위해 사용되고 최근에는 프리미엄급 인스턴트 커피 등의 건조에 사용되고 있다.

[4] 건조식품의 품질

식품은 건조가 진행되면 자외선, 열 및 산소 등에 의해 내부 성분의 변화가 진행될 수 있다. 특히 식품에 포함된 지질은 공기 중의 산소에 의해 변화가 쉽게 이루어진다. 그림 9.7에서와 같이 지질의 산화는 수분활성이 낮아지면 산화 반응도 낮아지지만, 어느 정도 지나면 다시 반응속도가 높아지게 된다. 이는 건조는 먼저 자유수가 제거되고, 이어서 준결합수와 결합수까지 제거되면서 식품의 구성 성분의 분자가 산소와 결합하여 산화가 진행되는 것이다. 따라서, 목표로 하는 건조수분은 단분자층 수분에 해당하는 수분을 남긴 정도로 할 수 있다.

이렇게 건조는 공기의 영향을 받기 쉬우므로 건조 후에는 가능한 한 공기와 접촉하지 않도록 질소가스를 밀봉하여 포장하는 등 특별한 대책이 필요하다. 특히 진공동결건조 식품은 건조과정에서 다공질화되어 산소와 접촉하는 면적이 커지므로 건조가 완료된 후 진공을 해제할 때도 질소가스를 사용하거나 포장할 때도 질소가스를 밀봉하는 등의 조치가 필요하다.

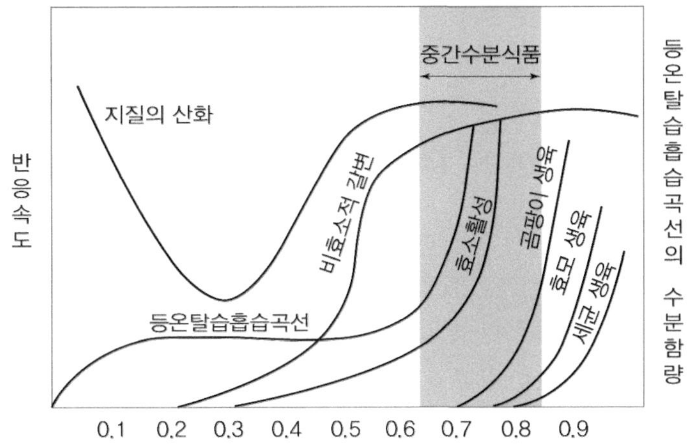

[그림 9.7] 식품의 변질과 수분활성

[5] 저온을 이용한 저장

식품 변질의 주요 원인은 산화반응, 효소반응, 미생물의 증식 등이 있으며, 저온저장은 이러한 식품 변질의 주요 원인을 억제하는데 효과적인 저장방법이다. 그러나, 저온은 이러한 변질 원인을 영구적으로 억제하는 것이 아니라, 저온저장 한 식품을 다시 상온에 방치하면 화학반응이 진행되고, 미생물의 번식도 진행하게 된다. 어떠한 저온하에서도 미생물을 완전히 사멸시키는 것을 불가능하므로, 저온저장은 임시저장의 한 방법이라 할 수 있다.

미생물의 최적 생육온도는 균종에 따라 다르다. 세균의 경우 최적 생육온도 범위는 20～60℃로 알려져 있고, 저온세균과 중온세균(최적 생육온도 30～37℃), 고온세균(최적 생육온도 45～60℃)으로 구분한다. 저온세균은 0～5℃에서도 증식이 가능한 세균을 호염성세균이라 한다. Pseudomonas 속, Achromobacter 속, Flavobacterium 속과 일부 유산균 등의 세균은 저온저장 식품의 산패와 부패의 원인이 되고 있다. 자유수가 모두 동결되지 않으면, 세균이 성장하는 것으로 알려져 있지만, −10℃ 이하에서는 증식이 불가능하다.

곰팡이의 최적 생육온도는 25～30℃이지만, 0℃에서도 생육이 가능하다. 효모도 25～30℃가 최적 생육온도이지만 5℃에서도 생육이 가능하다고 보고되고 있다. 이와 같이 저온에서도 생육 가능한 미생물은 우리가 가정에서도 쉽게 확인할 수 있는데, 예를 들면 가정의 냉장고에서 귤이나 떡에 푸른곰팡이가 발생하는 것이다.

저온저장법은 그 온도 영역에 따라 냉장저장, 빙온저장 및 냉동저장으로 크게 구분할 수 있다. 또한 생산에서 소비자의 식탁까지 식품의 전주기에서 저온조건으로 유통시키기 위한 콜드체인(cold chain)도 보편화되어 있는 방법이다.

식품위생법(7조, 식품의 기준 및 규격)에는 식품은 정해진 기준에 따라 보관 및 저장하도록 규정화되어 있으며, 농수축산물 중 선도를 유지해야 하는 원료의 경우에는 냉장 또는 냉동 보관하고, 실온은 1～35℃, 냉장은 0～10℃, 냉동은 -18℃ 이하로 규정하고 있다.

식품의 냉동기술은 식품의 내부에서 진행되는 산화 등의 화학적변화와 성분의 결정화 또는 융해 등의 변화뿐만 아니라 효소반응과 미생물의 증식 등 생물학적 변화를 저온에 의해 억제하는 기술이다. 식품의 온도가 낮은 저온이면 반응속도가 늦어져 식품의 초기상태에 비해 품질변화가 완만해진다. 칠링(chilling)은 식품의 수분이 얼지않은 온도 영역으로 저장하는 기술로서, 미생

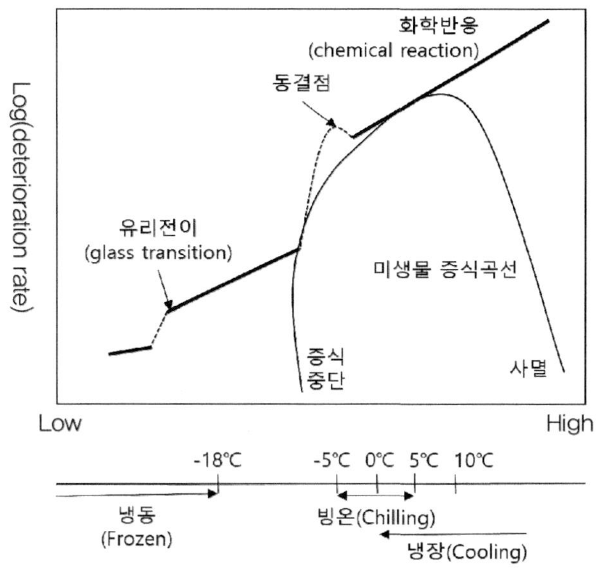

[그림 9.8] 식품의 품질저하가 발생하는 반응속도와 미생물의 증식속도 및 저장온도의 관계

물의 증식을 완전히 억제할 수는 없다. 유해한 세균의 증식은 -10℃ 이하에서 완전히 억제할 수 있다. 냉동저장의 온도기준 인 -18℃까지 동결된 재료는 -18℃를 유지하는 한 세균에 의한 부패를 일으키지 않고, 세균에 의한 증식의 피해도 발생하지 않는다는 의미로서, 냉동저장을 이용하는 가장 큰 장점이다. 또한 -18℃ 이하가 되었을 경우 화학반응과 효소반응은 더욱 지연되므로 식품의 영양소, 맛, 향기를 오랫동안 유지할 수 있다(그림 9.8).

(1) 냉장저장

식품을 0~15℃의 범위에서 저장하는 방법을 냉장저장이라 하며, 가장 많이 이용되고 있는 저장방법이다. 냉장저장의 온도범위에서는 청과물의 경우 호흡이 계속되고, 미생물 증식도 완전히 억제할 수 없기 때문에 저장은 1주일에서 1개월 정도의 단기저장으로 제한된다(표 9.4).

식물은 저온에서는 저온장해(low temperature injury)를 일으키는 경우가 있으며, 가지, 고추, 고구마, 바나나 및 파인애플 등 아열대지역에서 많이 생산되는 청과물이 대표적이다. 저온장해의 주요 증상은 표면연화, 내부갈변, 표면의 핏팅 등이 있다. 이러한 증상은 호흡대사에 의한 이상 대사산물의 축적 또

[표 9.4] 야채 및 과일류의 저온장해 발생기간 및 증상

품목	저장온도[℃]	저장기간	증상
고구마	5	2~3주	내부갈변
콩	0 5	4~5일 7~8일	핏팅(pitting)
토마토	2	4~6일	핏팅, 풍미저하(off-flavour)
오이	0 5	3~6일 5~8일	핏팅, 풍미저하, 수축(withering)
가지	5	6~8일	핏팅
피망	0 5	4~5일 7~8일	핏팅, 풍미저하, 씨앗갈변
호박	0 5	3~4주 5~6주	핏팅, 내부갈변
바나나	0 5	6시간 3~4일	과피갈변, 숙성결핍
사과	0	1~4개월	내부갈변

는 생체막의 변성으로 인한 막투광성의 변화 등이 원인으로 알려져 있다.

(2) 빙온저장

식품을 얼음에 저장하는 것을 빙온저장이라 하였지만, 최근에서 2~-2℃ 정도의 저온에서 저장하는 것으로 정의하고 있다. 식품에 포함된 수분이 동결온도에 도달하기 직전의 온도에서 저장하는 방법으로 칠링으로 표현되기도 하고, 넓은 범위에서는 수분의 일부를 동결하는 부분동결(partial freezing)도 포함될 수 있다. 칠링은 주로 육류 저장에 사용되고 있고 빙온저장과 부분동결 저장은 주로 야채와 해산물 저장에 사용되고 있다. 이 방법은 저장기간이 1주일에서 1~2개월로서, 동결저장보다는 짧지만, 냉동 및 해동에 필요한 에너지를 필요로 하지 않기 때문에 에너지 비용이 저렴하다. 또한, 얼음 결정에 의한 세포 조직의 손상도 미비하기 때문에 텍스처의 감소가 없고, 품질이 양호하게 유지할 수 있는 저장방법이다.

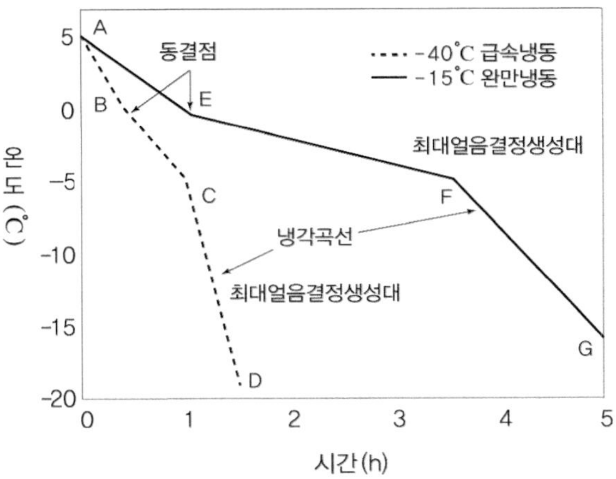

품목	동결점(℃)
시금치	-0.9
감자	-1.7
딸기	-1.2
사과	-2.0
소고기	-1.7
쌀(벼)	-25~-15(수분 26.5%) -55(수분 20% 이하)
버터	-2.2
치즈	-8.3

[그림 9.9] 식품의 냉동온도 곡선과 냉동점

(3) 냉동저장

냉동저장은 저온저장 중 가장 장기간 식품을 저장할 수 있는 방법이다. 기술의 발전으로 식품의 품질과 맛이 향상되어 가정에서 냉동식품의 소비가 급격히 증가하는 추세이다.

식품의 냉동온도는 -18℃ 이하(식품위생법 7조)로서, 식품을 냉동하면 식품에 포함된 수분의 동결온도 변화는 그림 9.9와 같이 수분의 동결이 시작되는 동결시작온도 즉, 동결점에 도달할 때까지를 냉각곡선(A~B, A~E), 동결 시작과 후를 동결곡선(B~C~D, E~F~G)이라 한다.

식품의 수분은 냉각이 진행되면서 동결점(통상 -0.5 ~ -2℃)에 도달하면 얼음결정을 형성하기 시작하고, 온도의 저하속도가 완만하게 된다. 냉각에 사용되는 에너지가 동결 잠열을 제거하는데 사용하기 때문이다. -1 ~ -5℃ 사이의 온도범위(B~C, E~F)를 최대얼음결정생성대라고 하며, 이 온도범위를 B에서 C로 빠르게(30분 이내) 통과(급속냉동)하면, 얼음결정이 미세하게 식품의 조직 내에 균일하게 분산되어 품질에 미치는 영향이 적고, 해동 후에도 동결전과 유사한 상태로 복원한다. 반대로 온도 범위를 E~F와 같이 완만하게 통과(완만냉동)하면, 큰 얼음이 결정되고 그 결과 세포는 얼음 결정에 분쇄되거나 파괴되어 품질을 현저하게 저하시킨다. 또한 해동과정에서 다량의 물이 발생하고, 성분의 유출과 맛에도 영향을 주게 된다. 냉동은 수분활성에도 영향을 주며, 0℃에서 수분활성은 1이며, 온도 저하에 따라 수분활성도 저하된다. 또한, 일반적으로 −20℃에 도달했을 때 동결 가능한 자유수는 96~99%로서 대부분이 동결된다. 식품의 동결률은 다음의 식에 의해 계략적으로 계산할 수 있다.

$$\text{수분동결률} = 1 - \frac{\text{동결점온도}}{\text{동결후의 평균온도}}$$

(4) 동결방법

식품의 동결방법은 대상으로 하는 식품에 따라 다르지만, 크게 다음과 같이 분류할 수 있으며, 특히, 신선식품은 급속동결이 필요하므로 적정한 냉동법의 선택이 필요하다.

① 공기동결법 : 실내에서 선반에 냉각관을 설치하고, 그 위에 식품을 놓고 동결시키는 방법으로 동결속도는 완만

② 송풍동결법 : 동결고내에 식품을 이동 또는 고정상태로 놓고 −30 ~ −50℃의 냉풍을 불어 급속 동결하는 방법

③ 금속접촉법 : −25 ~ −45℃로 냉각시킨 금속판으로 식품을 고정시켜 냉동하는 방법으로 식품에 따라 급속 동결이 가능

④ 침지동결법 : 냉각물(소금, 염화칼슘, 염화마그네슘 등의 용액)에 식품을 침지하여 급속 동결하는 방법이며, 에탄올, 에틸렌글리콜, 프로필렌글리콜 등을 이용할 경우에는 식품을 포장하여 침지하고, −190℃의 액체질소를 이용할 경우 매우 빠른 급속동결방법이지만 많은 비용이 소요

⑤ IQF : 금속 벨트 위의 식품에 −35 ~ −45℃, 풍속 3~5 m/sec으로 동결하는 방식으로 완두콩, 옥수수, 절단 당근 등과 같이 크기가 일정한 입자에 아래에서 위로 찬 공기를 불어주어 유동화 시키면서 약 10분 정도에 동결

(5) 냉동저장 중의 품질저하

냉동저장은 식품저장의 가장 효율적인 방법으로서 −18℃ 이하에서는 대부분의 식품이 1년간 품질을 유지할 수 있다. 그러나 저장기간이 길어지고, 동결

온도가 올라가면 얼음결정이 커지고, 해동과정에서 물이 많이 발생하게 된다. 냉동저장 중 식품의 표면이 공기에 접촉할 경우 승화에 의해 수분이 손실되면서 건조가 진행되며 표면에서 내부까지도 이러한 진행이 일어난다. 이때 지방, 색소 및 향기 등이 산화되어 품질을 저하시키게 된다. 이러한 표면의 건조로 발생하는 품질저하는 육류 및 해산물에서 많이 발생하며, 이것을 방지하기 위해서는 냉동 식품을 진공포장 등으로 공기와의 접촉을 최소화하는 것이 필요하다. 또한 동결한 육류와 해산물을 2℃ 전후의 냉수에 침지 또는 분무하면 표면의 수분은 얼어서 얇은 막이 생겨 공기를 차단하는 방법이 있으며, 이를 글레이징(glazing)이라 한다. 딸기 등의 과일을 동결하는 경우에는 과일이 공기와 접촉되지 않도록 표면에 설탕을 뿌리고 이후 녹은 상태로 냉동한다. 야채의 경우는 냉동저장 중에 효소반응이 서서히 진행되면서 변색이나 이취를 발생하게 된다. 이를 방지하기 위해서는 블랜칭이 필요하며, 블랜칭은 효소의 활성을 억제하고, 세포조직내의 산소를 제거하여 미생물을 감소시키고, 엽록소의 안정화 등의 효과가 있다.

(6) 예냉(precooling)

야채와 과일은 수확 후에도 호흡과 증산이 지속되어 생리활성 성분 및 물성 변화가 발생하는 신선도 저하 즉 품질저하가 일어난다. 특히 기온이 높은 계절에는 이러한 품질저하가 크게 나타날 수 있다. 따라서, 이러한 변화를 억제하여 신선도를 유지하기 위해 수확 후 즉시 품온을 내리는 작업을 예냉이라 한다.

예냉에는 공기예냉, 진공예냉 및 냉수예냉으로 구분한다. 공기예냉은 저장고 내에서 차가운 바람으로 냉각하는 방법으로 강제통풍냉각법과 차압통풍냉각법으로 구분한다. 진공예냉은 감압상태에서 물의 비점이 낮아지는 특징을 이용한 방법으로서, 감압체임버에서 야채 표면의 수분의 증발과 잠열로 냉각하는 방식이다. 증발하는 수분은 품질저하를 고려하여 약 5% 이내로 한다. 이 방식은 표면적이 큰 시금치, 상추 등 엽채류의 처리에 적합하다. 냉수예냉은 야채를 침지하거나 분무하여 냉각하는 방식으로 효율은 좋지만, 냉수에 의해 오염될 위험이 있다.

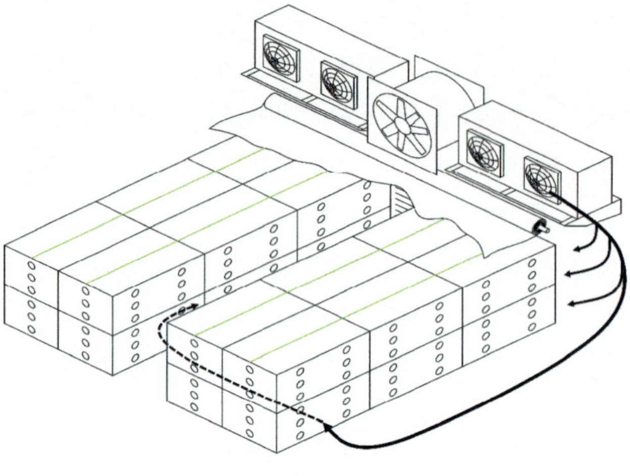

[그림 9.10] 차압예냉고에서 청과물 및 야채의 적재와 차압통풍냉각

시금치를 예로 들면 25~30℃의 품온을 5℃까지 예냉하는데, 강제통풍 냉각법은 10~15시간, 차압통풍 냉각법은 2~3시간, 진공예냉은 20~30분 소요된다. 우리나라에서는 청과물이나 야채의 예냉에 차압통풍 냉각법을 많이 사용하고 있다. 차압예냉은 냉각속도가 늦고 냉각편차가 심한 단점을 가지고 있는 강제통풍 냉각방식을 보완하기 위하여 개발된 기술로서, 차압송풍기, 차압덮개 등을 이용하여 청과물이나 야채를 통기가 되는 용기에 담아 적재한 후 냉기와 직접 접촉하게 하여 유효 냉각공기량을 증대시켜 빠른 냉각속도를 얻을 수 있다(그림 9.10).

[6] 삼투압(osmotic pressure) 이용

식염과 설탕은 주로 조미료로 사용되지만, 식품저장에도 사용되고 있으며 특히, 가정에서 간편하게 응용할 수 있다. 식품에 식염이나 설탕을 첨가하면 식품내에 있는 수분이 삼투압에 의해 침출(leaching)되어 제거되므로, 자유수의 감소, 즉 수분활성을 억제하여 미생물 증식을 최소화할 수 있다. 동시에 미생물도 삼투압에 의한 원형질분리(plasmolysis)가 일어나 사멸되거나 증식을 억제시킬 수 있다.

① 당절임(sugaring) : 일반적으로 사용되는 당류는 이당류의 자당(sucrose)이며, 삼투압은 몰수에 비례하기 때문에 분자량이 작은 포도당(glucose), 과당(fructose)과 같은 단당류와 전화당(invert sugar)이 자당보다 환 설

탕의 더 자당보다 미생물의 억제에 더 효과적이다. 자당의 삼투압은 소금보다 약하고, 동일한 농도(%)에서는 약 1/10 수준이다. 일반 미생물의 증식은 자당의 경우 50% 이상의 농도에서 거의 억제할 수 있다.

② 염장(salting) : 소금은 미생물의 증식을 억제하는 효과 외에도 염소화합물의 이온이 증가하면서 살균효과와 소금농도에 따라 효소 반응의 억제 효과도 가져온다. 대부분의 병원균이나 일반 미생물은 5% 이상의 식염 농도에서 증식이 억제된다. 식염은 야채절임, 수산물의 염장 등 다양하게 이용되고 있다.

[7] pH 조정

최적 pH 조건에서 미생물의 생육과 효소가 반응하게 된다. 세균이 증식하는 pH 범위는 3.5~9.5이며, 최적 pH는 7 전후이고, 4.0 전후가 최소이다. 그러나, 유산균과 효소균 등 유기산균은 pH 2.0에서도 생육이 가능하다. 효모나 곰팡이의 생육에 최적 pH는 6.0 전후이고, 3.0 이하에서는 생육이 거의 억제된다. 이러한 미생물의 증식 억제 효과는 pH가 낮을수록 높으며, 동일한 pH에서도 산의 종류에 따라 다르게 나타난다.

식품 관련 있는 산은 유기산이지만, 그 항균성은 균종에 따라 다르다. 항균성은 일반적으로 초산(acetic acid)이 가장 강하고 구연산(citric acid), 젖산(lactic acid), 말산(malic acid), 주석산(tartaric acid) 등의 순이다. 유기산에 의한 항균 작용은 해리(dissociation)현상에 의한 수소이온의 효과뿐 아니라, pH 4.0 이하의 강한 산성에서 비해리형의 산이 증가하고, 비해리형은 해리형보다 미생물의 세포막의 투과성이 강하여, 세포에서 분리되어 증식이 억제하게 된다.

[8] 산소 제거

대기에 포함된 주요 기체는 질소(78%), 산소(21%), 이산화탄소(0.03%) 등 3가지 기체이다. 산소는 생물의 생육에 있어서 필수적이지만, 식품에 위해한 호기성세균과 곰팡이 증식, 유지의 산화, 색과 향기의 저하 등 품질저하의 요인이 된다. 따라서 식품의 안전저장을 위해서 산소를 최대한 제거하는 것이 바람직하다.

(1) 진공포장

진공포장은 포장용기를 진공 상태로 밀봉하는 방법이다. 필름은 식품의 형태나 필림의 소재 등에 따라 다양한 밀폐법으로 밀봉한다. 병, 통조림은 진공조건에서 밀봉하거나 증기 또는 열식담금법(hot pack) 등으로 진공조건을 유지하는 것이 중요하다.

(2) 가스치환법

식품의 저장용기를 진공상태로 만든 후 이산화탄소나 질소 등 불활성가스를 넣어 밀봉하는 방법을 가스치환법이라 하며, 유지류, 견과류 등에 많이 이용되고 있다.

(3) CA(controlled atmosphere) 저장

1) CA 저장

청과물은 수확 후에도 호흡이 지속되어, 이로 인해 성분이 분해되어 신선도가 떨어지게 된다. 저장 중 신선도 저하를 방지하기 위해서는 산소를 줄이고 이산화탄소의 비율을 높여 호흡작용을 억제하는 것이 중요하다. 그러나 이산화

[표 9.5] 식품의 CA 저장조건 및 저장허용기간

품목	온도(℃)	습도(%)	조성조건		저장허용 기간
			O_2 [%]	CO_2 [%]	
사과	0	90~95	3	3	6~9개월
귤	0	90~95	2	8	6개월
배	0	85~92	5	4	9~12개월
밤	0	85~90	3	6	7~8개월
바나나	12~24	–	5~10	5~10	6주
딸기	0	95~100	10	5~10	4주
토마토	6~8	–	3~10	5~9	5주
시금치	0	–	10	10	3주
당근	0	95	10	6~9	5~6개월
마늘	0	85~90	2~4	5~8	10~12개월
감자	3	85~90	3~5	2~3	8~10개월

탄소의 농도에 따라 식품에 유해한 장해가 일어나므로 식품의 종류에 따라 적정한 비율을 조정해야 한다. CA 저장은 대부분 저온상태에서 진행된다. 특히, 사과의 저장에 많이 이용되고 있으며, 산소 3%, 이산화탄소 2~8%, 온도 0~3℃ 조건에서 6~9개월 동안 저장이 가능하다.

2) MA(modified atmosphere) 저장

청과물을 저장용기에 넣고 밀봉하면 호흡작용에 의해 산소는 감소하고 이산화탄소는 증가한다. 또한, 폴리에틸렌 필름은 가스투과성이 있기 때문에 산소가 미세하게 저장용기에 공급되고, 이산화탄소는 배출되어 일정한 조성을 유지하게 된다. 저장비용이 비교적 저렴하고 간편하여 야채저장에 많이 이용되고 있다.

3) 감압 저장

대기압보다 낮은 조건에서 식품을 저장하는 방법으로서, 일반적으로 1/5~1/10 수준의 저온조건에 저장하는 방법이다. 청과물을 13~26 kPa에서 내압성을 가지고 있는 저장고에 저장하면 산소분압이 감소하여 CA 저장과 동등한 저장효과를 기대할 수 있다. 이 경우 청과물에서 발생하는 노화 촉진 호르몬인 에틸렌이 제거되기 때문에 더욱 효과적인 저장방법이다. 감압을 위한 장치구성에 많은 비용이 소요되는 단점이 있다.

4) 탈산소제

가스차단(gas barrie)성이 높은 플라스틱 용기에서 탈산소제가 산소를 흡수하여 식품의 저장효과를 높이는 방법이다. 다양한 탈산소제가 있지만 주로 정제철분이 사용되며, 철의 산화반응을 이용한 다. 산소농도를 0.1% 이하로 유지할 수 있으며, 비용이 저렴하고 사용방법도 매우 간단하여 과자, 햄, 소시지, 건미역 등 다양한 식품에 사용되고 있다.

[9] 살균

식품저장 중 다양한 원인에 의해 품질저하가 발생하지만 미생물에 의한 품질저하가 매우 높다. 따라서, 식품저장 중 미생물을 제어하는 것은 매우 중요한 과제이며, 살균은 가장 미생물을 제거하는 가장 일반적인 방법이다. 살균은 식품에 존재하는 미생물을 완전히 사멸시키는 경우와 병원균 및 일반 미생물은 사멸 시키고, 내열성균 등은 일정한 기준 이하로 살균하는 방법이 있다. 후자는 우유처럼 유통기간이 짧은 식품에 많이 이용되고 있고, 이를 상업적 살균이라고 한다.

살균은 가열에 의한 방법이 가장 많이 이루어지고 있지만, 자외선, 방사선 조사, 가스에 의한 살균 등 많은 방법이 있다. 살균은 식품의 특성을 확인하고, 품질저하가 최소화 될 수 있는 방법을 선택해야 한다.

식품의 가열살균은 1858년에 L. Pasteur에 의해 발효와 부패를 억제하기 위한 조건으로 63℃, 30분이 보고되었고, 이 조건이 지속적으로 발전되어 왔다. 미생물의 살균온도는 균의 종류에 따라 다르다. 균의 종류에 따른 열 저항은 표 9.6과 같다.

[표 9.6] 미생물의 열저항성

균 종	온도[℃]	시간[min]
곰팡이	60	5~10
효모	50~60	10~15
세균		
Salmonella typhimurmm	57	1.2
Staphyrococcus aureus	60	19
Escherichia coli	55	20
Bacillus subtilis	100 121	330 3
B. coagulans	121	10
Geobacillus stearothermophilus	121	4~5
Clostridium botulinum	121	4
Alicyclobacillus acidoterrestris	390	10
Acetobae aceli	60	10
Lactbacilius bulgaricus	71	30

효모와 곰팡이는 100℃ 이하의 저온살균으로도 사멸하는 반면, 세균은 종류에 따라 차이가 크다. 식품의 살균은 식품을 구성하는 성분에 따라서 다르다. 즉, 식품에 식염, 설탕, 산 등 미생물 증식을 억제하는 성분이 많을 경우 더욱 효과적이다. 특히, 통조림의 경우, 가장 크게 관리되는 인자가 식품의 pH이다. 따라서 pH에 따라 식품을 분류하여 각각의 살균조건을 도입하고 있다. 이때 내열성이 높고, 독소를 가지고 있는 보툴리누스균의 생육 한계인 pH 4.6이 기준이 되고 있고, 그 이하의 산성 식품은 100℃ 이하의 저온 살균하고 있으며, 중성 식품은 100℃ 이상, 즉 가압 조건에서 살균을 할 필요가 있다(표 9.7).

[표 9.7] 식품의 pH 및 살균온도

식품군	pH	살균온도[℃]	식 품
저산성식품	>5.0	>100	새우, 게, 햄, 소세지, 카레, 버섯
약산성식품	4.6~5.0	100~110	죽순, 미트소소
산성식품	3.7~4.6	90~100	토마토주스, 복숭아시럽, 과일통조림
고산성식품	<3.7	75~85	주스, 감귤통조림

미생물을 살균하는 살균온도와 시간의 관계는 보툴리누스균 등 내열성균을 대상으로 연구가 많이 진행되고 있다. 가열온도와 가열시간에 따라 세균수의 변화가 중요하므로, y축에 살아있는 세균의 수, x축에 가열시간으로 하면 직선으로 표현된다(그림 9.11). 여기서, D값은 균수의 90% 사멸, 즉 세균수를 1/10로 감소시키는 데 걸리는 시간(분)으로서, D값이 작을수록(기울기가 높음) 가열효과가 높은 즉, 열에 약해 사멸속도가 빠른 세균으로 이해할 수 있다. 가열처리에 따라 미생물의 사멸을 특정 가열온도에서 한번에 사멸되는 것이 아니라 대수적으로 사멸하게 된다. 따라서, 가열시간에 로그에 취하면 가열온도와의 관계를 그림 9.11과 같이 직선의 관계로 확인할 수 있다. 여기에서 Z값은 가열시간을 1/10 수준으로 하기 위한 가열온도를 나타내며, Z값이 작을수록, 즉 기울기가 높을수록 가열온도의 변화가 미생물의 사멸속도에 큰 영향을 가지게 된다. 또한 일정 온도에서 일정 농도의 미생물을 사멸시키는 데 걸리는 최소가열시간(분)을 F값이라 한다. F값의 표시 방법은 예를 들면 F230=15는 230°F(110℃)에서 15분 가열이 살균에 필요한 최소가열시간을 의미한다. 일반

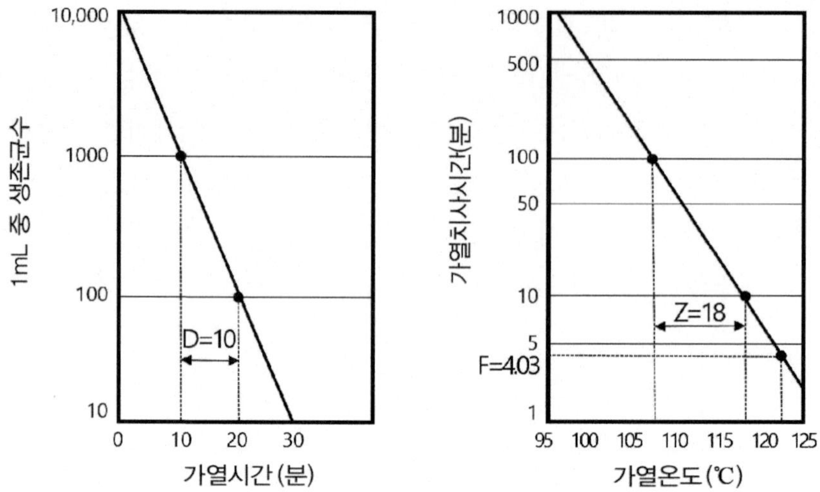

[그림 9.11] 열치사곡선(좌)과 보툴리누스균의 가열치사시간곡선(우)

적으로 F250(F0)의 시간을 F값으로 한다. 살균조건은 대상 식품에 발생하는 부패균의 가열치사시간곡선에서 F값을 기준으로 결정한다. 부패균에 Geobacillus stearothermophilus, Clostridium sporogenes, Clostridium botulinum과 같은 내열성 포자균이 지표로 사용된다.

가열살균은 가열온도가 높을수록 효과가 높고, 식품 성분의 변화는 시간에 영향이 크다. 따라서 가능한 한 고온에서 단시간 살균 것이 품질에 좋은 영향을 가져온다.

가열살균은 1차식으로 주로 설명하게 되며, 세균수의 농도를 C, 가열시간을 t, 반응속도상수를 k로 하면 다음과 같은 식이 성립된다. 살균의 경우, k를 사멸속도상수라고 한다.

$$\frac{dC}{dt} = -kC$$

위의 식을 다음과 표현한다.

$$C = C_0 \exp(-kt), \ \ln\frac{C}{C_0} = -kt$$

여기서, C_0는 초기세균농도이다. 위의 식은 그림 9.11의 열치사곡선과 같이 직선의 형태로 나타나고, k가 기울기가 된다. 일반적으로 반응속도는 온도가 상승하면 증가하게 된다. 따라서, 반응속도 상수(k)와 온도의 관계를 Arrhenius 식으로 표현할 수 있다.

$$k = A\exp\left(-\frac{E_a}{RT}\right)$$

여기서 A는 빈도인자(상수), E_a는 활성화에너지, R은 기체상수, T는 절대온도이다. 식을 정리하면 다음과 같다.

$$\ln k = \ln A - \frac{E_a}{RT} \qquad \log k = \log A - \frac{E_a}{2.303RT}$$

위의 식에서 x축을 $1/T$, y축을 $\ln k$로 도식화하면 그림 9.12와 같이 음의 기울기($-E_a/R$)를 가지는 직선으로 도식화된다. 저온일수록 대수적으로 작아지므로 살균 속도가 느려지고 고온일수록 대수적으로 커지기 때문에 살균이 빨라진다. 여기에서 E_a가 클수록 기울기가 커지므로 반응속도 상수(k)가 대수적으로 커지고, 반대로 E_a가 작을수록 반응속도 상수(k)가 대수적으로 작아지게 된다.

저온에서 장시간 살균하는 경우와 고온에서 단시간 살균하는 경우의 차이는 다음과 같다. 식품을 가열하면 살균과 동시에 다양한 화학반응이 발생한다. 가열하기 전 식품의 품질이 양호하다면 가급적 가열은 피하는 것이 좋다. 예를 들어 비타민은 가열시간이 진행되면서 분해가 진행하게 된다. 즉, 가열에 의한 화학반응으로 비타민이 분해될 경우 위의 1차 반응속도식으로 설명할 수 있다.

화학반응의 활성화에너지는 몇 kcal/mol ~ 수십 kcal/mol 정도로 높고, 가열살균의 활성화에너지는 그 몇배 정도 높다. 그림 9.12에서와 같이 일반적으로 살균의 활성화에너지는 비타민의 분해와 같은 화학반응에 비해 크기 때문에 기울기의 절대값이 큰 직선 A가 살균에 해당하며, 기울기의 절대값이 작은 직선 B가 화학반응에 해당한다. 또한, x축의 온도는 $T_b > T_a$ 이므로, 저온에서 고온으로 이동할 때 k는 가열살균이 화학반응보다 높은 것을 알 수 있다. 즉 저온영역에서는 가열살균 k보다 화학반응 k가 크므로 살균보다는 성분의 화학반응이 빨리 진행하게 된다.

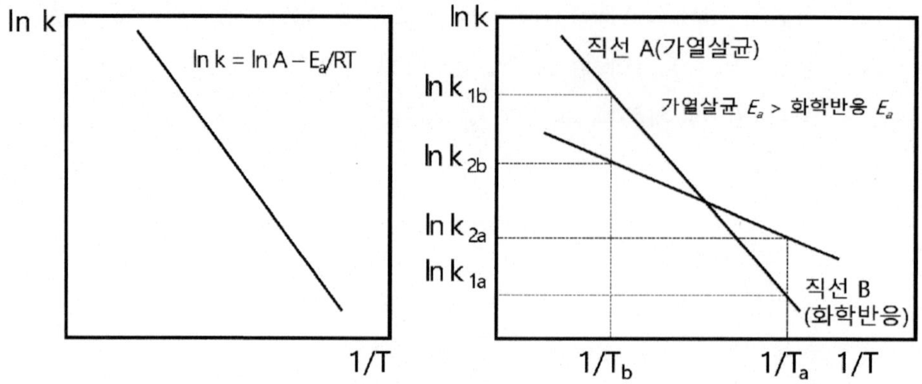

[그림 9.12] Arrhenius 식(좌)과 가열살균과 화학반응의 온도의존성 비교(우)

따라서, 동일한 세균을 살균할 경우 보다 높은 온도에서 신속하게 살균하는 것이 효율적이다.

참고문헌

1. Onishi, H. 1993. Ecology and Physiology of Halophilic Bacteria. Bulletin of the society of sea water science, 44, 320-330.

2. Tanaka, M. 1998. Functions and Roles of Salt in Processing and Preservation of Foods. 52, 352-358.

3. Tanigawa M. 2018. 酵素反応の基礎. 化学と教育, 66, 584-587.

4 Tassou, S.A., Lewis, J.S., Ge, Y.T., Hadawey, A., Chaer, I. 2010. A review of emerging technologies for food refrigeration applications. Applied Thermal Engineering, 30, 263-276.

5. 本間清一, 村田容常 編. 2020. 食品加工貯藏学. 東京化學同人

6. 鈴木徹. 2016. 食品の冷凍と水の挙動. 学術の動向

PART IV

포 장 기 술

CHAPTER

10 포장기술

학습목표

- 농식품 포장재료의 종류와 특성을 이해
- 지류포장인 골판지포장의 설계법 이해와 적용 능력 함양
- 플라스틱 포장인 파우치 포장의 설계법 이해와 적용 능력 함양
- 금속포장인 캔포장 설계법의 이해와 적용 능력 함양

10.1 농식품 포장재료의 종류와 기계적 특성

일반적으로 포장재료는 천연자원에서 얻어지는 물질을 가공한 것으로서 지류, 플라스틱, 금속, 유리 및 목재 등으로 구분할 수 있는데, 이중 농식품의 포장재료로 많이 사용되는 것은 지류, 플라스틱 및 금속 등이다.

포장재료는 포장(packaging)의 구분에 따라 낱포장(item packaging)재, 속포장(intermediate packaging)재 및 겉포장(outer packaging)재로 구분하거나, 또는 소비자포장(consumer packaging)재와 수송포장(transport packaging)재로 크게 구분할 수 있다.

특히, 식품포장의 경우는 발전속도가 매우 빠르다. 기후 변화에 따른 소비패턴 변화와 4차산업혁명의 영향으로 더 똑똑하고(smart), 작고(small), 지속가능하게(sustainable) 진화하고 있다. 이에 대응하는 포장기술과 재료도 또한 매우 다양하다.

10.1.1 지류포장재

농식품 포장재 중 50% 이상을 지류포장재(paper-based packaging materials)가 차지하고 있으며, 지류포장재의 형태는 골판지(corrugated fibreboard)가 가장 대표적이고, 이 외에도 펄프몰드(pulp mould), 종이팩(paper pack), 종이트레이(paper tray) 등 다양하다.

지류포장재의 가장 큰 장점은 재활용성과 인쇄 용이성이며, 단점은 내수성, 내유성, 산소차단성 및 열 접착성 등이 없다는 것이다.

종이 가공 포장재의 대표적인 골판지를 비롯하여 식품포장에서 플라스틱과 금속포장 용기의 대체재로 사용되고 있는 액체종이용기(liquid paper container)와 종이복합용기(composite container)에 대하여 기술하기로 한다.

[1] 골판지

골판지(corrugated fibreboard)의 강도적 특성은 그것의 구성요소인 골심지(corrugating medium paper)와 라이너(linerboard) 자체의 물성과 골(flute)의 형태에 큰 영향을 받는다(표 10.1). 즉, 그림 10.1에서 보듯이 골판지를 구성하는 골심지와 라이너 각각은 이들 원지의 생산방향(MD, machine direction), 생산방향의 수직방향(CD, cross-machine direction) 및 두께 방향으로 각각 기계적 강도 값이 다른 직교이방성(orthotropic)을 나타내고, 또한 이들의 합성체인 골판지도 생산방향인 골의 진행방향(MD), 생산방향의 수직방향(CD) 및 두께 방향으로 기계적 강도 값이 대칭되는 주축(principal axis)을 갖는 대표적인 직교이방성 공학적 구조물(orthotropic engineering structure)이다.

골판지는 라이너와 골심지의 결합형태에 따라 편면골판지(single-faced corrugated fibreboard), 양면골판지(single-wall, SW), 2중양면골판지(double-wall, DW), 그리고 중량물 포장재인 3중골판지(triple-wall, TW) 등으로 구분한다.

골판지의 골의 종류는 표 10.1에서 보듯이 다양하다. 우리나라에서 농식품 포장에 많이 사용되는 골판지의 골은 SW로는 A골(A-flute, A/F)과 B골

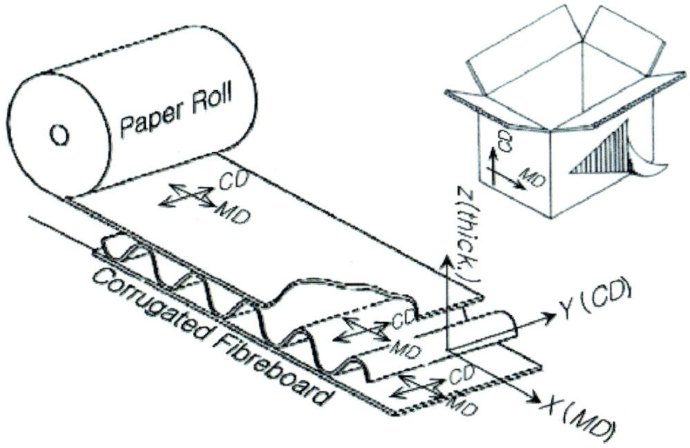

[그림 10.1] 골판지 구성원지와 골판지의 직교이방성

(B-flute, B/F), DW로는 AB골(AB-flute, AB/F)인데, 최근 DW의 BB골(BB-flute, BB/F)과 EB골(EB-flute, EB/F)의 사용량도 점차 늘어나고 있다.

골판지가 포장재로서 요구되는 대표적인 특성에는 수직압축강도(edgewise crush resistance, ECT value), 평면압축강도(flat crush resistance, FCT

[표 10.1] 골판지의 골의 종류별 제원과 강도적 특성[1)]

골의 종류	S/F, K/F, J/F···	A/F	B/F	C/F	AB/F	E/F	F/F, G/F···
	Macro flute	General purpose flute				Micro flute	
골의 높이 (mm)	11~6	4.5 ~4.8	2.5 ~2.8	3.5 ~3.8	7.0 ~8.0	1.4 ~1.6	0.5 ~0.9
30 cm 당 골의 수	10~30	34±2	50±2	40±2	-	92±2	120 ~165
골조율	2.0~1.7	1.6	1.4	1.5	-	1.3	1.1 ~1.2
평면압축강도	-	100%	150%	125%	-	350%	-
수직압축강도[2)]	-	100%	75%	85%	-	60%	-

[주] 1) 한국산업규격 KS T 1034
2) CD
3) 골판지의 구조와 명칭

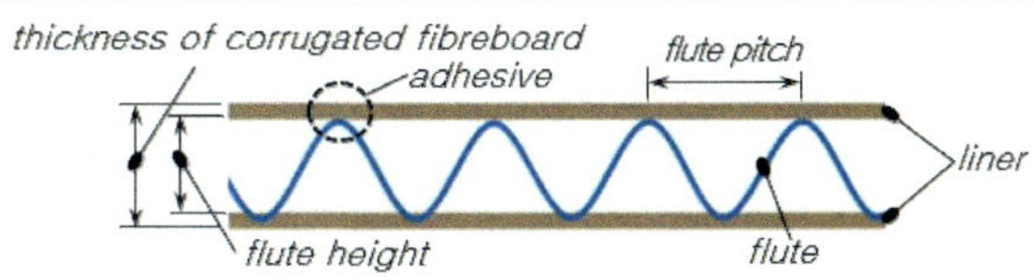

value) 및 완충성(cushioning performance) 등이 있는데, 일반적으로 평면압축강도는 A골을 100%로 하였을 때 B골은 150%, C골은 125%, E골은 350%를 나타내며, 수직압축강도는 A골 대비 B골은 75%, C골은 85%, E골은 60% 수준이다. 한편 완충성은 A골이 가장 우수하고, 그 다음이 C골, B골 순이다.

골판지원지 → 골판지 원단 → 골판지상자(corrugated fibreboard box)가 되기까지 각 단계에서의 재료의 기계적 특성들이 서로 연관되어 있어, 골판지 포장재의 사용목적 중 가장 중요한 골판지상자의 압축강도 또한 각 단계의 기계적 특성 값들과 서로 연관되어 있다. 이에 대해서는 10.2절에서 다루기로 하고, 우선 여기서는 각 단계에서 요구되는 주요 기계적 특성의 종류와 측정법에 대하여 살펴보기로 한다.

(1) 골판지원지

골판지원지로서 요구되는 품질로는 라이너의 경우는 평량(basis weight), 링크러시(ring crush, RC), 파열강도(bursting strength), 발수도(water repellency), 내수성(water resistance), 마찰계수(frictional coefficient) 등이고(KS M 7502), 골심지의 경우는 평량, 링크러시, 열단장(breaking length) 등이다(KS M 7076).

1) 링크러시

골판지원지의 링크러시는 원지의 특성 중 가장 중요한 값으로, 그림 10.2 (a)에서 보듯이 원지의 CD 또는 MD에서 폭×길이 = 12.7×152.4 mm를 잘라 링 모양으로 만든 후, 상하 압축하였을 때의 최대하중 값을 길이로 나눈 값 즉, 단위 길이 당의 최대하중 값 (kN/m)으로 나타낸다(KS M ISO 12192).

시험전 시료는 표준상태(23℃, 상대습도 50%)에서 48시간 이상 전처리 하여야 한다(KS M ISO 187).

2) 파열강도

골판지원지의 파열강도(bursting strength)는 원지로부터 일정 크기의 시험편을 채취하여 표준상태에서 전처리한 후(KS M ISO 187), 파열강도 시험기의 탄성 고무격막이 시료의 원형 부분을 뚫기 위해 유압계에 발생하는 최대압력 값(kPa)으로 나타낸다(KS M ISO 2759).

3) 인장강도와 열단장

골판지원지의 인장시험(tensile test)에 사용되는 시험편은 폭이 15 mm, 길이는 시험길이(gauge length)가 180 mm 이므로 이보다 많이 커야한다. 20 mm/min의 속도로 인장하중을 가할 때 시험편 파괴 전의 최대하중이 인장강도(tensile strength)(kN/m)이며, 인장탄성률(tensile elastic modulus)은 응력-변형률 선도(stress-strain curve, SS Curve)의 최대 기울기 값(MPa)이다(KS M ISO 1924-2).

열단장(breaking length)은 인장강도의 한 표시방법으로 시험편에 하중을 증가시킬 때 끊어지는 시점에서의 시험편 길이를 의미하며, 인장강도를 통한 열단장은 다음 식에 의해 계산한다.

$$A\,[\text{km}] = \frac{S}{g \times W} \times 1{,}000 \qquad (10\text{-}1)$$

여기서, A : 열단장(MD) [km]

S : 인장강도(MD) [kN/m]

g : 9.81 [m/s^2]

W : 평량 [g/m^2]

4) 평량

골판지원지의 평량(basis weight)은 원지의 단위 면적당 중량(g/m^2)으로 측정시 시험편의 크기는 50,000~100,000 mm^{2}로 하며, 시험전 표준상태에서 전처리(KS M ISO 187)를 실시해야 한다(KS M ISO 536).

골판지원지의 링크러시, 파열강도 및 인장강도는 평량에 큰 영향을 받는다.

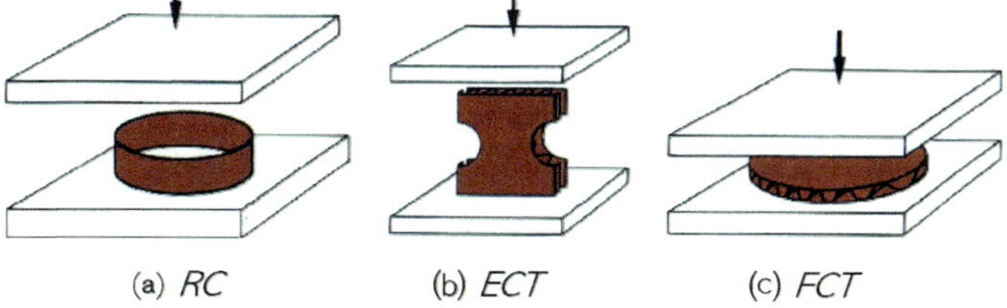

[그림 10.2] 골판지원지와 골판지에 대한 기계적 강도시험법

(2) 골판지 원단

1) 수직압축강도

골판지의 수직압축강도(edgewise crush resistance, ECT value)는 골판지의 특성 중 가장 중요한 값으로, 그림 10.2 (b)에 나타낸 것처럼 규격에서 명시하는 형상으로 가공한 골판지 시험편을 압축시험기의 상하 평판 사이에 놓고 하중재하속도 12.5±2.5 mm/min로 시험편이 완전히 꺾일 때까지 하중을 증가시킬 때, 시험편 단위 폭당의 최대하중 값 (kN/m)으로 표시한다.

세계의 여러 규격에 명시된 시험편의 형상과 치수는 각기 다르므로(그림 10.3) 적용한 규격에 따라 측정 값 또한 차이를 나타낸다. 한 연구에 따르면 동일한 시험조건에서 TAPPI 시험편[그림 10.3(b)]의 ECT 값이 KS[그림 10.3 (a)]와 FEFCO 시험편[그림 10.3 (c)]의 값에 비하여 각각 2~13.5%, 23.7~36% 크다(Park et al. 2020).

골판지의 이론수직압축강도는 골판지 구성원지들의 링크러시로부터 식 (10-2)에 의해 계산된다.

$$P_x\,[\mathrm{kN/m}] = \left\{\sum RC_l + \sum (RC_f \times t_x)\right\}/152.4\ \mathrm{mm} \qquad (10\text{-}2)$$

여기서, P_x : 골판지의 이론수직압축강도 [kN/m]

RC_ℓ : 라이너의 링크러시 [N]

RC_f : 골심지의 링크러시 [N]

t_x : 골조율(take-up factor)

ECT 값은 직접 측정한 실험 값이지만 식 (10-2)의 이론수직압축강도 값에

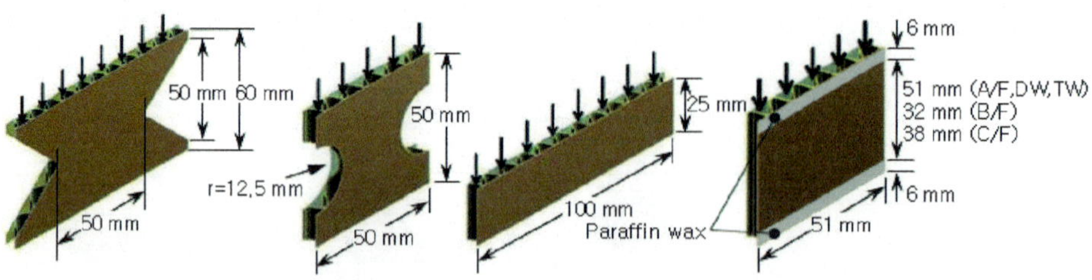

(a) KS M 7063-1 (b) TAPPI T 838 (c) FEFCO No.8 & KS M ISO 3037 (d) ISO 13821 & KS M ISO 13821

[그림 10.3] 골판지의 수직압축강도 측정시 시험편의 종류

골판지의 본드접착 효과로 1.2배한 값을 사용하면 편리하다.

$$ECT\ [\mathrm{kN/m}] \cong 1.2 \times \left[\left\{ \sum RC_l + \sum (RC_f \times t_x) \right\} / 152.4\ \mathrm{mm} \right]$$
$$\cong 1.2 \times P_x \quad (10\text{-}3)$$

2) 평면압축강도

골판지의 평면압축강도(flat crush resistance, FCT value)는 그림 10.2 (c)와 같은 원형의 골판지 시험편(ϕ64 mm, ϕ79.8 mm, ϕ90.6 mm, 또는 ϕ112.8 mm)을 압축시험기의 두 평판 사이에 놓고 하중재하속도 12.5±2.5 mm/min로 압축하였을 때의 최대 값을 단면적으로 나눈 값(kPa)으로 표시한다(KS M ISO 3035).

규정에서는 SW골판지에 대해서만 적용을 권장하고 있으며 만일 DW골판지에 적용시에는 압축시골이 한 방향으로 밀리는 현상이 없도록 시험편과 접촉하는 상하평판이 샌드페이퍼를 붙이는 등의 특별한 주의가 요구된다.

골판지의 평면압축강도는 골판지상자의 각종 인쇄시 인쇄압의 한계를 결정하는 중요한 인자이다.

3) 파열강도

골판지의 파열강도(bursting strength, BS) 측정은 기본적으로 골판지원지의 파열강도 측정시와 동일하다(KS M ISO 2759). 다만, 골판지의 경우 골의 작용으로 측정오차가 크기 때문에 보통 골판지를 구성하는 각 라이너(liner)의 파열강도로부터 식 (10-4)에 의해 계산한 값을 적용한다.

$$BS\ [\mathrm{kPa}] \cong 0.95 \times \sum BS_l \quad (10\text{-}4)$$

여기서, BS = 골판지의 파열강도 [kPa]

BS_l = 라이너의 파열강도 [kPa]

(3) 골판지상자

골판지상자의 압축강도(box compression strength)는 골판지 포장설계 시 가장 중요한 인자이며, 그림 10.4와 같이 골판지와 상자의 설계사양과 제조공정에 의해 형성되며, 표준상태에서 측정한 이 압축강도는 물류과정을 겪으면서

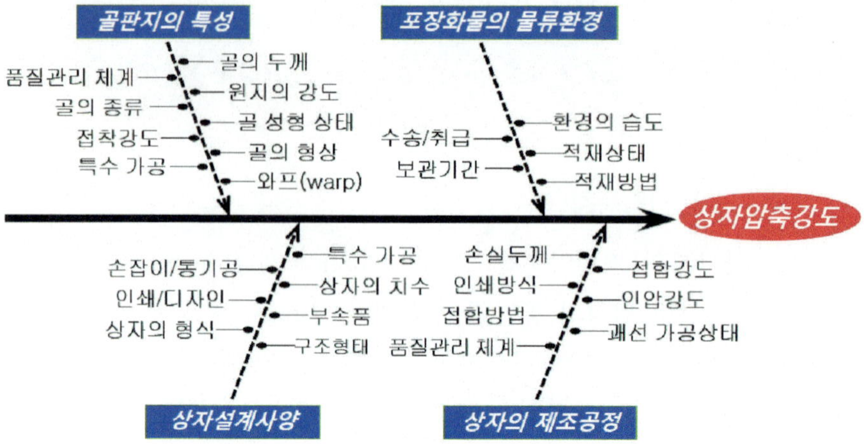

[그림 10.4] 골판지상자의 압축강도 형성과 열화요인

여러 열화요인에 의해 강도저하가 발생한다.

골판지상자의 압축강도는 상자 시료에 하중재하속도 10 ± 3 mm/min로 압축하였을 때 하중-변형 곡선 상의 최고점의 하중을 의미한다(그림 10.5). 이 때 상자 시료의 변위는 예상 압축강도의 약 10%에 해당하는 값을 선하중(preload)으로 가한 시점부터 계산한다(KS T ISO 12048).

우리나라의 경우 골판지의 품질을 표 10.2와 같이 골판지의 수직압축강도(ECT value)와 파열강도(bursting strength)를 기준으로 규정하고 있다(KS

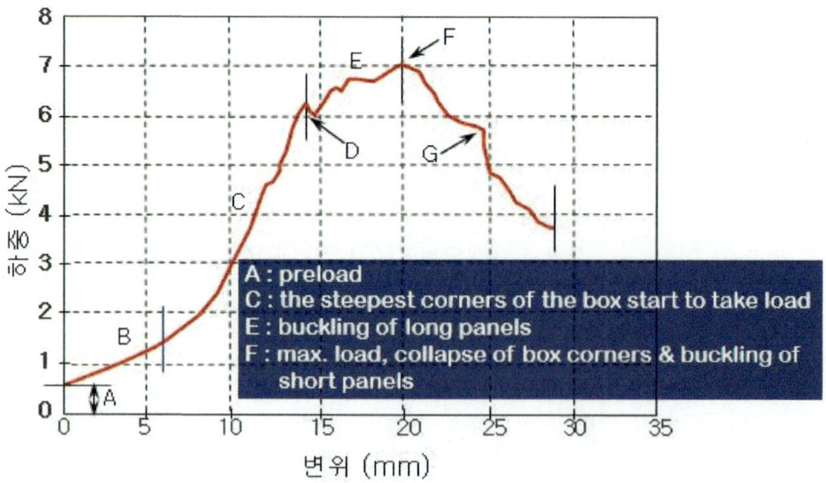

[그림 10.5] 골판지상자의 하중-변위 곡선의 형태

[표 10.2] 우리나라의 골판지 품질 기준[1]

종 류		기호	파열강도[2] [kPa]	(이론)수직압축강도[3] [kN/m]			함수율 [%]
				A골	B골	C골	
양면 골판지	1종	S-1	638 이상	3.41 이상	3.30 이상	3.35 이상	10±2
	2종	S-2	785 이상	3.53 이상	3.43 이상	3.47 이상	
	3종	S-3	1,177 이상	5.12 이상	4.98 이상	5.04 이상	
	4종	S-4	1,570 이상	7.14 이상	6.98 이상	7.06 이상	
2중양면 골판지				AB골		BC골	
	1종	D-1	785 이상	4.96 이상		4.90 이상	
	2종	D-2	981 이상	5.29 이상		5.20 이상	
	3종	D-3	1,373 이상	6.39 이상		6.35 이상	
	4종	D-4	1,766 이상	8.53 이상		8.47 이상	
	5종	D-5	2,159 이상	10.02 이상		9.94 이상	

[주] 1) KS T 1034
2) 식(10-4)
3) 식(10-2)
4) 골판지의 AA골과 AC골의 (이론)수직압축강도는 AB골, 그리고 EB골, BB골 등 기타 골은 BC골을 각각 기준으로 함

T 1034). 이 두 물리량 사이에는 어느 정도의 상관관계는 있지만, 파렛트(pallet)를 이용한 유닛로드(palletized unit-load)의 하역과 수송이 확대되면서 골판지상자의 압축강도가 더욱 중요시 취급되므로, 상자의 압축강도와 더욱 관련성이 높은 골판지의 수직압축강도 위주의 품질기준 마련이 필요하다.

[2] 액체종이용기

일반적으로 액체포장용기(liquid packaging container)는 위생적이고 무취, 무독성 이어야 하며, 내수성, 내약품성, 차단성, 열봉합성 등이 요구된다.

액체종이용기(일명 종이팩, Milk Carton)는 종이 소재를 기본으로 여기에 플라스틱필름, 알루미늄포일, 왁스, 플라스틱 성형물 등을 보태어 가공한 복합재료로 제작된다.

액체종이용기의 대표적인 형태는 그림 10.6 (a)~(c)와 같다. 이 중 BIB (bag-in-box) 포장은 물, 쥬즈 같은 액상 제품을 스파우트(spout)가 장착된 소프트 크린백에 담고 그것을 다시 상자에 집어 넣는 포장방식으로 사용시 편

리하고 안전하다는 장점이 있다.

액체종이용기 제작에 사용되고 있는 소재의 역할을 보면, 종이는 기본재료로서 용기의 형태를 유지하고, 알루미늄포일은 차광성, 산소, 수증기, 방향 성분의 베리어성(barrier) 기능을 부가하며, 플라스틱 필름은 폴리에틸렌을 중심으로 쓰이는데 주로 용기의 밀봉성과 액밀성을 유지시켜 준다. 그리고 플라스틱 성형물은 주입과 출구의 마개 등에 쓰이고 용기의 편리성을 향상 시켜준다. 특히 우유용 종이용기를 PE 가공지라고도 하는데, 이는 저밀도 PE(LDPE)/종이/저밀도 PE(LDPE)의 3층으로 라미네이팅 구성되어 있어, PE의 방수·방습성, 내유성, 내화학 약품성, 내한성, 힛씰성의 특징과 종이의 강성에 의한 용기의 보형성의 특징을 서로 보완한 것이다.

제품충전을 위해 미성형용기(postformed carton)(인쇄, 라미네이트 및 슬릿팅한 롤 형태), 반성형용기(precut carton)(인쇄, 라미네이트 및 슬릿팅하여 그 측면 만을 접착한 슬리브 형태) 또는 성형용기(preformed carton) 형태로 공급되며, 일반적으로 롤 형태의 원지로부터 성형, 충전, 봉함까지 일관시스템의 적용이 가장 생산성이 높고 효율적이다.

[3] 종이복합용기

종이복합용기(composite container)는 금속캔이나 유리병의 대체용기로서 개발되어 왔다. 종이복합용기는 그림 10.6 (d)에 나타내었듯이 종이를 주체로 하고 여기에 플라스틱, 금속포일 등 각종재료를 복합화하여 기능성을 향상시킨 종이용기이다.

일반적인 종이용기의 특징인 경량성, 강성, 인쇄적성, 폐기성, 경제성 등에다 본래 지기의 약점이 되는 내수성, 가스베리어성 등 내용물의 보호·보존기능이나 편리성, 자동충전, 봉합적성 등의 기능을 보완한 것이다.

종이복합용기는 구조나 형태에 따라 분류할 수 있는데 즉, 주요 부분의 구성수에 따라 1-피스, 2-피스, 3-피스, 구조에 따라 컴포짓트캔(composite can), 인서트 성형타입, 2중용기 등으로 분류한다.

[그림 10.6] 액체종이용기와 종이복합용기의 예

10.1.2 플라스틱 포장재

[1] 연포장재

포장(packaging)을 단위(1차)포장(item packaging), 내부(2차)포장(intermediate packaging), 외부(3차, 수송)포장(outer packaging)으로 분류하는데, 이들 포장의 역할은 모두 제품을 보호하는 것이지만, 제품과 가장 밀착한 상태에서 제품의 가치와 상태를 보호하는 것이 1차포장(primary packaging)이다. 1차포장의 역할 대부분은 플라스틱 필름이 담당하고 있으며 이것이 연포장(flexural packaging)재이다.

플라스틱 필름은 두께가 0.25 mm 이하이며, 플라스틱은 PE, PP, PET, Ny 등 열가소성 수지(thermo plastics) (열을 가해 가소성을 부여해 성형할 수 있고, 다시 열을 가해 재성형 가능)와 ABS 등의 열경화성 수지(thermoset plastics) (열을 가하면 가소성이 있어 성형 가능하나, 다시 가열하면 불용상태로 경화)로 구분이 된다.

열가소성 수지에 의해 다양한 필름이 만들어지고, 이 필름에 코팅, 라미네이션, 가공 등 후처리를 통해 연포장재가 만들어진다. 이처럼 포장재로 플라스틱 필름이 많이 사용되는 것은 열에 약하고 대전이 쉬운 일부 단점도 있지만, 성형가공성, 경량, 강인성, 내수성, 전기절연성, 경제성 등 많은 장점을 가지고 있기 때문이다.

[2] 범용 플라스틱

열가소성 플라스틱은 가격이 저렴하고 가공하기 쉬운 범용 플라스틱(수지)(commodity plastic)과 범용 플라스틱이 갖지 못한 특성(강도, 탄성, 100℃ 이상의 고온 사용)을 가진 엔지니어링 플라스틱(engineering plastic)으로 구분된다.

표 10.3에는 5대 범용 플라스틱과 포장용 재료로 주로 사용되고 있는 PET에 대하여 그 특징을 개략적으로 기술하였다.

[표 10.3] 범용 플라스틱의 특징

종류	밀도	특 성	
저밀도 폴리에틸렌 (LDPE, Low Density Polyethylene)	0.91~0.925	장점	• 경량이며, 유연성이 있기 때문에 스퀴즈 용기에 사용 • 방습성, 내수성, 내약품성, 내한성 우수 • 저온 역학성이 좋아 얇은 필름으로도 강인하며, 포장재의 기본기능을 보유 • 비교적 무독, 무취, 무미로서 식품 위생상 유리 • 폴리에틸렌 중에서 투명성 양호 • 값이 싸고 범용성 풍부
		단점	• 산소(기체)투과성이 비교적 크고, 단체(單體)로서는 식품포장에 부적당 • 내유성, 내그리스성, 내열성이 약간 떨어짐 • 화학적으로 안정적 이므로 인쇄시 표면처리 필요 • 분자량이 낮은 LDPE는 스트레스 크랙킹에 주의 • 유연하기 때문에 포장기계 적성이 약간 떨어짐
고밀도 폴리에틸렌 (HDPE, High Density Polyethylene)	0.941 ~ 0.965	장점	• LDPE에 비해 흡습, 투습성이 낮아 방습포장에 적합 • 내한성, 내약품성, 내유성, 내열성 비교적 양호 • 무독, 무미, 무취하여 식품포장에 사용(씨리얼 포장) • 강도, 스티프니스(휨강성)가 있어 형상보존성 양호 • 성형가공성과 열 봉합성 양호하며, 값이 저렴 • 소각 시 탄산가스와 물이되어 무해함
		단점	• 산소 등의 기체, 유기 증기, 향기 등의 투과성이 커서 장기보존용 포장에 부적합 • 투명성 좋지 않음 • 네크인이 약간 큼(가공성이 약간 떨어짐) • 인쇄 시 표면처리 필요 • 소각 시 발열량 큼

종류	밀도	특 성	
폴리프로필렌 (PP, Polypropylene)	0.88~0.91	장점	• 경량(합성수지 중에서 가장 경량) • 방습성, 내수성, 내유성, 내약품성, 내스트레스 크랙킹성 우수 • 투명성, 광택성, 휨강성, 내절강도 있음 • PE보다 내열성 양호 • 무색, 무미, 무취로서 식품 위생적으로 우수 • 소각 시 탄산가스와 물이 되어 무해
		단점	• 내후성, 내한성(저온충격강도)이 떨어짐 • 열 봉함 온도가 높음 • 산소(가스)투과성이 HDPE보다 약간 큼 • 인쇄적성이 좋지 않음(표면처리 필요) • 넥크인이 약간 커서 가공성이 떨어지고, 소각 시 발열량 큼
폴리비닐 클로라이드 (PVC, Polyvinyl Chloride)	(연질) 1.16~1.35 (경질) 1.35~1.45	장점	• 방습성, 산소배리어성 우수 • 내약품성, 내유성도 비교적 우수 • 투명성이 좋고, 인쇄적성도 우수 • 가소제의 첨가에 따라 경질, 연질의 포장재를 얻을 수 있음 • 열접착 외에 고주파 접착도 용이함
		단점	• 내열성, 내한성이 약간 떨어짐 • 방습성이 PE, PP보다 떨어짐 • 소각시 염화수소 발생(환경유해물질, 포장재 사용금지 재질)
폴리스틸렌 (PS, polystyrene)	1.04~1.09	장점	• 투명성 우수(GPPS) *GPPS = general parpoe PS • 치수 안정성, 휨강성 우수 • 성형가공성 양호(진공성형시 심교적성 우수) • 인쇄적성, 열봉합성 양호 • 진공증착성 우수
		단점	• 내충격강도 약함(HIPS에서는 양호하지만, 투명성이 저하됨) *HIPS=high impact PS • 방습성, 산소베리어성이 낮음 • 먼지 부착 쉬움 • 내유성, 내약품성, 내스트레스 크랙킹성 불량

종류	밀도	특 성	
폴리에스테르 (PET, Polyethylene terephthalate)	1.31~ 1.4	장점	• 연신성형에 의하여 산소배리어성, 보향성 우수 • 휨강성, 내마모성 큼 • 기계적, 역학적 강도는 연신성형에 의하여 개량됨 • 투명성, 표면광택 양호하고, 충격에도 강함 • 탄산음료의 내압용기로서 사용 • 연소 칼로리가 적어 소각 시 유독가스 미발생
		단점	• 내열성 양호 • 내약품성, 인쇄적성 약간 떨어짐

[3] 연포장재 구성 및 첨가제

(1) 복합재질 구성

표 10.3의 범용 플라스틱은 각각의 특징이 있지만 연포장재에서는 단일 재질로 사용이 불가능하고, 포장할 대상 제품이 미생물학적, 화학적, 생물학적, 물리적 요인 등에 의해 변질, 파손 등이 발생하기 때문에 여러 플라스틱 필름의 특성을 고려하여 복합 구성하여 사용된다.

일반적으로 복합필름은 기재층, 차단층, 씰란트층 등 3층 구성되는 것을 기본으로 하고, 경우에 따라 기재층(차단층)과 씰란트 층으로 구성하거나, 특수한 제품이나 포장의 경우는 여러 층으로 구성하는 경우도 있다.

예를 들어, 일반적인 포테이토칩의 봉투는 이축연신 폴리프로필렌(OPP)/알루미늄 증착 폴리에스테르(VM-PET)/무연산 폴리프로필렌(OPP)의 3층 적층 필름으로 제작된다. 이 경우 OPP는 봉투의 강도와 인쇄성능을 높이기 위한 것이고, 알루미늄 증착 PET는 산소, 수증기와 광선의 차단성과 미적인 금속 광택을 주고, 최내층의 OPP는 봉투에 내유성과 밀봉하는 열봉합성(heat seal)을 주기 위한 것이다.

코팅(coating)은 포장재 표면의 인쇄적성의 향상, 인쇄면의 보호, 색상 부여, 내긁힘성, 내수성, 내마찰성, 내유성, 가스차단성, 열접착성과 같은 기능성을 부여하기 위해 베이스 재료에 용융된 플라스틱 수지를 코팅하는 것이며, 접착 라미네이션 시에는 접착제를 도포하는 중요한 공정이다.

(2) 플라스틱 성형재료의 개질과 첨가제

모든 플라스틱 재료를 용도에 따라 요구 기능이나 개질, 품질, 성능향상, 공정 상의 생산 성능을 보완 향상시키기 위하여 여러 가지 다른 종류의 첨가물을 가하여 성형재료(펠렛)로 만든다.

사용 목적은 가공성(가소제, 열 안정제, 활성제 등), 강도(강화재, 충전재, 가교제 등), 내열성(산화방지제, 충전재 등), 내후성, 난연성(난연제), 대전방지성(대전방지제, 도전재 등), 색상(염료, 안료 등), 항균성(곰팡이 방지제, 항균제 등), 유연성 및 충격강도(고무 엘라스토머, 가소제 등)를 예를 들 수 있다.

(3) 식품포장 기법과 연포장재

식품포장에서는 품질보전성이 특히 중요한데, 이 품질보전성에는 베리어성(물, 수증기, 각종 가스, 빛, 향, 냄새 등), 내용품 보호성(인장강도, 충격강도), 안전성, 위생성 등을 들 수 있다.

식품포장에는 식품의 특성과 포장형태에 따라 표 10.4와 같은 다양한 포장기법이 있고, 각 기법의 특성에 맞는 포장재의 재질설계가 가장 중요하다.

[표 10.4] 각종 식품포장 기법별 요구특성과 연포장재

포장기법	특 징	요구특성	대상식품(예)	포장형태	대표 재질
진공포장	용기 내의 공기를 탈기해서 감압, 밀봉	• 가스배리어성 • 파열강도 • 방습성	유제품, 축산·수산가공품, 채소, 절임물 등	• 파우치 • 캔	• Ny/LLDPE
가스치환 포장	용기 내의 공기를 탈기해서 질소를 이산화탄소 및 산소 가스와 치환 후 밀봉	• 가스배리어성 • 방습성 • 저온 열봉합성	슬라이스 햄·소시지, 생육, 스낵 과자, 녹차, 조림물 등	• 파우치 • 트레이	• PET/EVOH/PE • OPP/PE/VMPET/PE
탈산소제 또는 건조제 봉입포장	배리어성 용기에 식품과 함께 탈산소제 또는 건조제를 넣어 밀봉	• 가스배리어성 • 방습성	과자, 떡, 식육가공품, 유제품 등	• 파우치 • 트레이	• NY/LDPE • OPP/CPP • PET/AL/CPP

포장기법	특 징	요구특성	대상식품(예)	포장형태	대표 재질
청과물 선도보존 포장	5℃의 저온에서 포장재의 습도, 산소, 탄산가스의 투과성에 의존	• 가스선택 투과성 • 가스흡착성 • 방습성	채소, 과일 등	• 파우치 • 트레이	• 방담OPP • 다공OPP/CPP
무균화 포장	식품을 무균화하고 바이오 클린룸 안에서 무균 포장	• 무균성	슬라이스 햄·치즈, 쌀밥, 어육제품 등	• 용기	• NY/EVOH/PP
레토르트 포장	배리어성 용기에 탈기, 밀봉시킨 식품을 100~120℃로 가압가열하여 살균	• 가스배리어성 • 내열성	카레, 쌀밥, 식육·어육제품, 튀김제품, 두부, 유음료 등	• 파우치 • 용기	• PET/AL/NY/CPP • PET/AL/CPP
냉동식품 포장	식품의 품질 유지를 위해 냉장, 빙온냉장, 동결의 3가지 온도대 지정	• 저온내충격성 • 저온내핀홀성 • 파열강도	• 냉동식품(어육, 육류), 칠드식품(생선육, 선어), • 냉장식품(우유, 달걀, 야채류) 등	• 파우치	• NY/LLDPE • PET/NY/LLDPE • PET/LLDPE

[4] 플라스틱 포장재의 후가공

(1) 코팅

코팅(coating)은 종이나 필름, 호일 등의 베이스 재료(기판, 원단)에 코팅재를 코팅하여 내수성, 수증기·가스차단성, 내습성, 내유성, 내약품성, 광택성, 보향성, 열접착성, 점착성, 내마모성, 대전방지성, 도전성, 박리성 등의 기능을 부가시켜 주는 공정이다.

1) 압출코팅

압출코팅(extrusion coating)은 열과 압력으로 얇은 플라스틱 층으로 재료를 코팅하는 공정으로 종이, 직물, 알루미늄 호일 및 기타 플라스틱 제품의 내구성과 표면 품질을 개선하는데 사용된다.

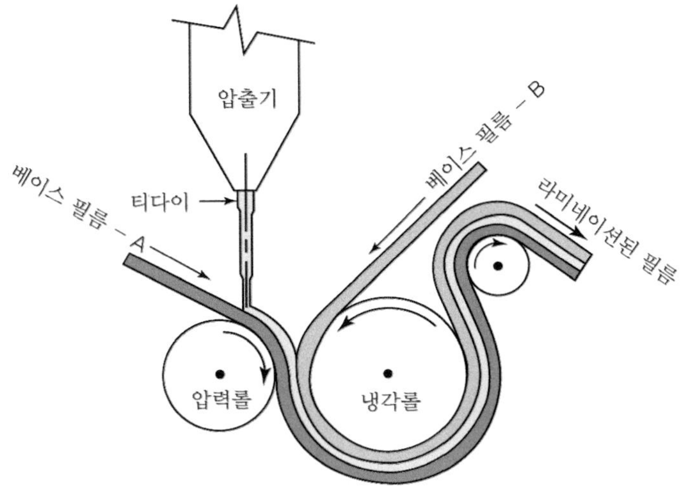

[그림 10.7] 압출코팅과 라미네이션
(Extrusion Coating & Lamination)

압출코팅공정은 그림 10.7과 같이 사출 성형 시와 유사한 입상 플라스틱 가열 및 가압 시스템으로 구성된다. 이는 좁은 구멍 슬롯 다이가 장착된 압출기 헤드에 용융 플라스틱을 일정한 압력으로 공급하면 다이는 기판 또는 수용 재료 위에 플라스틱 박막을 압출시킨다. 이어서 코팅된 기판은 압력롤러와 수냉식 냉각기 롤러 사이를 통과하며, 이 두 롤러는 플라스틱 코팅이 올바른 두께를 유지하면서 응고 및 접착시킨다.

압출코팅에 사용되는 플라스틱은 폴리에틸렌, 폴리프로필렌 및 에틸렌 비닐아세테이트와 같은 열가소성 수지이다.

2) 진공증착

진공증착(vacuum metallization)은 고진공 상태에서 금속을 용융점 이상으로 가열하면 금속은 증기로 되어 산소 및 질소분자와 충돌 없이 수십 센티미터 거리를 직진 비산하여 냉각된 피증착판에 분자 상태로 응결하여 얇은 금속피막을 형성하는 원리를 이용하는 것이다.

식품포장에서는 주로 알루미늄이 사용되며, 증착필름(베이스 재료)으로는 PP, PE, PET, Nylon 등이다. 알루미늄이 증착된 필름은 미관이 미려하고, 빛, 가스 및 수분 차단성이 좋아 알루미늄 호일 대신 널리 사용되고 있다.

(2) 라미네이션

라미네이션(lamination)은 한 종류의 필름으로는 기계적 성질이나 차단성, 인쇄적성, 접착성 등의 성질을 모두 갖출 수 없으므로, 이들 특성을 부분적으로 갖는 여러 필름들을 적층하는 공정이다.

라미네이션 방법에는 접착제를 사용하는 접착 라미네이션, 압출을 통한 압출 라미네이션, 여러 개의 용융된 폴리머를 각각 압출시켜 1개의 공통 다이 내에서 적층시키는 공압출 라미네이션이 있다.

1) 접착 라미네이션

접착 라미네이션(adhesive lamination)은 그림 10.8과 같이 한 베이스 필름에 접착제를 바른 후 다른 베이스 필름과 접착 후 용재인 물이 건조되는 습식 라미네이션(wet lamination)과 유기용제에 용해한 접착제를 한 베이스 필름에 도포하고, 열풍이나 가열에 의해 용제를 증발시킨 후 다른 베이스 필름과 열이나 압력으로 접착시키는 건식 라미네이션(dry lamination)이 있다.

습식 라미네이션은 필름과 종이, 종이와 알루미늄 호일 등 주로 종이를 포함하는 라미네이션에 이용되고, 건식 라미네이션은 비용은 높지만 고속으로 능률적이다.

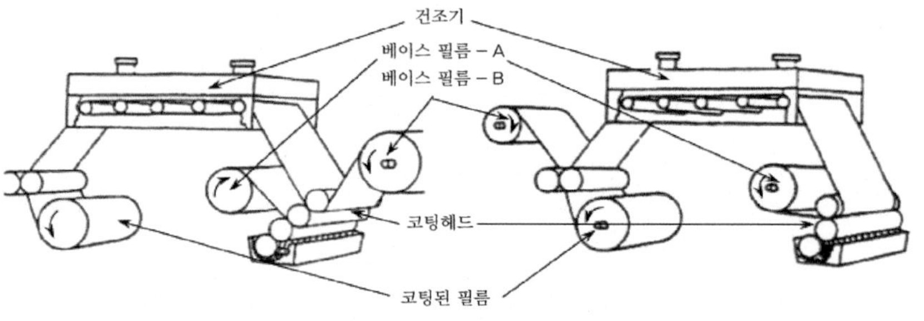

[그림 10.8] 접착 라미네이션

2) 압출 라미네이션

앞에서 나타낸 그림 10.7에서 압출기에 의해 플라스틱 레진이 녹아 티다이를 통해 얇은 필름 형태로 나오면, 이것을 단순 베이스 필름의 코팅재로 사용되거나(압출코팅) 혹은 두 베이스 필름을 합지(tie-layer, 결합층) 하는데 사용되기로 한다[압출 라미네이션(extrusion lamination)].

코팅이나 합지된 원단이 냉각롤과 이것과 맞물려있는 압축롤을 지나면서 완전한 접착이 이루워 진다.

3) 공압출 라미네이션

2개 이상의 원료를 각기 다른 압출기에서 용융시키고, 이 용융된 수지를 하나의 다이 내로 보내어 여러 겹으로 적층한 다음, 이 적층된 용융 원료를 원형 다이(blown 또는 inflaction 법) 혹은 T형 다이(casting 법)를 통해 무연신 필름화한 것을 공압출 필름(coextrusion film)이라 한다(그림 10.9). 적층 수에 따라 3, 5, 7, 9, 11층 공압출 필름이라 한다.

공압출 필름은 다른 라미네이션 필름과 비교하여 다음과 같은 특징이 있다.

① 디라미네이션(delamination) 현상이 적음
② 여러 가지 성질의 필름을 얻는데 융통성이 있음
③ 공압출법은 각각의 필름을 압출 생산한 후 다시 라미네이션까지의 여러 중간 단계를 거치지 않고 필름의 두께를 마음대로 조절해도 공정상 무리가 없으므로 원가절감 효과가 있어 생산단가가 낮음

캐스팅법은 대량생산으로 생산성을 중요시 하거나, 투명하고 얇은 다층필름이 요구되는 경우에 주로 사용되는 반면, 인플레이션법은 다품종 소량생산에 적합하다.

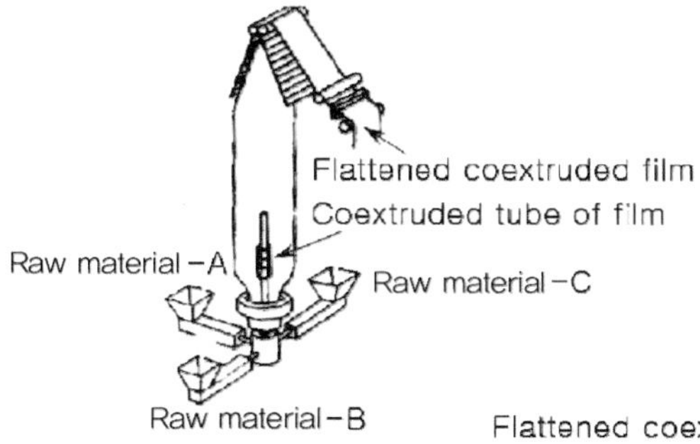

(a) 원형 다이

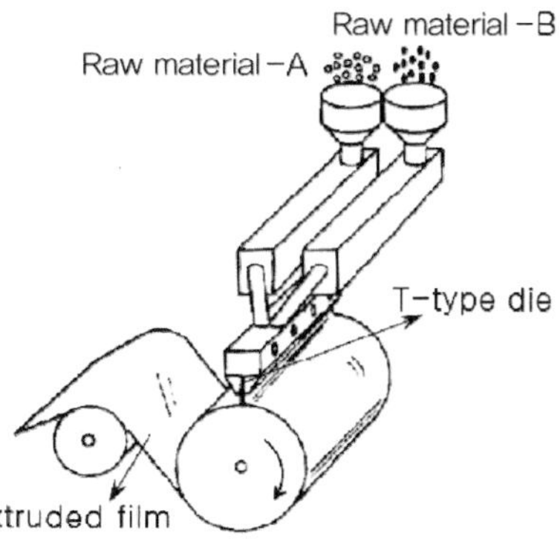

(b) T형 다이(Flat die)

[그림 10.9] 공압출 라미네이션

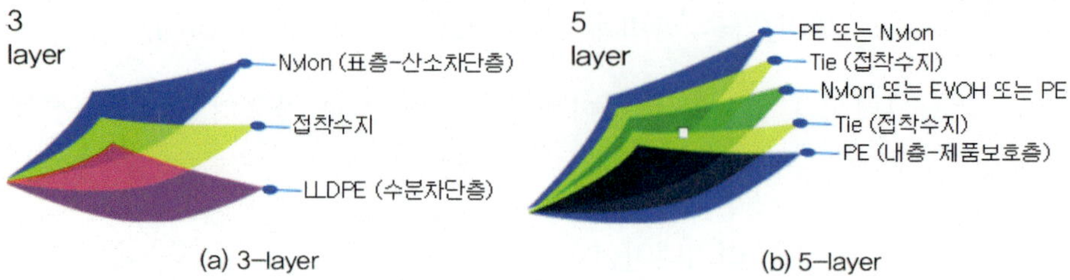

[그림 10.10] 공압출 필름 구조의 예(www:7lpack.com)

공압출 필름 구조의 예를 나타낸 그림 10.10 (a)는 각기 다른 3개의 압출기를 통해 3개의 재료를 각 1층씩 다이스 내로 적층시킨 다음 블로운 무연신 필름화한 것이고, 그림 10.10 (b)는 각기 다른 5개의 압출기를 통해 5개의 재료를 5층으로 적층시킨 다음 블로운 무연신 필름화한 것이다.

[5] 플라스틱 포장재의 기계적 강도

(1) 인장특성

플라스틱 필름이나 시트에 대한 인장특성(tensile properties)을 측정하는데 사용되는 시험편의 기본형을 그림 10.11에 나타내었다. 시험편의 폭은 10~25 mm, 조임거리(gripping distance)는 100 mm, 시험편 중간의 표점(게이지)거리(gauge distance)는 50 mm이다(KS M ISO 527-1).

인장시험시 하중재하속도는 0.125~500 mm/min 범위에서 선택하며, 그림 10.12의 응력-변형률 곡선(stress-strain curve, SS Curve)을 통해 인장강도, 연신율 외에 SS 곡선 상의 0.05%와 0.25% 사이의 기울기 값으로부터 코드 모듈러스(chord modulus)도 분석할 수 있다.

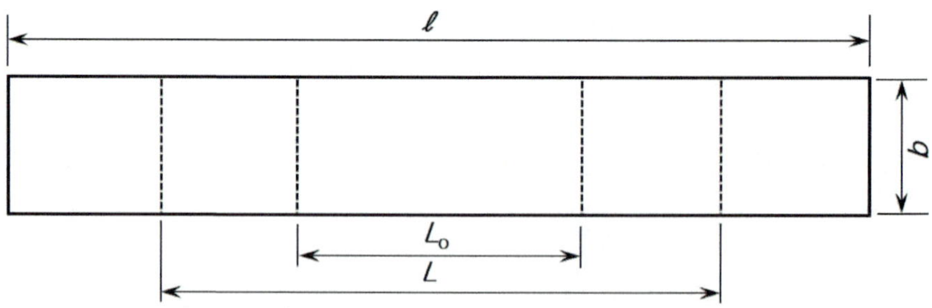

b=Specimen width (10~25 mm), ℓ =Specimen length (>150 mm)
L =Gripping distance (100±5 mm), L_0 =Gauge length (50±0.5 mm)

[그림 10.11] 플라스틱 필름 혹은 시트의 인장시험편의 기본형

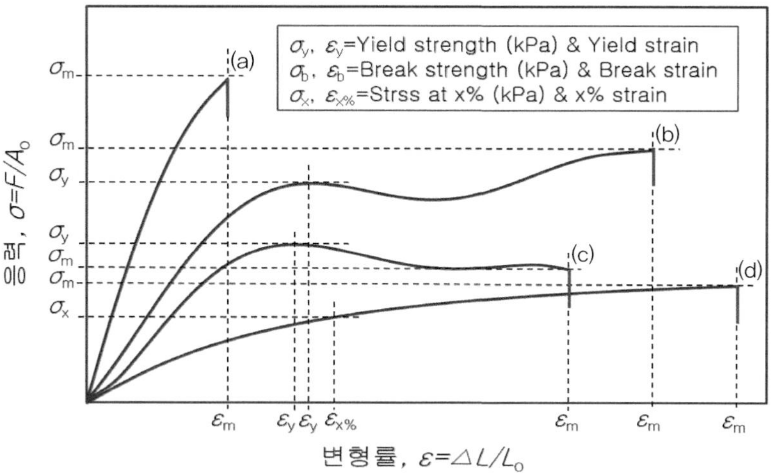

[그림 10.12] 플라스틱 필름 혹은 시트의 응력-변형률 곡선의 형태

SS 곡선 상에 항복점(yield point)를 분명히 나타나지 않을 경우(그림 10.12의 A와 D)는 재료의 특성과 적용 범위를 고려하여 정한 x% 변형에 대한 응력 값을 항복강도(yield strength)로 규정하고 있다.

(2) 충격강도

플라스틱 필름 혹은 시트의 충격강도(impact strength)는 인장강도와 함께 중요한 기계적 특성 중의 하나이다. 충격강도의 측정에는 샤르피 충격시험(charpy impact test) (KS M ISO 179-1)이나 아이조드 충격시험(izod impact test) (KS M ISO 180)을 적용하고 있다.

시험은 그림 10.13에 나타낸 것처럼 충격 햄머를 일정한 높이로 들어 올렸다가 놓았을 때 회전모멘트에 의한 충격에너지(impact energy)를 시료에 가할 때 시료에 의해 흡수된 에너지를 시료의 단면적으로 나눈 값이 충격강도이다.

샤르피와 아이조드 충격시험은 서로 비슷하지만 가장 큰 차이점은 그림 10.13에서 보듯이 시험편의 지지 방법이 샤르피는 양단지지보, 아이조드는 외팔보 형태라는 것이다.

충격시험에 사용되는 시험편은 두 시험 모두에서 길이(ℓ)×너비(b)×두께(h) = 80×10×4 mm 이며, 원재료로부터 성형 혹은 필름(혹은 시트)을 적층시켜 제작한다.

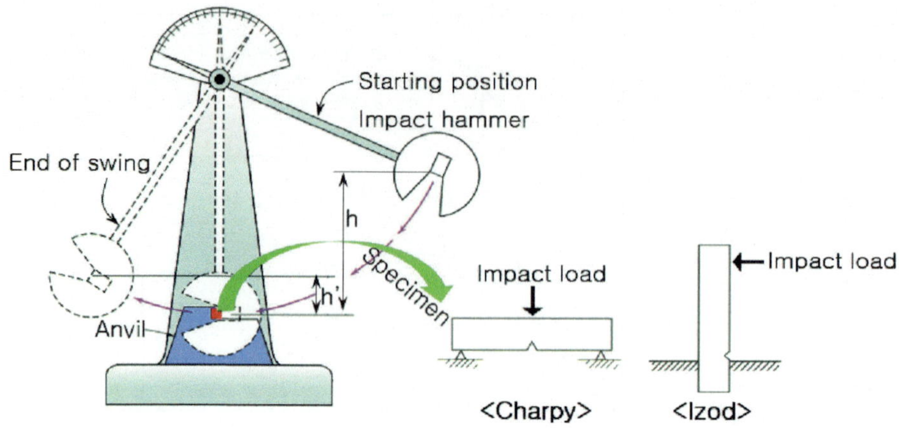

[그림 10.13] 충격시험기

충격시험 시 시험편에 대한 타격 방향은 그림 10.14와 같이 4방향으로 구분되며, 시험편에 가공하는 노치(notch)의 형태는 Charpy에서는 그림 10.14의 3가지, Izod에서는 앞의 2가지로 각각 규정하고 있는데, 노치의 길이방향은 반듯이 시험편의 두께 h에 대하여 평행하여야 한다.

시험기의 햄머를 명시된 높이까지 들어 올렸다가 낙하시켰을때 시험편에 의해 흡수된 충격에너지를 구하여 식 (10-5)에 의해 충격강도를 계산한다.

$$a_i\,[\mathrm{kJ/m^2}] = \frac{E_c}{h \times b} \times 10^3 \tag{10-5}$$

여기서, E_c : 시험편의 파괴에 의한 흡수에너지 [J]

h : 시험편의 두께 [mm]

b : 시험편의 너비 혹은 노치있는 시험편의 남은 너비 [mm]

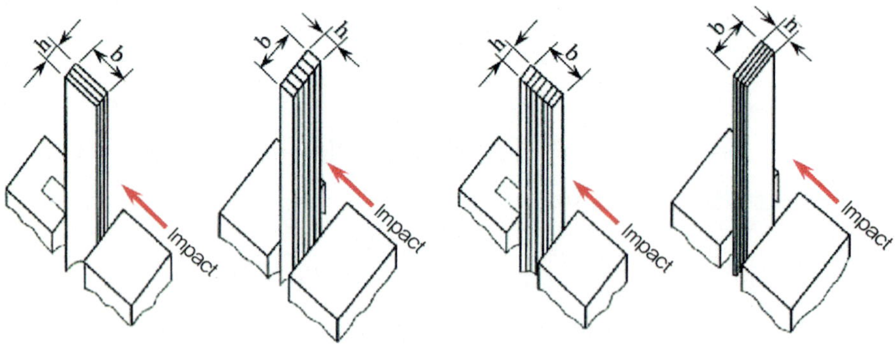

[그림 10.14] 충격시험시의 타격 방향

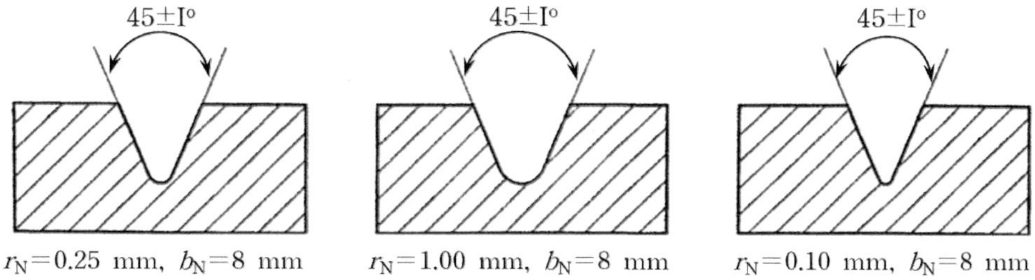

[그림 10.15] 충격시험편의 노치형상(r_N = 노치부 반경, b_N = 노치부의 너비)

10.1.3 금속포장재

금속포장재는 종이, 플라스틱 포장재 다음으로 사용 비율이 높으며, 금속포장의 70% 이상이 주석도금강판(tin plate), 강철 및 알루미늄을 이용한 캔(can) 포장이다. 또한, 전체 알루미늄 사용량의 약 25% 이상이 포장재료이며, 이 재료는 비중이 작고, 부식이 잘되지 않는 장점을 바탕으로 시장 점유율을 높혀 왔으나 강철보다 가격이 높아 재활용률에 대한 관심이 높다.

일반적으로 금속캔(metallic can)의 특징을 살펴보면 다음과 같다.

① 내용물을 빛, 가스 및 수분으로부터 효과적으로 차단할 수 있어 장기보존성이 우수
② 내열성이 강하고 열전도가 우수하므로 고온살균, 급속 냉각에 적합하고, 신속한 충전이 가능
③ 금속의 특성상 적당한 연성과 전성을 가지고 있어 압력에 잘 견디고 대량 고속 수송이 가능
④ 정밀한 성형이 가능하여 캔의 가공효율이 좋음
⑤ 금속표면에 표면 처리된 도금을 통하여 장식성과 인쇄성의 향상이 가능하며, 동시에 플라스틱, 도료 등과의 접착성도 높일 수 있음
⑥ 금속의 특성상 종이나 플라스틱 등에 비하여 부식성이 높고, 비중이 커 제품 중량이 큰 단점이 있음

[1] 강판

철은 거의 모든 캔제조에 이용되는 금속으로 높은 강도와 연성을 가지고 있으나, 부식되는 단점 때문에 보통 다른 금속이나 유막을 코팅하여 포장재료로 사용된다.

캔 제작용 강판의 제조공정을 살펴 보면, ① 용광로에서 제조된 철을 산소용광로에서 용융시켜 250 mm 두께의 슬랩(slab)으로 만들고, 이를 다시 ② 열간압연(heat rolling)을 통해 2 mm 두께로 압연하고, 이때 ③ 표피에 발생된 산화막을 세척 제거하고, 다시 ④ 세척한 강판을 코일링한 후 오일코팅 및 윤활제를 첨가하며, ⑤ 냉간압연(cold rolling)을 통해 2 mm에서 0.02 mm 두께의 얇은 시트로 만들고, ⑥ 냉간압연으로 강도는 증가하였지만 저하된 연성을 다시 증가시키기 위해 강철시트를 600~700℃의 온도로 재가열 한다(풀림, annealing).

[2] 주석도금강판

주석도금강판(tin plate)은 두께 0.15~0.5 mm의 저탄소 강판시트 표면에 0.4~2.5 μm 두께의 주석 코팅한 강판을 의미한다. 즉, 주석과 철의 결합으로 강도와 인장력을 높혀 용접이나 땜질 작업을 용이하게 하며, 독성이 없고 강철에 광택과 높은 항부식성을 부여한 것이다.

캔 제작용 주석도금강판의 제조공정은 강판 제작공정과 같이 ① 열간압연 뒤 표면의 산화철 제거, ② 냉간압연을 통해 얇은 시트로 가공, ③ 냉간압연으로 경화된 조직을 연화시키는 공정(annealing)을 걸처, ④ 전기도금을 위해 할로겐 공정(halogen process)이나 페로스탄 공정(ferrostan process)을 거침, ⑥ 주석 용융점(260~270℃)보다 높은 온도에서 가열한 후 물속에서 급냉시켜 강판의 광택과 입도를 향상 시킴, ⑦ 석도강판(냉연철판에 주석도금한 것)의 항부식성과 안정성을 유지하기 위해 전기화학적 처리공정을 거치며, ⑧ 완성된 캔의 스트립(strip)을 적당한 크기로 절단하여 시트 및 코일의 형태로 캔 제조사에 공급된다.

[3] 알루미늄판

상업포장(commercial packaging)에서는 용기의 재료로 순수 알루미늄보다는 알루미늄합금이 사용된다. 주로 사용되는 알루미늄합금은 알루미늄-마그네슘과 알루미늄-망간계이다. 알루미늄합금은 주석도금강판에 비하여 강도가 떨어지지만 가볍고, 금속캔 중 가장 뛰어난 연성을 가지고 있어 높은 원가에도 불구하고 널리 사용되고 있다.

10.2 골판지 포장기술

골판지상자는 속포장(intermediate packaging)(소비자가 구매하기 편리하도록 겉포장 속에 들어있는 포장)재로서 보다는 수송과 보관을 목적으로 하는 수송포장(transport packaging)의 겉포장재로서 주로 사용된다. 따라서 겉포장재로 적용시 치수와 강도설계가 무엇보다도 중요하며, 치수는 물류효율, 강도는 용기의 재료와 형식 결정의 주요 인자가 되므로 등 포장원가에 직접 관련된다.

10.2.1 포장치수 설계

현대 물류의 기본 단위가 파렛트 혹은 컨테이너에 의한 유닛 로드(palletized unit-load, containerized unit-load)이다. 따라서 파렛트와 컨테이너의 적재효율을 높이기 위한 제품의 겉포장치수 설계는 표 10.5에 나타낸 우리나라의 일관수송용 표준파렛트인 T-11형(1,100×1,100 mm) 또는 T-12형(1,200×1,000 mm)과의 정합성(평면적재효율 90% 이상)이 기준이 되어야 한다.

겉포장치수로 길이×너비가 결정된 후 겉포장의 높이는 포장중량, 제품 혹은 속포장의 적입패턴, 유닛로드의 치수 등을 복합적으로 고려하여 결정한다. 한 예로, 과실의 포장중량 15, 10, 5 kgf의 겉포장치수의 길이×너비는 모두 같고, 높이만 다르다.

우리나라의 농산물 표준규격(국립농산물품질관리원)에서도 농산물 유통효율의 제고와 물류비 절감을 위해 골판지상자의 포장치수를 아래의 각 호에 해당하는 어느 하나로 정하고 있다 (포장치수의 허용범위는 길이와 너비에서 각각 ±2.5%).

① 한국산업규격(KS T 1002)에서 정한 수송포장 계열치수 (표 10.5)

② 규정에서 정하는 25개 규격

③ T-11형 파렛트 또는 T-12형 파렛트의 평면적재효율이 90% 이상인 것

[표 10.5] 수송포장계열 치수일람표(KS T 1002)

[T-11형 (1,100×1,100 mm)]

호칭 번호	길이×너비 (mm)	1단 적재수	적재 패턴	호칭 번호	길이×너비 (mm)	1단 적재수	적재 패턴	호칭 번호	길이×너비 (mm)	1단 적재수	적재 패턴
11-1	1,100×1,100	1	B, -	11-24	550×550	2×2	B, -	11-47	366×275	3×4	B, K
11-2	1,100×550	2	B, K	11-25	550×366	2×3	B, K	11-48	366×244	3×4+4	B, S, P
11-3	1,100×366	3	B, K	11-26	550×275	2×4	B, K	11-49	366×220	3×5	B, K
11-4	1,100×275	4	B, K	11-27	550×220	2×5	B, K	11-50	343×206	2×2×4	B, P
11-5	1,100×220	5	B, K	11-28	523×288	2×4	B, P	11-51	330×220	2×2×4	B, P
11-6	733×366	4	B, P	11-29*	500×300	2×4	B, P	11-52	325×225	2×2×4	B, P
11-7	711×388	4	B, P	11-30*	500×200	3×4	B, P	11-53	320×229	2×2×4	B, P
11-8	687×412	4	B, P	11-31	488×305	2×4	B, P	11-54	314×235	2×2×4	B, P
11-9	687×206	2×4	B, P	11-32	488×203	3×4	B, P	11-55	305×244	2×2×4	B, P
11-10	660×440	4	B, P	11-33	471×314	2×4	B, P	11-56*	300×250	2×2×4	B, P
11-11	660×220	2×4	B, P	11-34	471×209	3×4	B, P	11-57*	300×200	(2+3)×4	B, P
11-12	650×450	4	B, P	11-35	458×320	2×4	B, P	11-58	293×220	3×5+3	B, S
11-13	650×225	2×4	B, P	11-36	458×213	3×4	B, P	11-59	288×261	2×2×4	B, P
11-14	641×458	4	B, P	11-37	450×325	2×4	B, P	11-60	275×275	4×4	B, -
11-15	641×229	2×4	B, P	11-38	450×216	3×4	B, P	11-61	275×220	4×5	B, P
11-16	628×471	4	B, P	11-39	440×330	2×4	B, P	11-62	275×206	4×4+5	B, S
11-17	628×235	2×4	B, P	11-40	440×220	3×4	B, P, S	11-63*	250×200	2×3×4	B, P
11-18	611×488	4	B, P	11-41	412×343	2×4	B, P	11-64	244×203	2×3×4	B, P
11-19	611×244	2×4	B, P	11-42	412×275	2×4+2	B, S	11-65	235×209	2×3×4	B, P
11-20*	600×500	4	B, P	11-43	412×229	3×4	B, P	11-66	229×213	2×3×4	B, P
11-21*	600×250	2×4	B, P	11-44	388×355	2×4	B, P	11-67	229×206	2×3×4+1	B, P
11-22	576×523	4	B, P	11-45	388×237	3×4	B, P	11-68	225×216	2×3×4	B, P
11-23	576×261	2×4	B, P	11-46	366×366	3×3	B, -	11-69	220×220	5×5	B, -

[T-12형 (1,200×1,000 mm)]

호칭 번호	길이×너비 (mm)	1단 적재수	적재 패턴	호칭 번호	길이×너비 (mm)	1단 적재수	적재 패턴	호칭 번호	길이×너비 (mm)	1단 적재수	적재 패턴
12-1	1,200×1,000	1	B, -	12-15	600×200	2×2+6	B, K	12-29	333×240	3×5	B, -
12-2	1,200×500	2	B, -	12-16	500×400	2×3	B, -	12-30	333×216	3×4+4	B, S
12-3	1,200×333	3	B, -	12-17*	500×300	2×4	B, -	12-31	333×200	3×6	B, -
12-4	1,200×250	4	B, -	12-18	500×240	2×5	B, -	12-32	316×250	4×3+3	B, S
12-5	1,200×200	5	B, -	12-19	500×233	2×3+4	B, S	12-33*	300×250	4×4	B, -
12-6	1,000×600	2	B, -	12-20*	500×200	2×6	B, -	12-34	300×233	3×4+5	B, S
12-7	1,000×400	3	B, -	12-21	475×250	4×2+2	B, S	12-35*	300×200	2×4+2×6	B, K
12-8	1,000×300	4	B, -	12-22	433×333	3×2+2	B, S	12-36	266×200	3×6+4	B, S
12-9	1,000×240	5	B, -	12-23	400×333	3×3	B, -	12-37	250×240	4×5	B, -
12-10	1,000×200	6	B, -	12-24	400×300	4+2×3	B, K	12-38*	250×200	4×6	B, -
12-11*	600×500	2×2	B, -	12-25	400×250	4×3	B, -	12-39	240×200	5×5	B, -
12-12	600×400	2+3	B, K	12-26	400×200	6+3×3	B, K	12-40	200×200	5×6	B, -
12-13	600×333	3×2	B, -	12-27	380×240	2×5+3	B, S				
12-14*	600×250	4×2	B, -	12-28	333×300	3×4	B, -				

[주] 1) 부호의 B는 일렬 적재, K는 교대열 적재, P는 풍차형 적재, S는 분할 적재(표 10.9)
2) *는 1,100 × 1,100 mm와 1,200 × 1,000 mm에 공통되는 치수

10.2.2 포장강도 설계

겉포장상자에 요구되는 필요압축강도(reguired compression strength)는 피포장물의 특성과 물류환경 등을 복합적으로 고려하여 적재강도(stacking strength)의 산출로부터 결정할 수 있다.

적재강도의 산출은 다음의 2가지 방법이 적용된다.

- 압축강도(compression strength) : 표준상태에서 전처리한 후 압축시험기에 의해 측정한 실험실 강도 값 (준정적 하중) (Quasi-static Load)
- 적재강도(stacking strength) : 실제 사용 조건(유통조건) 하에서 허용되는 상단부의 축하중 (적재단수)으로 실무 상의 강도 (사하중) (Dead Load)

[1] 안전계수법

안전계수법(safety factor method)은 제품의 특성과 포장상태를 우선적으로 고려하는 방법이다. 적재강도를 결정하는 가장 간단한 방법이 경험을 바탕

으로 당사자 간의 협의를 통해 표 10.6의 고정된 안전계수 값의 적용이다.

보통 적용되는 안전 계수는 5 : 1이며, 이는 측정한 압축강도(compression strength)의 1/5이 적재강도가 된다는 의미이다.

[표 10.6] 안전계수(Safety Factor) (ASTM D4169)

수송 포장의 구조	안전계수 레벨 F					
	창고적재			차량적재		
	Ⅰ	Ⅱ	Ⅲ	Ⅰ	Ⅱ	Ⅲ
1. 제품의 자립성이 전혀 없고, 응력 지지 내부 포장을 가지거나 또는 가지지 않은 골판지, 판지 또는 플라스틱 용기	8.0	4.5	3.0	10.0	7.0	5.0
2. 나무와 같은 강성 삽입물로 응력지지 내부 포장을 가진 골판지, 판지 또는 플라스틱 용기	4.5	3.0	2.0	6.0	4.5	3.0
3. 제품이 압축포장과 같이 자립성이 있거나, 내열, 내습성 재료(골판지, 판지 또는 플라스틱 제외)로 만들어진 용기	3.0	2..0	1.5	4.0	3..0	2.0
4. 제품과 포장재가 각각 하중을 분담하여 받는 경우	$F=P(F_P)+C(F_C)$					
여기서, F_P=형태 "3"의 압축포장에 부여한 계수, P=제품에 의해 지지 되는 하중 비율, F_C=상기 타입 Ⅰ 또는 Ⅱ에 부여된 계수, C=용기에 의해 지지 되는 하중 비율						

[주] 1) 수준 Ⅰ은 발생 확률이 낮은 경우, 수준 Ⅲ은 발생 확률이 가장 높은 경우, 수준 Ⅱ는 그 중간임
2) 수준 Ⅰ은 일반적으로 고가의 제품, 수준 Ⅱ는 큰 체적에 중간 정도의 가격대를 가지는 제품에 적용

한 예로, 개별포장화물중량(individual package weight)이 350 N, 겉포장 치수가 길이×너비×높이 = 70×44×33 cm, 트럭에 6단 적재하여 장거리 수송할 예정이고, 제품은 강도적 자립성이 있어 포장의 하중분담률을 약 10%이다. 이 경우의 필요압축강도를 안전계수법으로 산출해 보면 다음과 같다.

① 안전계수의 산출

P=10%, C=90%, F_P는 차량적재 Ⅱ급으로 3, F_C는 Ⅱ급으로 2를 적용하면,

안전계수, $F = P(F_P) + C(F_C) = (0.1 \times 3 + 0.9 \times 4.5) = 4.35$

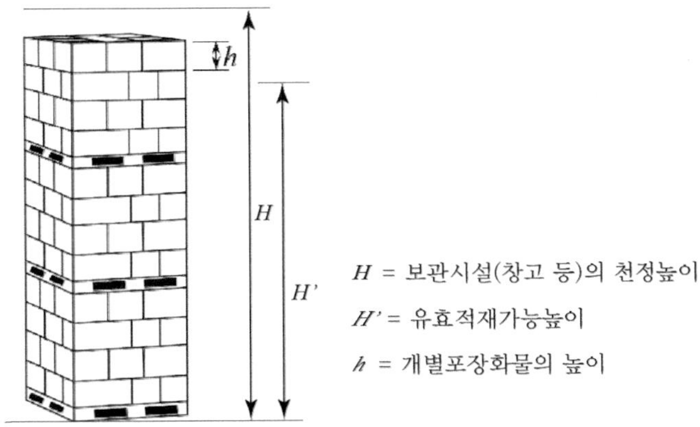

[그림 10.16] 유닛로드의 다단적재

② 필요압축강도의 산출

$RCS=(n-1)\times W\times F=(6-1)\times 350\times 4.35=7612.5\,\mathrm{N}$

여기서, n : 적재단수, W : 개별포장화물중량

③ 따라서, 이 물류여건에 맞는 상자압축강도는 7612.5 N이 되어야 한다.

그림 10.16과 같이 창고에 파렛트화물(palletized unit-load)을 다단적재하는 경우는 화물의 다단적재에 따른 안전성과 다단적재시 적용된 파렛트의 수만큼의 높이를 고려한 유효적재가능높이 (H')가 적용된다.

$$RCS\,[\mathrm{kN}]=W\times\left(\frac{H'-h}{h}\right)\times F \tag{10-6}$$

여기서, RCS : 필요압축강도 [kN]

W : 개별포장화물중량 [kN]

H' : 유효적재가능높이 [m]

[2] 유지분석법

유지분석법(retention analysis method)은 제품보다는 물류과정 중 포장에 영향을 주는 여러 열화요소(그림 10.4)에 의해 유지되는 압축강도를 바탕으로 추정하는 방법이다. 식 (10-7)과 같이 각각의 열화요소에 유지인자를 독립적으로 지정하며, 이 독립된 유지인자의 복합적인 작용에 대한 효과를 평가한다.

$$L=CS\times H\times T\times PP\times PO\times V \tag{10-7}$$

여기서, L : 적재강도 [kN]

CS : 표준상태에서 측정한 압축강도 [kN]

H, T, PP, PO 및 V : 각각 습도, 보관기간, 파렛트 적재 패턴, 파렛트 오버행 및 진동(수송) 요인에 대한 유지지수

(1) 습도지수(humidity factor)

골판지 상장의 경우 강도에 영향을 주는 것은 실제 함수율이지만, 함수율은 등온흡습과정을 통해 습도에 관련되므로, 여러 경우에 있어 함수율 대신 상대습도로 표현된다(평형함수율).

표 10.7에서 보듯이 습도팩터 H=100%는 표준상태인 상대습도 50%에 할당된다. 만일, 상대습도 85%에 골판지상자가 장시간 노출되었다면, 그때 골판지상자의 압축강도는 표준상태에서의 압축강도 대비 약 60%를 가진다.

[표 10.7] 상대습도에 따른 습도지수

상대습도	0%	25%	50%	55%	60%	65%	70%	75%	80%	85%	90%	95%
H	125%	110%	100%	96%	91%	86%	81%	75%	68%	60%	48%	29%

(2) 보관기간지수(storage period factor)

적재된 상태의 골판지상자는 피로로 인해 기간 경과와 함께 강성저하가 발생한다. 표 10.8을 보면, 적재상태로 약 6개월 후의 압축강도 잔존율은 약 52%이며, 이는 표준상태 강도 대비 약 48%가 손실되었음을 의미한다.

표 10.8의 자료는 또한 압축강도 대비 부가하중 비율에 대한 상자 붕괴까지의 적재기간을 나타내기도 한다. 만일, 상자 압축강도의 약 52%에 해당하는 하중을 정하중으로 부과하였다면, 표준상태에서의 적재기간은 약 6개월이 된다.

[표 10.8] 적재기간에 따른 기간 지수

기간	0	시간			일										년	
		1	6	12	1	2	3	4	5	10	30	60	90	180	1	2
T	100%	87	79	76	73	70	68	67	55	64	60	57	55	52	50	46

(3) 파렛트 적재패턴 지수(pallet pattern factor)

그림 10.17에서와 같이 기둥적재(column stacking)의 강도잔존율은 약 85%, 인터록 적재(interlock stacking)의 강도 잔존율은 약 50% 수준으로 산정한다.

표 10.9에 나타낸 다양한 파렛트 적재방식에서 블록적재는 기둥적재에 속하고, 그 외의 적재방식은 완전 혹은 부분적 인터록 적재에 해당한다. 예를 들어, 교대배열적재의 경우, 포장화물의 길이와 너비가 동일할 경우는 기둥적재에 속하고 그렇지 않을 경우는 인터록 적재이다. 그리고 분할적재의 경우는 부분적 인터록 적재에 해당되어, 강도 잔존율은 50% 수준을 적용해야 한다.

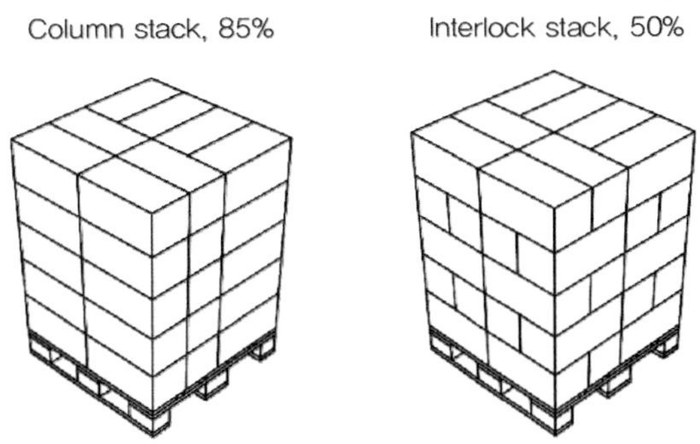

[그림 10.17] 파렛트 적재패턴

[표 10.9] 파렛트 적재방식의 종류

종류	형 태		특 징
블록적재 (block pattern, row pattern)	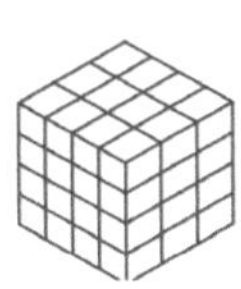	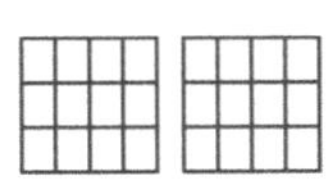 (홀수단) (짝수단)	• 포장 방향과 형태가 모든 단에서 동일. 상하 포장이 인터록되지 않아 화물 갈라짐과 안정감이 없음. 일명 막대 적재 혹은 기둥 적재 • 직사각형과 정사각형 파렛트 모두에 적용 가능
교대배열 적재 (alternate tire row pattern)		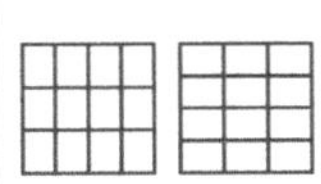 (홀수단) (짝수단)	• 각 단을 90°회전시켜 가며 적재(한 단의 포장방향은 모두 동일해도 됨). 화물 갈라짐이 없음 • 정사각형 파렛트에만 적용 가능

종류	형 태		특 징
벽돌적재 (brick pattern)		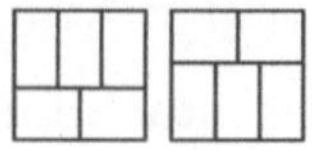 (홀수단) (짝수단)	• 각 단을 180°회전시켜 가며 적재(한 단의 포장방향을 가로, 세로 조합시킴) • 직사각형 파렛트에 적합
풍차형 적재 (핀휠 적재) (pinwheel pattern)		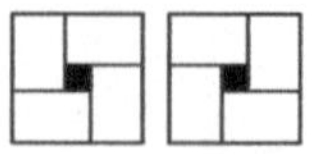 (홀수단) (짝수단)	• 중앙에 공간을 두고 그곳을 둘러싸며 적재하는 방식. 보통 각 단의 방향이 교대로 바뀜 • 정사각형 파렛트에 적합
분할적재 (split pattern)	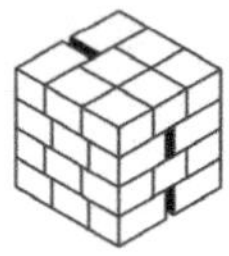	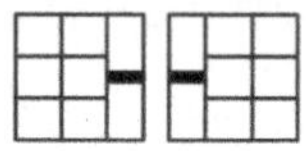 (홀수단) (짝수단)	• 물품 상호 간에 공간이 생기는 방식 • 직사각형과 정사각형 파렛트 모두에 적합

(4) 파렛트 오버행 지수(pallet overhang factor)

파렛트 모서리 부분에서의 상자의 오버행은 최소한 한 모서리와 두 코너로부터의 지지를 잃는다. 오버행은 과도한 중배부름(bulge), 취급 및 보관 중에 제품 파괴, 포장 혹은 파렛트화물 구성의 재작업, 손상 클레임 발생 등 궁극적으로 포장비용의 상승을 초래한다.

표 10.10에서 약 7.6 cm의 오버행이 발생하였다면 상자 압축강도의 약 50%가 잔존하고, 손실도 약 50%에 이른다. 표 10.11은 좀 더 구체적인 오버행 정도에 따른 압축강도 손실률을 나타낸 것이다.

[표 10.10] 오버행 정도에 따른 파렛트 오버행 지수

오버행(cm)	0	1.27	2.54	3.81	5.08	6.34	7.62
PO	100%	75%	65%	60%	55%	53%	51%

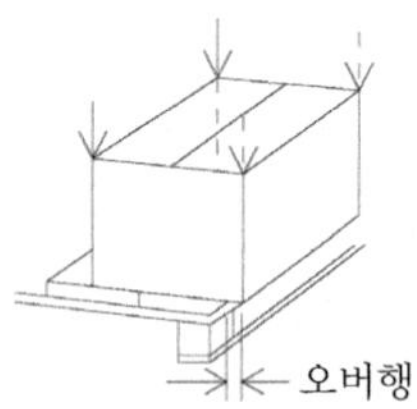

[표 10.11] 오버행 정도에 따른 압축강도 손실률

구분	한 측면 오버행		한 끝면 오버행		한 측면과 끝면 오버행	
	2.54 cm	5.08 cm	2.54 cm	5.08 cm	2.54 cm	5.08 cm
손실률(%)	14~34	22~43	4~28	9~46	27~43	34~46

(5) 수송지수(transportation factor)

적재된 포장화물의 수송은 적재된 일정 사하중(dead load)을 활하중(live load) 상태로 만들어 저층 화물에 주기적으로 어느 한도 이상의 압축력을 가하게 된다.

대부분의 수송 상황에서 수송 피로로 인한 진동 지수를 약 67%를 적용하는데, 이는 적재된 최저층 상자는 그 압축강도의 약 1/3이 손실됨을 의미한다.

(6) 그 밖의 인자

그 밖의 적재 성능에 영향을 주는 인자로는 물류상황을 고려하였을 때 다음과 같은 것들이 있을 수 있으므로 이를 적절히 반영할 필요가 있다.

- 카톤 클램프(carton clamp truck) 하역 시 상자 측면 벽의 붕괴
- 단위적재화물의 로프 구속 시 주변 상자들의 모서리 붕괴
- 파렛타이저 화물(palletized unit-load)의 다단적재 시 파렛트 저면과 상자 윗면 사이의 접촉으로 인한(crushing) 상자 압축강도의 부분 손실 등

한 예로, 표준상태에서 충분히 평형된 포장화물의 압축강도가 3.6 kN, 포장화물(중량, 130 N)들은 파렛트에 의해 유닛로드(palletized unit-load) 되어 창고로 트럭 운송하여 그 곳에서 60일 동안 보관된다(창고 안의 상대습도 70%). 파렛타이저 화물은 파렛트의 한 모서리를 따라 2.54 cm 오버행 된 체기둥적재를 하고 있다. 유지분석법에 의해 적재강도를 분석해 보면 다음과 같다.

① 적재강도의 산출

식 (10-7)에서 각각의 열화요소에 유지지수를 지정하면,

$L = (CS) \times H \times T \times PP \times PO \times V$

$= 3,600 \times 0.81 \times 0.57 \times 0.85 \times 0.65 \times 0.67 = 615\ \text{N}$

② 안전적재높이를 산출

안전적재높이는 (615/130) + 1 = 5.73 즉, 5상자 높이가 되며, 그 이상 적재해서는 안 된다.

③ 안전계수 5를 적용한 안전계수법으로 산출한 적재강도와 비슷한 결과이다.

위와 같이 산출된 필요압축강도를 바탕으로 이에 상당하는 압축강도를 갖는 골판지상자의 형식과 원지구성의 결정은 적정 포장설계와 포장원가 절감을 이루는데 핵심적인 사항이지만, 현장에서는 주로 경험적인 판단에 의존하고 있다. 하지만 적정 포장설계를 위해서는 데이터에 의한 보다 과학적인 결정방법이 필요하다.

한 특정 조건에 대한 골판지상자의 압측강도를 산출하거나 역으로 특정 압축강도에 맞는 골판지상자의 형식과 원지구성을 결정하는데는 식 (10-8) ~ (10-10)에 나타낸 골판지상자의 이론압축강도 산출식을 적용할 수 있다. 그러나 이들 산출식들에 포함되어 있는 상수 값들은 이 수식들의 개발 당시의 단위체계에 따라 실험을 통해 결정된 값으로 현재 사용하는 SI 단위로의 전환에는 한계가 있다.

1) Kellicutt 산출식

가장 오래된 골판지상자의 압축강도 산출식이며, 이 산출식에서는 골판지 구성원지들의 링크러시(ring crush)가 가장 중요한 인자이다.

$$P\,[lb] = P_x \times \left\{ \frac{A_x^2}{\left(\frac{Z}{4}\right)^2} \right\}^{1/3} \times J \times Z \qquad (10\text{-}8)$$

여기서, P_x : 골판지 구성원지들의 링크러시 총합 [식 (10-2)]

$[= \{\sum RC_l + \sum (RC_f \times t_x)\}/6]$ [lb/in]

Z : 상자의 주변길이 $[= (L+W) \times 2]$ [in]

A_x : 골 상수(A골=8.36, B골=5, C골=6.10, AB골=13.36)

J : 상자 상수(A골=0.59, B골=0.68, C골=0.68, AB골=0.55)

t_x : 골조율(A골=1.6, B골=1.4, C골=1.5)

2) McKee 산출식

이 산출식은 실험을 통한 골판지의 수직압축강도(ECT value)와 휨강성

(flexural stiffness)을 중심으로 개발되었는데, 일반적으로 골판지의 휨강성은 측정하기 까다로운 물리량이므로 식 (10-9)의 간략화된 수정 산출식이 사용된다.

$$P\,[lb] = 5.87\,P_m\sqrt{T}\,\sqrt{Z} \qquad (10\text{-}9)$$

여기서, P_m : 골판지의 수직압축강도 [lb/in]

T : 골판지의 총두께 $(=\sum t_l + \sum h_f)$ [in]

t_ℓ : 라이너의 두께 [in]

h_f : 골(flute) 높이 [in]

3) Wolf 산출식

가장 최근에 개발된 산출식으로 골판지 CD의 수직압축강도와 골판지 두께를 기본 인자로 하고, 여기에 상자의 구조적인 요인으로 주변길이, 길이/폭 비 및 높이가 인자로 되어있다.

$$P\,[lb] = \frac{5.2426\,F\sqrt{Z}\,(0.3228A - 0.1217A^2 + 1)}{D^{0.041}} \qquad (10\text{-}10)$$

여기서, F : $\sqrt{T} \times ECT$

A : 상자의 길이/폭 비 $[=(L/W)]$

D : 상자의 높이 (in)

Wolf 산출식에서 골판지의 ECT 값, 두께 및 상자의 주변 길이를 인자로 하는 것은 McKee 산출식과 동일하지만, 상자의 구조적인 요인으로 길이/폭 비와 높이가 인자로 포함된 것이 특징이다.

보통 ECT 값은 실험을 통해 직접 구하지만, 골판지 구성원지들의 링크러시로부터 식 (10-3)에 의해 계산한 값을 사용하면 편리하다.

$$ECT\,[lb/in] = 1.2 \times \left[\left\{\sum RC_l + \sum(RC_f \times t_x)\right\}/6\right] = 1.2 \times P_x \qquad (10\text{-}3)$$

10.2.3 상자포장과 유닛로드 구성

그림 10.18은 일반적인 상자포장의 자동화 라인을 나타낸 것이다. 자동화 포장라인(automatic packing line)은 제품공급부, 상자공급 및 제품 장입부, 상자 접합부, 파렛트 공급 및 화물 적재부, 유닛로드 결속부, 출하 등으로 구성한다.

자동포장라인을 구성하는 각 파트에 적용되는 기계장치와 방식은 매우 다양하다. 여기서는 이들 장치 중 몇 가지의 주요 기계장치와 원리에 대하여 기술하기로 한다.

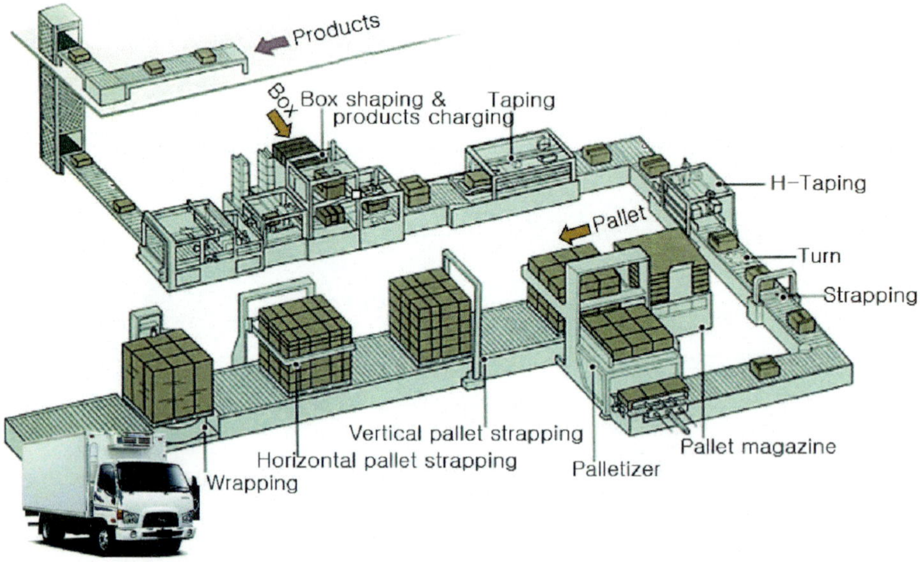

[그림 10.18] 상자포장 자동화 라인의 예 (www:e-samwon.co.kr)

[1] 골판지상자 조립기

일반적으로 빈골판지상자 공급장치, 상자 성형장치, 날개 접음장치 및 봉함장치로 구성된다.

골판지상자 공급장치는 접혀진 골판지상자를 쌓아둔 매거진에서 1매씩 빼내어 성형장치로 보내주는 부분이며, 상자 성형장치는 접혀진 상태로 공급된 상자를 양쪽에서 진공패드에 의해 흡착·잡아당겨 벌려 주는 부분이다. 봉함장치는 골판지상자의 날개를 테이프, 풀, 스테이플러 등에 의해 고정하는 장치로 고속 제함기에서는 핫멜트(hot melt) 접착법이 사용된다.

골판지상자 조립기는 다음의 두 가지 방식으로 구분된다.

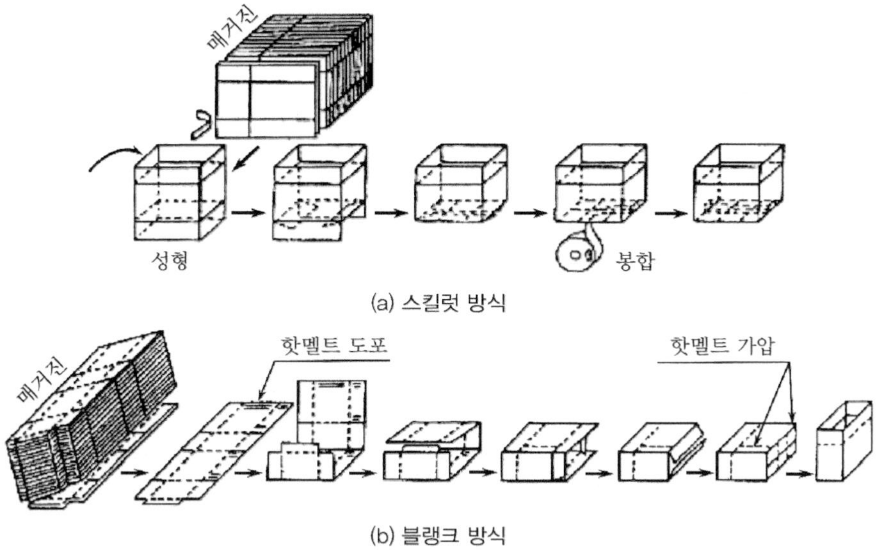

[그림 10.19] 골판지상자 조립공정

(1) 스킬럿 골판지상자 조립기(skillet erecting machine)

그림 10.19 (a)에서 보듯이 접혀진 골판지상자를 일으켜 세우고, 밑면 또는 옆면의 날개를 접은 후 접합하여 내용물을 담을 수 있는 상태의 상자를 만든다.

(2) 블랭크 골판지상자 조립기(carton blank erecting machine)

그림 10.19 (b)에서 처럼 전개한 모양의 블랭크 골판지를 접어서 연결부를 고정시킨 다음, 밑면 또는 옆면의 날개를 접은 후 접합하여 내용물을 담을 수 있는 상태의 상자로 만든다.

[2] 상자포장기

상자포장기(cartoner)는 골판지를 조립하여 상자를 만들고 여기에 피포장물을 장입하는 것으로, 장입 방식에 따라 셋업식과 랩어라운드식으로 구분한다.

(1) 셋업식

셋업식(set-up type)은 조립된 골판지상자에 피포장물을 담고 봉합하는 방식으로 피포장물이 상자에 공급하는 방식에 따라 그림 10.20에서와 같이 3가지로 분류한다.

- 수평공급식 : 셋업식에서 가장 보편적인 방법으로 개구부를 옆으로 눕인 골판지상자에 피포장물을 옆으로 담고 봉합하는 방식
- 상부공급식 : 상부 날개를 오픈한 상태의 골판지상자에 피포장물을 집어서 위로부터 담고 봉합하는 방식
- 하부공급식 : 하부날개를 연 상태의 골판지상자에 피포장물을 아래로부터 담고 봉합하는 방식

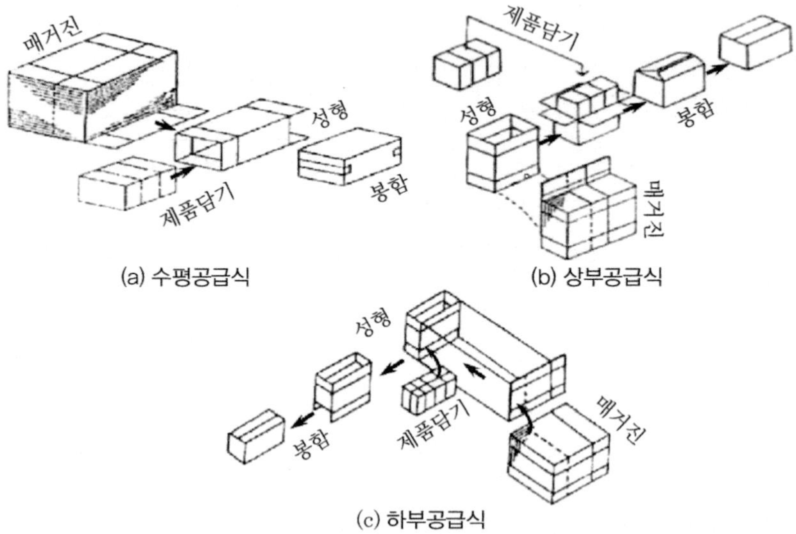

(a) 수평공급식 (b) 상부공급식

(c) 하부공급식

[그림 10.20] 셋업식 상자포장기의 작업공정

(2) 랩어라운드식

랩어라운드식(wrap around type)은 골판지시트(전개한 모양의 블랭크 골판지)에 피포장물을 올려놓은 상태에서 골판지시트를 접어서 싸듯이 포장하는 방식이다.

최근 상자 성형기술과 피포장물의 집적기술이 발전함에 따라 광범위하게 사용되고 있는 방식으로 타이트한 포장이 가능하여 골판지의 사용량을 25% 정도

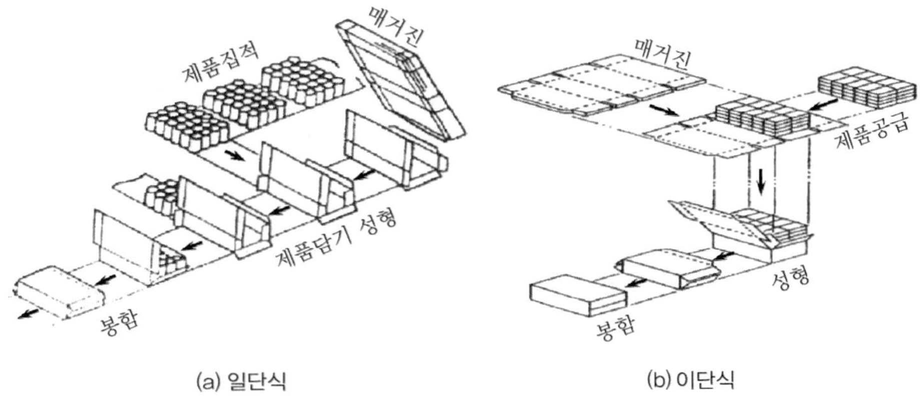

[그림 10.21] 랩어라운드식 상자포장기의 작업 공정

절감할 수 있고, 포장형태를 자유롭게 선택할 수 있으며, 고속포장작업에 적합하다.

매거진에서 1장씩 취출한 골판지시트를 L자 혹은 U자형으로 성형한 후에 피포장물을 충전하고 봉함하는 일련의 작업이 같은 높이에서 행해지는 1단(one floor)식[그림 10.21 (a)]과 골판지시트에 피포장물을 충전한 후 그 것을 아래로 내리면서 성형하여 봉함하는 2단(two floor)식이 있다[그림 10.21 (b)].

[3] 파렛타이져

파렛타이져(palletizer)는 제조공정으로부터 출하하기 위해 컨베이어를 통해 연속적으로 이송되어 오는 반송물을 파렛트 상에 소정의 수량을 원하는 패턴으로 적재하는데 사용된다.

1단 분량의 화물을 조합·패턴을 형성한 후 한번에 파렛트 상에 적재하는 플로어(floor)식과 1~3개씩의 화물을 기계로 들어올려 파렛트 상에 직접 패턴을 형성해가며 적재하는 로봇(robot)식이 있다.

(1) 플로어식 파렛타이져

그림 10.22에서 보듯이 반송물을 파렛트에 공급하는 높이에 따라 고상식(high-level palletizer)과 저상식(low-level palletizer)으로 구분한다.

(a) 고상식

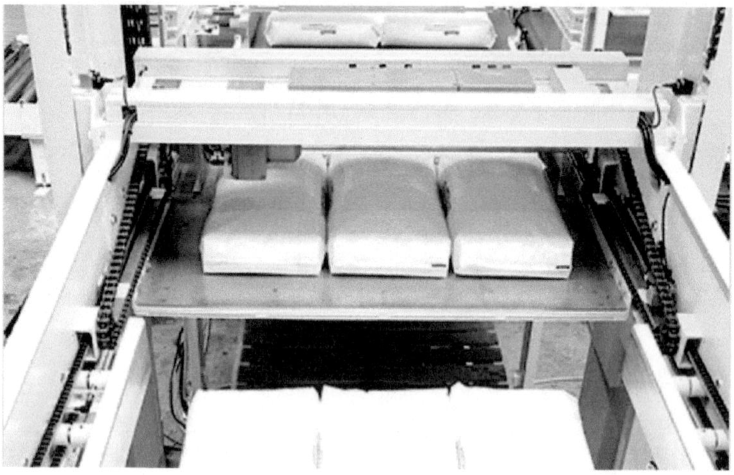

(b) 저상식

[그림 10.22] 플로어식 파렛타이져

1) 고상식 파렛타이져

고상식 파렛타이져(high-level palletizer)는 그림 10.22(a)와 같이 높은 위치에 적재장치를 설치하여 일정한 적재 위치에서 파렛트가 하강하면서 물품을 적재하는 방식이다.

생산라인으로부터 불규칙하게 이송되어 오는 제품을 파렛타이져의 처리능력에 맞추어 공급하기 위하여 그림 10.23과 같이 서로 다른 2대의 컨베이어를 직렬 조합시켜 조절하는 방식을 적용한다.

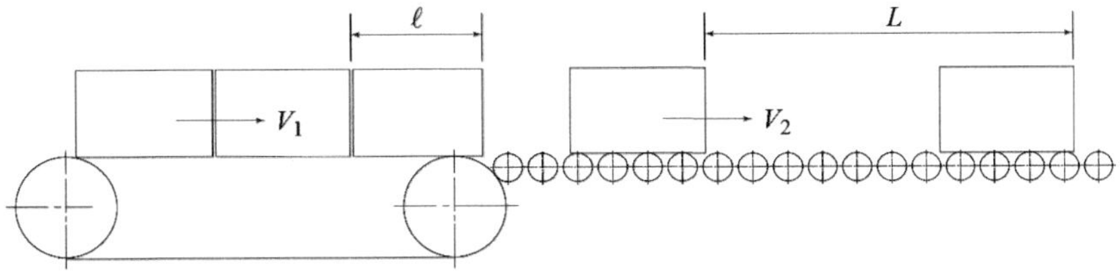

[그림 10.23] 공급 컨베이어의 원리

상류측 컨베이어의 속도를 V_1[m/min], 하류측 컨베이어의 속도를 V_2[m/min], 제품의 길이를 ℓ[m]이라 하면, 하류측 컨베이어에서 반송물의 피치 L[m]은 식 (10−11)로 표현된다.

$$L = \ell \times \frac{V_2}{V_1} \tag{10-11}$$

즉, 하류측 컨베이어 속도를 상류측 컨베이어 속도의 2배 빠르게 하면 $L = 2\ell$이 되어, 상류측 컨베이어에서 제품이 밀착되어 공급되어도 하류측 컨베이어에서는 L의 간격이 발생하게 된다.

파렛타이저에 제품 공급 시 파렛트 적재패턴에 따라 제품의 자세를 바꿀 경우는 그림 10.24와 같이 2가지 방법이 적용된다.

- 턴스토퍼(turn stopper) 방식 : 제품이 이송하는 컨베이어 상에 제품 폭의 1/3 지점에 설치한 스토퍼에 의해 발생되는 회전모멘트로 자세를 변경하는 방식
- 그리드 턴(grid turn) 방식 : 이송 컨베이어 상에서 공기실린더나 전기모터

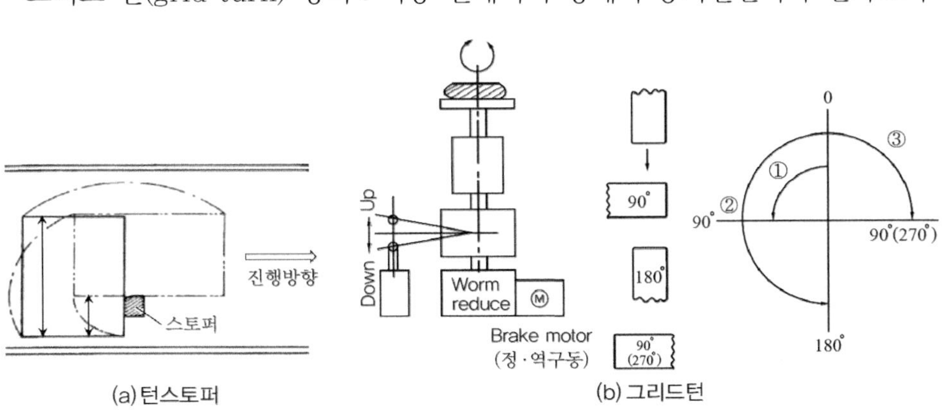

[그림 10.24] 파렛타이저의 이송 중인 제품의 자세변환 방식

에 의해 제품을 위로 밀어올려 방향을 전환 후 내려놓는 방식

2) 저상식 파렛타이져

저상식 파렛타이져(low-level palletizer)는 그림 10.22(b)에서 보듯이 공급장치로부터 정렬 컨베이어까지가 바닥으로부터 약 75 cm 높이에 설치되며, 파렛트를 승강시키지 않고 적재장치가 상하로 움직이며 물품을 적재하는 방식이다.

파렛트 상에 적재 완료와 동시에 파렛트는 배출되고, 상승된 적재장치는 하강하여 다시 정렬 컨베이어로부터 제품을 공급받게 되므로 고상식에 비하여 성능이 떨어진다.

(2) 로봇식 파렛타이져

로봇식 파렛타이져는 최근 물류합리화의 요구도가 높아짐에 따라 보급 속도가 빨라지고 있으며, 로봇식 파렛타이져의 특징은 대체로 다음과 같다.

① 플로어식 파렛타이져에 비하여 설치면적이 작아도 가능
② 1대의 파렛타이져로 여러 개의 파렛트에 나누어 적재할 수도 있고,

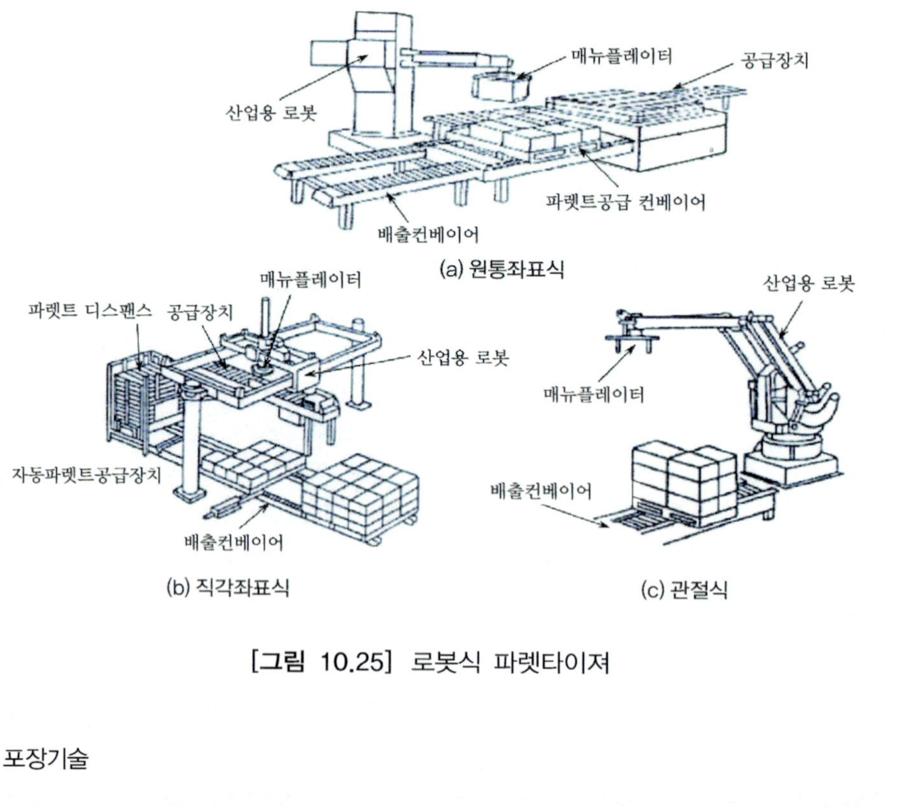

[그림 10.25] 로봇식 파렛타이져

③ 복수의 생산 라인에서 동시에 배출되는 제품을 처리할 수 있어 설치비가 절감됨

④ 저상식과 마찬가지로 주변 설비를 바닥과 가까운 높이에 설치할 수 있음

로봇식 파렛타이져는 그림 10.25에서 보듯이 로봇의 동작 형태에 따라 원통좌표식, 직각좌표식, 관절식 등으로 분류되며, 보통 운반중량은 100 kg 전후이고, 1시간에 1,000 사이클 정도의 적재동작을 수행할 수 있다.

[4] 유닛로드의 결속

(1) 파렛트 수축포장기

파렛트 수축포장기(pallet shrink wrapper)는 파렛트 상에 적재된 화물 전체에 열수축성 플라스틱 필름을 덮어 씌워 가열하여 필름을 수축시킴으로써 파렛트와 적재된 화물 전체를 일체화 시키는데 사용된다.

가열 방식의 대표적인 예는 적외선 후드식(infrared hood type)과 열풍식 수축터널(hot air shrink tunnel)이 있는데, 이들 수축장치 작동 온도는 보통 180℃이다.

1) 적외선 후드식

일반적인 적외선 후드식(infrared hood type) 수축장치(그림 10.26)의 작동 순서는 ① 파렛트 상에 적재된 화물이 컨베이어에 의해 반입되어 기계의 중심 위치에 정지하면, ② 테이블 리프터의 상승에 의해 화물이 컨베이어 면보다 약 350 mm 높게 유지하고, 이때 ③ 상부에서 대기하고 있던 후드가 유압실린더에 의해 서서히 하강하여 화물 전체를 수축필름(shrinkable film)으로 에워싼 체 필름의 두께에 따라 약 15~45초간 정지상태를 유지하고[그림 10.26 (b)], ④ 그 사이에 파렛트 아랫부분으로 처져있던 필름이 적외선 히터에 의해 가열 수축되면서 파렛트까지 에워싸게 되고[그림 10.26 (b)], ⑤ 설정 시간이 경과하면 유압실린더에 의해 후드가 상승하면서 적외선 히터가 화물 주위의 필름을 아래로부터 위쪽으로 수축시키게 하고, ⑥ 후드가 상승하는 동안에 테이블 리프터가 하강하여 화물을 컨베이어 상에 내려놓고 반출 가능한 상태가 된다.

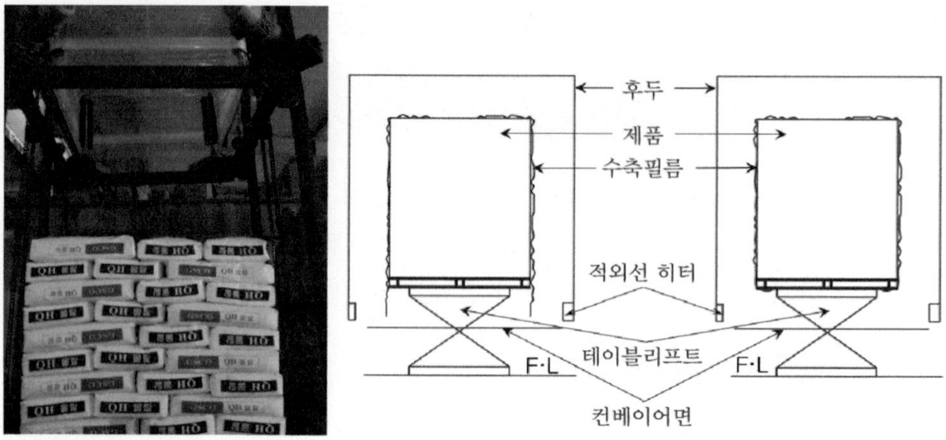

(a) 후드식 수축장치의 예 (b) 후드식 수축장치의 원리

[그림 10.26] 적외선 후드식 수축장치의 예와 원리

2) 열풍식 수축터널

열풍식 수축터널(hot air shrink tunnel) 장치의 앞 단계에서 파렛트에 적재된 화물에 필름 자동포장장치에 의해 롤 상태의 필름을 풀고 감으면서 터널 속으로 이동하여 수축 후 반출된다.

파렛트 수축포장에 사용되는 수축필름(shrinkable film)은 PE, PVC, PP 등인데, 이 중 PE가 가장 보편적으로 사용된다. 연신필름(oriented film)이 연하점(softening point) 이상의 온도에서 다시 가열되면 연신 이전의 상태로 복귀하려는 특성(수축응력)을 활용하는 것이 수축포장(shrink packaging)이므로, 필름의 결속력이 장기간 보존되기 위해서는 잔류 수축응력을 남겨두고 포장 한다.

일반적으로 밀폐형(화물의 윗면까지 필름으로 씌우는 방식)에는 2축 연신필름(biaxially oriented film)(길이 방향과 가로 방향으로 동시에 연신한 것)을 그리고 권취형(화물 주위를 필름으로 감는 방식으로 윗면은 개방)에는 1축 연신필름(uniaxually oriented film)(길이 방향으로만 연신한 것)이 사용된다.

사용되는 필름의 두께는 화물의 형상, 중량, 이동거리 및 목적에 따라 결정되는데, 대개 35~250 μm 정도가 사용된다. 제대치수는 보통 화물 주위 치수보다 200 mm 정도 길게하고, 세로 치수는 화물을 덮어 씌운 상태에서 파렛트

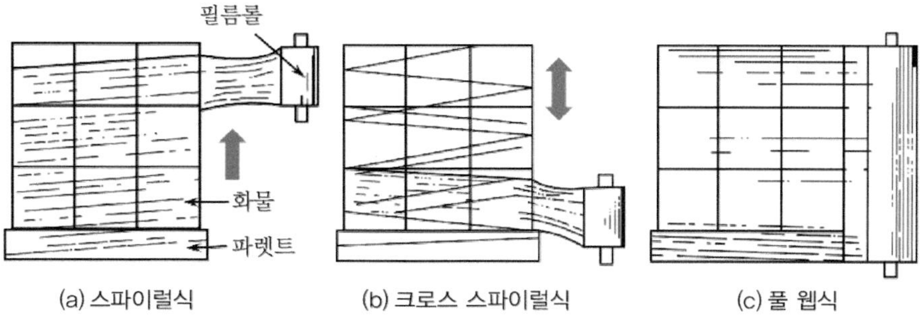

[그림 10.27] 파렛트 스트레치 포장기의 포장형태

하단보다 150~200 mm 길게 한다.

(2) 파렛트 스트레치 포장기(pallet stretch wrapper)

필름에 장력을 주어서 파렛트에 적재된 화물 주위를 감아 일체화 시켜 화물의 오염과 무너짐을 방지하기 위한 것이다.

파렛트 수축포장(pallet shrink packaging)과 비교하면 다음과 같은 특징이 있다.

① 파렛트 스트레치 포장은 열수축 장치같은 열원이 불필요
② 외관상 세련되지 않고 물방울 등이 침투하기 쉬움
③ 분리하기가 쉽지 않음

파렛트 스트레치 포장기는 그림 10.27과 같이 포장형태에 따라 다음과 같이 분류한다.

- 스파이럴식(spiral type) : 필름을 파렛트 부분부터 시작하여 나선식으로 윗방향으로 감아 올라가 상부에서 끝맺음[그림 10.27 (a)].
- 크로스 스파이럴식(cross spiral type) : 필름을 파렛트 부분부터 시작하여 나선식으로 감아 올라가 윗부분까지 갔다가 다시 감아 내려가서 파렛트 부분에서 끝맺음[그림 10.27 (b)]. 스파이럴식에 비해 포장강도가 높음.
- 풀 웹식(full web type) : 화물의 높이가 일정할 때 주로 사용되고, 화물의 높이에 상응하는 광폭 필름 사용, 다른 방식에 비해 처리시간이 단축되나 화물의 높이가 상이할 때는 그때마다 필름을 변경해 줘야함[그림 10.27 (c)].

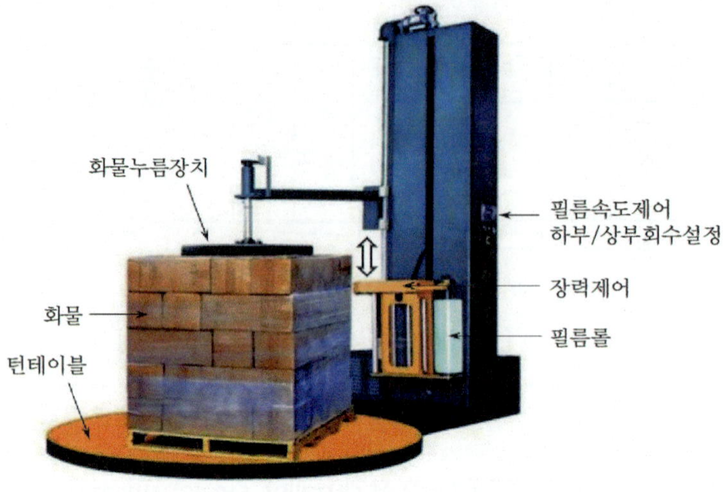

[그림 10.28] 턴테이블식 파렛트 스트레치 포장기의 예

위의 3가지 방식에서 화물에 필름을 감을 때, 회전체에 화물을 올려놓고 회전시키는 방법과 화물을 고정하고 그 주위를 필름 롤이 회전하는 방식이 있다. 그림 10.28은 널리 사용되는 회전원판형 파렛트 스트레치 포장기(turn table pallet stretch wrapping machine)에서 크로스 스파이럴식의 한 예이다.

필름에 장력을 주는 방법으로는 필름 롤의 축에 브레이크를 걸어 감는 동작의 역 방향으로 잡아 당기는 것으로 롤의 직경이 작아지는 만큼 장력이 변화하므로 장력의 조정이 필요하다.

일반적으로 필름이 10~20% 정도 신장되는 장력이 적당하며, 파렛트 스트레치 포장필름으로는 PVC, PE, EVA 및 폴리브다젠 등이 있다. 자기접착성 필름을 사용할 때는 끝 처리가 쉬운 반면, 화물을 해체할 때 필름의 제거가 쉽지않다는 단점이 있다. 자기비점착성 필름의 사용 시에는 끝마무리를 열접착으로 해야하는 단점이 있다.

스파이럴식과 크로스 스파이럴식에 사용되는 필름의 두께는 대략 20~25 μm, 폭은 500 mm, 그리고 길이는 1,000~2,000 m 정도이다. 풀 웹식일 때에는 두께와 길이는 앞의 두 방식과 같지만 폭은 화물의 높이에 맞는 필름이 적용된다.

10.3 파우치 포장기술

10.3.1 식품포장과 파우치

식품포장기술은 매우 빠르게 발전해 왔고, 전 세계인의 소비패턴의 변화는 3S 즉, 더 똑똑하고(smart), 작고(small), 지속가능한(sustainable) 방향으로 포장을 이끌고 있다. 식품포장의 기법은 전술한 바와같이 매우 다양하며, 이들 포장기법의 포장용기는 상당부분을 파우치(pouch)가 차지하고 있다(표 10.4). 따라서 식품포장과 파우치 포장기술의 발전은 분리할 수 없는 관계이다.

[1] 레토르트 파우치

레토르트 식품은 레토르트 파우치(retort pouch) 내에 식품을 충전하고, 열접착 밀봉한 후, 고온 120~140℃의 열로 15~30분 정도 살균처리(retorting)하여 상온에서도 장기간의 보관이 가능하도록 무균성을 부여한 용기포장 가압가열 식품이다. 따라서 소비자들이 간단히 뜨거운 물이나 전자오븐에 데워 먹을 수 있는 인스턴트 식품이다.

한 종류의 필름으로 방습, 자외선 차단 등의 요구를 모두 만족시키기는 어렵다. 따라서 다음과 같은 성질이 다른 필름을 포장물의 특성에 맞추어 복합 라미네이트한 필름을 사용한다.

- 종이 : 강도와 인쇄성
- 방습셀로판 : 방습성, 열접착성
- EVAL 필름 : 강도와 방습성
- EVA 필름 : 내충격성, 연신성, 열접착성
- PS 필름 : 투명, 인쇄성, 열접착성
- PVDC 필름 : 방습성
- 나이론 필름 : 강도, 내열성, 내유성
- 셀로판 : 투명, 인쇄성, 보향성
- 알루미늄 호일 : 내열성, 빛차단성
- PE : 내한성, 내약품성, 열접착성
- OPP 필름 : 투명, 내열성, 내유성
- PVC 필름 : 투명, 가공성, 내약품성
- PET 필름 : 투명, 강도, 내열성
- 포발 필름 : 투명, 보향성

현재 국내에서 사용되고 있는 파우치의 재질 구성은 식품과 접촉되는 면은 CPP 필름(두께, μm), 중간에 알루미늄 호일, 인쇄를 해야 하는 바깥 면에 PET 필름 즉, 3층으로 적층(dry lamination)한 것이 주류를 이루고 있다 [PET(12)/ 알루미늄 호일(9)/CPP(70)].

중간에 알루미늄 호일(보통 두께는 9 μm)을 적층한 파우치는 산소나 수증기 투과성이 전혀 없어 매우 우수하지만 내용물을 볼 수는 없다. 따라서 내용물을 볼 수 있는 투명 파우치로는 PET(12)/나일론(15)/CPP(70)의 플라스틱 필름만으로된 파우치가 밥류의 포장에 사용되고 있으나 기체차단성이 다소 떨어진다.

레토르트 파우치의 특징을 요약하면 다음과 같다.

① 파우치의 형상이 관이나 병에 비하여 얇고 평평한 사각 주머니 형태이므로 식품 중심까지 살균온도 도달 시간이 약 30~50% 단축되며, 이로인해
② 통조림에서와 같이 용기 주변의 내용물이 과열되는 현상이 없어 제품의 색, 조직, 향기 등의 품질손상과 영양성분의 손실이 적음
③ 레토르트 파우치는 사용 시 개봉성이 우수한 편임
④ 관이나 병에 비하여 경량이므로 유통비가 저렴하고, 저장공간 또한 크게 줄일 수 있음
⑤ 휴대하기 편리하고, 사용 후 폐기가 용이함
⑥ 통조림관이나 병에 비하여 제조 에너지가 적지만 충전속도가 다소 느려 생산성이 떨어짐

[2] 스탠딩업 파우치

금속캔이나 유리병을 대체하는 수단으로 플라스틱 필름으로 제작되는 스텐딩업 파우치(standing-up pouch, SP) [그림 10.29 (e)]의 특징을 요약하면 다음과 같다.

① 내용물 충전 후 병과 같이 스텐딩할 수 있고, 미충전 상태에서는 평파우치와 같이 접을 수 있어 보관 공간이 병의 약 1/100, 캔의 약 1/40로 절약됨
② 중량면에서도 병의 약 1/50, 캔의 약 1/40로서 수송이나 보관 등의 물류비용을 절감할 수 있고, 취급도 편리하여 포장설계의 범위가 넓음
③ 시트 복합화 및 레토르트 살균 등이 가능하여 내용물 보존성 우수
④ 강성, 형상의 자유도, 리클로스성, 자립안정성, 취급성 면에서 다소 취약한 편임

[3] 스파우트 파우치

내용물을 더 쉽고 효과적으로 덜어내기 위해 중앙 또는 측면에 스파우트(spout)가 부착된 파우치로 스탠드 기능과 결합하여 기존의 유리병이나 페트병을 대체하고 있다 [그림 10.29 (e)].

액체류, 분말류 등 사용 범위가 넓어지고 있고, 고온 충전, 멸균 식품, 레토르트 형태의 식품 제조공정에 적용 가능하다.

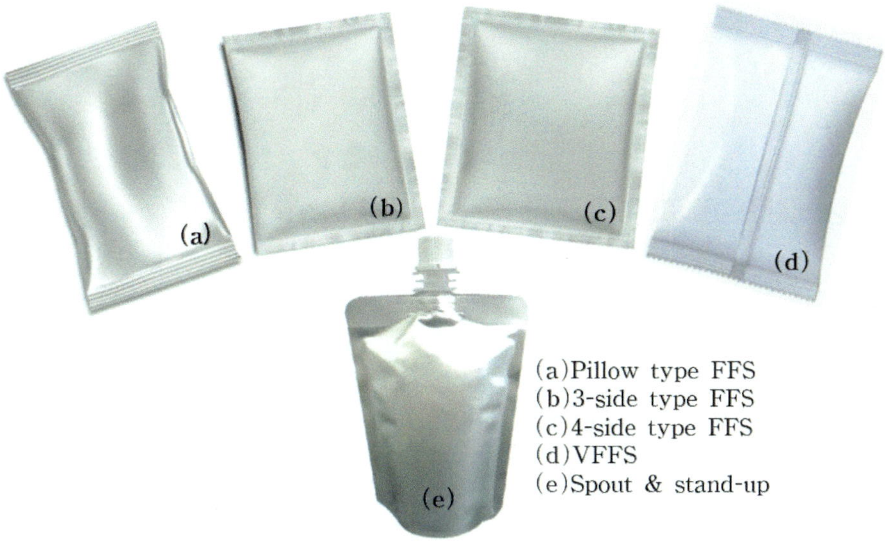

[그림 10.29] 파우치의 다양한 형태

[4] FFS 파우치

Form-fill-seal(FFS) 포장은 하나의 연속된 공정으로 파우치 성형, 내용물 충전 및 봉합의 일관 포장방식으로, 파우치의 성형과 제품의 충전방식에 따라 수평 FFS(HFFS) 및 수직 FFS(VFFS)가 있다 [그림 10.29 (a)~(d), 그림 10.30].

FFS 시스템은 컴퓨터 인터페이스 및 제어 네트워크를 갖추고 매우 빠르고 정교하게 발전하고 있다.

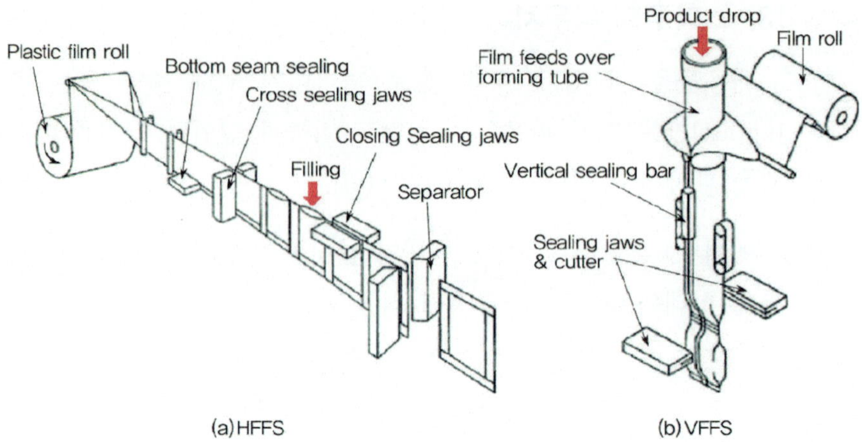

[그림 10.30] FFS 파우치의 주요형태

10.3.2 레토르트 파우치 포장

레토르트 포장기법은 충전포장기에 의해 포장 후 레토르트 살균장치, 탈수건조(외부에 묻어있는 물기 제거) 및 상자 포장 단계로 진행된다.

레토르트 포장은 롤 상태의 필름을 제대하면서 충전 포장하는 방식 [그림 10.31 (A)]과 빈봉지를 제대하면서 충전포장하는 방식 [그림 10.31 (B)]으로 구분되는데, 전자의 제대식은 대량생산, 후자의 급대식은 소량 다품종의 생산에 보다 더 적합하다.

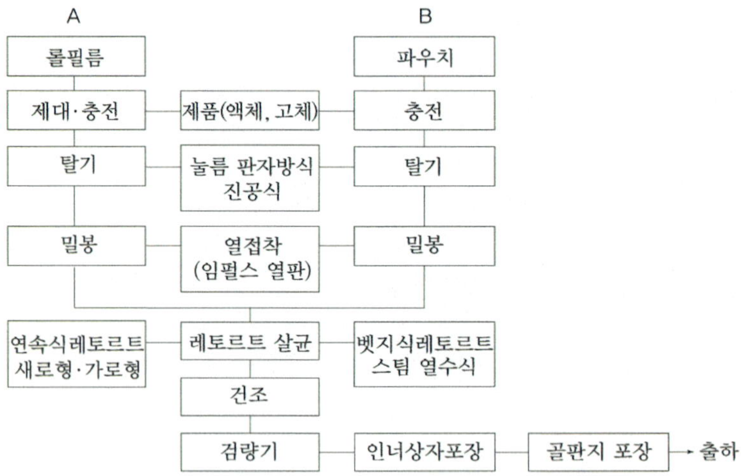

[그림 10.31] 레토르트 포장시스템의 구성

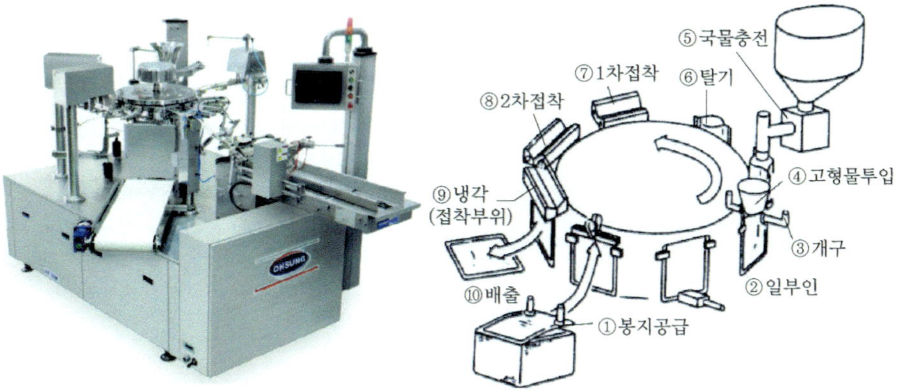

(a) 급대식 충전포장기의 예 (b) 급대식 충전포장기의 원리

[그림 10.32] 급대식 (로타리) 충전포장기의 예와 원리

우리나라의 경우 급대식 충전포장기가 많이 사용되고 있으며, 그 한 예와 원리를 그림 10.32에 나타내었다.

레토르트 포장에 있어서 가장 중요한 점은 빠르게 진행되는 포장과정에서 어떻게 효과적으로 탈기와 완전하게 접착 밀봉하는가 이다.

[1] 탈기

내용물 충전 후 레토르트 파우치에 남아 있는 공기는 가열 살균시 파대의 원인이 되고, 살균효과의 저하와 제품보존 중에 유지분의 산화 또는 제품색의 변화를 초래한다. 일반적으로 탈기에는 다음과 같은 3가지 방법이 적용된다.

(1) 스폰지 널판지 방식

비교적 액체가 많은 제품(예, 카레, 자장면 등)에 적용되는 방식이다. 내용물을 충전한 후 열접착하기 직전에 레토르트 파우치의 양쪽 복부에 스폰지 같은 것으로 눌러서 헤드 스페이스(head space)에 들어있는 공기를 짜서 외부로 밀어내는 방식이다. 이 과정 중에 너무 강하게 누르거나 또는 누르는 타이밍이 맞지 않을 때에는 제품이 밀려 올라와서 접착할 부분을 오염시킬 염려가 있다.

(2) 진공방법

비교적 고형물이 많고 국물이 없거나 적은 제품(예, 햄버거, 어묵 등)에 적용하는 방식이다. 그림 10.33에 나타낸 연속식의 로타리 진공포장기(rotary

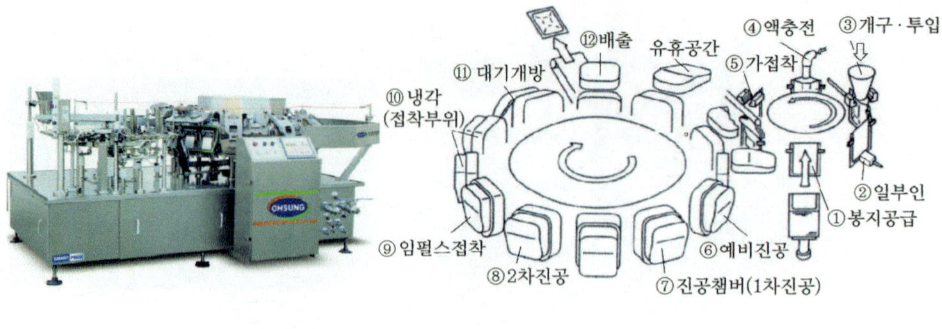

(a) 진공포장기의 예

(b) 진공포장기의 원리

[그림 10.33] 로타리 진공포장기의 예와 원리

vacuum fill machine)가 많이 사용되고 있으며, 충전부와 진공포장기로 구성되어 있어 두 대의 로타리가 가동된다.

충전이 되면 가접착, 탈기, 예비진공, 1차진공, 2차진공으로 급격한 탈기를 피해 완만하게 진공상태를 만들어 줌으로써 공기를 완전히 배출시킬 수 있다. 진공도는 대기압과의 차이로 나타내며 76 mmHg 진공도를 100% 진공으로 나타낸다.

(3) 스팀방식

레토르트 파우치의 개구, 충전, 접착 공정이 그림 10.34와 같이 2에서 6까지 스팀터널 속에서 이루어지고 있는 방식이다. 5에서 제트스팀으로 헤드 스페이스의 공기를 제거한다.

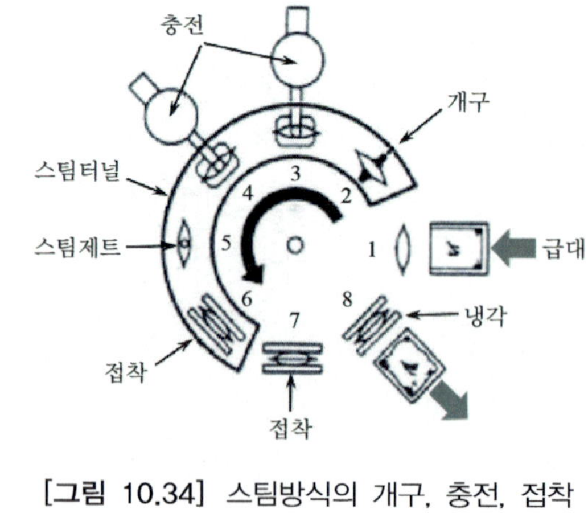

[그림 10.34] 스팀방식의 개구, 충전, 접착

[2] 밀봉접착

열접착 방식에는 임펄스 가열방식과 열판 가열방식이 있다. 열접착 조건은 레토르트 파우치의 재질에 따라서 달라지기 때문에 미리 가장 적합한 온도, 압력, 시간 등이 구명되어 있어야 한다. 그리고 충전물이 고온일 때에는 수증기가 열접착 면에 부착하여 1회의 열접착으로는 물방울이 수증기가 부풀어 올라 외관상 좋지 않기 때문에 재차 열접착을 통해 이것을 방지해야 한다.

표 10.12에는 레토르트 파우치의 열접착 조건을 나타내었다.

[표 10.12] 레토르트 파우치와 열접착 온도범위

포장재료의 종류	구성[두께, μm]	열접착 온도범위 [℃]	열접착강도 [kg/15 mm 폭]
투명타입 120℃용 파우치	PET(12)/특수PE(70)	170~220	4
	NY(15)/특수PE(70)	170~220	4
불투명 베리어 타입 120℃용 파우치	PET(12)/Al(9)	180~230	5
투명타입 135℃용 파우치	PET(12)/특수CPP(70)	170~220	5
	NY(15)/특수CPP(70)	170~220	5
불투명 베리어 타입 135℃용 파우치	PET(12)/Al(9)/특수PE(70)	180~220	5

[3] 살균

통조림이나 병조림 등 많은 포장식품은 적절한 처리과정을 거친 후 포장용기에 충전되어 밀봉된 후 가열살균(heat sterilization) 처리한다. 가열살균 처리의 목적은 식품의 안전한 보관, 저장 및 유통조건을 확보하기 위한 것이다.

살균공정에서는 살균온도, 살균시간 등의 공정조건은 식품의 특성, 용기의 크기, 제품의 유통환경 등에 따라 결정된다.

식품의 가열살균조건 결정을 위해서는 우선 해당 식품에서 생장하고, 독소를 생산하거나 기타 바람직하지 못한 현상을 유발시키는 미생물을 찾고, 그 미생물의 열불활성화(heat-inactivation) 특성을 알아야 한다.

특정온도에서 초기균수 N_o를 t 시간 동안 가열한 후 남아 생존하는 균수 N은 식 (10−12)로 표현된다.

$$\log\left(\frac{N}{N_o}\right) = -\frac{t}{D} \tag{10-12}$$

여기서, D는 미생물의 수가 사멸하여 1/10로 감소하는데 소요되는 시간으로 살균온도가 높을수록 감소하게 된다. 이 D값의 시간의존성은 식 (10−13)에 의해 설명된다.

$$\log\left(\frac{D_1}{D_2}\right) = \frac{T_2 - T_1}{z} \tag{10-13}$$

여기서, z는 D값이 1/10으로 감소하기 위한 온도차를 의미하며, 이 값이 작을수록 온도의존성이 높아 온도의 영향이 크다. 표 10.13에는 몇 가지 대표적인 내열성 포자 형성균의 사멸특성 값들을 나타내었다.

[표 10.13] 대표적인 내열성 포자 형성균의 사멸특성 값

미생물	121℃에서의 D 값[min]	z 값[℃]
Bacillus stearothermophilus	4.0~5.0	7~12
Clostridium nigrificans	2.0~3.0	8~12
Clostridium botulinum	0.1~0.2	7~10
Bacillus coagulans	0.01~0.07	8~11

주어진 미생물의 사멸조건은 D와 z값의 사멸특성으로부터 결정하며, 주어진 온도에서 가열사멸시간 F값은 식 (10−14)로 정의된다.

$$F = nD \tag{10-14}$$

여기서, $n = \log(N_o/N)$은 초기미생물의 수를 10^{-n}배로 감소시키는 살균요구도를 나타내며, 미생물의 초기오염도, 저장 후의 유통환경, 제품의 불량 허용도 등에 따라 달라진다.

식품의 살균공정은 식품용기 내의 가장 열침투가 늦은 곳 즉, 냉점(cold point)에서의 미생물의 F값을 초과하는 살균효과를 받도록 설계된다. 냉점의 F값이 기준 미생물의 사멸특성에 근거한 F값보다 크게 얻어지도록 포장된 식품을 레토르트(retort) 내에 넣고 스팀이나 열수에 의해서 살균하게 된다.

특히, 레토르트 파우치나 플라스틱 성형용기에 포장된 식품의 살균 시에는 살균이나 냉각과정에서 용기의 팽창, 파대를 막기 위하여 공기에 의한 추가압력을 가해줘야 하며, 각 포장이 균일하면서 빠른 열처리를 받도록 공정이 잘 제어되어야 한다.

[그림 10.35] 고온고압 레토르트 살균장치

10.4 캔 포장기술

금속캔(metallic can)은 식품 등을 장기 보존할 수 있고 소비자에게 전달되기까지 신뢰성이 높은 용기로서 사용이 확대되어 왔으며, 기능면이나 물리적인 제작 기술 면에서도 많은 발전이 이루어져 왔다.

플라스틱 용기에 의해 많이 대체되고 있으나 금속캔 나름대로의 독특한 특징과 장점을 지니고 있으며, 금속캔은 크게 캔을 형성하는 조각 수에 따라 3피스 캔(3-pieces can)과 2피스 캔(2-pieces can)으로 구분한다.

10.4.1 3피스 캔

3피스 캔(3-pieces can)은 그림 10.36에서 보듯이 몸체와 상·하 덮개의 3 부분(can body, can top, can end)으로 이루어져 있다.

금속판에 도장과 인쇄를 한 후 1캔 사이즈로 블랭크(blank)로 절단한 후 원통상으로 성형하여 몸체 측면 부위를 접합(side seam)하여 몸체를 형성한다. 몸체에 한쪽 덮개만 권체한 상태로 식품공장에 공급되며, 그 곳에서 내용물을 충전한 후 다른쪽 덮개를 권체하여 밀봉한다.

그림 10.37은 몸체 측면 부의 접합방식을 나타낸 것이며, 접합방식에 따라 납땜캔(soldered can), 접착캔(mechanical clinch can), 시멘트캔(cemented can) 및 용접캔(welded can) 등으로 분류한다.

[1] 납땜캔

납땜캔(soldered can)의 사용재료는 고가의 주석을 도금한 양철이며, 여기에 납땜 되므로 생산성이 낮고 접합 부위에 인쇄할 수 없어 디자인성도 떨어진다. 또한 납땜으로 인한 납용출로 위생문제가 있으며 다른 금속관에 비해 재료비가 높아 적용에 한계가 있다.

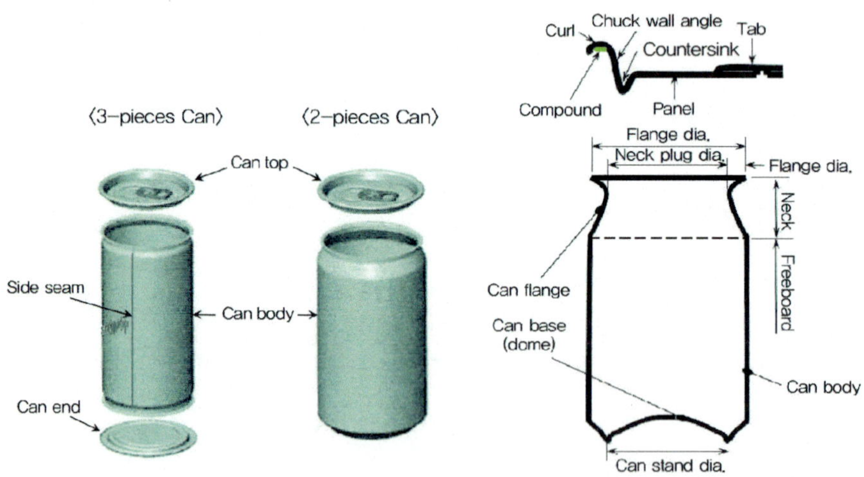

[그림 10.36] 캔의 구조와 각 부위의 명칭

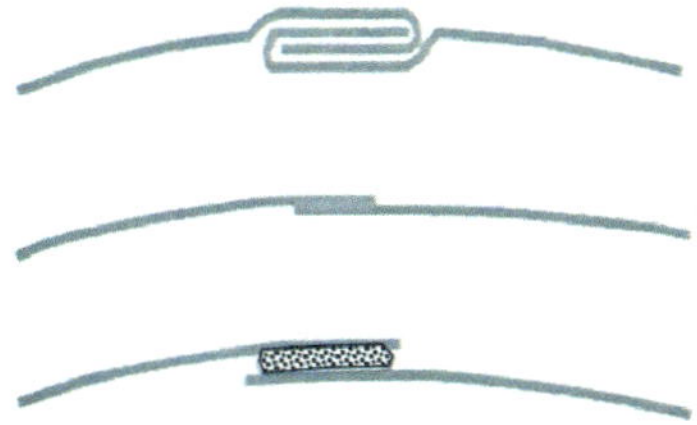

[그림 10.37] 캔의 종류별 접합방식

[2] 기계적 접착캔

양철 대체재로 전해 크롬산처리 강판(tin-free steel, TFS)이 사용되며, 납땜 대신 몸체를 기계적 접합(mechanical clinch seam) 시킨다. 생산성이 3피스 캔 중에서는 가장 양호하며, 디자인성도 우수하고, 일반적으로 커피나 과즙음료 등의 포장에 적용된다.

[3] 용접캔

용접캔(welded can)은 몸체부위를 용접을 통해 접합하는 방식이며, 보통 용접봉으로 동선이 사용되어 관 내외부의 전극 사이의 전기저항열을 이용하여 용접한다. 따라서 전기전도성을 확보하기 위해 접합부는 무도장이어야 하고, 금속재료로는 전도성이 우수한 얇게 주석도금한 양철(ET), 극박주석도금 강판(LTS), 주석-니켈합금도금 강판(TNS) 등이 사용된다.

용접캔의 특징을 요약하면 다음과 같다.

① 생산속도가 접착캔에 비해 느리고, 접합부를 보정 도장할 필요가 있는 등 생산성 면에서 결점이 많음
② 접합부가 용접구조로 되어 있기 때문에 강도가 높아 에어졸캔 등의 내압 용기로 사용 가능
③ 접합부의 높은 강도 때문에 넥크 인(necked-in) 가공 등에 적합함
④ 접합부와 미접합부의 단차(용접부위의 두께가 두 금속 시트를 오버랩한 두께의 30% 정도)가 적어 윗 덮개 권체부의 밀봉성이 우수함

10.4.2 2피스 캔

2피스 캔(2-pieces can)은 알루미늄 또는 주석도금 강판을 이용하여 몸통 접합 부위가 없이 바닥과 일체화된 몸체와 덮개의 2부분(can body, can end)으로 이루어진다(그림 10.36).

2피스 캔은 납땜이나 용접으로 만들어지는 3피스 캔에 비교하여 다음과 같은 특징이 있다.

① 측면 접합이 없이 덮개가 이중권체 공정으로 제조되기 때문에 성형 및 가공성이 양호
② 접합 부위가 적어 용접이나 땜질 부위에 시행되는 코팅이 불필요하고, 중량을 35% 이상 감소시킬 수 있음
③ 환경문제와 더불어 3피스 캔을 대체해 가고 있고, 2피스 캔은 외부장식 및 인쇄기술의 발달과 더불어 미학적인 면에서도 발전속도가 빠름

2피스 캔은 여러 가지 방법으로 제작되며, 다양한 용도로 사용되고 있다. 대표적인 제작방법의 예를 들면 다음과 같다.

[1] 드로우 및 아이어닝

D&I(draw and wall ironing) 캔의 재료로는 알루미늄 합금이나 전기도금 양철이 사용된다. 그림 10.38에서와 같이 이들 금속재료들은 코일상으로 공급되어 낮은 높이의 컵으로 드로잉(타발)된 후, 이어 벽면을 압연가공을 통해 박육화(wall ironing)하여 몸체를 형성한다. 따라서 용기 벽면의 두께가 바닥 부분보다 훨씬 얇다.

압연가공 과정에서 발생되는 가공열은 냉각수로 윤활유 에멀션(emulsion)으로 냉각시키면서 제조하기 때문에 성형 가공 후 세정공정이 필요하다. 성형, 세정된 D&I 캔은 표면처리, 내외면의 도장과 인쇄 등의 공정을 거쳐 제품으로 완성된다.

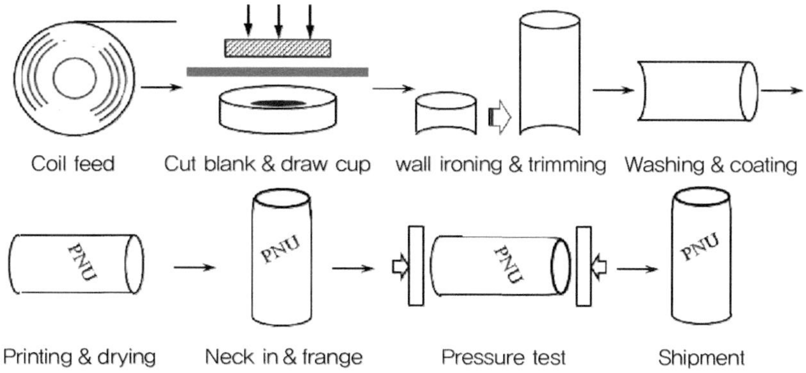

[그림 10.38] D&I 캔의 제작공정

[2] 드로우 및 리드로우

DRD(draw and redraw) 캔은 금속 평판에 도장·인쇄한 후 프레스 성형 (다단계 도로잉)하여 제품을 만든다. 측벽부를 박육화할 수 없어 용량당 중량이 크다.

D&I 공정에서는 몸체의 내부지름이 아이어닝 공정 동안 일정하게 유지되지만 반면, DRD 공정에서는 다 단계의 드로잉에 의해서 높이가 늘어나는 만큼 몸체 내부의 직경이 감소하게 된다(그림 10.39). 따라서 DRD 공정에서는 블랭크 지름의 감소 없이는 벽면부의 박육화가 불가능하며, 용기의 벽면과 바닥 부분의 두께가 같다. 따라서 비경제적이며 적용 범위도 D&I 공정에 비해 한정된다.

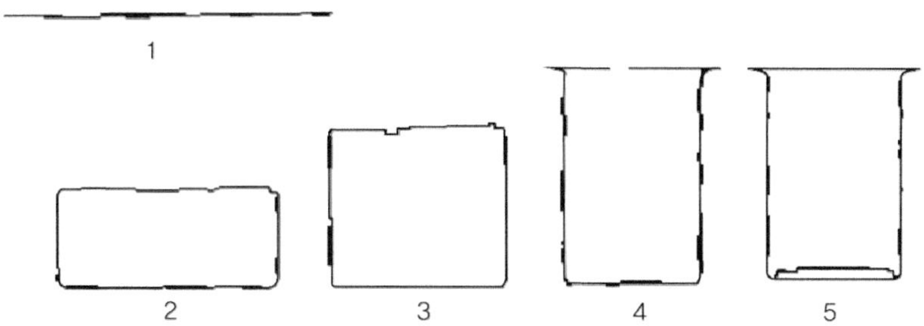

1. 몸체 블랭크　　2. 드로운컵　　3,4. 1차, 2차로 컵을 리드로잉　　5. 완성되어 다듬어진 컵

[그림 10.39] DRD 캔의 제작공정

[3] 충격압출캔

충격압출캔(impact extruded can)은 그림 10.40과 같이 알루미늄 조각을 다이에 삽입한 후 펀치로 충격후방압출가공으로 제작된다. 일반 D&I 캔과 같은 판형태가 아닌 슬러그를 블랭크로 사용한다는 점이 특징이다.

충격압출가공의 또 다른 특징은 구경이 작고 높이가 큰 제품의 제작에 유리하고, 강도가 크기 때문에 내압성이 필요로 하는 제품의 포장에 사용된다.

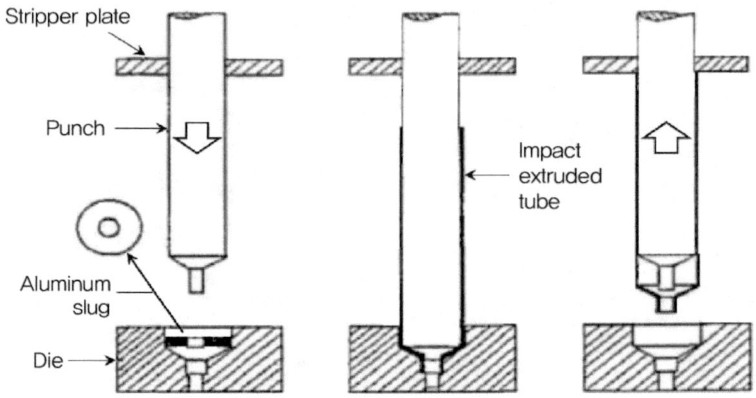

[그림 10.40] 충격압출캔의 제작공정

10.4.3 캔의 덮개 제작공정

캔의 덮개(뚜껑)(can end, lid)는 캔의 용도에 따라 크게 식품용과 음료용으로 구분된다. 식용품 캔은 주로 캔 오프너가 필요한 고정형 덮개와 부착된 키를 이용해 개봉하는 키 오픈 스코어 덮개(key open score end)를 적용하는데, 일부 품목(예, 참치 캔)에서 풀오픈타입(full open type)의 EOE(easy-open end)를 적용하고 있다(그림 10.41).

반면, 음료 캔에는 종전에는 Ring-pull Tab EOE 타입의 덮개가 사용되었으나 환경문제로 인해 몸체에서 덮개가 완전히 분리되지 않는 Stay-on Tab(SOT) EOE 타입의 덮개로 급속히 전환되었다(그림 10.41).

SOT EOE의 소재는 주석도금 강판, 무주석 강판 및 알루미늄이며, 제작공정은 ① 언코일러(uncoiler)로부터 이송된 코일로부터 프레스의 2단계 순차 동작으로 블랭크 디스크(blank disk)에 의해 쉘(shell)이 성형되고, ② 성형된 쉘은 컬러(curler)로 이송되어 캔의 몸체와 이중권체의 형성에 필요한 컬(curl)을 말아 주면, 그 다음은 ③ 콤파운드 라이너(compound liner)로 이송되어 캔 몸체와 접촉하는 부분, 캔의 플렌지(flange)와 네크 부위에 직접적으로 닿지않고 밀봉성을 가지도록 씰링재가 덮개의 컬 내부에 도포된 후, 다음 공정에서 ④ 탭(tab)이 성형된다.

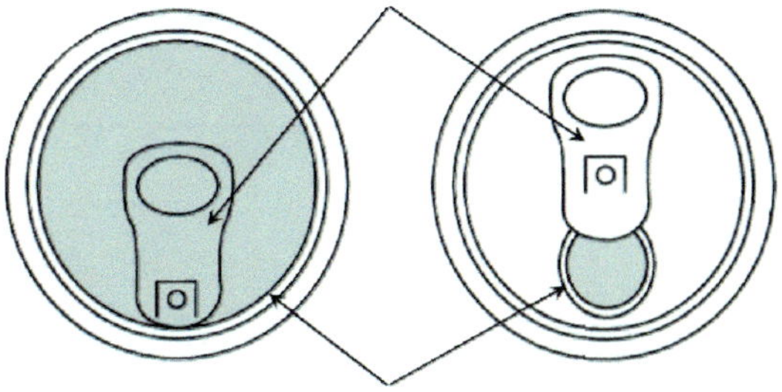

[그림 10.41] SOT EOE의 구조

10.4.4 이중권체 공정

이중권체(double seam)법은 캔 덮개의 컬(curl)을 캔 몸체의 플랜지(flange)의 끝부분으로 감아 말아서 몸체에 압착하여 캔 몸체와 덮개를 접합하는 방법인데, 이때 컬의 안쪽에 도포되어 있는 접합화합물(sealing compound)에 의해 캔의 밀봉성을 유지하게 된다.

이중권체는 그림 10.42에서 보듯이 2단계 공정으로 이루어지는데, 먼저 제1권체 롤이 작동하여 이중권체의 모양을 만든 후 제2권체 롤이 압착 밀봉한다. 이중권체의 품질은 훅의 모양과 캔 소재의 압착의 적정성에 의해 결정된다.

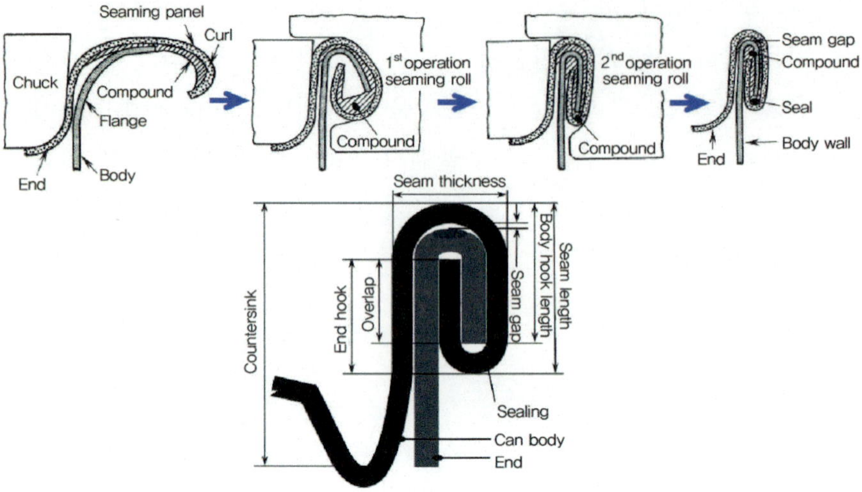

[그림 10.42] 이중권체의 제조공정과 명칭

10.4.5 캔포장 공정

캔포장 공정은 피포장물의 종류에 따라 단계가 늘어나거나 줄어드는 차이가 있으나 대체로 비슷하다. 예를 들어, 통조림의 경우 원료에 따라 조리공정이 약간씩 다를 뿐 대체로 비슷하게 원료 → 세정 → 조리 → 캔 내에 충전 → 조리액 체우기 → 이물질 검사(1차) → 탈기 → 밀봉(권체) → 살균 → 냉각 → 검사(2차) → 포장 → 출하의 단계로 이루어진다.

탈기공정은 세균의 번식 방지, 가열살균 중 캔의 변형 방지하기 위하여 식품 중에 포함되어 있는 가스나 캔 내부에 있는 공기를 제거하는 과정이다.

밀봉은 살균조작과 아울러 통조림 제조에 있어서 가장 중요한 공정으로서 캔 속에 미생물·공기·수분 등이 침입되는 것을 완전히 막아 제품의 변질이나 변패를 방지함으로써 장기간의 저장을 가능하게 한다.

밀봉에는 이중밀봉기를 사용하여 이중권체가 이루어지는데, 우선 제1밀봉롤이 캔 몸체의 가장자리와 뚜껑의 가장자리를 겹치게 접는다. 그 다음, 제2밀봉롤로 압착하여 뚜껑의 가장자리 안쪽에 칠한 실링 콤파운드(천연고무를 주원료로 한 패킹)의 접착으로 밀봉한다(그림 10.42).

일반적으로 캔 안의 공기를 흡인하면서 밀봉하는 진공밀봉기가 사용되고 있는데, 매분 300캔 이상의 고성능 밀봉기는 수증기를 뿜어내면서 밀봉할 수 있어 진공도가 높은 제품을 생산하는 수증기분사식 밀봉기이다.

가열살균은 밀봉작업이 끝난 통조림 캔은 내용물인 식품 중에 함유되어 있는 미생물의 사멸 등을 통하여 부패를 방지하기 위해 실시한다. 일반적으로 뜨거운 물이나 가압수증기를 사용하며, 온도와 시간은 내용물의 종류, 캔의 크기 등에 따라 달라진다. 보통 과실류와 같은 알칼리성 식품의 경우는 미생물이 100℃ 이하에서 사멸시킬 수 있으나, 채소류·생선조개류·육류 등은 세균의 번식이 왕성하고 특히 내열성 세균이 발육할 수 있으므로 105~115℃ 정도의 고온에서 장시간 가열살균해야 한다.

살균이 끝나면 곧 냉각시켜 품질의 변화와 캔 내면의 부식을 방지하고, 이물질 검사를 실시하는데, 보통 이물질 검사는 여러 단계에서 X-Ray를 통해 이루어진다.

[그림 10.43] 캔포장 공정

연습문제

1. 농식품 포장의 특수성을 일반 공산품 포장과 비교하여 설명하시오.
   (1) 기능적 측면
   (2) 포장재료적 측면

2. 골판지의 골(Flute)에 따른 분류와 강도적 차이를 설명하시오.
   (1) 골판지 종류
   (2) 수직압축강도, 평면압축강도, 파열강도

3. 포장상자의 적재강도 산출방법에 대하여 설명하시오.
   (1) 안전계수법
   (2) 유지분석법

4. 상자압축강도 추정식을 토대로 상자의 구조가 압축강도에 미치는 영향을 분석하시오.
   (1) 상자의 장/폭 비
   (2) 상자 주변길이 및 높이

5. 파렛트 화물의 구속방법과 각 방법의 장·단점에 대하여 설명하시오.
   (1) 수축포장(후드식)
   (2) 스트레치 포장

6. 파렛타이저의 분류와 구조에 대하여 설명하시오.
   (1) 고상식
   (2) 저상식

7 레토르트 파우치 포장공정에 대하여 설명하시오.

(1) 탈기공정

(2) 살균공정

8. 식품포장용 파우치의 재질구성 방법에 대하여 설명하시오.

9.금속 캔의 제작공정에 따른 분류와 제작되는 캔의 특성을 설명하시오.

(1) D&I 캔과 DRD 캔

(2) 납땜 캔과 용접 캔

10. 캔포장 공정에 대하여 설명하시오.

(1) 탈기공정

(2) 살균공정

참고문헌

1. 국립농산물품질관리원. 농산물 표준규격. 2021
2. 박무현. 식품포장학. 형설출판사. 1994
3. 박종민. 수송포장설계공학, 문운당. 2011
4. 한국포장학회. 포장기술편람. 2003
5. KS M ISO 527-1. 플라스틱-인장성의 측정-제1부 : 통칙
6. KS M ISO 527-3. 플라스틱-인장시험-제3부 : 필름 및 시트의 시험 조건
7. KS M ISO 179. 플라스틱-샤르피 충격강도의 측정-제1부 : 비계장 충격 실험
8. KS M ISO 180. 플라스틱-아이조드 충격강도의 측정
9. KS M 7063-1. 골판지의 수직 압축강도 시험 방법
10. KS M 7076. 골판지용 골심지
11. KS M 7502. 골판지용 라이너
12. KS M ISO 179-1. 플라스틱-샤르피 충격강도의 측정-제1부:계측기기 미보유
13. KS M ISO 180. 플라스틱-아이조드 충격강도의 측정
14. KS M ISO 187. 종이, 판지 및 펄프-조습 처리 및 시험을 위한 표준상태와 그 표준 상태의 관리
15. KS M ISO 527-1. 플라스틱-인장성의 측정-제1부 : 통칙
16. KS M ISO 536. 종이 및 판지-평량 측정
17. KS M ISO 1924-2. 종이 및 판지-인장 특성의 측정-제2부 : 정속 신장률법(20 mm/min)
18. KS M ISO 2759. 판지-파열강도 시험
19. KS M ISO 3035. 편면 및 양면 골판지-평면 압축강도 측정
20. KS M ISO 3037. 골판지-수직 압축강도 측정 (가장자리에 왁스를 도포하지 않는 방법)

21. KS T ISO 12048. 포장-수송포장-압축 시험기를 이용한 압축 및 적재 시험

22. KS M ISO 12192. 종이 및 판지-압축강도 시험 (링크러시법)

23. KS M ISO 13821. 골판지-수직압축 강도의 측정-양단 왁싱법

24. KS T 1002. 수송포장 계열치수

25. KS T 1034. 외부 포장용 골판지

26. ASTM D4169. Standard Practice for Performance Testing of Shipping Containers and Systems

27. FEFCO NO.8. Edgewise Crush Resistance of Corrugated Fiberboard

28. ISO 3037. Corrugated Fibreboard-Determination of Edgewise Crush Resistance (Unwaxed Edge Method)

29. ISO 13821. Corrugated Fibreboard—Determination of Edgewise Crush Resistance-Waxed Edge Method

30. Park, J.M. et al. 2020. Finite Element-Based Simulation for Edgewise Compression Behavior of Corrugated Paperboard for Packaging of Agricultural Products. Applied Science 10, 6716

31. TAPPI T 838 cm-12. Edge Crush Test Using Neckdown

32. www:e-samwon.co.kr

33. www:7lpack.com

CHAPTER

11 포장처리 공정

학습목표

- 계량 포장기의 일반 개념에 대한 이해
- 유통시스템의 일반 개념에 대한 이해
- 자동화 포장 공정의 일반 개념에 대한 이해
- 포장화물의 유닛로드의 일반 개념에 대한 이해

11.1 계량 포장기

모든 포장물은 일정한 수량, 용량 또는 무게(중량)가 측정된 후에 즉 계량, 계수의 공정을 거친 후에 비로서 적절한 포장기법에 따라 포장이 이루어진다.

피포장물의 물성에 따라 생수, 콜라, 사이다, 소주 등과 같은 액체일 경우에는 그의 부피(체적)를 측정하고 쌀, 땅콩, 고추장, 치약, 연고 등과 같은 경우에는 무게(중량)를 측정하고 초콜릿, 알약 등과 같은 경우에는 개수(수량)를 단위별로 측정하여 이를 싸거나(wrapping), 담거나(filling), 넣거나(cartning, boxing) 하는 것이 포장이다. 이와 같이 포장의 대상이 되는 물품에는 그 물품의 물성에 따라 수량을 측정함에 있어서 개수를 새는 방법, 무게를 측정하는 방법, 길이를 측정하는 방법, 체적을 측정하여 포장하게 되며, 계량의 수단으로 일정 단위를 계측하는 기기를 이용하게 되고 일정단위가 무게일 경우에는 중량 계량기, 개수를 셀 경우에는 계수기, 체적일 경우에는 정량기, 체적계, 용량 계량기 등이 사용되고 다음과 같은 종류가 있다.

11.1.1 유량 제어식 중량 계량기

내용물을 컨베이어 이송 또는 경사면을 이용하여 공급하면서 중량을 계량하는 계량기로 내용물이 액체와 같이 잘 흐를 수 있는 알갱이 또는 작은 덩어리 형태의 모양이어야 하며 과거부터 많이 사용되어진 계량기이다.

유량 제어식 중량 계량기의 구조는 저장부, 이송부, 계량부, 배출부, 제어부의 다섯 부분으로 나눌 수 있으며, 배출부는 포장기, 충전기 등과 이어지는 부분으로서 슈트, 조그(jog), 호퍼 등을 장착하고 있다. 그림 11.1 및 그림 11.2에 유량 제어식 중량 계량기의 구조 및 동작 설명도를 나타내었다.

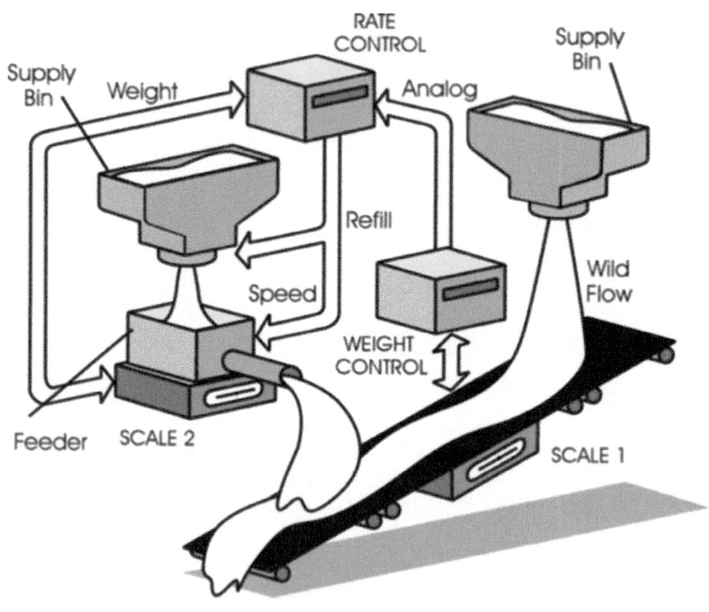

[그림 11.1] 유량 제어식 중량 계량기의 구조

유량 제어식 중량 계량기의 동작을 살펴보면 대량으로 공급된 내용물을 저장부에 저장된다. 이것을 필요할 때 항상 공급할 수 있도록 되어 있다.

이송부는 내용물의 계량을 위한 흐름을 형성하고 계량부에 대해서 정상적으로 조성된 일정한 공급을 제공하는 것으로서 선호에 따라 내용물을 정지 또는 이송시켜서 흐름의 균일화, 흐름의 대량 또는 소량 흐름으로의 변경 등의 기능이 있다.

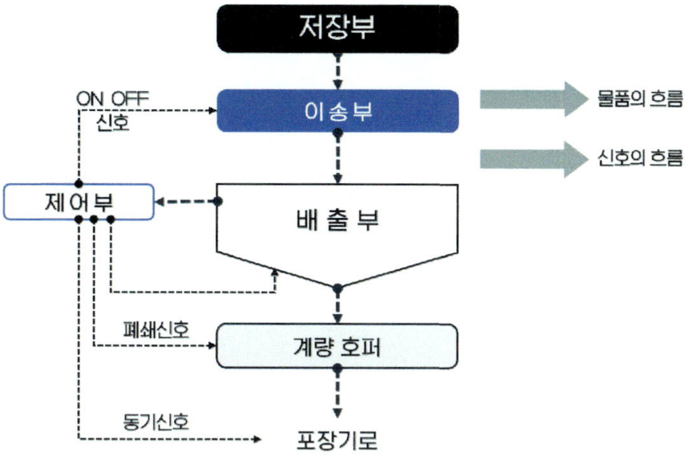

[그림 11.2] 유량 제어식 중량 계량기의 동작 설명도

계량부는 계량호퍼라고 불리는 용기와 중량 계량용 계량기를 갖고 이송부로부터 보내온 내용물의 중량을 검출하여 그 신호를 제어부에 보낸다.

제어부는 목표로 하는 중량치와 계량치를 비교하여 목표치에 도달했을 때 이송부에 정지신호를 보낸다. 정진신호가 올 때 까지 계량 호퍼내에 투입된 내용물이 1회의 계량 결과로서 배출부를 통해서 계량기 밖으로 배출된다.

유량 제어식 중량 계측기의 장점으로는 계량 호퍼내에서의 중량을 감시하고 투입을 ON-OFF 하는 단순한 것으로서 다음에 설명되는 조합 선택식 중량 계량기와 비교할 때 다음과 같은 장점이 있다. 기구와 제어가 단순하므로 가격이 저렴하다. 그리고 단위 구조요소가 소형이고 필요에 따라 여러 개의 계량기를 동시에 사용할 수 있어 소규모에서 대규모 생산까지 유연한 생산 라인의 구성이 가능하다. 또한 여러 개의 계량기를 동시에 사용하는 경우에도 각각의 독립된 기구이므로 고장이나 청소 또는 생산량 조정에 따라 부분 운전이 가능하다.

단점으로는 계량치가 목표 중량치에 얼마정도 가까운지가 중요한데 유량 제어식은 그 계량 방식의 특징으로 인하여 동적 계량에서 오는 계량 오차, 낙차 오차, 유량 불균일에서 오는 오차 및 제품의 성질에서 오는 오차 등의 발생 요인을 갖고 있다.

11.1.2 조합 선택식 중량 계량기

유량 제어식 중량 계측기는 물품의 흐름이 형성되기 용이한 입자가 작고 균일한 제품 등의 계량에는 적합하지만 입자가 크고 불규칙하거나 방향성이 있는 물품 등의 계량에는 적합하지 않다. 조합 선택식 중량 계량기는 이러한 제품의 계량에 적합하다. 조합 선택식 중량 계량기의 개념은 적게 소분된 여러 개의 내용물 집단의 중량을 적절하게 조합하여 구하고자 하는 계량치를 얻는 것이다. 물품의 소집단의 수가 많고 소집단의 중량치가 적당히 조절될 수 있다면, 구하고자 하는 계량치의 조합이 존재한다고 하는 생각에서 고안된 계량 방식이다. 그림 11.3, 그림 11.4 및 그림 11.5는 조합 선택식 중량 계측기의 구조, 동작 설명도 및 실제 기계를 보여준다.

조합 선택식 중량 계측기는 먼저 저장부에서 분산부에 내용물을 투입하며, 분산부에서는 내용물을 분산시에 소량의 여러 개의 풀호퍼에 공급한다. 풀호퍼는 제어부로부터의 타이밍 신호에 의해 계량 호퍼에 내용물을 투입한다.

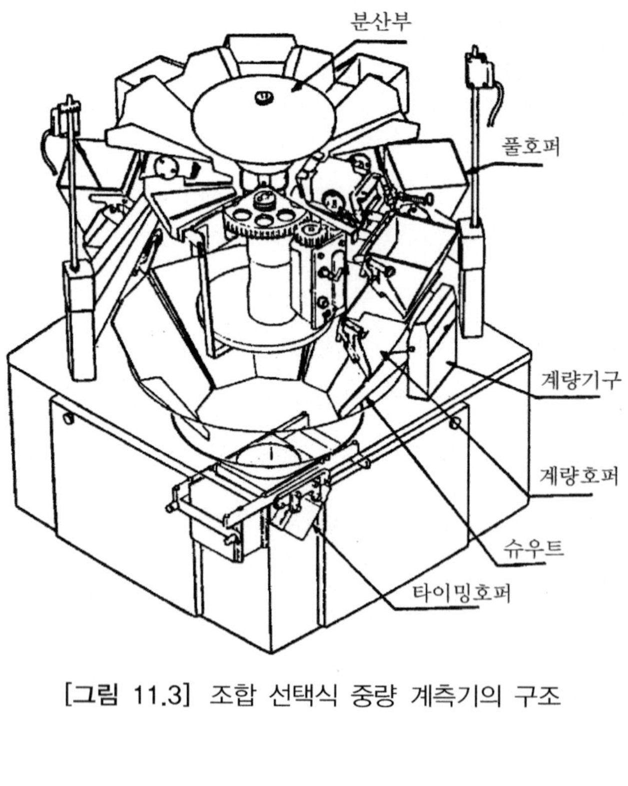

[그림 11.3] 조합 선택식 중량 계측기의 구조

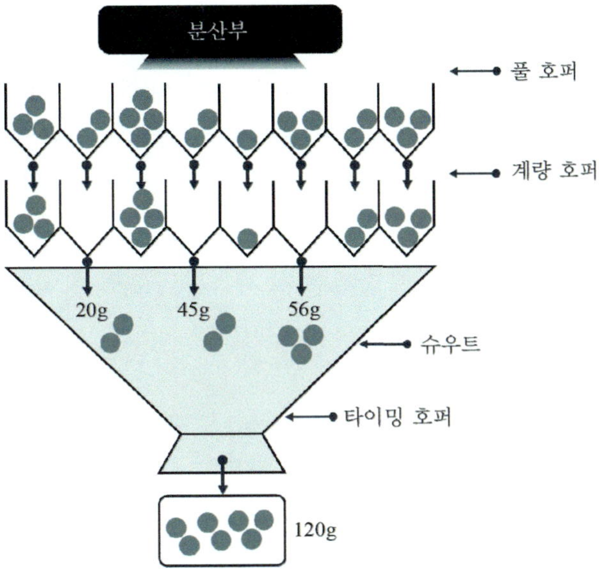

[그림 11.4] 조합 선택식 중량 계측기의 동작 설명도

[그림 11.5] 조합 선택식 중량 계측기 (출처 : ㈜코리아인터팩)

11.1.3 정제용 계수기

개개의 수량을 세는 기기로 그 방법에는 슬랫(slat)방식과 포토센서(photo sensor)방식이 있다. 슬랫방식은 오늘날 은행 창구에서 동전을 셀 때 쓰이는 기구와 같이 널빤지 표면에 다수의 홀을 만들어서 단지 한 개만 들어가게 꾸며진 장치를 말한다. 많은 홈중에 혹시 한군데라고 빠진 곳이 없는지는 눈으로

확인하고 뒤엎으면 홈 수만큼 수량이 계수된다는 발상이다. 이것은 정식의 계수기라고는 말할 순 없지만 규정수량을 세어서 충전한다는 최종목적에는 일치하고 있다. 광전방식(photo cell system)은 광선을 투과하여 광로와 직각으로 이동하는 물품의 광로 차폐에 의하여 생기는 광량의 변화를 디지털 방식으로 계수하는 방식으로 물품이 겹치지 않고 적당한 간격이 있어야 한다. 한 줄로 흐르고 있는 알약을 광센서의 도움으로 일정 장소를 지나가는 수를 세어서 미리 설정된 수치에 도달하면 즉시 다른 줄로 옮겨지도록 반복하는 방식이다.

[그림 11.6] 광전방식 계수기(출처 : COUNTEC)

11.2 유통시스템

국가간 농수산식품의 교역이 증가됨에 따라 광우병이나 구제역, 유전자변형 농산물의 위해성 논란 등이 발생하고 있고, 식품의 소비 역시 냉동/냉장 제품, 반조리 식품, 신선편이 식품 등으로 다양화되고 급식이나 외식 등 가정 밖에서 소비되는 식품의 양도 증가하는 환경에서 식중독과 같은 식품 위생사고가 꾸준히 증가하고 있다. 이에 농산물의 안전에 대한 국민적인 관심이 높아지고 있다.

그러나 농산물의 안전성이나 영양 등에 대한 품질 속성은 소비자가 정확히 파악할 수 없는 특성을 갖고 있어 이를 해결할 수 있는 정보 관리에 대한 필요성이 높아가고 있다. 이에 정부는 식품의 품질요건인 안전성과 건전성을 보증

하기 위한 우수농산물관리제도(GAP : good agricultural practices), 위해요소중점관리기준(HACCP : hazard analysis and critical control point) 등의 관리 제도를 시행하고 있다. 또한, 식품관련 사고 발생 시에 농산물의 역추적을 통해 원인 규명 및 빠른 조치를 취할 수 있도록 하는 농산물 이력 추적관리 제도를 제정하여 안전성이 강화되고 책임소재가 분명한 농산물 생산을 위한 기반을 마련하였다. 이들 제도가 안정적으로 정착되기 위해서 소비자가 쉽게 농산물의 이력정보를 확인할 수 있도록 하는 접근성의 보장과 동시에 철저한 품질 검사 및 유통과정의 기록이 요구된다. 이를 위해서는 각각의 농산물을 개별적으로 식별할 수 있는 기술이 필요하다. 현재는, 바코드를 주로 사용하여 개체 식별 작업을 수행하는데, 개체 인식에 필요한 노동력 및 바코드 표면의 오염으로 인식능력의 저하 가능성이 있고, 표현 가능한 데이터양이 적어 개별 개체에 대한 인식이 불가능한 점 등 단점이 많다.

이러한 바코드의 단점 보완을 위해 RFID(radio-frequency identification)를 적용한 사례들이 많이 개발되었다. RFID 기술의 경우 노동력의 문제나 환경적 요인에 의한 바코드 오염과 같은 단점은 해소가 되는 반면, RFID 리더와의 일정 범위이내에서만 개별 개체를 인식이 가능하여, 농산물의 이동 과정에서 발생할 수 있는 사고 원인을 기록할 수 있는 방법이 없고 실시간으로 위치와 환경을 감시할 수 없어 엄밀한 의미의 이력 추적에는 한계를 갖는다. 이에 실시간으로 이력 정보를 기록하여, 사고 상황에 대처할 수 있는 기술의 도입이 필요하다.

11.2.1 농산물 이력 추적관리 제도

농산물 이력 추적관리 제도는 농산물의 생산, 유통 및 판매까지 각 단계별로 발생하는 정보를 관리하여 농산물의 안전성 등에 문제가 발생하는 경우 해당 농산물을 추적하여 원인규명 및 필요한 조치를 취하기 위한 제도이다. 농산물의 생산부터 수확후 관리단계까지 농약, 중금속, 미생물 등을 관리하여 농식품 위해요소가 농산물에 혼입되는 것을 최소화하기 위한 목적으로 도입된 우수농산물관리 제도와는 구별된다. 농산물 이력 추적관리 제도는 2004년 이전부터 일부 유통회사들을 중심으로 자율적으로 시행되던 축산물·농산물 생산이력제

농산물 이력제	수산물 이력제	식품/의약품 이력제	축산물 이력제
Traceability 이력추적 농림축산식품부	Traceability 이력추적 해양수산부	Traceability 이력추적 식품의약품안전처	Traceability 이력추적 농림축산식품부

[그림 11.7] 농산물, 수산물, 식품/의약품 및 축산물 이력제

를 발전시킨 것으로 2005년 8월 농산물품질관리법 개정으로 모든 농산물에 적용되어 2006년 1월부터 본격 시행되었다. 제도의 시행으로 이력추적 농산물을 취급(판매)하고자 할 경우에는 국립농산물품질관리원(출장소)에 이력추적 등록을 해야 하며, 등록 후 생산자는 농약·비료 사용 등 생산정보와 농산물의 출하 정보를, 유통업체는 농산물 입·출고 정보를, 판매업자(대형할인점, 소매상 등)는 농산물 입고일자·품목·물량·납품자 등을 기록·관리해야 한다. 이 과정에서 수집되는 정보는 시간적으로는 공백이 발생하여 농산물 전체 유통과정을 감시를 위한 보완이 필요하다.

11.2.2 우수 농산물 관리제도(GAP)

우수 농산물 관리 인증제도의 도입 배경은 일부 채소, 과일에서 농약이 과다 검출 되었다는 언론보도 등으로 농산물 안전성에 대한 국민적 우려가 증대되어 도입되었고, 농산물을 생산단계부터 생산 및 유통관련 정보를 기록 및 관리하여 해당 농산물의 안전성 등에 문제가 발생할 경우 해당 농산물을 추적하여 원인규명 및 필요한 조치를 취할 수 있도록 하여 관리하는 제도로 농산식품 안전관리 체계를 구축하여 소비자에게 안전한 농산물을 공급하는 목적이 있다. Codex(국제식품규격위원회), FAO(국제식량농업기구)등 국제 기구에서 GAP (Good Agricultural Practices) 기준을 마련하였다. 도입 효과로는 농산물의 안전성에 대한 소비자 인식 제고와 농산물 품질관리제도 도입에 의한 생산농가의 경쟁력을 확보할 수 있다. GAP 실천농가에서는 소비자에게 안전한 농산물 공급을 위하여 합리적이고 과학적인 인증기준을 성실히 지키고 있음을 알리고, 농업환경 보전을 통한 지속가능한 농업 실현을 위하여 농업생태계 보전에 힘쓰

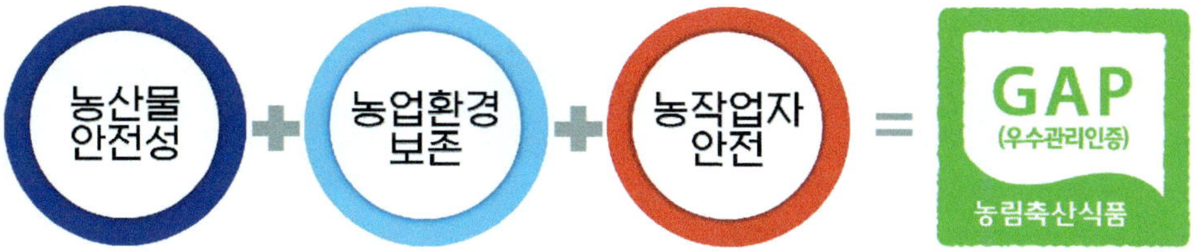

[그림 11.8] 우수 농산물 관리 제도(GAP)의 개념

고 있으며, 농작업자의 안전, 건강 및 복지에 관심을 갖고 다 같이 행복한 농촌을 만들어 나가고 있음을 의미하게 된다. 또한, 해당 제도는 농산물 재배환경에 대한 관리를 위한 제도로서 유통과정에서의 이력 추적과는 거리가 있는 시스템이다.

11.2.3 RFID를 이용한 농산물 이력 관리

농산물 생산 이력추적관리를 위해서 가장 널리 사용되고 있는 기술은 바코드 시스템이다. 이후 식별 기술은 스마트 카드, 광문자인식, RFID의 순으로 발전했다. RFID 기술은 농산물의 경쟁력과 유통의 신뢰를 제공하는 기반 기술로 여러 분야에서 광범위하게 적용되었다. 정부 선행 사업으로 평택 안중농협의 RFID를 이용한 쌀 생산이력추적시스템 사업, 인삼의 부정 유통방지를 위한 RFID를 이용한 생산이력 추적시스템 시범사업, 경상북도의 RFID를 이용한 농산물 생산이력 추적시스템 사업, 장수군의 RFID를 이용한 산지유통센터 관리 시스템사업 등이 있다. 또한 시범 사업이 아닌 적용사례로는 주로 쌀을 중심으로 안전성의 문제나 수입산의 혼입으로 국내산 둔갑이 가능한 품목 등을 중심으로 진행되었다.

RFID 기술은 광범위한 적용에도 불구하고 몇 가지 문제점을 나타내고 있다. 첫째, RFID 태그에 기록될 정보인 태그 ID가 각 사업별로 상이하게 사용 되고 있는 점이다. 이는 상호운용성에 저해 요소가 되며, 정보 연계의 과정에서도 별도의 처리 과정이 필요하여 유기적인 정보 흐름을 방해하고 있다. 둘째, 근거리 인식 기술로서의 한계이다. 이는 RFID 주파수 대역에 따라 인식거리의 장단을 조절 가능하지만, RFID 리더의 설치 환경에 따라 인식률은 현저한 차이를 보이게 되는 기술이다. 즉, 인식 거리를 길게 적용하여 개발하더라도 리

[그림 11.9] RFID 태그의 종류

더 설치대수가 작은 경우에는 사각지대가 발생하게 되고 이로 인해, 인식이 되지 않는 상품이 존재하는 기술적인 문제를 갖고 있는 기술이다. 또한, RFID 리더가 설치된 공간 내에서만 인식이 가능하여, 실시간 추적에는 적합하지 않은 기술이기도 하다.

RFID의 단점을 보완하기 위해 USN(ubiquitous sensor network)을 적용한 농산물 이력 관리시스템이 개발되기도 하였다. 이는 농산물의 유통이력은 물론 기존 시스템에서 제공하지 못한 생장환경 이력정보와 시설재배에 따른 자동제어 및 저장고 모니터링 정보를 추가하여 농산물에 대한 신뢰도를 제고하고자 하였다. 이 시스템은 저장고 단위까지의 모니터링은 가능하지만 유통과정에서의 환경 모니터링은 범위에 포함되지 않아 농산물 전체 이력 추적 관리는 구현되지 않았다. RFID 태그(tag)는 개별 아이템의 고유정보를 저장하여 리더기

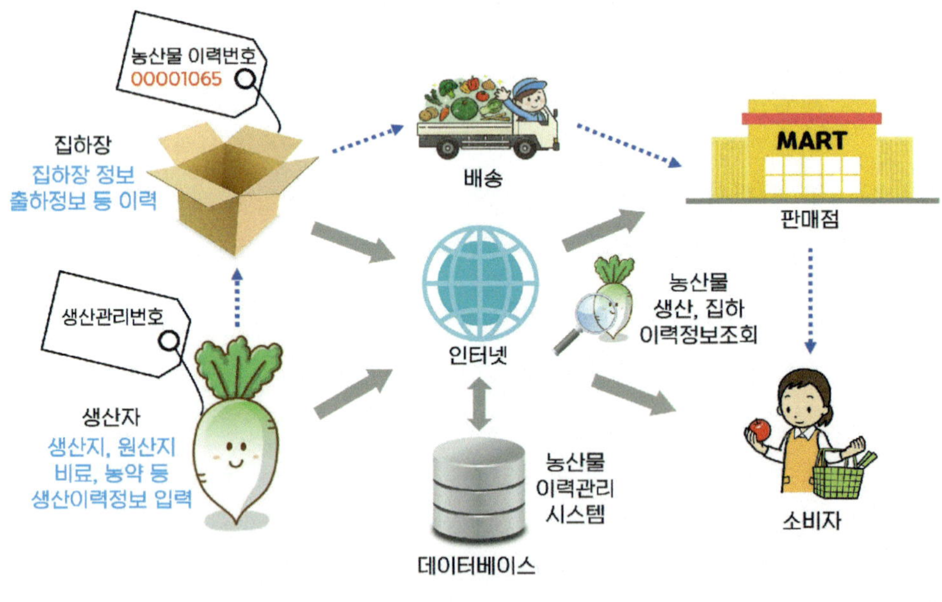

[그림 11.10] RFID를 이용한 농산물 이력관리 체계

를 통한 자동인식을 가능케 하는 RFID시스템의 핵심 구성품이며, 사용주파수, 재기록 여부, 신호발진기 유무 등에 따라 다양한 기술적 특징을 지니며, 애플리케이션에 따라 다양한 형태로 사용되고 있다.

11.2.4 사물인터넷(internet of things, IoT), 4차산업

IoT는 Internet of Thing의 약자로서 국내에서는 사물 인터넷 기술로 불리고 있다. IoT 기술은 실세 계에 존재하는 사물(physical things) 및 사이버 환경에 존재하는 사물(virtual things)들이 인터넷을 통하여 서로 연결되고 이러한 물리공간과 가상공간의 사물들의 연동을 통하여 다양한 서비스를 제공할 수 있는 미래 인터넷 인프라 기술이다. 이러한 IoT는 초기에 RFID 태그를 통한 시스템의 발전을 시작으로 개념이 조금씩 변화되면서, 현재 유비쿼터스 컴퓨팅 환경과 향후 physical world web을 통한 서비스를 포괄하는 의미로 진화할 것으로 예상되고 있다. IoT가 사용되고 있는 분야로는 가전제품들을 대상으로 하는 스마트 홈과 자동차 산업, 원격 제어 및 모니터링 기능을 이용한 환경 감시 및 시설물 관리, 사물의 추적 등 광범위하다.

특히, 유통산업에서는 상품의 변질 및 파손 등의 다양한 사고에 대비한 IoT 기술 적용이 가능할 것으로 판단된다. 유통과정에서 상품의 품질에 위해가 되는 각종 정보를 수집·기록하여 상품마다의 특성에 따른 품질관리에 IoT가 이용될 수 있을 것이다. 일부에서는 의약품 고유의 약점인 습도를 실시간 측정하여 품질 관리에 이용하는 의약품 콜드체인 관리 시스템에 IoT를 적용하여 생산부터 유통, 운송, 판매에 이르기까지의 전 과정을 감시하여 의약품의 품질관리에 활용하는 시스템을 구현하기도 하였다.

유통 산업의 변화 속도가 과거와는 비교도 할 수 없을 정도로 빨라지고 있다. 제4차 산업혁명으로 '유통 4.0'의 시대가 도래하면서 유통 기업들은 인공지능, 로봇, 빅데이터, IoT 같은 제4차 산업혁명 기반 기술에 자사의 유통 플랫폼을 융합하는 '리테일테크'를 통해 재도약을 모색하고 있다.

인스타그램이나 페이스북 같은 SNS를 하다 보면 얼마 전 관심 있게 본 인터넷 쇼핑몰의 상품들이 피드 혹은 타임라인에 떠 있는 경우를 종종 보게 된다.

인스타그램의 경우 '스폰서드(sponsored)', 페이스북은 '추천 게시물' 이라고 적혀 있는 비즈니스 계정의 광고들이다.

내 관심사를 귀신 같이 간파해 '지름신'을 부추기는 이 광고들이 가능한 것은 바로 인공지능 덕분이다. 사용자의 개인정보와 관심 데이터를 실시간으로 알고리즘 분석해 기업의 마케팅에 적절히 활용하고 있는 것이다.

첨단 IT를 활용한 마케팅은 비단 온라인 영역에만 그치지 않는다. 제4차 산업혁명으로 '유통 4.0'의 시대가 촉발되면서 소매 유통 부문에서도 첨단 IT와 리테일 서비스가 결합되는 디지털 트랜스포메이션(digital transformation)이 새로운 바람을 일으키고 있다. 제4차 산업혁명의 최신 기술을 도입해 온라인과 오프라인의 경계를 허물고 쇼핑의 패러다임을 전환하는데 드라이브를 걸고 있는 것이다.

과거 물물교환에서 시작된 유통 1.0이 화폐와 유통기관의 등장으로 유통 2.0으로 진화했다면 지금의 유통 4.0은 인터넷의 발달로 시작된 유통 3.0이 제4차 산업혁명의 주요 기술인 인공지능, 로봇, IoT, 빅데이터 등을 만나 초지능, 초연결의 스마트 스토어로 혁신하는 모습이다.

산업통상자원부는 유통 4.0 시대를 '생산과 소비에 대한 정보를 바탕으로 가치를 창출하는 시대'라고 정의한다. 유통 산업이 단순히 상품과 서비스의 거래 중개자가 아닌 생산자와 소비자를 연결해 주는 플랫폼 산업으로 변모하고 있다는 것이다.

실제로 유통 산업의 비즈니스 모델은 과거 생산자가 소비자에게 상품과 서비스를 전달하는 기업·소비자 거래(B2C) 모델에서 소비자의 니즈를 생산자에게 전달하는 소비자·기업 거래(C2B) 모델로 확대되고 있다. 이미 아마존은 원하는 상품을 말하면 소비자의 성향을 분석해서 자동으로 주문해 주는 인공지능 비서 '알렉사'를 상용화했으며 온라인에서 주문한 식품을 당일 배송하는 '아마존 프레시'를 통해 식료품 시장에도 진출했다.

유통 4.0 시대, 온라인 쇼핑몰들이 최저가와 배송 속도로 치열한 경쟁을 벌이고 있는 가운데 오프라인 유통 기업들은 시장의 주도권을 빼앗기지 않기 위해 '리테일테크(retailtech)' 행보를 더욱 가속화하고 있다. 리테일테크란 소매나 소매점을 뜻하는 '리테일(Retail)'과 '기술(technology)'을 결합한 용어로 소매점에 첨단 정보통신 기술(ICT)을 접목한 것을 말한다. 리테일테크의 대표적인 성공 사례로는 아마존의 '아마존고', 알리바바의 '허마' 등 무인 점포와 아디다스의 스웨덴 스톡홀름 플래그십 매장 같은 VR(virtual reality : 가상현실) 스토어를 꼽을 수 있다.

세계 최초의 무인 슈퍼마켓 매장인 아마존고는 인공지능, 머신러닝, 컴퓨터 비전 등의 첨단기술을 활용해 소비자가 스마트폰에 앱을 다운로드하고 매장에 들어가 상품을 고르기만 하면 연결된 신용카드로 비용이 자동 청구되는 방식이다. 허마 역시 비슷한 형태로 운영되는 무인 슈퍼마켓으로 어패류를 포함한 신선식품까지 판매하며 조리 후 배송까지 해주어 큰 인기를 얻고 있다. 알리바바는 중국 내 허마 매장수를 올해 60곳까지 늘릴 계획이다.

아디다스는 스톡홀름에 위치한 플래그십 스토어를 VR 기술을 활용해 전 세계 고객들에게 선보이고 있다. 고객은 실제 방문을 하지 않아도 360도 각도에서 촬영된 영상을 통해 스톡홀름 매장 곳곳을 둘러보는 경험을 할 수 있다. 원하는 상품을 발견하고 클릭하면 공식 온라인 쇼핑몰로 연결되어 바로 구입도 가능하다.

미국의 이베이도 최근 호주 마이어백화점과 손잡고 세계 최초의 VR 백화점을 열고 백화점에서 판매 중인 제품을 3D 기술로 재현해 자세히 살펴볼 수 있도록 했다. 이밖에 중국의 징동은 가상공간에서 옷을 입어보는 VR 피팅을 도입해 소비자들의 선택을 돕고 있다.

국내에서는 현대백화점이 지난 2016년 온라인몰 더현대닷컴에 VR 스토어를 최초로 개설한 바 있다. 현대백화점 판교점의 캐나다구스, 나이키, 아디다스, 몽블랑 등의 매장을 VR로 재현했으며 백화점을 고스란히 옮겨 놓는 'VR 백화점' 서비스는 내년에 선보일 예정이다. 최근에는 중국의 뷰티 관련 앱 개발 기업인 메이투와 제휴를 맺고 AR(augmented reality : 증강현실) 기술을 이용한 '메이크업 서비스'를 시작했다.

현대백화점은 지난해 9월 더현대닷컴과 현대H몰 모바일 앱에 '홍채 인증'을 통한 로그인 시스템도 도입했다. 휴대폰 전면 카메라에 홍채 정보를 입력시킨

후 로그인하는 홍채 인증 시스템은 비밀번호를 별도로 기억할 필요가 없어 편리하고 보안까지 강화할 수 있는 것이 장점이다. 모바일 쇼핑 증가에 따라 최근 롯데하이마트도 모바일 앱에 이러한 홍채 인증 로그인 서비스를 도입했다.

빅데이터 기술 역시 유통 산업 전반에서 광범위하게 활용되고 있다. 대표적으로 이베이는 이스라엘의 스타트업 세일즈프레딕트를 인수해 빅데이터 분석 분야를 강화했다. 국내에서는 신세계 SSG가 빅데이터를 활용한 최단시간 배송 체계 구축을 시도 중이다. 현재 IT 개발 인력을 확충하고 전담 부서에 대한 투자를 확대해 SSG만의 빅데이터 시스템을 만들고 있다.

롯데백화점은 IBM의 클라우드 인지 컴퓨팅 기술인 왓슨 솔루션을 활용해 인공지능 챗봇 '로사'를 개발했다. 로사는 약 150만 개의 상품 데이터를 20여 가지 구매 특성에 따라 분석한 후 소비자에게 가장 알맞은 상품을 추천한다. VR 이미지 인식 기능을 탑재해 소비자가 매장에서 실제 상품을 촬영하면 해당 상품의 정보는 물론 비슷한 스타일의 상품 리스트도 보여준다. 매장 직원이 할 역할을 인공지능이 대신하고 있는 것이다.

로사는 대화를 통해 소비자의 구매 특성, 관심 및 선호 정보 등을 수집해 빅데이터로서 활용하는 동시에 쇼핑을 하는 소비자의 기분과 감정 등 스몰데이터, 사투리나 맛집, 유행 정보 등을 꾸준히 학습하며 점점 똑똑해진다. 롯데그룹은 이러한 로사를 '온·오프라인 통합 커머스형 AI 서비스'로 업그레이드해 향후 자사 옴니채널의 주인공으로 키울 계획이다.

신세계 이마트는 사람처럼 눈을 맞추고 대화하는 휴머노이드 로봇 '페퍼'를 매장 안내원으로 두고 있다. 일본 소프트뱅크 로보틱스가 개발한 페퍼는 아마존의 '폴리' 음성합성 기술을 활용해 실제 사람처럼 대화하고 가슴에 있는 태블릿PC를 통해서는 유용한 쇼핑 정보들을 다양하게 제공한다.

예를 들어, 매장 입구에서 만난 페퍼에게 "이번 주 행사가 뭐냐"고 물으면 음성인식을 통해 이벤트 상품들을 알려주고 맥주 코너에서 맥주병을 센서에 가져다대면 이마트 S랩이 자체 개발한 머신러닝 이미지 인식 기술을 활용해 알코올 도수, 유사 제품, 추천 안주 등을 소비자에게 보여준다.

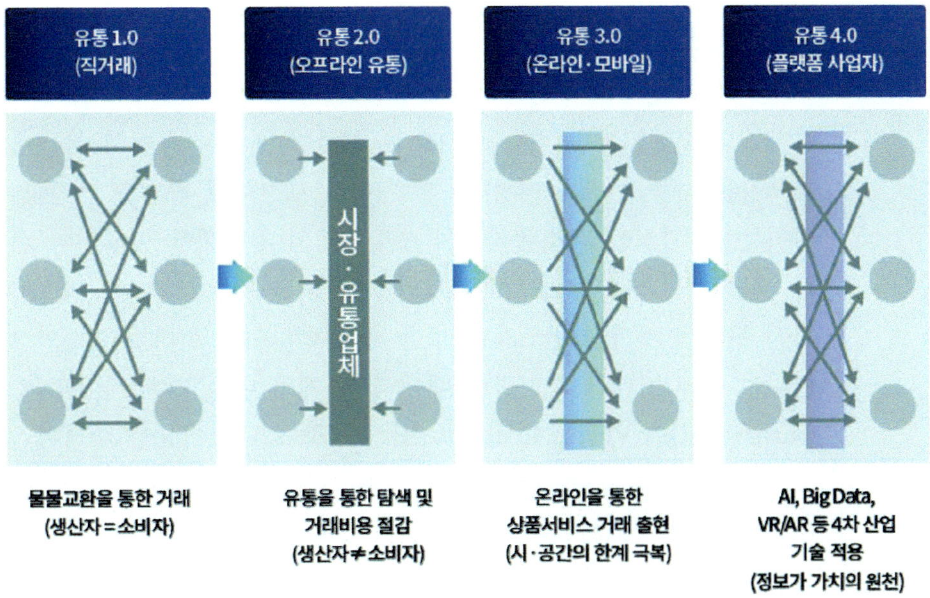

[그림 11.11] 유통산업의 발전 개념도 (출처 : 산업통상부)

인공지능 챗봇, VR 스토어, 로봇 키오스크 등 최근 유통업계에서 적극적으로 도입하고 있는 이러한 리테일테크 기반 서비들은 '언택트(Untact) 마케팅'의 일환이라고 할 수 있다. 언택트 마케팅이란 고객과의 접촉을 최소화한 비대면 형태로 상품이나 서비스를 제공하는 것이다. 김난도 서울대 소비자학과 교수가 선정한 올해의 '10대 소비 트렌드' 가운데 하나이기도 하다.

언택트 마케팅은 개인화된 오늘날의 소비자들에게 적합한 마케팅 방식이라고 할 수 있다. 하지만 기존에 사람이 하던 일을 기계가 대신하면서 이에 적응하지 못한 사람들이 불편을 느끼는 '언택트 디바이드(Untact Divide)'에 대한 우려도 동시에 낳는다.

결국 유통 4.0 시대에도 변하지 않는 사실은 '사람'이 중심에 있어야 한다는 것이다. 유행이나 트렌드에 따른 단순 기술 도입이 아니라 유통 산업의 기본인 고객중심, 인간중심의 철학 그리고 그 밑바탕에 제4차 산업혁명의 혁신 이념을 두고 ICT 기반 시스템을 만들어야 진정한 유통 4.0의 가치를 실현할 수 있을 것이다.

11.3 자동화 포장 공정

개개의 포장기계를 한 라인으로 구성하여 재료나 용기의 공급에서부터 각종 피포장물을 충전 또는 래핑 한 후 케이스 포장하고 파렛트 작업하여 창고로 운반하는 전 과정을 시스템화하여 포장공정의 자동화를 이루어야 한다. 이때 포장 자동화 시스템의 필요성 검토와 시스템 구축시 고려사항 및 고려해야 할 3가지 부분에 대하여 반드시 검토한 후 시행하여야 한다. 이송용 컨베이어를 포함하여 여러 기계들을 연결할 때에 앞 기계와 다음 기계 사이의 속도의 인터록(inter lock)이 발생하지 않도록 뒷 공정중에 대기여유을 주거나 앞 기계의 속도가 뒷 기계의 속도보다 약 10~20% 정도 빨라야 피포장물이 엉키거나 쓰러지는 일이 발생하지 않는다.

11.3.1 포장자동화 시스템의 필요성 검토

포장작업의 특징은 생산된 제품을 하나의 유닛(unit)으로 만드는 기술인데 수많은 유닛을 만드는 작업 포인트는 동일한 품질의 제품을 어떤 방법으로 유연하게 처리할 것인가? 또는 자동화의 필수요건인 수량문제, 품질문제, 경제성 등으로 인력 절감이 가능한가를 검토 하여야 하고 포장재료 및 물품의 취급과 기계적성이 포장공정 라인에서 물품 취급상의 요점으로 물품의 공정상 단위포장, 내부포장, 외부포장, 물류포장에 이르기까지 많은 공정 중 복수의 기계와 장치를 조합하여 이들을 종합적으로 제어함으로 인력절감을 도모하는 포장라인의 형태로 구성하고 보장된 품질 수준과 필요한 수량의 확보와 경제성에 따른 인력 절감의 효과가 있는가를 검토하여야 한다.

피포장물의 검토 사항

① 피포장물의 포장 수량
② 피포장물의 모양, 크기, 물성, 중량
③ 분당 포장속도
④ 포장형태(단위포장, 내부포장, 외부포장)
⑤ 요구되는 포장품질

⑥ 포장기법 등을 검토하여 투자비를 고려한 경제성, 인력절감 등의 검토가 필수적이다.

11.3.2 포장자동화 시스템 구축시 고려사항

생산 공장에서 제품의 포장공정은 단위포장, 내부포장, 외부포장, 물류포장에 이르기까지 수많은 공정이 있는데 일반적으로 복수의 자동화 장치를 조합시켜 접속하여 이들을 종합적으로 제어하여 경제적인 포장 라인의 형태로 구성하기 위해서는 개개의 공정간의 접속(연결)이 매우 중요하여 포장하는 제품의 물성, 포장재료, 작업장의 환경 등을 정확히 파악하고 자동화의 목표가 인력절감, 품질향상, 재료비절감, 환경개선 등으로 확실해야 하며, 특히 접속될 자동화 설비간의 포장 속도의 원활한 연결은 매우 중요하다. 장기적으로 구성된 포장자동화 라인이 lead time이 짧은 경우 다른 작업으로의 전환 가능한 호환성(flexibility)이 가능하도록 처리하고 환경 친화적인 측면에서 recycle, reuse 등이 가능하도록 설계함과 동시에 포장기계 폐기물 처리도 용이해야 하며 고려사항으로

① 포장재료(재질)
② 연속공급 가능여부
③ 재료의 물성
④ 구입의 형태와 치수
⑤ 인력절감, 품질균일
⑥ 재료비 절감
⑦ 작업장 환경과 배치
⑧ 재료의 친환경성(폐기물 처리) 등이 있다.

식품, 의약품, 화장품, 생활용품 등 대량생산 체계가 필요한 라인은 거의 자동화 또는 자동화 라인으로 구성되어 내부포장, 외부포장, 물류포장을 하나의 라인으로 할뿐만 아니라 파렛타이징(palletizing)에 이르기까지 유닛로드 시스템(unit load system, ULS)으로 물류비를 절감하는 각 공정을 접속한 일관라인 시스템으로 포장공정 전체를 합리화하는 경향이다. 따라서 포장자동화 시스템을 추진하는 경우에 세부적인 검토사항으로는

① 투자비에 대한 적정 여부
② 공장의 공간 검토
③ 포장재료와 피포장물의 물성 파악은 물론 수급방법과 경로 검토
④ 시스템의 가동율(최소 80% 이상)
⑤ 생산량에 따른 처리속도(분당 생산수량)
⑥ 개개의 설비간의 접속 방법
⑦ 시스템의 안전성과 위생성
⑧ 신뢰성과 A/S문제
⑨ 생산능력의 변경 가능성(증설 또는 교체시)
⑩ 설치장소의 환경대책 등은 반드시 검토하여야 할 요소이다.

11.3.3 포장자동화 시스템 공정

일반적인 제품의 포장 공정(외부포장, 테이핑, 밴딩, 랩핑) 자동화 라인은 몇 개의 단계로 이루어져 있으며, 그 공정을 살펴보면, 첫 번째 제품이 이송되는 공정, 두 번째 제함기에서 상자의 형태로 구조화되고 상자 하단에 테이핑 처리되어 컨베이어로 이동되며, 세 번째는 내부에 로봇을 이용하여 접지된 상자에 제품을 담게 되며, 네 번째는 제품이 들어있는 상자의 상단부분을 접고 테이핑 처리한다. 다섯 번째는 상자를 견고하기 위해 상자 모서리 부분을 테이핑하게 되며, 여섯 번째는 턴테이블로 상자를 회전시켜 2차 결속 후 1차 포장을 완성한다. 일곱 번째는 수평결속기로 파렛트 위에 제품을 결속하여 운반하기 편리하게 만들게 되며, 여덟 번째는 파렛트 위에 상자를 아치개폐형 결속기가 파렛트 하단으로 삽입하여 파렛트와 함께 결속시킨다. 아홉 번째는 사이트 타입의 결속기로 묶어주며, 마지막으로는 井 형태로 결속된 파렛트를 랩으로 감아 컨베이어를 통해 출하지점 또는 보관장소로 이송하게 된다.

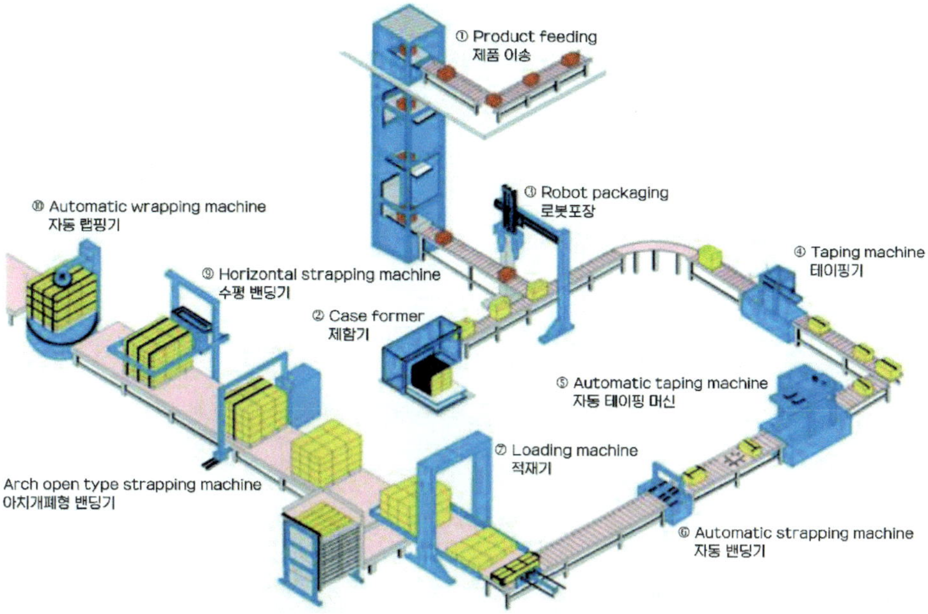

[그림 11.12] 일반적인 포장공정 자동화 시스템 (출처 : 대은산업주식회사)

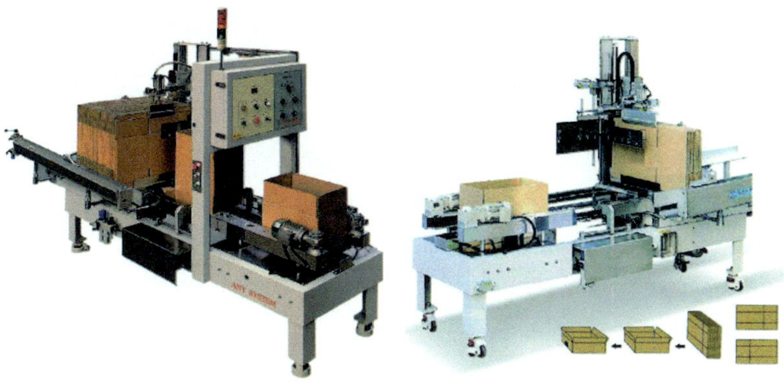

[그림 11.13] 제함기(case former) (출처 : 서진기계(주), 삼원팩)

[그림 11.14] 로봇을 이용한 인케이싱 (출처 : 아이에스피(주))

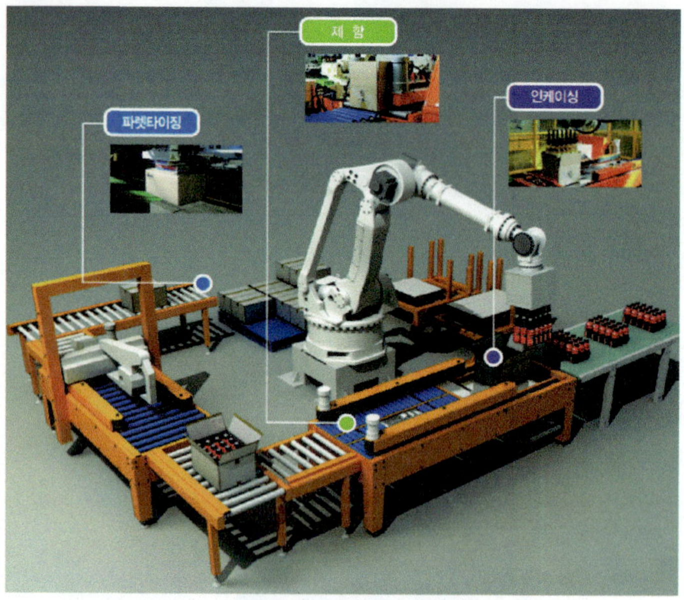

[그림 11.15] 로봇을 이용한 인케이싱 작업 라인
(출처 : 아이에스피(주))

[그림 11.16] 로봇을 이용한 파렛타이징 (출처 : DCPACK Co., Ltd)

[그림 11.17] 자동 랩핑기(출처 : SIMPACK)

11.4 포장화물의 유닛로드 시스템

최근 세계 경영이 글로벌화 되어 가면서 물동량의 이동이 빈번해 지고 있다. 물동량은 형상이 서로 다르고 다양하며, 시간적·공간적으로 이동함에 있어 변화가 많이 발생하므로 물류효율을 높이기 위해서는 물류 표준화는 반드시 필요한 과제이다. 하지만 물류의 각 기능 간 연결되는 과정 중에서 작업의 비효율성이 수없이 발생되고 있어, 이를 극복하기 위해서는 수송, 보관, 하역, 포장, 정보관리 등 물류의 각 기능과 관련된 유닛로드 시스템(unit load system, ULS) 합리화가 물류시스템 최적화 방안의 하나로서 세계적인 관심의 대상이 되고 있다.

11.4.1 유닛로드 시스템의 개념

유닛로드(unit load)에 대해 한국산업규격(korea standard : KS A 0013)에서는 "수송·보관·하역 등의 물류활동을 합리적으로 처리하기 위하여 복수의 물품 또는 포장화물을 기계·기구에 의한 취급에 적합하도록 하나의 단위로 정리한 화물"이라 정의하고 있으며, 유닛로드 시스템은 "유닛로드화 함으로써 하역을 기계화하고 수송, 보관 등을 일관하여 합리화하는 구조" 및 "화물을 취급하기 쉽게 표준의 중량이나 체계적으로 단위화시켜 운반, 보관하는 방식"이라 정의하고 있다. 포장화물을 유닛화시키는 이유는 취급단위를 크게 하면 작업능률이 높아지고, 운반의 용이성과 제품보호의 효과를 높여줌으로서 비용절감의 효과를 얻을 수 있다. 또한 한국포준협회에서는 "개개의 물품 또는 개별화물을 하역의 효율화, 기계화, 차량 회전율 향상을 목적으로 일정한 단위(unit)로 정리하여, 일련의 수송, 보관, 하역을 실시하여 각각의 효과를 얻을 수 있는 체계"라고 정의하고 있다.

즉, 유닛로드 시스템이란 하역 및 운반의 혁신적인 단위 적재를 통하여 수송 합리화를 이룩하는 체계로서 포장화물을 일정한 표준의 중량과 용적으로 이를 단위화(unitilization)시켜 기계적인 힘에 의해 일괄적으로 하역 또는 운송하는 물류시스템을 의미한다.

유닛로드 시스템을 도입하기 위해서는 다음과 같은 해결되어야 과제들이 있다.

첫째, 운송 장비 적재함의 규격 표준화를 말할 수 있다. 국내에서 제작되는 수송차량의 적재함 규격은 제조회사별로 상이해서 공차율이 증대되고, 타 운송수단과의 복합운송 발전에 저해 요인이 되고 있으며, 국내 기업이 화물 운송시 트럭 의존도가 전체 분담률의 90% 수준을 차지하고 있어 트럭과 타 수단과의 일관수송체계 구축을 하기 위해서는 차량의 적재함 표준화가 중요하다고 할 수 있다.

둘째, 포장단위 치수의 표준화를 말할 수 있다. 규격외 포장이나 불량포장, 포장재질 및 방법의 표준화가 미흡하면 물류과정에서 제품의 파손율이 높게 나타날 수 있다. 또한, 겉 포장에서 각 기업의 자사 규격이 많이 사용되고 있다. 이로 인해 보관의 효율성, 기계하역, 수·배송 합리화 등의 저해요인이 된다.

셋째, 파렛트 표준화를 말할 수 있다. 국내에서 사용률이 계속 증가하고 있으며, 기업체에서 일관수송용 T-11형 파렛트(1,100 mm×1,100 mm) 보유율 또한 증가하고 있는 추세이다. 그러나 일부 기업에서는 화물종류와 형태가 표준화 되지 못하여 일관 파렛트화가 곤란하고, 이에 따라 적재효율이 떨어지기 때문에 사용이 부진한 것으로 파악되고 있다.

넷째, 운반하역장비의 표준화를 말할 수 있다. 최근 기계화가 급격이 증가하고 있어 인력에 의한 하역 작업이 차지하는 비율이 약 30% 수준에 이르는 것으로 나타나고 있으며, 농산물의 인력에 의한 하역작업 비율이 상대적으로 높다. 하역 설비의 호환성 부족, 비 규격화, 안정성 부족, 능력표시 기준 미 표기, 제조업체 별로 상이한 규격으로 인해 하역작업의 기계화 비율은 저조하여 물류비 상승에 영향을 주는 요인으로 여겨지고 있다.

다섯째, 창고·보관설비의 표준화를 말할 수 있다. 우리나라의 보관시설은 양적인 측면에서 확충이 요구되고 있으며, 질적인 측면에서는 처리능력 제고, 물류거점으로서의 기능 강화가 과제로 지적되고 있다. 이에 더해서 보관시설을 입체적으로 활용하고 장비 및 시설의 현대화가 요구된다. 자동창고가 도입되면 기존의 문제점을 어느 정도 해소할 수 있겠지만, 막대한 투자비용이 소요되어 도입이 부진한 실정이다. 또한 물류센터의 보관율을 높게 나타나고 있지만, 다른 규격화로 인해 기업 간 공동 이용사례는 부진해서 배송업무가 중복되는 경우가 많다.

여섯째, 거래단위의 표준화를 말할 수 있다. 보관시설을 이용하는 제품의 수송 및 하역단위에 대한 규격화가 부진하여 유닛로드 시스템 발전에 장애요소가 된다.

유닛로드는 화물 취급 단위에 대한 단순화와 표준화를 통하여 기계하역을 보다 용이하게 하고 하역 능력 향상과 비용절감을 꾀하는 동시에 수송 및 보관업무의 효율적인 운용과 수송포장의 간소화 등을 가능하게 한다. 유닛로드의 필요성은 하역의 기계화 촉진, 수송의 효율화 유도, 물류비용의 절감을 달성할 수 있다. 물류표준화의 기준이 유닛로드 시스템이며, 물류시스템을 이룩하기 위해서는 유닛로드 시스템을 반드시 구축하여야 한다.

11.4.2 유닛로드 시스템의 대표적 종류

유닛로드/유닛로드 시스템은 파렛트나 컨테이너를 이용하거나 혹은 물품을 밴드로 묶거나 집합포장으로 처리한 상태가 일반적이지만, 트럭, 트레일러, 스왑 바디 또는 화물열차나 거룻배 등 그 자체를 하나의 유닛로드와 동일시 하여 이들을 보다 대형의 운송기관에 적재하여 운송하는 형태도 있다. 일반적인 유닛로드는 기계하역에 적합하도록 표준화된 형태이어야 하며, 그러한 의미에서 유닛로드는 어떠한 모습으로든 획일화된 유니폼 로드(uniform load)일 것을 요구하고 있다. 다시 말해 내용물은 각각이더라도 동일 규격의 파렛트와 컨테이너에 적재함으로써 동일한 모습의 화물로 취급되어야 한다. 그러나 오로지 하나의 규격으로만 한정되어야 하는 것은 아니며, 필요에 따라서는 여러 개의 규격이 존재하여도 무방하다. 유닛로드의 대표적 방법으로 크게 파렛트 방식과 컨테이너 방식을 말할 수 있다.

파렛트(pallet, 팔레트)란 물품을 하역, 운송, 보관하기 위해 단위화물을 적재할 수 있는 호크 등의 차입구를 가진 하역대이다. 하역 운반기기에 의한 물품취급을 편리하게 하기 위해 싣는 면을 가진 것을 의미한다. 유닛로드의 대표적인 설비로서, 물품을 하역, 수송 및 보관하기 위해 단위수량을 적재할 수 있는 적재 깔판으로서 다수의 소화물을 일정한 기준에 따른 묶음으로 유닛로드를 갖추게 된다. 파렛트를 이용하는 방법은 1940년경 미국에서 처음 개발되어 이제는 전 세계적으로 사용되는 방법으로 초기에는 공장 등 작업장 구내에서 운반합리화의 수단으로 시작되었는데 지게차(folk lift)의 개발로 파렛트로드(pallet load) 상태로 일관하여 수송하는 단계(palletization)의 채택은 포장의 표준화에 의한 포장비의 절감 및 화물파손의 감소 등 물리적, 경제적 양면에서 상당한 효과를 기대할 수 있다. 최근에는 파렛트로드를 사용하여 생산라인에 직접 연결하여 생산된 제품을 파렛트 위에 적재한 다음 이를 곧바로 자동창고에 입고 및 보관시키고 있어 보관합리화 및 출하관리에도 이용하고 있다. 파렛트의 종류에는 평파렛트(flat pallet), 기둥파렛트(post pallet), 상자형 파렛트(box pallet), 롤 상자형 파렛트(roll box pallet), 슬립시트(slip pallet) 등이 있다.

파렛트의 사용이 구내용으로 한정되어 있는 경우에는 화물이 최종 도착지에 도착할 때까지 다수의 환적과정을 거치므로 과다한 인건비가 발생하고 수송장비들의 대기시간이 길어진다. 이러한 문제를 해결하기 위해서는 출발지부터 최종

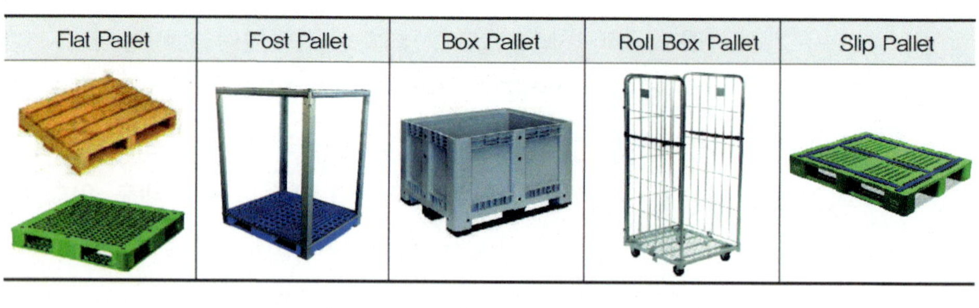

[그림 11.18] 파렛트의 종류

도착지까지 파렛트상에 적재된 화물을 운반, 하역, 수송, 보관작업 중 환적하지 않고 수송하는 일관파렛트화가 요구된다. 일관파렛트화는 하역의 기계화에 의한 보관효율의 향상, 하역시간 단축에 따른 작업인원의 감소, 차량회전율의 향상, 제품파손의 감소와 포장비의 절감 등 물류효율을 향상시킬 수 있다. 특히 국제복합운송을 원활하게 한다. 수출물량의 경우 컨테이너 내부에 파렛트 화물이 적입되어 수송되므로 일관파렛트화를 통해 국제복합 운송이 효율적으로 실시된다면 물류비 절감 및 물류서비스 수준을 향상시킬 수 있다.

컨테이너의 이용은 파렛트보다 빠른 1920년대 미국 철도회사들이 육상수송에 컨테이너를 활용하기 시작하였으며, 해상 컨테이너는 1956년 미국 Sea Land Service사에서 미국 내 화물의 연안수송에 이용한 것이 시초로 알려지고 있다. 컨테이너는 화물을 컨테이너 단위로 하여 하역기계를 사용해 수송기관에 싣고 내리며 포장자체도 합리화하는 수단으로 작용한다. 그 후 계속된 발전으로 항공에까지 확대되어 국제간의 화물수송이 주류를 형성하게 되었다. 컨테이너 방식은 컨테이너를 사용하여 컨테이너 적재상태로 일관 수송하므로 이를 파렛트화 같은 개념의 컨테이너 수송(containerization)이라 일컫는다. 이 방법은 처음부터 수송기관을 위한 용기로서 개발되었기 때문에 수송이 능률적으로 이루어지며 수송 중 외부의 어떠한 충격에도 충분히 견딜수 있는 구조로 되어 있다. 따라서 컨테이너 사용의 장점은 수송 능률향상과 동시에 수송기관과의 연결을 원활하게 할 수 있으며, 일관수송을 가능케 하여 각 수송매체의 특징을 발휘할 수 있다. 컨테이너를 공로운송에서 이용하는 경우 견인차량에 의해 견인되는 연결차량인 분재형(semi-container)으로 운반되며, 철도를 이용하는 경우에는 컨테이너 전용화차인 무개화차로 운반되며, 해상운송에서는 분재형(semi-container ship)과 전용형(full- container ship)에 의해 운반된다. 항공운송은 보잉 747F 같은 대형 화물 전용기를 이용하게 된다. 이들 수송매체에는 컨테이너 적재를 위한 특수구조를 갖고 있어, 컨테이너의 규격과 강도, 하역장치 등에 관한 엄격한 국제규격(ISO)이 요구되고 있다.

농업의 국제시장 개방에 따라 국내 농산물의 수출이 지속적으로 증가하면서 농산물 수송을 위한 냉장 컨테이너에 대한 수요가 증가하고 있으며, 최근에는 사물인터넷(inernet of things, IoT), 빅데이터(big data) 등의 스마트 기술을 접목하여 수송 중 컨테이너 내부환경, 위치 및 보안과 관련된 데이터를 실시간으로 모니터링할 수 있는 스마트 컨테이너 개발이 이루어져 접목되고 있으며, 컨테이너 재질에 대한 변경을 통해 경량화 및 컨테이너 스캔 작업의 경비 및 효율성 제고를 위한 개발이 진행되고 있다. 또한, 국내에서는 해상용 컨테이너의 물류효율성을 고려하여 접이식 컨테이너를 개발하여 시범사업을 운영하고 있다.

20 ft Container	40 ft Container	Themal Container	Refrigerated container

[그림 11.19] 컨테이너의 종류

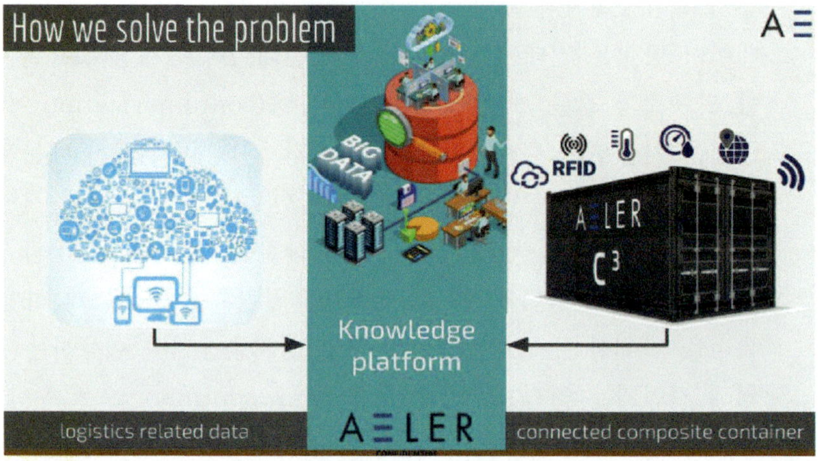

[그림 11.20] 스마트 기술 접목 컨테이너 (출처 : Solar Impulse Foundation)

[그림 11.21] 접이식 컨테이너 (출처 : CLO)

11.4.3 유닛로드 시스템의 표준화와 물류모듈의 설정

물류시스템의 표준화를 위해서는 물류모듈의 개념을 도입하여야 한다. 그 기본이 되는 것이 표준화이다. 따라서 소프트웨어적인 면과 하드웨어적인 면에서의 표준화를 적극적이고 선진적으로 추진함으로 물류 효율화 및 물류비용을 절감할 수 있을 것이다. 물류모듈이란 물류시스템을 구성하는 각종 요소인 포장화물의 유닛로드에 대한 하역·운반기기·기계, 트럭 등 수송을 위한 장비, 보관용 기기나 시설 등의 치수나 사양에 관한 기준척도와 대칭계열을 말한다. 물류모듈의 기본 치수는 유닛로드 치수가 된다. 이 유닛로드 치수에는 실제 물동량의 치수로 평면치수인 NULS(net unit-load size)와 포장단위들을 하나의 집합체로 구성할 때 돌출부나 변형을 포함한 밑면과 수직인 4개 면의 간격인 입체 면으로부터 설정되는 PVS(plan view size)의 두가지 종류의 유닛로드 규격이 있으며, 다음과 같다.

- NULS(net unit-load size) : 파렛트 위에 거칠게 작업하여 적재하거나, 자체의 무게 또는 장기간 보관으로 포장의 변형 등으로 발생된 허용치수를 PVS로부터 제외한 유닛로드의 순수치수를 의미한다. 즉, 유닛로드를 구성하는 물품 또는 포장화물을 적절히 바르게 나열된 상태에서의 계산상의 길이와 나비이다. 따라서 이 NULS 치수는 파렛트 치수와 포장단위의 치수들을 결정할 때 기본이 되며, 분할포장모듈시스템과 연결된다.
- PVS(plan view size) : 보관 중 또는 출하장에 대기하고 있을 때 유닛로드의 가장 돌출된 부분을 둘러싸고, 서로 직각을 이루는 4개의 수직면과 바닥면의 교차에 의해서 결정되는 평면의 길이와 나비의 실측값을 의미한다. 따라서 이 PVS 치수는 유닛로드치수의 최대허용 치수이며, 배수물류모듈시스템과 연결된다.

물류모듈 체계를 보면 KS A 0013(물류용어), KS A 1609(물류모듈의 체계)에 의거하되, 부연하자면 물류모듈이란 물류시설이나 장비들의 규격이나 치수가 일정한 '배수'나 '분할' 관계로 조합되어 있는 집합체로서 물류표준화를 위한 기준 치수이며, 반드시 유닛로드 시스템을 전제로 한다. 물류표준화는 유닛로드 시스템에서 시작하고, 유닛로드 시스템의 근간은 물류모듈이다. 분할포장모

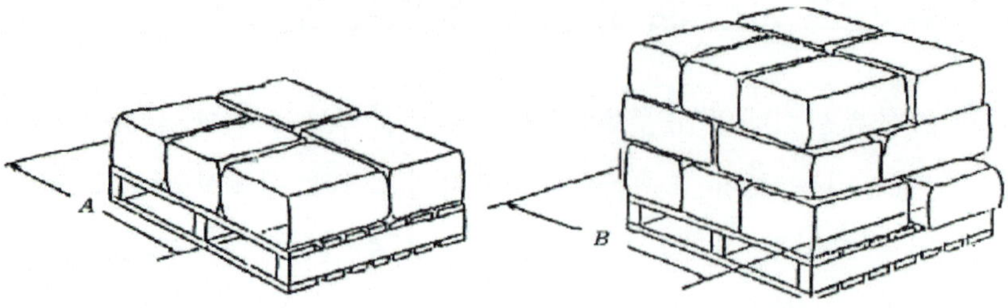

(a) NULS (Net Unit Load Size) (b) PVS (Plan View Size)

[그림 11.22] 유닛로드 치수

듈시스템은 KS T1002의 수송포장계열치수에 제정되어 있는 표준치수 1,100 × 1,100 mm (일관수송용 표준파렛트 규격) (KS T0003의 유닛로드치수에서 유닛로드치수로 평면치수인 1,140 × 1,140 mm를 규정하고 있으며, 유닛로드의 길이 및 나비의 허용치수는 -40 mm이므로, 유닛로드치수의 최소평면치수는 1,140 × 1,140 mm임)를 정수(1, 2, 3 …)로 분할, 가로와 세로의 치수들을 합산하여 1,100 mm가 되는 숫자들이며, 포장모듈 치수들은 이들의 조합이다. 배수물류 모듈시스템은 유닛로드 치수 1,140 × 1,140 mm를 기준으로 하고, 최대허용공차 −40 mm를 인정하며, 이를 배수로 하여 물류시설이나 장비들의 표준치수를 설정하고 있다.

현재 우리나라의 기본 물류모듈은 정방형 규격으로서 1,140 × 1,140 mm에서 허용공차 40 mm를 뺀 1,100 × 1,100 mm이다. 다시 말해 T-11, KS A 2155 일관수송용 파렛트이다.

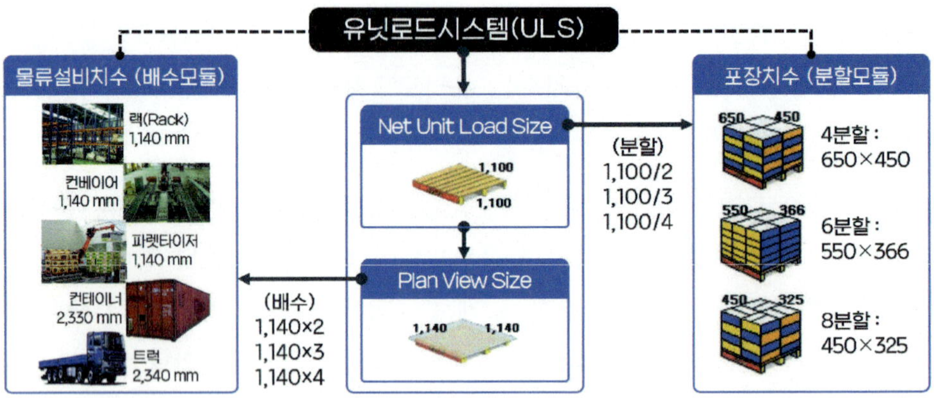

[그림 11.23] 물류모듈 규격

참고문헌

1. 김영순, 포장기계개론, 월간 포장타임즈, 2012.02
2. 박근실, 소비자포장기계, 포장산업, 2004.04
3. 박종민, 한종구, 수송포장설계공학, 문운당, 2011. 08
4. (사)한국포장학회, 포장기술편람, 포장산업, 2003. 01
5. 감사원, 감사결과처분요구서 : 물류정보화, 표준화 등 물류체계 개선사업 추진실태, 2005. 02
6. 기술표준원, 유닛로드 시스템 통칙 관련 규격정비 연구, 산업자원부 기술표준원, 1998.10
7. 기술표준원, 유닛로드 시스템의 보급 실태조사 보고, 산업자원부 기술표준원, 2005.04
8. 기술표준원, 유닛로드 시스템 표준화 연구보고서, 산업자원부 기술표준원, 2004.10
9. 유통과 제4차 산업혁명이 만나다. 월간 CHIEF EXCUTIVE, 2018.04

CHAPTER

12 농식품 포장을 위한 나노공학

12.1 서론

나노미터는 10^{-9}(10억분의 1) m에 해당하는 크기이며, 머리카락의 1/50,000, 박테리아의 1/1,000의 크기와 같다. 보통 꽃가루의 직경이 30,000 nm인 것을 감안하면 굉장히 낯설고 멀게만 느껴지는 단위라고 할 수 있다. 나노공학은 나노 수준의 구조, 모양 등을 디자인, 제작, 응용하는 공학 이며, 전기·전자, 바이오, 에너지 등 다양한 분야에서 각광받으며 산업체에 적용되고 있다. 최근, 나노공학이 농식품 포장에 접목되고 있으며, 식품포장의 본질적인 역할인 제품의 보호뿐만 아니라 저장기간, 품질 등을 향상시킬 수 있음이 밝혀져 소비자에게 더 높은 질의 상품을 제공할 수 있을 것이라 기대된다. 나노공학의 식품포장의 적용 방법은 나노소재 적용 또는 나노기술 적용으로 분류가 되며, 농식품 포장 분야에서 나노공학은 ① 가스, 수분, 산소와 이산화탄소 등의 차단, ② 항균 및 바이오필름(박테리아 세포막) 형성 억제, ③ 식품의 형태 유지 및 보호 기능을 향상시키기 위해 접목이 되고 있다. 이러한 기능 향상이 다양한 연구를 통해 증명되고 있으며, 제품화로 이어지고 있다. 나노공학 기반

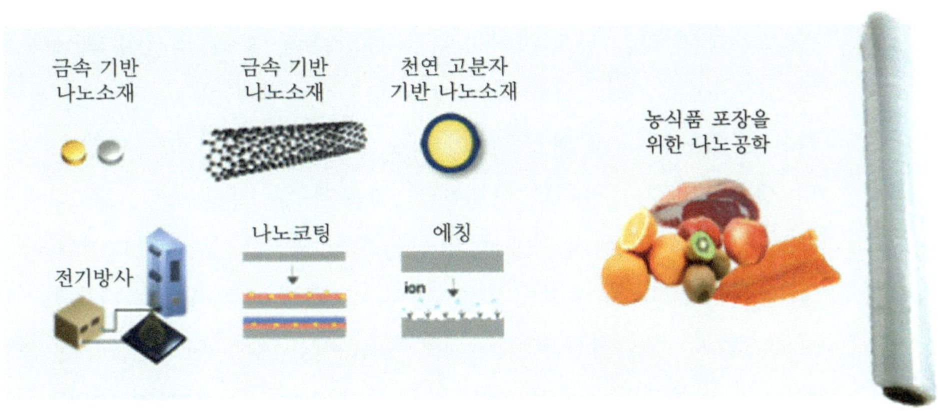

[그림 12.1] 농식품 포장을 위한 나노공학과 대표 나노소재, 나노기술

식품포장은 미래 농식품 포장 산업을 이끌 것으로 여겨지며, 본 장에서는 농식품 포장재 개발을 위한 나노공학의 접근 방법을 알아본 후, 식품포장의 기능 향상을 위한 연구 및 산업화 동향을 소개하고자 한다.

12.2 식품포장을 위한 나노공학 접근법

12.2.1 나노소재 기반 식품포장 기능 향상

1~100 nm 크기의 물질로 정의되는 나노소재는 주로 화학적 박리, 합성, 증착 등으로 제작된다. 나노소재는 벌크 상태의 물질과 달리 크기에 따라 화학적, 물리적, 생물학적 성질이 달라지며 용해도, 확산성, 생체활성 등의 흥미로운 특성을 가지게 된다. 대표적인 예로 벌크 상태의 금은 황금색을 띄고 있지만, 금 나노입자로 크기가 작아지면 붉은 색을 띄게 된다. 이러한, 나노소재의 물리, 화학, 구조적 특징은 농식품 포장에 적용할 수 있도록 최적화될 수 있다. 나노소재는 금속, 탄소, 폴리머 기반의 유형으로 분류할 수 있다.

금속소재는 고온, 고압 및 전기화학적 증착을 이용하여 나노 크기의 수준으로 제작될 수 있으며, 제작된 금속 기반 나노소재는 전도성이 높고 표면 대 부피 비율이 크다. 식품포장에 있어 주로 쓰이는 금속 기반 나노소재는 금, 은, 티타늄 및 산화 아연 등이 있으며, 광학적, 전기적 특성이 독특해 크기, 형태, 집적 상태에 따라 기능이 달라진다. 이러한 금속 기반 나노소재는 일반적으로 약물 전달을 위한 무독성 매개체로 사용되며, 광학 특성이 뛰어나 가스나 수분과 반응하여 식품 상태를 쉽게 시각화할 수 있다. 또한 금 나노입자의 표면 전하는 아데노신 유래 합성효소와 세균의 리보솜 결합체의 활성을 억제하여 세균의 생물학적 기능장애를 유발하여 항균제로서 유용하다. 은 나노입자는 내열성, 안전성, 항균성이 높으며 활성산소종 생산을 통해 박테리아 세균막을 쉽게 뚫고 핵의 DNA를 손상시킬 수 있다. 그렇게 때문에, 은 나노입자는 식품포장 시스템의 무독성 항균/항진균제로 주로 사용된다. 하지만, 은은 산화에 민감하기 때문에 은 나노입자의 생산과 보관이 어렵다는 단점이 있다. 티타늄은 금과

은보다 풍부하고 튼튼하며 가격 대비 효율이 좋다라고 알려져 있다. 티타늄 나노입자는 자외선으로부터 광촉매 반응을 일으킬 수 있으며, 결과적으로 박테리아를 죽일 수 있는 것으로 알려져 있다. 티타늄 나노입자 혼합 재료는 기계적, 항균적 특성이 강화되어 식품포장 상용화 가능성이 높다. 최근, 산화아연은 내구성이 뛰어나 세균막 표면에서 정전기 상호작용을 일으킬 수 있어 식품포장을 위한 소재로 각광 받고 있다.

최근에는 그래핀, 탄소나노튜브(CNT), 풀러렌 등의 탄소기반 나노소재는 우수한 물리화학적, 전기적, 열적 특성을 가져 차세대 식품포장 소재로 소개되고 있다. 그래핀은 벌집 격자 구조를 이루는 흑연의 단층으로 이루어져 있어 나노 수준의 두께를 가지고 있다. 탄소원자 간 sp^2 결합력이 강해 화학적, 물리적 안정성이 높고, 전기전도성과 유연성도 높다. 산화 반응을 통해 산화, 박리된 그래핀은 산화 그래핀(graphene oxide, GO)이라고 하며, 다양한 유용 물질과 잘 반응할 수 있어 효율을 극대화 할 수 있다. 그래핀을 원통형으로 말린 형태의 탄소나노튜브는 단벽형 탄소나노튜브(SWCNT)와 다벽형 탄소나노튜브(MWCNT)로 나눌 수 있다. SWCNT는 0.4~2.5 nm 직경의 단일 탄소층으로 구성되며, MWCNT는 최대 100 nm 직경의 여러 탄소 층으로 구성된다. 탄소나노튜브는 기계적, 열적, 전기적 특성이 우수하여, 표면에 화학적 작용기, 분자를 대용량으로 담지할 수 있다. 풀러렌은 탄소가 축구공과 같은 구조를 가져서 이온이나 분자를 내부 공간에 저장할 수 있다는 장점을 가진다. 금속, 탄소기반 나노소재는 모두 식품포장 소재로 사용될 수 있지만, 높은 가격, 낮은 상용화 가능성, 생태계의 축적 문제 점등 한계가 존재한다.

천연 고분자를 기반으로 한 나노소재가 개발되고 식품포장을 위한 접근이 소개되고 있다. 천연 고분자 기반 소재는 친환경적이며, 일반적으로 생체 적합하다. 대표적인 물질인 키토산은 갑각류 껍질 등을 부분 탈아세틸화를 통해 얻어질 수 있으며, 무독성, 생분해성, 항균성을 가진다고 알려져 있다. 물에 쉽게 녹지 않으며, 필름, 입자, 섬유 등 다양한 형태로 제작이 가능하다는 장점을 가진다. 셀룰로스는 베타 포도당 분자로 형성되어 있으며, 수소 결합으로 안정성을 유지한다. 셀룰로스는 경제적이고 가볍고 튼튼하다는 장점을 가지며, 다른 물질과 혼합하면 합성 폴리머의 기계적 강도를 높일 수 있으며 차단 효과를 높일 수 있기 때문에 식품포장 소재로 많은 이점을 가진다. 한 예로, 셀룰로스를 지방산과 폴리에틸렌과 혼합한 소재는 기계적 강도, 열 안정성, 차단 효과가 향상되어 미래 식품포장에 적용 가능성이 높다라는 연구 결과들이 소개되고 있다. 녹말은 알파 포도당 분자로 구성되어 있어 생체적합하고 생분해가 가능하여 낮은 기계적 강도를 가져 다른 소재와 결합한 소재 개발이 많이 소개되고 있다. 이처럼 다양한 성분을 기반으로 한 나노소재가 소개되고 있으며, 식품포장을 위해 적용되고 있다. 나노소재 기반 식품포장은 항균성, 가스 차단 기능 향상을 위해 주로 쓰이고 있으며, 이를 최적화하기 위한 연구들이 활발하게 진행되고 있다.

12.2.2 나노기술 기반 식품포장 기능 향상

나노 수준의 가공을 일컫는 나노기술은 식품포장 업계의 큰 관심을 끌고 있으며, 포장재 표면(비즈, 전기회전, 나노 코팅, 식각) 처리를 위한 다양한 접근법이 제안되었다. 나노구조를 가진 식품포장재는 나노섬유 구조 형성을 통해 작은 기공을 통한 가스 차단성과 세균의 표면 침적을 막을 수 있다. 전기방사는 나노 규모의 섬유 및 입자 제작에 사용되는 기술로, 재료 구조와 방향을 설정 조건에 따라 쉽게 제어할 수 있습니다. 전기방사를 위해 필요한 장비는 고전압 전원 공급 장치, 주사기, 바늘, 주사기 펌프 및 접지된 컬렉터가 있다. 나노구조의 출력에 직접적인 영향을 미치는 요인은 고분자 용액의 유속과 농도, 니들 팁 크기, 전압, 표면장력이 있다. 고압 상태에서 고분자 용액은 제어된 유량으로 모세관 노즐 팁(마이크로스케일 직경)에서 방출되며 추출된 섬유의 직경은 수 nm에서 10 μm 사이이다. 전기방사 섬유는 얇은 다공성 스펀지를 닮은 구조물이 맞물린 매트를 형성하며 세균의 침입과 기체 침투를 효과적으로 방지할 수 있다. 전기방사매트의 높은 차단성으로 식품 선도 유지에 적합하며, 다공성 구조를 통해 약물과 분자를 적재할 수 있어 식품저장 기간을 연장할 수 있다. 나노 코팅은 나노 두께로 표면 코팅과 나노입자 또는 나노섬유를 표면 코팅으로 구분하여 기존에 사용되는 재료의 기능을 개선하며, 전통적인 코팅 기술의 한계를 극복할 수 있다. 대표적인 코팅 방법은 자가 조립, 딥 코팅, 스핀 코팅, 층별 코팅, 식각 및 스프레이 코팅이 있다. 자가 조립 기법은 엔트로피의 극대화를 통해 무질서한 구성요소로부터 조직화된 구조를 형성하며, 다양한 파라미터의 제어를 통해 보다 복잡한 특징을 형성할 수 있다. 딥 코팅은 재료를 용액에 담갔다가 꺼내는 기법으로 매우 간단하고 비용 효율적인 기법이지만, 딥 코팅은 액체의 흐름 조건과 가스 오버헤드에 의해 큰 영향을 받기 때문에 표면을 균일하게 코팅하기는 어렵다. 그렇기 때문에, 딥 코팅은 용제 기화를 통해 가수분해된 금속 화합물이나 나노입자를 코팅하는데 더 많이 사용된다. 스핀 코팅은 코팅의 매우 얇은 층을 표면에 펼치기 위해 기판의 고속 회전(코팅 용액을 중앙에 도포)을 수반한다. 도포된 원심력과 증발력을 바탕으로 하며, 사용되는 용액의 종류와 농도와 원심분리기의 속도에 따라 코팅 두께를 조절할 수 있다. 또한 여러 번 코팅이 가능하며, 다양한 용액을 기판 표면에 반복 코팅하여 다층 코팅할 수 있다. 스프레이 코팅은 코팅 액체의 강력한 분무화를 통해 코팅 액체를 형성하기 위해 고압을 가해야 하며, 팁 크기, 점성, 온도 등의 요소가 방울 크기와 액체 흐름에 영향을 미친다. 스프레이 코팅은 비발열 방식이기 때문에 열민감성 항균제 도포에 효과적이다. 스프레이 코팅은 넓은 표면을 빠르게 코팅할 수 있고 거친 표면에 나노 층을 형성할 수 있다는 이점을 가진다. 그러나 이 기술은 용제의 휘발화가 필요하므로 환경의 영향을 많이 받고 코팅하는데 상당한 양이 필요하다. 나노기술의 적용 또한 비용적인 문제가 남아있지만, 기존 포장재의 한계를 극복하기 위하여 점차 부수적으로 사용되고 있다.

12.3 나노공학 기반 식품포장 기능 향상

12.3.1 가스, 수분 차단 효과

식품포장지의 내부와 외부 사이에 지속적으로 가스 산소와 이산화탄소가 교환되고 부패를 촉진하는 가스는 식품 오염을 유발하는 주요 요인이다. 일반적으로 높은 산소 투과성은 유통기한을 단축시킬 뿐만 아니라 포장 식품의 퇴화를 촉진시킬 수 있다. 예를 들어, 고농도의 산소는 화학적 변화를 통해 기름 또는 지질(예 : 식품의 변색, 지질 산화 등)이 포함된 식품의 변질에 영향을 미칠 수 있다. 의약품 등 의료제품 포장은 높은 장벽 효과와 낮은 투과성을 통한 화학적 상호작용을 최소화하기 위해 가스차단성이 높아야 한다. 국내에서는 전기방사 기법을 이용하여 계층형 폴리우레탄(PU) 기반 섬유 매트릭스를 개발한 후 폴리테트라플루우오로에틸렌과 폴리테트라플루우오로에틸렌의 합성을 통해 초소수성 특성과 낮은 표면 에너지를 가진 필름을 개발하였다(그림 12.2). 가공된 PU 기반 섬유 매트릭스는 높은 습윤 방지성과 뛰어난 신축성 및 가스 통기성을 보여주었다. Hu 연구팀은 나노 복합체 기반 포장이 키위 과일의 품질에 미치는 영향을 보고했다. 은 나노입자와 이산화티타늄 나노입자가 혼합된 폴리에틸렌의 포장재는 산소와 에틸렌 수치, 수증기 투과성, 포자 발아를 효과적으로 줄여 키위 열매의 부패를 지연시키고 유통기한을 연장시켰다. 최근에는, 샌드위치 구조의 poly lactic acid(PLA) 그래핀 복합체를 개발했다. PLA는 기계적 특성과 가성비가 우수한 대표적인 생분해성 고분자로 미래 식품포장 시스템의 핵심 소재로 꼽힌다. 그러나 이 폴리머는 산소와 수증기 장벽 성질이 제한돼 있어 음식의 신선도를 유지하는데 어렵다고 알려졌다. 따라서, 두 가지 종류의 그래핀[즉, graphene oxide(GO)와 reduced graphene oxide(RGO)]이 PLA 필름 사이의 코어 장벽으로 추가되어 차단성을 확인했다. RGO-PLA 필름은 87.6%의 수증기 투과성으로 양호한 장벽 특성을 보였으며, 식용유와 감자칩의 저장 수명이 최소 8배 증가하였다. RGO가 포함된 PLA 필름의 코어 장벽이 촘촘한 라멜라 미세구조가 수증기와 산소를 효과적으로 억제할 수 있는 확산 경로를 제공했다고 설명했다. GO 또한 코어 장벽으로서의 잠재력이 크지만, GO는 다양한 화학 작용기(하이드록실, 카보닐, 에폭사이드 그룹 등)를 가지고 있어 평면 표면을 결합으로 효과적으로 렌더링하기 때문에 원치 않는 기체 확산을 일으킬 수 있다고 설명했다. 이처럼, 나노소재와 나노기술의 적절한 조합으로 기존 식품포장재의 단점을 극복하고자 하며, 더 오래 식품의 선도를 유지할 수 있도록 하였다.

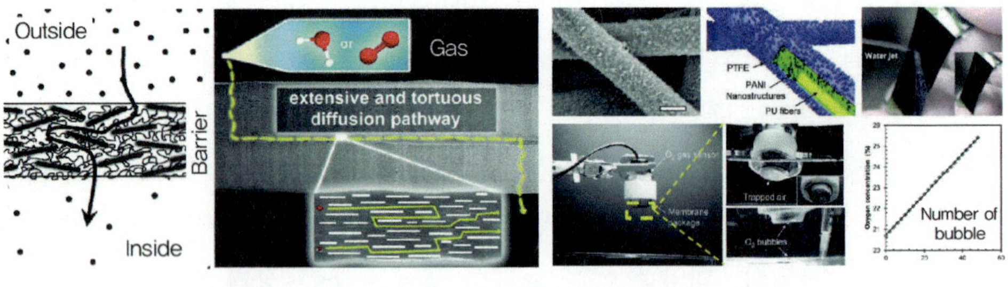

[그림 12.2] 나노공학 기반 가스, 수분 차단 효과

12.3.2 항균 효과

식품의 부패는 분열하는 세균의 존재에 의해 가속화되며, 식품 품질에 직접적인 영향을 미친다. 따라서 세균의 활동을 방해하고 지연시키기 위한 항균 효과가 있는 포장 시스템이 강력히 요구된다. 일반적으로 나노 크기의 나노소재가 세균의 세포막을 침투할 수 있으며, 미생물에 손상을 입힐 수 있다고 알려졌기 때문에 항균효과를 위한 나노소재의 접목이 대표적이라고 할 수 있다. 또한, 날카로운 나노구조는 박테리아 표면을 손상시킬 수 있으며, 복잡한 나노구조는 포장 내부에 박테리아가 침입하는 것을 막을 수 있기 때문에 나노 규모의 제조는 식품포장 시스템의 항균 효과를 위해 매우 중요하다(그림 12.3). 국내에서는 과일 포장을 위해 polyurethane(PU)과 티트리 오일이 포함된 용액을 전기방사를 통해 필름으로 개발했다. 제작된 나노섬유의 지름은 수백 nm에서 1 μm사이였고 나노섬유가 집적 폴리에틸렌 필름의 기계적 특성은 처리되지 않은 폴리에틸렌 필름보다 훨씬 우수했다. 또한 대장균과 황색포도상구균에 대한 항균성이 크게 증가하였으며, 차나무 함유 나노섬유로 외부 가스의 침입을 막아 가스 농도가 유지되어 토마토 신선도를 높일 수 있었다. 하이잉 쿠이 연구팀은 키토산 기반 나노섬유의 항균 효과를 확인했다. 전기방사를 이용하여

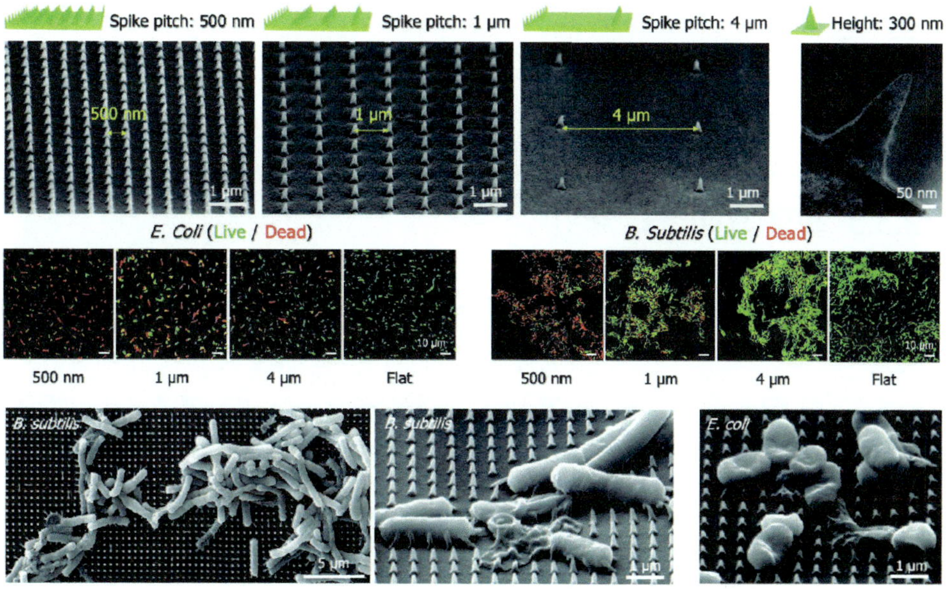

[그림 12.3] 나노구조 기반 박테리아 방오효과

α-폴리신-키토산 나노섬유와 모링가-키토산 나노입자가 포함된 젤라틴 나노섬유를 모두 제작하였고 각각의 기능을 분석하였다. 키토산을 첨가하여 나노섬유의 항균성, 안전성 등을 향상시켰고 살모넬라 티피무륨, 살모넬라 장티디스, 리스테리아 모노사이토제네 등의 기능을 성공적으로 억제하였다. 바드라 연구팀은 티타늄 표면 처리를 위해 열수 에칭(hydrothermal etching)을 사용했으며, 표면 거칠기를 높여 박테리아 바이오필름의 형성을 막았다. 표면 거칠기가 높은 티타늄 기질은 항균 활성도 Pseudomonas aeruginosa의 경우 ~50%, S.aureus의 경우 20%까지 낮췄다. 탕 연구팀은 금 나노입자, 이산화티타늄 나노입자, 알긴산나트륨을 이용해 분해 가능한 항균 나노복합 필름을 개발했고 금 나노입자의 표면의 플라즈모닉 공명이 활성산소종 생성을 유도해 박테리아의 기능을 억제할 수 있었다. 또 다른 연구에서는 은 나노입자가 첨가되 젤라틴 필름을 개발하여, 나노입자 농도에 따른 다양한 그람 음성 및 그람 양성 세균에 미치는 영향을 확인했다. S. 티피무륨, L. 모노사이토제네, 대장균, S.aureus, Bacillus cereus의 억제 구역은 나노입자 농도에 민감하게 조절되었다. 나노물질의 항균 메커니즘을 밝히기 위해 Vecitis 등은 지름과 길이는 같지만 다른 전자 구조(<5%, ~30%, >95%의 금속 SWNT를 이용하여 박테리아 독성을 조사하였다. 흥미롭게도, 세균성 손실(예 : 대장균)은 전자 구조에 따라 달랐으며, 금속성 SWNT에서 항균효과가 최대화되었다. 저자들은 SWNT의 항균 메커니즘이 ① 초기 접촉, ② 막 침투, ③ 전자 구조 기반 산화의 세 단계라는 것을 밝혔으며, 나노소재의 나노구조가 세균막 표면을 가장 먼저 손상시킨 뒤 전기화학적 성질이 세균 행동에 영향을 미치는 것으로 나타났다.

12.3.3 보호 효과(강도 향상)

식품포장 플랫폼의 깨끗한 표면을 유지하는 것은 소비자에게 미적 매력을 높이는 데 중요하며, 과일과 야채는 외부로부터 충격에 손상되기 쉽기 때문에 포장재의 강성, 내성을 개선하는 것이 중요하다. Li 연구팀은 완두콩 기반 녹말 필름을 제작했으며, 이 필름의 인장 강도는 전분 나노결정 농도가 높아짐에 따라 증가했다. 반면 녹말 나노결정 농도가 높을수록 수증기 투과성과 투과율이 낮아지고 가공필름의 수분함유율이 낮아졌다. 즉, 녹말 농도가 높아질수록 강도는 높아지고 수분과 가스 차단성은 높아져 이상적인 식품포장재가 개발된 것이다. 이처럼 기계적 특성 개선을 위해서 식품포장업계에서는 나노클레이 기반 나노 복합물이 주목받고 있다. 나노클레이는 1~1,000 nm의 작은 점토로 폴리프로필렌, 폴리에틸렌 등 고분자에 쉽게 박힐 수 있다. 1990년대 고지마 우스키는 나노클레이가 포장 시스템의 기계적 특성을 높일 수 있음을 처음으로 입증하였다. 또한, 나노클레이 기반 나노 복합물은 기계적 특성, 장벽 활성도, 항균 효과 및 분해능을 개선할 수 있기 때문에 최근 들어 다시 포장재의 강도를 높이기 위해 적용되고 있으며, 나노클레이 기반의 나노 복합체들은 저렴한 비용으로 식음료 포장 시스템에 성공적으로 적용될 수 있었다. 이외에도 국내 연구팀은 초분자 Fe(II)-탄닌산 금속-유기 조정 복합체 제작을 위한 스프레이 나노 코팅공정 기법을 개발하였다(그림 12.4). 제안된 금속 나노 코팅공정은 5초 이내에 재료를 코팅하여 식품 표면에 5 nm 두께의 균일한 막을 형성할 수 있었다. 아무 처리하지 않은 딸기는 58시간 이후 표면이 썩기 시작하였지만, 스프레이 코팅된 딸기는 수확 후 신선한 모습을 유지했다. 스프레이 코팅을 한 만다린 오렌지는 14일 동안 온전한 모양과 모양을 유지한 반면 코팅하지 않은 만다린 오렌지는 완전히 썩어 표면이 녹색을 띤 곰팡이로 덮여 있어 우수한 선도 유지 능력을 확인할 수 있었다.

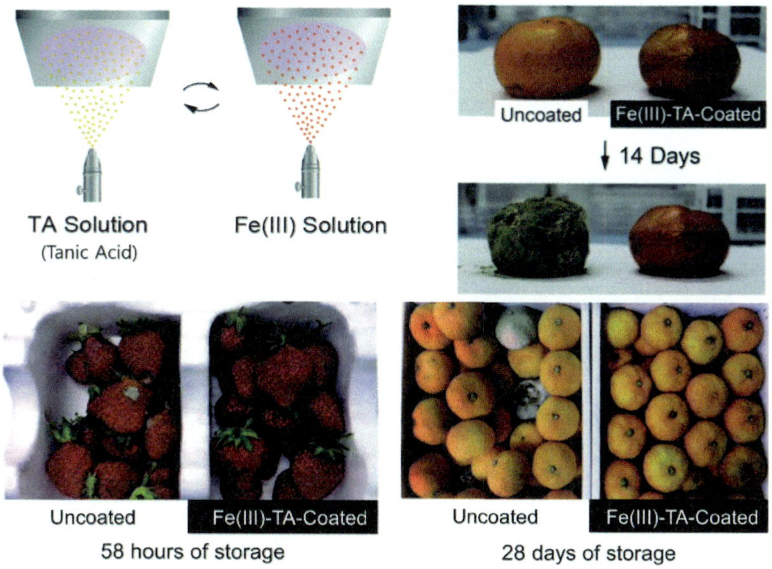

[그림 12.4] 나노공학 기반 식품 선도 유지 효과

12.4 나노공학 기반 식품포장 상품화

최근 리뷰에 따르면, 전 세계 400개 이상의 기업들이 이미 나노 규모의 제조 기반 식품포장재 개발을 시도했고, 매년 지속적인 성장 추세로 2013년에 약 65억 달러에 이룬 것으로 추산된다. 그러나 아직까지 나노공학 기반 식품포장재의 상용화에는 어려움이 있었다. 첫째, 나노 규모의 추가 제조 단계로 높은 수준의 제조 장비가 필요하기 때문에 가공 비용은 제한적이다. 둘째, 많은 나노 재료와 나노 제조 제품들은 규제 기관(예 : 식품의약국 및 유럽 식품 안전처)에서 실제 사용을 위한 안전성을 확인하기 위해 여전히 검토 중 또는 안정성 확립이 되어있지 않다. 셋째, 나노 규모의 제조에 대한 구매자들의 의구심과 우려는 극복해야 할 과제로 남아 있습니다. 따라서, 나노공학 기반의 식품포장의 상용화 적용은 여전히 제한적이라고 할 수 있다. 하지만, 우수한 기능을 가진 나노공학 기반의 식품포장 시스템들은 상업화가 점차 진행되고 있으며, 은 나노입자 기반 포장재와 같이 익숙하게 사용되고 있을 수도 있다. 유럽 식품안전처 조사에 따르면 전 세계적으로 120개 이상의 은 나노 기반 제품이 있으며, 미국, 독일, 한국, 중국 순으로 제품이 개발되어 있다. 우유병, 머그컵, 프라이팬, 도마 등에 은 나노입자 기반 제품을 적용해 항균성을 높이고자 하였다. 은 나노입자 이외에도 규산염 기반의 나노클레이도 식품포장재에 많이 이용되고 있다. 나노클레이는 박테리아, 가스 등 분자의 침투를 억제하는 복잡한 차단 경로 형성을 통해 식품포장 시스템의 차단성을 개선할 수 있다. 나노클레이는 다른 나노 규모의 제조 기반 제품에 비해 가공이 훨씬 간단하고 산소 장벽 특성이 우수하기 때문에 알코올 음료 포장에 적용되었다. 특히 하이트맥주(대한민국)는 페트병 크기의 나노클레이 기반 맥주 포장재를 상용화했고, 밀러브루잉(미국)은 맥주와 탄산음료 포장에 다층 폴리에틸렌 테레프탈레이트 기반 병을 사용했다. 농식품은 에틸렌 가스를 외부로 배출하고, 이는 식품의 부패를 촉진하기 때문에 에틸렌 가스 배출을 줄이고 투과시키는 것이 중요하다. 에버트프레시(미국)는 과일, 야채 등 신선식품을 포장할 수 있는 제올라이트 기반의 스마트푸드 포장 비닐백을 개발했다. 그로핏플라스틱스(이스라엘)가 신선한 농산물의 에틸렌 가스를 흡착하는 광물 기반의 바이오프레시 포장 플랫폼을 상용화해 브로콜리의 유통기한이 30일로 향상되었다. 최근, 미국 Aptar Food+Berage는 InvisiShield를 출시하여, 밀봉 후 박테리아와 바이러스(즉, 살모넬라, 대장균, 인간 노로바이러스, 리스테리아 모노사이토제네)로부터 선도를 유지할 수 있는 항균 전달 포장재를 소개하였다. 이처럼, 나노공학 기반 포장재 상업화가 전세계적으로 이루어지고 있으며, 기존 포장재의 기능을 향상시켜 소비자에게 더 좋은 상태의 상품을 제공할 수 있게 되었다.

12.5 결론

나노공학 기반 식품포장은 미래 농식품 포장을 위한 강력한 전략으로 여겨지고 있으며, 기존 식품 포장재 기능을 향상시키기 위해 적용되고 있다. 나노소재, 나노기술 기반 접근법은 가스·수분 차단, 항균, 선도 유지 효과를 향상시킬 수 있었으며, 기능을 극대화하기 위한 나노미터 수준의 설계와 제어가 가능함을 확인하였다. 다만, 이의 상용화는 상대적으로 더딘 편이다. 특히, 나노소재 사용에 따른 안정성 확보 등 상용화를 위한 다양한 연구가 추가로 요구된다. 나노공학 기반 농식품 포장기술은 융합연구가 필수적이며 다학제간의 연구와 이를 위한 연구 환경 지원이 중요하다. 미래 농식품 포장 산업을 선도할 수 있는 나노공학 기술이 지속적으로 개발되길 기대한다.

[후기]

본 장은 농업생명과학연구동향 '스마트포장을 위한 나노기술의 연구동향과 전망' 내용을 기반으로 쓰였습니다.

참고문헌

1. Park et al., 스마트포장을 위한 나노기술의 연구동향과 전망, 농업생명과학연구동향, 2019
2. Azeredo et al., Nanocomposites for food packaging applications, Food Research International, 2009
3. Park et al., Nanoscale manufacturing as an enabling strategy for the design of smart food packaging systems, Food Packaging and Shelf Life, 2020
4. Bumbusanpharoke et al., Nano-food packaging : An overview of market, migration research, and safety regulations, 2015
5. Park et al., Antimicrobial spray nanocoating of supramolecular Fe(III)-tannic acid metal-organic coordination complex : applications to shoe insoles and fruits, Scientific Reports, 2017
6. Goh et al., Sandwich-architectured poly(lactic acid)-graphene composite food packaging films, ACS Applied Materials & Interfaces, 2016
7. Valdes et al., State of the art of antimicrobial edible coatings for food packaging applications, Coatings, 2017
8. Cho et al., A rubberlike stretchable fibrous membrane with anti-wettability and gas breathability, Advanced Functional Materials, 2013
9. Bhadra et al., Antibacterial titanium nano-patterend arrays inspired by dragonfly wings, Scientific Reports, 2015
10. Park et al., Hydrogel nanospike patch as a flexible anti-pathogenic scaffold for regulating stem cell behavior, ACS Nano, 2019
11. Vecitis et al., Electronic-structure-dependent bacterial cytotoxicity of single walled carbon nanotubes, ACS Nano, 2010
12. Silva et al., Nano-MgO reinforced chitosan nanocomposites for high performance packaging applications with improved mechanical, thermal and barrier properties, carbohydrate polymers, 2017

CHAPTER

13 녹차음료 가공공장의 설계

13.1 공장의 입지 선정

녹차 캔음료 공장을 건립하려면 가공공장의 필요성과 타당성이 충분히 검토되어야 한다. 타당성이 있어 결정한 후에 먼저 공장을 지을 위치를 선정해야 한다. 식품 가공공장의 경우 경영주의 입장이나 원료의 생산 위치에 따라 공장 입지가 제한되는 경우가 많지만 가능한 범위에서 최적의 위치에 공장이 있어야 우수한 품질의 제품을 경쟁력이 있는 가격으로 생산할 수 있다. 녹차 캔음료 가공공장처럼 지역의 특산물을 가공하는 공장이라면 그 생산지역에 위치해야 하는 특수성을 갖게 되며, 가능한 원료, 음용수의 가용성, 노동력의 가용성, 교통의 편리성, 동력의 가용성 그리고 환경오염처리 등을 고려하여 입지를 선정해야 한다.

공장의 입지는 사업의 성패에 크게 영향을 미치므로 입지 선정에 신중을 기해야 한다. 원칙적으로 녹차음료 가공공장은 최소의 비용으로 녹차를 가공하고 캔음료화하여 분배할 수 있는 곳으로 원료 생산과 음용수 가용지역을 중심으로 위치해야 한다. 녹차 캔음료 가공공장의 입지 선정에 있어서 고려해야 할 요인들을 중요한 순서대로 나열하면 다음과 같다.

① 원료의 생산량
② 음용수의 가용성 및 수질상태
③ 전력의 가용성
④ 노동력의 가용성 및 임금
⑤ 교통 및 운송
⑥ 위치적 조건
⑦ 환경 문제
⑧ 기후 조건

⑨ 법적 규제 및 세금

⑩ 지역 주변 특성

위의 여러 가지 요인 중에서 녹차 캔음료 가공공장의 입지 선정에 가장 중요한 요인은 원료의 생산량과 음용수의 가용성, 전력 및 노동력의 가용성과 교통의 조건을 들 수 있다.

13.1.1 원료의 생산량

차 원료의 생산지 및 생산량은 입지 선정에 매우 중요하다. 이제까지 국내에서는 2007년 녹차 안전성 문제가 대두되면서 차에 대한 관심이 감소하여 그 생산량에 비해 소비량이 적어 그동안 계속해서 재배농가가 줄어들었으며 그 생산과 가공도 영세성을 벗어나지 못했다. 그러나 근래에 들어서 녹차 재배가 유기농으로 전환되었고, 녹차와 홍차에 대한 기능성의 인식도가 달라져 건강에 관한 관심이 고조됨에 따라 차의 소비가 증가하기 시작하였다. 이에 액상차 시장은 지난 5년간 약 24%가 증가해 2020년에는 3,300억원이 넘는 시장을 형성하고 있다. 이에 생엽의 생산량도 증가하기 시작했으며 생엽의 가공물량도 점차 증가하고 있다.

녹차의 주요 산지는 전라남도 보성군, 경상남도 하동군, 사천시, 제주특별자치도, 전라남도 구례군이다. 전국 최대 녹차 생산지인 보성군은 2019년 말 기준 건엽 생산량 1,469 ton으로 전국 생산량의 36.3%를 차지하고 있으며, 715 농가에서 877 ha 면적의 녹차밭을 경작하고 있어 전국 차밭의 35.5%가 보성군 일원에 몰려 있다.

하동군의 화개·악양면 일원 야생차밭은 지리산과 섬진강에 인접해 안개가 많고 다습하고 차 생산시기에 밤낮의 기온차가 커 차나무 재배에 최적의 환경을 갖추고 있다. 이같은 토질과 기후 조건으로 하동녹차는 전국 차 생산량의 30%를 차지한다.

하동 야생차는 921 농가의 627 ha에서 연간 1,000 ton 이상을 생산하고 있다. 다른 지역의 녹차보다 성분이 우수하고 좋고 맛과 품질이 좋아 삼국시대부터 왕에게 진상됐다 해서 '왕의 녹차'로 전해진다.

13.1.2 음용수 가용성 및 수질 상태

음용수의 양과 질은 음료공장의 입지를 결정하는 가장 중요한 요인의 하나가 된다. 음료공장에서 요구되는 물은 제품에 바로 이용되는 음료수, 기계의 세척에 사용되는 일반 용수, 일반 가공용이나 기계의 세척용으로 사용되는 가공수, 냉각용으로 사용되는 냉각수, 보일러에 사용되는 보일러 용수 등으로 나눌 수 있다.

일반 용수는 깨끗하고 완전하여야 하며, 음용 가능하고 냄새나 맛이 없어야 한다. 음료공장과 같이 양질의 음용수를 다량으로 필요로 하는 공장은 일반적으로 심층 지하수를 이용하며 가능한 정수공정을 거쳐 사용한다. 수질이 음료제품의 맛을 좌우하는 경우가 많으므로 공장입지는 우선적으로 입지할 위치에서의 지하수의 수질을 고려해야 한다. 일반 용수의 경우에는 특수한 수질을 요구하지 않으므로 수돗물을 사용하기도 한다. 가공수에 요구되는 수질은 공장과 용도에 따라 다르나 일반적으로 기계의 표면이나 포장용 병의 세척에 사용되는 경우 연화처리를 하기도 한다. 냉각수는 음료와는 관계가 없으므로 일반적으로 요구되는 수질은 그리 엄격하지 않다. 대체적으로 냉각수는 수돗물 등을 이용해 열교환기의 침전물을 막도록 최소한의 처리를 하는 것이 좋다. 보일러 용수의 경우에도 열교환기의 열효율을 떨어뜨리지 않도록 침전물 형성을 막기 위하여 수돗물을 사용하면 좋다.

음료공장의 입지는 연중 계속해서 많은 양의 물과 좋은 수질의 물을 확보할 수 있는 곳이어야 한다. 이에 안정적으로 좋은 물을 확보하기 위해서는 깊은 지하에서 고급 수질의 충분한 지하수를 개발해야 한다. 지하수는 일반적으로 투명하고 미생물의 오염도는 적으나 가용성 고형물 함량이 많을 수 있으므로 정수시설을 해야 한다. 그리고 수질검사가 필수적으로 요구된다. 그리고 캔음료 공장에서는 많은 양의 물이 필요로 하기 때문에 시간당 10톤 이상의 음용수를 확보할 수 있는 위치이어야 한다. 따라서 공장의 위치는 가능한 바닷가나 오염지역에서 멀리 떨어진 곳이 좋으며, 가능한 산에 인접한 지역의 지하수를 음용수로 사용하는 것이 좋다. 그리고 음용수는 현재 우리나라의 식품 위생법상의 음용수의 수질기준보다도 나아야 한다.

13.1.3 전력의 가용성

전기 공급의 양과 질이 공장입지 선정에 있어서 중요하다. 전력의 손실을 줄이기 위해서 380 V 삼상 전원을 공장에 많이 사용하고 있기 때문에 이 전원을 쉽게 확보해 설치할 수 있는 위치이어야 한다. 그렇지 않으면 공장까지의 1차 전기를 설치하는데 많은 경비를 지출해야 한다. 따라서 기계 전력에 따라 용량이 다르겠지만 안정적으로 약 300 kW 이상의 고전압 전기 및 취사용 가스 등을 손쉽게 공급받을 수 있는 위치에다 공장을 설치해야 한다.

13.1.4 노동력의 가용성

음료공장은 가능한 자동화하여 최소한 인력으로 가동해야 한다. 그러나 제품생산, 품질검사, 이송, 관리 측면에서는 충분한 노동력을 확보할 수 있어야 한다. 이에 요구되는 기술을 가진 전문 노동력과 단순 노동력을 필요한 수만큼 확보할 수 있는가가 입지 선정에서 고려되어야 한다. 공장의 특성에 따라 남직원이 많이 필요한 경우도 있고, 여직원이 많이 소요되는 수도 있다. 또 근로자의 평균 이직률과 임금 수준도 고려하여 입지를 선정해야 한다.

13.1.5 교통 및 운송

공장의 입지 선정에 교통 조건과 제품의 운송비를 고려해야 한다. 보통 원재료, 부재료, 제품 등의 운송에 많은 비용이 소비된다. 따라서 입지가 교통이 원활하지 못한 곳에 위치하면 노무비, 연료비, 운송비가 많이 들게 된다. 이러한 이유들로 인하여 많은 식품공장이나 음료공장들이 교통이 편리한 고속도로, 철도 또는 주 간선도로에 가까이 위치하고 있다. 상품의 수송을 위한 수단으로서 일반적으로 고려될 수 있는 것이 트럭, 기차 그리고 배이다.

13.1.6 위치적 조건

공장 후보지 땅의 특성이 주의 깊게 검토해야 한다. 땅의 고도와 지반 구조가 건축비에 크게 영향을 주기 때문에 먼저 지반 검사도 해야 한다. 땅값도 중요한 검토 요소이며 주변의 건물이나 환경도 고려해야 한다. 그리고 강변이나 위치가 낮은 곳은 홍수의 염려가 있어 피하는 것이 좋다.

13.1.7 환경 문제

최근 환경 오염문제에 대한 사회적인 관심이 매우 높다. 따라서 공장에서 배출되는 폐기오염물이나 공해 요인에 대해 규제가 엄격해지고 사회적인 인식도 달라지고 있으므로 입지 선정에서부터 공해 방지를 위해 여러 조건을 고려해야 한다. 공해 방지에 대한 규제가 지역적으로 다르지만 이러한 규제가 시간이 흐름에 따라 달라질 수가 있다. 공해 발생 요인으로는 음료공장의 대기오염, 수질오염, 소음발생, 폐수의 온도, 세정액의 특수한 냄새 및 산, 알카리도 등 여러 문제에 대해서도 검토하여 폐수 및 폐기물의 처리에 어려움이 없는 곳에 공장을 설치해야 한다. 또 음료 가공공장은 다량 및 양질의 음료수 확보가 필수적이므로 수질환경에 악영향을 줄 수 있는 오염지역에는 공장 설치를 피해야 한다.

13.1.8 기후 조건

기후는 인간의 활동과 기능에 많은 영향을 준다. 또한 공정에 따라 다르지만 공정조건 유지를 위한 연료나 전력의 사용량에 영향을 주고 단순하게는 난방이나 냉방에 소요되는 비용에 직접적으로 영향을 준다. 그리고 여름철의 우기에 습도 및 온도 등의 기후조건을 고려하여 공장입지를 선정함으로써 제품 및 원료를 안전하게 저장할 수 있어야 한다.

13.1.9 법적 규제 및 세금

법적인 규제를 먼저 공장입지 선정에서 고려해야 한다. 지방 자치단체에 의한 건축의 제한 등도 공장건설에 영향을 준다. 예를 들어, 그린벨트 내에서는 공장건설이 불가능하다. 또한 지역에 따라 지방세가 다르며 법인세 역시 차이가 있을 수 있으므로 이를 고려하여 입지를 선정해야 한다. 어떤 경우에는 농공단지와 같이 지역적인 여건에 따라서 공장건설에 대해 혜택을 주거나 자치단체로부터 건설을 위한 자금 지원 또는 법인세 등의 혜택도 있기 때문에 이것도 고려할 요소의 하나이다.

13.1.10 지역 주변 특성

지역사회의 주변 특성이나 부대시설이 공장의 입지에 영향을 준다. 해당 지역사회에 공장에서 근무하는 인력을 위해 필요한 제반 시설이 없으면 이것들을 공장에서 제공하려면 부담이 될 것이다. 교육기관과 시설, 여가 활동을 위한 시설, 시장 등의 주위환경이 공장의 발전을 위해서는 필요한 요소이다. 지역주민의 음료공장에 대한 인식과 태도도 중요한 영향을 미친다. 이러한 측면은 지역사회의 정치적, 문화적 경향과도 관련이 있다.

13.2 공장의 범위 및 규모 결정

공장설계의 첫 번째 단계는 먼저 공장의 개념, 범위 및 규모를 결정하는 일로부터 시작된다. 이러한 공장 규모나 범위가 정해지면 무엇이 공장설계에 필요한 정보인지 결정할 수 있고 공장건립의 추진 방향을 설정할 수 있다. 음료 제조공정이나 공장의 기초적인 설계과정에서 중요한 목적은 기계 구입비 등을 고려하여 공장 투자비 및 제조원가를 계산하고 공장의 경제성을 분석하는 일이기 때문에, 공장의 범위 및 규모가 미리 결정되어야 한다. 공장의 제품 종류, 생산량, 품질, 원료의 저장 소요량, 제품의 재고 소요량, 공장가동 시간 등의 범위 및 규모를 결정하고 공장 설계를 검토해야 한다. 이에 공장 투자비를 산출하고 경제성을 분석하여 공장의 건립 타당성을 조사하기 위해서는 우선적으로 공장의 범위와 규모를 결정해야 한다.

공장 설립의 타당성 조사의 초기 예측에 비해 투자가 너무 많아져 공학적인 설계가 거의 다 끝나갈 무렵에 공장 건립이 취소가 되는 경우가 있는 데 그 주된 이유는 적절치 못한 공장의 범위 및 규모 설정에서 비롯된다. 식품공장 설계의 기술자가 충분히 검토하지 않으면 초기에 마련한 범위에 필요한 모든 사항이 포함되지 못하고 매번 다른 요소들이 첨가되어야 하고 그러다 보면 예측 원가는 계속 증가하게 될 지 모른다. 이러한 계속적인 원가의 증가가 공장의 건립을 취소하게 할 수 있으므로 신중하게 공장의 범위와 규모를 결정해야 한다.

음료공장의 범위 및 규모에 대해 설명하기로 한다. 예를 들어 "하루 7시간을 기준으로 하여 20만캔(충전기 500 CPM 기준)을 생산할 수 있는 음료공장을 짓는다" 의 경우, 이에 소요되는 총 투자비, 제조원가, 경제성을 분석하고자 할 때, 앞의 예가 공장의 범위와 규모를 충분히 정의하질 못하기 때문에 이들에 대한 분석을 할 수 없으며 적정 설계를 할 수 없다. 이에 표 13.1와 같이, 공장의 범위와 규모 결정에 관련되는 사항들을 구체적으로 검토하여 결정해야 한다.

차음료를 제조하는데 원료로서 녹차를 사용할 수 있고 현미녹차 또는 홍차를 사용하여 제조할 수도 있는데 어떤 원료를 사용하는가에 따라 생산 원가가 현저히 달라지게 된다. 또 차 엑기스를 추출하는 방법 즉 진공 추출기를 사용하는 경우와 일반 교반식 추출기를 사용 경우에 따라 그 추출정도, 추출시간, 추출비용 등이 다르며 제품의 특성도 달라지게 된다. 차음료를 충전하는 방법에 진공충전과 질소충전 방법이 있는 데, 이들 방식에 따라 품질 유지 및 보존기간이 달라지며 그 시설비용도 차이가 있게 된다. 이처럼 원료 및 공정에 따라 자본 투자도 다르며 운전비도 달라지게 된다. 따라서 공정을 조사 연구하여 공정을 선택하기 전에 어느 것이 최선인 가를 경제적 측면에서 검토해야 한다. 제품은 소비자에 의해서 구매되어 소비되는 것이므로 유통경로와 포장의 단위 및 형태에 대해서도 세심한 고려가 있어야 한다. 연속적인 공장가동과 판매를 위해서는 원료와 제품을 어느 정도 저장하고 있어야 한다. 원료나 제품의 저장 재고분을 1주일 분량으로 하느냐 1개월로 하느냐에 따라서 시설비와 저장창고 면적이 달라질 것이다.

공장의 소요면적, 배치, 설계에 영향을 주는 것 중의 하나가 장래의 확장계획이다. 시설확장을 위한 장소를 마련해야 하며 기존의 설비에 추가로 설비를 설치할 수 있도록 해야 한다. 이에 본 음료공장의 범위와 규모 결정에 관련된 항목에 대해서 구체적으로 검토하면 다음과 같다.

[표 13.1] 공장의 범위 및 규모 결정에 고려할 항목

항 목	내 용(예)
1.캔음료 종류	녹차, 현미녹차, 180 ml 등의 다양한 사이즈 알루미늄캔
2. 녹차음료의 생산량	녹차 캔음료 500 CPM, 210,000 캔/일(7시간 기준)
3. 녹차음료의 품질	장기 품질보존을 위해 액체질소 충전, 고형량 최소화, 레토르트 멸균(121℃, 15~20분)
4. 각 음료의 재고량	각 음료 1주일 이상 생산량
5. 녹차음료의 원료	녹차 건엽, 현미, 비타민 C 등
6. 원료의 소요량	1년 가공용 녹차 건엽, 최소 100톤
7. 제품 창고실	적어도 1주일 이상 생산량 및 빈 캔을 저장할 수 있는 규모
8. 전력 요구량	약 300 kW 이상
9. 연간 공장 가동일	약 240일(법정공휴일 제외)
10. 하루 실가동 시간	7시간/일(평일), 5일/주
11. 미래 확장 여부	시설 확장 및 제품실 확장 가능토록 설계
12. 폐기물 처리방법	호기성 라군방식
13. 공장의 입지	원료 인접한 수질상태가 좋은 지역
14. 유통 경로	공장, 총대리점, 대리점, 소매점, 소비자
15. 공장 완료 시기	
16. 검사실 필요사항	현미경, 배양기, 균질기, 세균수 측정기, 오토크레이브
17. 안전관리 사항	액화질소 관리, 연료탱크, 변압시설, 보일러 관리

13.2.1 캔음료 제품의 종류

본 음료 공장에서 생산할 캔음료 제품은 녹차, 현미녹차, 홍차로 한다. 앞으로 녹차에 대한 기호도 및 소비성향이 증가하고 있기 때문에 그 생산량도 증가하리라 본다. 이에 본 음료 공장에서는 캔음료로서 캔녹차, 캔현미녹차를 주로 생산하고 추후에 캔홍차도 생산하도록 한다.

캔의 크기와 형태도 판매에 커다란 영향을 미치므로 잘 결정해야 한다. 캔음

료는 소형이 150~185 mL, 중형이 210~250 mL, 대형이 340~380 mL로 다양한 크기로 시판되고 있다. 점차 우리나라 사람들에게 중,대형화를 선호해 가고 있으나, 여기서는 녹차음료 캔의 크기는 180~250 mL 등의 다양한 크기로 한다. 지금 우리나라에서 시판되고 있는 과즙음료나 녹차, 홍차의 경우도 대부분 180 mL의 알루미늄캔을 사용하고 있다. 캔의 형태도 강도와 미적 감각 및 시각적 효과를 높일 수 있는 것으로 결정하는 것이 좋다. 음료 및 통조림 캔의 종류는 표 13.2와 같다.

음료 공장에서 생산되는 제품의 품질은 소비자의 기호성, 경쟁사 제품의 품질, 시장 동향, 기술 수준 등에 영향을 받는다. 녹차의 경우 캔음료의 가공특성과 제조원가 등을 고려하여 녹차음료는 2, 3 번 차의 원료로 그리고 현미녹차

[표 13.2] 음료, 통조림 캔 사이즈

캔 규격	body size	end size	캔 형태	비 고
200Dia	∅50	∅50 (200 end)	200 스트레이트캔 2피스(2-pieces)	캔 음료용
202Dia	∅52	∅50 (200 end)	202 NECK IN 2피스(2-pieces)	캔 음료용 180 mL ~ 250 mL
206Dia	∅60	국내 사용 하지 않음	국내 사용하지 않음	
211Dia	∅65	∅52 (202 end)	NECK IN 트리플캔(2피스)	캔 음료용, 맥주캔, 238 mL, 355 mL, 500 mL
300Dia	∅75	∅75	스틸 2피스 3피스 캔	통조림용
307Dia	∅85	∅85	스틸 2피스 3피스 캔	참치캔용 외
401Dia	∅100	∅100	스틸 2피스 3피스 스틸 캔	분유캔 외
502Dia	∅125	∅125	3피스 스틸 캔	분유캔 외
603Dia	∅153	∅153	3피스 스틸 캔	주방용 캔 외

※ 자료 : 영진에프엠씨

음료는 2, 3번 차의 녹차와 현미를 첨가하여 생산하는 것이 좋다. 또한 녹차의 경우는 홍차 및 우롱차와는 달리 영양소의 파괴를 막고 품질보존을 위해서 저온충전(cool filling)의 액체질소 충전을 하는 것이 좋다.

13.2.2 공장 생산 규모

[1] 생산 규모의 결정인자

음료 공장의 생산 규모 결정에 있어서 원료의 수급과 생산된 제품의 판매 가능 물량이 고려해야 하는데, 무엇보다도 얼마나 많은 제품이 팔릴 수 있을 것인가가 중요한 요인이다. 이는 제품의 수요 예측 결과에 근거하여 예측하게 되며, 제품의 향후 몇 년간의 판매량을 예측한다. 수요 및 판매량을 예측하기 위해서는 소비자의 성향, 원료의 생산량, 판매가, 시장점유율, 시장의 잠재력 등을 종합적으로 검토한다. 생산 규모는 또한 기술적인 현황과 경제적인 형편에 따라서도 달라지게 된다.

일반적으로 생산 능력이 큰 공장을 짓는 것이 생산단가를 줄이는 등 많은 경제적인 잇점을 갖고 있는데 이에 대한 이유는 다음과 같다.

첫째, 원료 및 부재료비 구입 가격은 구입량에 비례한다.

둘째, 제품당 가공비도 대형 기계가 사용되면 적게 든다. 생산 능력이 두 배인 기계장치의 가격이 두배가 되지 않는다.

셋째, 배관비, 배선비, 전기 및 제어 설비에 있어서도 큰 공장의 경우가 소형 공장에 비해 비용이 약간 더 들 뿐이다.

넷째, 생산 능력이 커지면 기계 장치나 공정에서 여러 가지 비용이 절감된다.

다섯째, 공정이나 시스템이 커지더라도 인력 소요면에서 작은 공장에 비해 더 이상의 운전 요원을 필요로 하지 않는다.

이러한 이유로 대형 용량의 공정이 적은 용량의 두 생산라인보다 바람직하다. 그러나 기술적인 한계로 공정의 크기가 일정한 범위를 넘지 못하는 경우도 있다.

공장이 크면 많은 이점이 있으나 생산된 제품의 판매가 부진하면 경영의 압박 요인으로 작용한다. 공장을 100% 가동되는 것을 전제로 하여 투자하였는데 그 가동률이 현저히 낮으면 투자비용이 원가에 전가되어 생산단가는 상승하게 된다. 따라서 제품의 판매량 예상과 공장의 가동률을 고려하고 공장 건설에 따른 경제적 능력과 투자효율을 생각하여 공장 규모를 결정해야 한다.

[2] 공장 생산규모 결정

우리나라의 음료 시장점유율을 보면 탄산음료가 가장 많고, 과즙음료, 스포츠음료에 비해 캔커피가 증가하고 있다. 시장 점유율의 변화 추세를 보면 높은 점유율을 보이고 있는 탄산음료와 과즙음료의 성장률이 감소하고 있고 캔커피의 성장은 빠르게 증가하고 있다.

이에 앞으로 음료시장의 추이는 건강에 대한 관심과 자연식품의 지향의식이 있어 일반적으로 무당음료이며 건강음료인 차음료의 시장 점유율은 유지될 것으로 예상된다. 우리나라 사람의 기호는 녹차, 홍차, 그리고 우롱차의 순으로 선호하고 있다. 따라서 이러한 경향을 고려할 때 차음료 시장에서는 녹차가 차음료시장의 상당 부분을 점유하리라 본다.

13.2.3 원료 및 제품의 저장

녹차 원료는 보성군 또는 하동군에서 가공된 건엽으로 1년분의 원료를 확보하도록 하며 주로 2, 3번 차를 대상으로 한다. 현미녹차의 경우 현미는 캔녹차 1달분의 원료를 확보하여 저장하도록 한다. 제품의 저장실은 약 2주일의 생산량을 저장할 수 있도록 확보하여 확장 가능토록 한다.

13.2.4 녹차음료 제조공정

가공된 녹차 건잎으로부터 녹차 엑기스를 추출하여 희석시킨 후 비타민 C의 첨가물을 넣은 후 혼합하여 캔에 충전시켜 밀봉한다. 그 다음 녹차캔을 레토르트에서 고온고압으로 살균하고 냉각한 후, 검사과정를 거쳐 포장하여 출하시키는 공정을 기본으로 한다.

13.2.5 전력 소요량

본 음료 공장에서 소요되는 전력을 살펴보면, 먼저 지하수로부터 음용수를 얻는데 소요되는 전력, 온수와 스팀을 얻기 위한 보일러 시설에 소요되는 전력, 녹차 건엽으로부터 녹차 엑기스를 추출하는데 소요되는 전력, 녹차캔 제조라인, 이송 및 포장라인에 소요되는 전력 그리고 사무실, 검사실, 창고에 소요되는 전력 등이 있다. 이러한 소요전력과 공장까지의 1차 전기를 전부 고려하여 공장 전기시설의 소요 전력을 산출한다. 전기는 공장에 380볼트 3상의 전원 사용을 원칙으로 한다.

13.2.6 품질 검사실

녹차 음료 공장에는 품질 검사실이 필수적으로 필요하다. 품질 검사실에는 균질기, 배양기, 현미경, 세균수 측정장치, 전기 전도도 측정기, pH 측정기, Brix 측정기, 분광 광도기 등이 갖추어야 한다.

13.2.7 공장 가동일수 및 가동률

음료공장의 평일 가동시간은 7시간 그리고 1시간은 준비시간으로 하며, 공장의 연간 가동 일수는 일주일에 5일 작업하고 법정공휴일을 제외하여 240일을 원칙으로 한다. 공장 가동 후 공장이 100% 가동하게 되면 1차적으로 공장 가동 일수를 늘리거나 2교대 근무를 하도록 한다.

캔음료 공장의 규모에 따라 자동계량 충전기(충전기, filler)를 500 또는 1,000 CPM을 채택할 수 있다. 자동계량 충전기가 500 CPM 이거나 1,000 CPM이면 240일 기준으로 각각 연 생산량이 4,800만캔 또는 9,600만캔이 된다. 이에 공장 가동율은 한해에 공장을 240일 가동하면 500 CPM의 경우 4,800만캔/년(210,000캔/일)을 생산할 수 있기 때문에 이를 기준해서 한해의 공장 가동률을 산출한다. 즉 한 해에 생산되는 양을 최대 생산용량으로 나누어 공장 가동률을 산출한다.

13.2.8 안전 및 위생 관리사항

안전에 대한 고려사항으로는 연료탱크를 지하에 설치하는 문제, 방화벽을 설치하는 문제, 액체질소 탱크의 위치, 보일러 시설의 위치, 산 및 알칼리의 세정시설 등이 있다. 안전관리에 대한 사항이 공장설계의 첫 단계에서부터 주요한 고려사항으로서 모든 사람에게 인식되어야 하고 관계된 모든 직원의 관심 사항이어야 한다. 공정이나 화학물질 및 연료의 위험요소를 기록 관리함으로써 그 위험을 미연에 방지해야 한다. 이러한 것이 무시되면 사람이나 기계에 심각한 손상을 줄 수 있다.

음료공장에서는 안전관리 사항 외에 위생처리 시설이 무엇보다도 중요할 수 있다. 모든 공정과 시설이 청결하고 위생적으로 운전되어 제품의 위생적인 안전성이 확보되어야 한다. 따라서 식품위생법의 HACCP(Hazard Analysis Critical Control Point)의 식품안전관리인증기준에 따라 공장시설이 설치되어야 한다. 그리고 국제표준화기구(ISO)에서 시행하고 있는 품질경영시스템(ISO 9001) 및 글로벌 식품표준인 GFSI(Global Food Safety Initiative)의 식품안전 경영시스템 FSSC 22000를 인증받아 식품안전 및 품질 책임관리에 대해 구매자와 고객에게 신뢰감을 주어야 한다.

13.3 녹차음료 가공공정의 분석

녹차음료의 제조공정은 크게 세부분으로 나눌 수 있다. 먼저 음료공장에서는 물이 매우 중요하기 때문에 지하수를 정수화하는 정수공정이 있고, 둘째로 가공된 재차로부터 차엑기스를 추출해 내는 추출공정이 있으며, 셋째로 추출된 녹차를 캔음료로 만드는 캔충전 및 밀봉의 포장공정이 있다. 이들 공정을 개략적으로 나타내면 다음과 같다.

[1] 정수공정

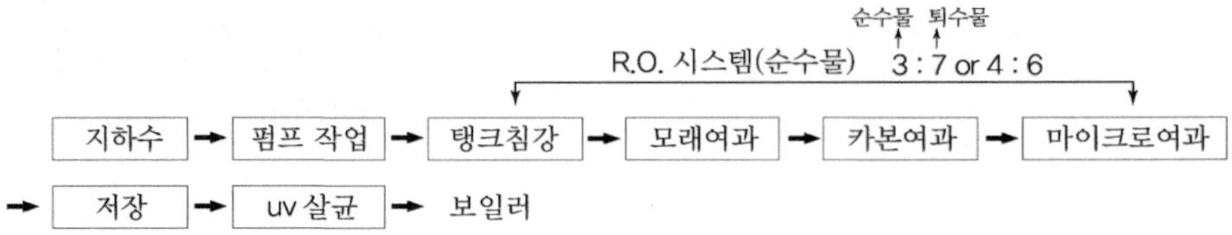

[2] 추출 및 캔포장 공정

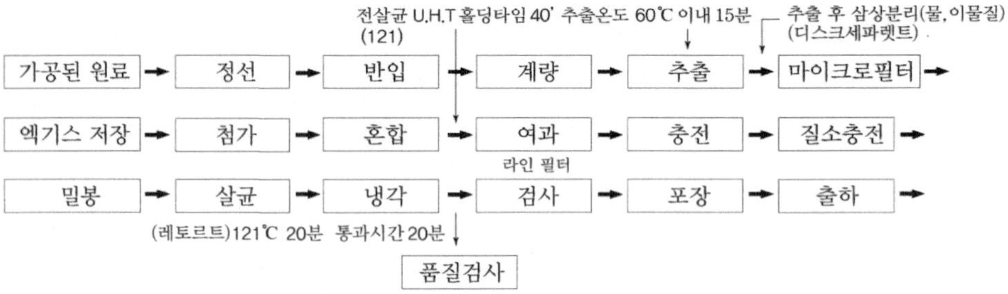

[그림 13.2] 녹차음료 가공공장의 공정도

13.4 녹차음료 가공공정의 기계화

녹차음료의 가공공장의 공정은 정수공정, 추출공정 그리고 캔음료공정으로 구분되어 질 수 있다. 자동 충전기 500 CPM 기준으로 이들의 공정을 기계화하면 그림 13.2의 기계공정도와 같고, 이 공정들에 필요한 기계 목록은 표 13.3과 같다.

정수공정에서는 지하수를 품어 올릴 수 있는 펌프 시설, 침지탱크, 여과장치, U.V. 살균장치, 배관장치 그리고 제어판넬 등이 필요하다. 특히, 이 정수시설에서는 지하수의 수질 정도에 따라 그 기계의 종류 및 설치 여부가 결정된다. 정수시설의 능력은 본 음료 공장의 규모에 적합하게 시간당 10톤 이상의 물을 공급할 수 있는 시설로 한다. 여기서 생산된 정수는 보일러에 보내져 온수와 스팀으로 바뀌며, 이 중에서 온수의 일부는 차엑기스 추출부의 온수로 사용되고 온수의 다른 일부는 탱크에 저장되어 차엑기스를 회석시키는데 사용된다. 그리고 보일러에서 얻어지는 스팀은 레토르트의 살균용으로 사용되며 일부는 추출 탱크의 스팀으로 또는 공장 난방용으로 사용되어 진다.

추출공정에서는 원료량을 계량하는 계량기, 자켓형의 추출기, 버스킷 여과기, 추출액 저장탱크, 혼합탱크, 라인여과기, 유량계, 펌프 등이 필요로 하며 추출기 및 캔음료 라인을 산과 알칼리 등으로 세정할 수 있는 CIP(clean in place)시설이 설치되어야 한다. CIP시설은 적어도 세정작업을 반자동 이상으로 할 수 있도록 설치한다.

캔음료 공정에서는 캔을 낱개로 공급하는 Depalletizer, 캔을 세척하는 캔린서(rinser), 캔에 일정량의 음료를 담는 캔 충전기(filler), 음료의 산화방지 등의 음료의 품질보존을 위해서 캔에 질소를 충전하는 액체질소 충전기, 캔을 밀봉시키는 캔 밀봉기(seamer), 캔을 바스킷에 모으는 로더(loader), 레토르트에서 살균 후 바스켓으로부터 캔을 꺼내는 언로더(unloader), 캔을 고온고압으로 살균하는 레토르트(retort), 캔의 충전 상태를 검사하는 레벨체커(level checker), 질소의 충전상태를 검사하는 질소충전 검사기, 캔에 날짜를 찍는 인쇄기(date coder), 캔을 일시적으로 놓아두는 테이블(accumulative table), 이송장치인 체인 컨베이어, 랩 라운드 포장기(wrap round packer), 롤러 컨베이어 등의 기계들이 필요하다.

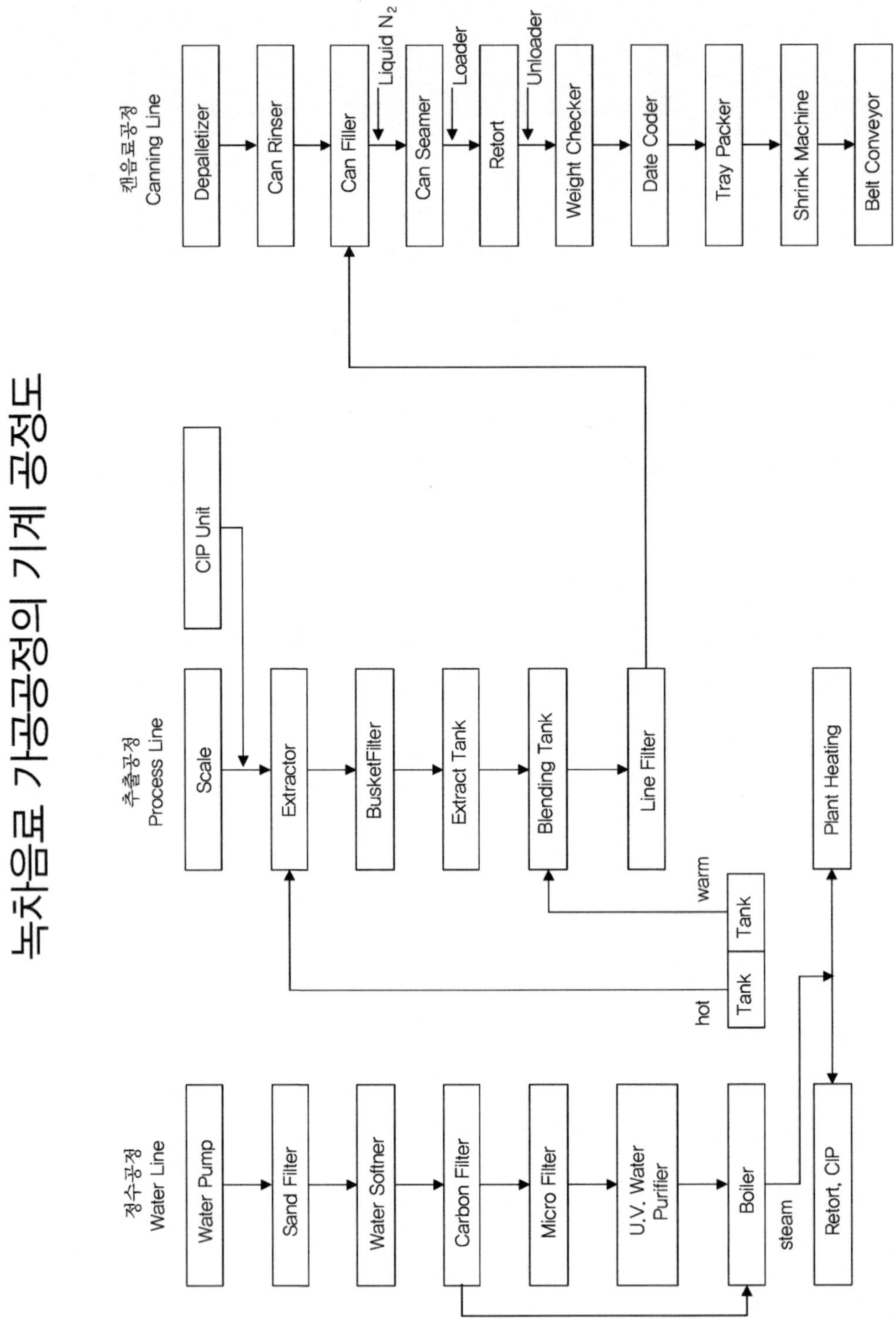

[그림 13.3] 녹차음료 가공공장의 기계공정도

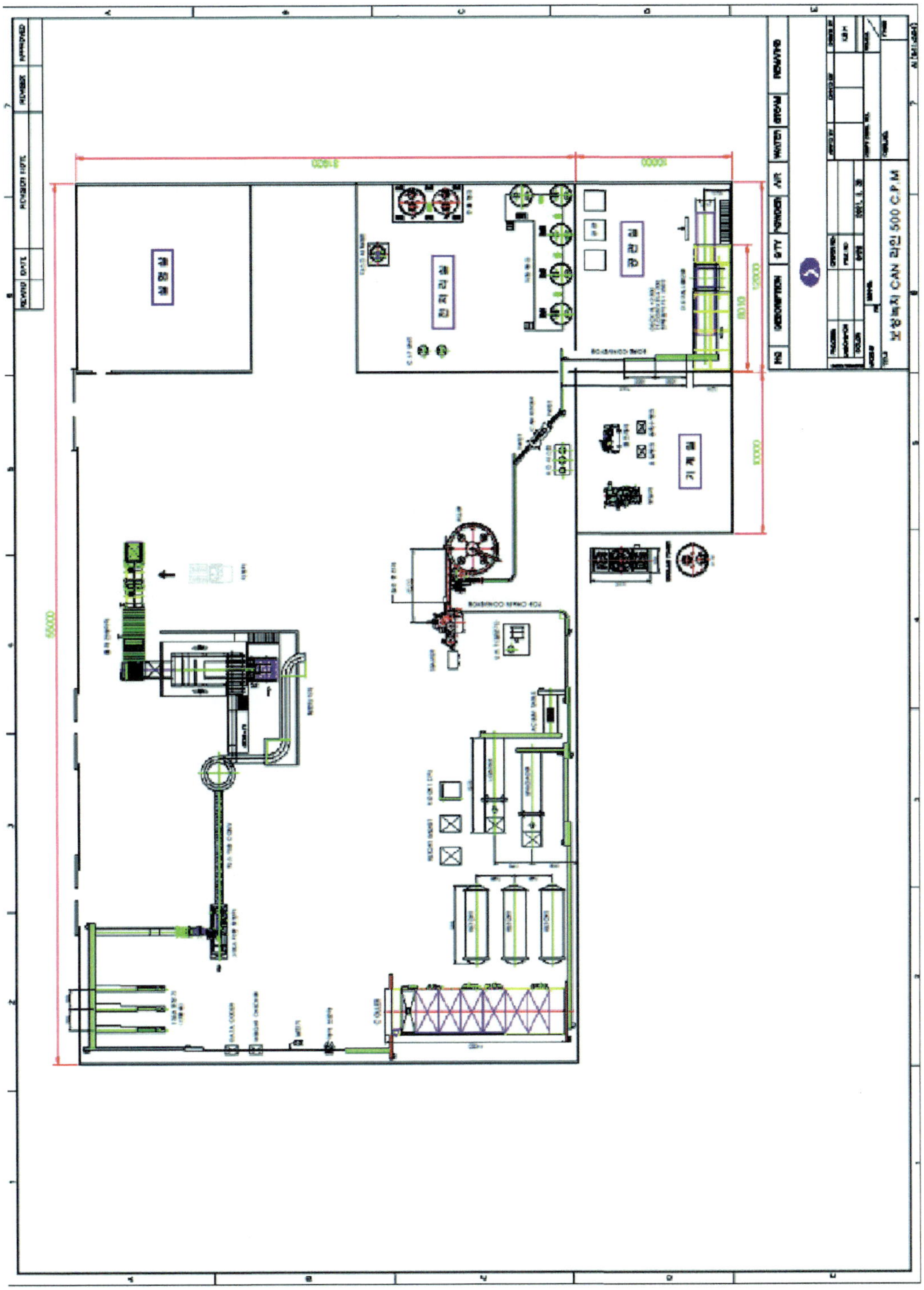

[그림 13.4] 녹차음료 가공공장의 공장 배치도 (자료 : 영진에프엠씨)

[표 13.3] 녹차음료 가공공장의 기계목록

A. 정수 처리부(treated water line)

품　명	규　격	수　량	비　고
1) Raw Water Storage Tank	100 ton	1 EA	
2) Sanitary Pump	3 HP	1 EA	
3) Sand Filter	10 ton/hr	1 EA	
4) Carbon Filter	10 ton/hr	1 EA	
5) Water Softener	10 ton/hr	1 EA	
6) Micro Filter	10 ton/hr	1 EA	
7) Treated Water Storage Tank	10 ton	1 EA	
8) Sanitary Pump	3 HP	1 EA	
9) U.V. Water Purifier	10 ton/hr	1 EA	SS-4000M x 2
10) Piping	Dia : 63.5	1 Set	
11) Control Panel		1 Set	
12) Boiler System	2 ton/hr	1 Set	

B. 추출 장치부(extract line)

품　명	규　격	수　량	비　고
1) Platform Scale	100 kg 이하	2 EA	
2) Jacketed Extractor		2 EA	
3) Busket Filter		2 EA	
4) Green Filter	20,80, 150 Mesh	1 Set	
5) Extract Tank		2 EA	
6) Blending Tank		2 EA	
7) Line Filter	150 Mesh, 3 ton/h	2 EA	
8) Sanitary Pump	2 HP	5 EA	
9) Flow Meter	40 A	2 Set	
10) CIP Unit	Semi-Auto	1 Set	
11) Lifter	2,000xH2400	1 Set	
12) Working Deck		1 Lot	
13) Control Panel		1 Set	

C. 캔포장 장치부(canning line)

품 명	규 격	수 량	비 고
1) Depalletizer	500 CPM	1 Set	자동식
2) Wire Conveyor	500 CPM	1 Set	
3) Can Rinser	500 CPM	1 EA	
4) Can Filler	500 CPM	1 EA	
5) Liquid N2 Filler	500 CPM	1 EA	
6) Can Seamer	500 CPM	1 EA	
7) T.T Chain Conveyor	500 CPM	4 Set	
8) Loader		1 Set	
9) Retort	1 ton/batch	3 Set	
10) Retort Basket		24 Set	
11) Unloader		1 Set	
12) T.T Chain Conveyor	825x3 Rail	1 Set	
13) Accumulation Table		1 Set	
14) T.T Chain Conveyor	825x3Rail	1 Set	
15) Air Blower	2.2 kW	1 Set	
16) T.T Chain Conveyor	825x1Rail	1 Set	
17) Level Checker	500 CPM	1 EA	
18) N2 Detector	500 CPM	1 EA	
19) Date Coder	500 CPM	1 EA	
20) T.T Chain Conveyor	825x3Rail	1 Set	
21) T. T Chain Conveyor	825x3Rail	1 Set	
22) Tray Shrink Wrapping M/C		1 Set	
23) Ink Zet Printer	20 Box/min	1 EA	
24) Case Conveyor		1 Set	
25) Incline Conveyor		1 Set	
26) Case Palletizer		1 Set	
27) Electricity & Control Panel		1 Set	

D. 기타 부속설비(others)

품 명	규 격	수 량	비 고
1) 1차 전기설비	300 kW	1 Set	
2) 검사실 기기	현미경외 다수	1 Set	
3) 지게차 및 트럭	2 ton/2.5 ton	2 EA	각각 2대

[그림 13.5] 충전기(filler) 및 밀봉기(seamer)

13.5 녹차음료 가공공장의 배치

13.5.1 공장 배치의 계획

녹차음료 가공공정이 분석되고 이에 관련된 기계들을 선정한 후에 생산에 필요 한 건물과 기계 설비들을 합리적으로 배치해야 한다. 이 같은 공장의 적정 배치를 위해서 다음과 같은 사항들을 고려한다.

① 제품 생산의 연속성과 근로자의 동선을 고려하여 제품의 생산성을 높이

고 표준작업이 가능하도록 한다.

② 기계 및 설비를 계열식으로 배치함으로써 공장의 이용률을 극대화한다.
③ 제조시간, 운반시간 및 운반비용을 최소화한다.
④ 안전하고 위생적으로 생산할 수 있도록 한다.
⑤ 관리 감독이 쉽도록 한다.
⑥ 유지관리가 가능하면서 변경이 쉽도록 한다.

공장 배치시 위같은 사항을 고려할 때 반드시 경제성을 고려해야 한다. 그리고 공장 배치 설계시 다음과 같이 생산에 관련된 구체적인 사항들을 고려하여 공장 배치를 실시한다.

① 생산할 캔음료의 양과 생산방식
② 캔음료 공장 공정의 특성과 공정순서
③ 캔음료 공장의 공정에 필요한 기계의 용량과 수량
④ 표준 작업방법과 표준 작업시간
⑤ 운반설비와 캔이송의 중력 이용관계
⑥ 배선, 배관, 급배수, 냉난방의 보일러, 조명 등의 부대설비
⑦ 기후, 지형, 도로망 등의 입지조건
⑧ 생산시설 및 저장창고 증설계획

위와 같은 사항들을 고려하여 공장의 개략적인 배치를 실시하고 추후에 상세 배치 계획을 수립한다. 이에 다음의 3단계로 본 캔음료 공장의 배치를 설계한다.

1단계로서, 공장부지내에 공장건물, 사무실, 검사실, 제품창고, 원료실, 제어실, 보일러실, 변압시설 등을 어디에 배치할 것인가를 결정한다. 즉 각 건물의 상대적인 위치와 건물내 작업장의 상대적인 위치 등 공장부지 전체의 배치를 원,부재료의 흐름과 입지조건을 고려하여 결정한다. 물론 공장부지가 선정되기 전에 결정된 건물의 상대적인 위치는 부지가 선정된 후 부지 형태에 따라 추후에 수정될 수 있다.

2단계로서, 각 건물의 넓이, 작업장의 통로 등을 대략적으로 결정하여 전반적인 배치를 한다.

3 단계로서, 음료공장의 공정에 따라 각 기계의 수량, 상대적인 위치를 결정하여 세부 배치를 진행한다.

13.5.2 음료공정 배치의 형식

공정의 배치는 다종 소량 또는 소종 다량의 제품의 생산방식에 따라 달라지며 취급 원료의 종류 및 제품의 형태에 따라 달라진다. 또한 공장 배치의 형식은 생산되는 제품의 종류와 수량, 작업의 순서, 기계장치의 종류와 수량에 따라 달라지며, 공장 배치의 방향은 단순성, 집약성, 일관성, 균형성, 탄력성의 원칙에 준해서 설정해야 한다. 공장 배치의 형식에는 기능식 배치방식, 연속식(계열식) 배치방식, 혼합식 배치방식의 세 가지로 분류할 수 있다.

본 캔음료 공장은 제품의 종류가 많지 않고 다량의 캔녹차 음료제품을 생산하기 때문에 일관성 있는 연속식 배치방식이 되어야 한다. 이에 음료공장의 정수공정, 차엑기스 추출공정, 캔포장 등의 공정순서에 따라 기계들이 연속적으로 배치되어야 한다. 이 연속식 배치방식은 예정된 생산 물량을 계속적으로 생산 가능하며 작업의 표준화가 가능하다. 그리고 이 방식의 장점은 공정의 선이 적게 필요하고 공정간을 자동 이송장치로 연결하여 생산기간을 단축시킬 수 있으며 노무비, 현장관리비가 적게 소요된다. 그러나 초기 설비비가 많고 기계고장시 다른 기계로 쉽게 대체하기 어려우므로 기계 가동률이 낮아지며 소량 생산시에는 제품당 생산비가 높아지므로 소종 다량의 안정적인 수요가 확보된 제품의 생산에 적합하다.

13.5.3 공정배치를 위한 자료분석

공간적으로 적절히 배치하기 위해서는 공정배치에 영향을 주는 요소를 조사분 석하여 그 결과를 종합 검토해야 한다. 이에 전체 공정에 대해서 종합적으로 분석 하고 개별작업에 대한 분석을 실시하여 적절한 공정배치를 해야 하는데 이를 위해 공정연구와 작업연구가 필요로 한다.

공정연구를 위해서 ① 공정 분석 ② 제품 분석 ③ 경로 분석 ④ 노동력 분석

⑤ 일정 분석 ⑥ 공간 분석 ⑦ 운반 분석 등을 고려한다. 이에 음료공정을 분석하여 정수공정, 추출공정 그리고 캔음료 공정을 나타내는 공정도를 작성하고, 각 공정에서 필요로 하는 노동력을 예측하며, 원료와 제품의 공간적 이동 관계를 분석한다.

작업연구로 ① 시간 분석 ② 가동 분석 ③ 동작 분석 ④ 장치공구 분석 등을 행하여 효율적인 공장 배치를 한다. 각 공정에서 소요되는 시간을 조사하여 작업방법을 검토하며, 작업자의 작업시간이나 기계의 가동시간을 분석하여 작업자의 활동범위와 그 동선을 결정한다. 또한 작업동작을 세밀한 단위로 분석하여 작업개선이나 표준화를 하고 작업장에서 용구, 설비 등의 구조나 배치를 결정한다.

또한 공장에서 인력과 생산비의 많은 부분을 운반비가 차지할 수 있으므로 공장에서는 중력, 인력, 기계력 또는 전기력 등의 운반 종류, 컨베이어 등의 운반 기계 설비의 종류, 운반방법 및 운반비용 등을 고려하여 공장을 배치해야 한다. 이에 캔은 중력을 이용하여 캔 충전기에 도달하도록 하며, 레토르트 작업 시에는 로더와 언로더를 사용한 자동식 또는 반자동식을 채택하여 인력과 기계력을 사용하도록 한다. 포장부에서도 자동포장기로 캔을 24 또는 30캔씩 포장하여 상자박스로 만든 후 Palletizer를 사용해 출하하도록 한다.

13.5.4 공정배치 설계

녹차음료 공장의 공정에 관한 공정연구, 작업연구 및 운반연구가 완료되면 이들을 바탕으로 공정배치 계획서를 작성하여 실시한다. 본 음료 공장을 신설할 경우에는 다음과 같은 순서로 구체적으로 공정배치를 시행하도록 한다.

① 설비의 선택
② 기계 설비에 대한 정보 수집
③ 작업 공정도 작성
④ 바닥면 계획을 포함한 공정선도 작성
⑤ 건물 규격 결정
⑥ 건물 및 작업장 배치도 작성

⑦ 건물의 모형 배치
⑧ 건물 내 기계 설비, 운반설비, 창고, 사무소 부대시설 배치
⑨ 바닥면 계획 수정
⑩ 모형 배치
⑪ 공정흐름도 작성검토
⑫ 평가수정
⑬ 배치계획서 승인
⑭ 공사
⑮ 시운전
⑯ 조정

특히, 공장내에 기계들을 배치할 때에는 공정의 균형과 탄력성을 고려한다.

기계 설비의 배치 기준은 생산이 효율적으로 이루어지도록 기계와 사람의 배치가 균형을 유지해야 한다. 음료 공장과 같은 연속식 배치에서는 보완작업이 어렵기 때문에 생산량과, 작업공정과 순서, 각 공정의 표준시간과 시간당 생산량, 공정간에 원료 또는 제품이 대기해야 할 장소의 크기 및 위치, 기계 용량 및 댓수 등을 충분히 고려, 검토해야만이 전체 공정의 균형을 유지할 수 있다. 이를 위해서는 공정상에 병목현상이 생기지 않도록 적정 설계를 위한 컴퓨터 시물레이션이 요구된다. 이는 구체적 공장 설계시에 시뮬레이션 프로그램을 사용해 공정을 분석하면 병목현상도 없애고 적정 기계수도 결정할 수 있어서 매우 효과적이다. 그러나 소규모 공장에서는 대략적인 공정 균형을 고려하여 공장을 설계할 수 있다.

일반적으로 식품 또는 음료 가공공장에서는 제품의 종류, 규격, 생산량, 원료, 공정, 작업방법, 작업시간, 운반, 저장, 조직, 건물 등의 변경 필요성은 수시로 발생한다. 따라서 연속식 배치방식의 캔음료 공장 설계 시에는 변경에 쉽게 대응할 수 있는 공정의 탄력성을 고려해야 한다. 이를 위해 바닥면적의 여유확보, 일부 기계의 단독 운전방식, 제품 운반설비의 이동 가능, 시설 확장 등을 고려하여 공장 배치를 예를 들어 그림 13.3과 같이 설계한다.

13.5.5 공간과 바닥 배치

공장내의 적정 공간이란 안전하고 위생적이며 능률적으로 작업할 수 있는 공간으로서 적정 바닥 면적과 적정 높이로 나타낸다. 적정 바닥 면적은 기계설비의 고유 바닥 면적에 작업 바닥 면적을 합하여 산출한다. 이에 정수시설, 차 엑기스 추출시설, 캔음료 시설 등의 기계들의 높이와 차지하는 면적을 산출하고 각 공정에서 작업자가 작업을 하는데 필요한 공간을 고려하여 바닥 면적을 산출한다. 그리고 각 기계 설비, 통로, 작업대 사이에 필요한 경우 약 0.5 m 정도의 여유 폭을 주도록 하며 작업장내 통로는 약 1 m 이상으로 한다. 공장의 적정 높이는 기계 높이와 작업공정, 조명구와 환기시설 등을 고려하여 결정한다. 차 원료 저장고는 추출장치부에 가까이 그리고 제품 저장고는 최종 포장라인에 설치한다.

13.5.6 건물의 배치 설계

녹차음료 가공공장의 건물 및 작업장의 배치 시에는 다음 사항들을 고려한다.

① 각 공정의 특징을 고려하여 원료 및 제품의 이동이 원활하도록 배치한다. 정수시설 및차 엑기스 추출공정 라인은 가능하면 지하수의 음용수 탱크와 가까이 설치한다.
② 작업 공정 및 제품 운반의 경로와 방식을 고려하여 배치한다.
③ 미래의 확장을 고려하여 배치한다.
④ 운반, 방풍, 채광 등을 고려하여 건물 간격을 결정한다.
⑤ 부지의 형상, 작업 공정, 풍향, 채광 등을 고려하여 건물의 방향을 결정한다.
⑥ 작업 공정을 전부 볼 수 있는 곳에 중앙 제어실을 설치한다.

또한, 공장을 제외한 사무실, 원료창고, 보일러실 등의 기타 시설의 공간배치는 다음 사항을 고려한다.

① 사무실 : 생산 작업을 방해하지 않고서 작업 상태를 감시할 수 있어야 하며 공장을 전체적으로 볼 수 있도록 한다.

② 원료창고 : 차 엑기스 추출공정 라인에 가깝게 설치하며 조립식으로 건축한다.

③ 제품창고 : 공장내에 음료가 생산되는 최종 라인에 설치한다. 그 제품실의 면적은 적어도 2주일 동안 생산되는 재고량을 저장할 수 있게 한다.

④ 보일러실 : 스팀 및 온수 등을 공급하는 전력실은 건물 지하에 설치하거나 공장의 한 구석에 설치한다.

⑤ 정수장 : 지하수를 품어 올리며 지하수를 탱크에 저장하여 1차 침강시키는 시설로서 공장내의 정수시설 라인에 근접한 위치에 설치한다.

⑥ 변전실 : 변전실은 전력실과 근접한 구석에 배치하며 내화, 통풍, 방수. 방습, 채광 등을 고려한다.

⑦ 검사실 : 사무실과 같은 건물내에 설치하며 근접한 위치에 설치한다.

⑧ 회의실 : 사무실내에 설치하며 사무실옆에 위치하도록 한다.

⑨ 식당 : 식당은 1 인당 최소한 소요면적을 0.7 m^2로 하여 20인 기준 이상으로 하며, 환기가 잘되는 곳에 위치하도록 한다.

⑩ 화장실 : 사무실의 건물안에 설치한다.

⑪ 목욕실 : 사무실내의 화장실 옆에 설치한다.

⑫ 경비실 : 사무실과 같은 건물내에 설치하며 공장 정문쪽에 위치하도록 한다.

⑬ 주차장 : 공장 정문에 근접하며 경비실에서 감시하기 쉬운 곳에 설치 한다. 주차장은 외부인 주차장과 직원 주차장으로 구분한다.

⑭ 조경지역 : 공장의 본 건물 앞에 주차장과 함께 조경지를 조성한다.

⑮ 운동장 : 공장의 구석에 운동을 할 수 있는 공간을 설치한다.

13.5.7 공장의 환경계획

[1] 환경관계법규

일반적으로 공장들은 공해물질을 배출하므로 공장 입주시에는 해당지역(입주에 정지)에 대한 법적 입주가능성을 검토하여야 한다. 먼저 입주가능성 여부를 검토할 법규는 ① 국토이용 관리법 ② 도시계획법 ③ 지상법 ④ 공장 배치 및 공장 건립에 관한 법률 ⑤ 대기환경보전법 ⑥ 수질환경보전법 ⑦ 소음진동

규제법 ⑧ 폐기물관리법 등이며 이들 법규에 해당 및 저촉여부를 검토해야 한다. 위에서 열거한 법규외에 문화재관리법, 상수도법, 학교보건법 등의 법에 의해서도 입주가 제한되므로 공장부지 선정시에는 충분히 제반사항을 고려해야 한다.

[2] 환경오염 발생요인 및 분석

캔음료 생산시 환경오염을 발생시키는 공정과 오염물질은 표 13.4와 같다.

대기분야에서는 열공급 시설의 경우에 소규모 열량이 필요하므로 연료의 질이 좋은 경유용 보일러를 사용하여 배출량을 근본적으로 절감시킨다(경질유 사용시에는 대기 배출시설 허가대상에서 제외됨).

수실분야에서는 공장 세척수 및 공정 손실분 그리고 생활오수가 폐수로 발생한다.

캔 녹차를 생산하면서 발생하는 폐수는 제품의 성분에서 100배에서 수십 배 희석되어 배출하므로 BOD 농도는 10～20 mg/L, SS 농도는 10 mg/L 전후로 예측된다. 그러므로 녹차만 생산시에는 폐수농도가 낮아 별도의 폐수처리시설이 필요없으나 주위의 지하수에 미칠 영향을 고려하여 호기성 라군 처리후 방류한다. 그리고 폐기물은 생산공정에서 나오는 우려낸 다엽과 폐수처리장의 오니 등이 발생되나 중금속 및 유독성분을 함유하지 않아 일반폐기물로 분류되며, 유기물질 성분이 포함된 폐기물이므로 유기질 비료로 재활용이 가능하다.

또한 소음과 진동은 구동부분 특히 캔봉입 과정에서 운반 등으로 인한 소음이 발생하나 전체적인 발생 음압은 80 dB전후이다.

[표 13.4] 환경오염 발생요인 및 오염물질

구 분	발생공정	오염물질
대기분야	1. 열공급시설의 배기가스, 생산 공정 등의 가열 살균에 필요 2. 차엽에서 추출된 차향	황산화물, 일소산화물, 분진 등이 배출 악취성분이 없어 해당 없음
수질분야	1. 각 탱크 등 생산공정의 작업후 세척시 발생 폐수 2. 공장 세척수 3. 제품 손실분의 배출	유기물 : BOD농도 : 20 mg/L 부유물질(SS) 성분 배출: SS 농도 : 10 mg/L 중금속 : 해당 없음
소음	1. 구동 부분의 소음	소음
폐기물	1. 우려낸 차엽의 배출 2. 구동 부분의 폐윤활유	일반 폐기물 폐유
생활오수	1. 작업자 및 방문객의 배출분뇨 및 생활오수	유기물 부유물질(SS) 성분

[3] 환경오염에 따른 처리 방안

공장의 환경오염에 따른 처리 방안은 표 13.5에 나타냈다.

[표 13.5] 오염물질 처리방안 및 대책

분 야	처 리 방 안	대 책
대 기	저 유황경유 등 청정 원료를 사용	경질유 사용
폐 수	공정 및 세척폐수가 배출되나 기준 이내이나 폭기 라군조 설치	호기성 라군조 설치
소 음	기기, 구동기구에서 발생	건물내 설치로 방음처리
폐 기 물	유기성 일반폐기물 발생	비료화로 재사용
생활 오수	작업자의 샤워수, 주방오수 등의 발생	오수처리장 설치

참고문헌

1. '녹차음료 가공공장 건립사업의 타당성 조사' 보고서, 정종훈 외4인, 전라남도 보성군
2. 식품공장설계-입지선정 및 공장 배치-, 이동선, 정태연, 한응수, 1993, 수학사
3. 전국 녹차생산량 36% 전남 보성군 차(茶)박물관 철조망 뜯어낸다, 박대성, 2021, 헤럴드경제(보성)
4. 김호철, 2021, 사천남해하동본부장, 경남신문
5. 녹차음료 가공공장의 공장 배치도, 영진에프엠씨, 공성월, 2021
6. '충전기 및 밀봉기' 사진, '자연과 사람들' 홈페이지(www.innp.co.kr). 2021

찾아보기

농식품가공기계학

초판인쇄 | 2022년 2월 24일
초판발행 | 2022년 2월 28일

대표저자 | 정종훈
공동저자 | 김기석·김장호·김종순·김 훈
모창연·박종민·선우훈·이승현
장경제·정현모·차재윤·한재웅

발 행 인 | 이성범
발 행 처 | 문운당
주 소 | 서울시 종로구 혜화로5길 16 (명륜1가 45-3)
전 화 | (02)762-6010
팩 스 | 영업 (02)745-0265 / 편집 (02)762-8758
이 메 일 | 영업 munun2@chol.com
편집 munundang@naver.com
홈페이지 | http://munundang.co.kr

ISBN 979-11-5692-587-3 93550

정가 30,000원